建筑设备工程

（第三版）

万建武　主编

中国建筑工业出版社

图书在版编目(CIP)数据

建筑设备工程/万建武主编. —3 版. —北京：中国
建筑工业出版社，2019.1
ISBN 978-7-112-23186-7

Ⅰ.①建… Ⅱ.①万… Ⅲ.①建筑设备 Ⅳ.①TU8

中国版本图书馆 CIP 数据核字(2018)第 302997 号

本书系统地介绍了现代建筑物中的给水排水、供暖、通风、空调、燃气供应、建筑照明、火灾自动报警、建筑防雷、人防、消防等系统和设备的工作原理，国内外在建筑设备技术方面的最新发展，以及在建筑中的设置和应用情况。本书是高等院校中的建筑学、室内环境设计、建筑工程、城镇建设、房地产经营与管理、建筑管理工程等专业《建筑设备工程》课程的教科书，也可供从事建筑设计、施工、工程监理、室内装修、物业管理等方面工作的工程技术人员参考。

* * *

责任编辑：刘瑞霞 武晓涛
责任校对：王 瑞

建 筑 设 备 工 程
（第三版）
万建武 主编

*

中国建筑工业出版社出版、发行(北京海淀三里河路 9 号)

各地新华书店、建筑书店经销

北京科地亚盟排版公司制版

北京中科印刷有限公司印刷

*

开本：787×1092 毫米 1/16 印张：20½ 字数：496 千字
2019 年 2 月第三版 2019 年 2 月第三十一次印刷
定价：**49.00** 元
ISBN 978-7-112-23186-7
(33234)

第三版前言

此次修订保留了第二版的特色，根据近年来在建筑设备技术中的一些发展进行了修改。同时，由于近年来国家对建筑设备工程技术中的给水排水、暖通空调、建筑电气、消防、火灾自动报警等方面的设计规范进行了一些修改或发布了新规范，此次修订也就第二版中一些与现行规范不相符的内容进行了修改，以使读者对建筑设备技术有关的政策和法规变化情况有所了解，在所从事的与建筑设备技术有关的工程技术工作中自觉地执行。

本书由广州大学、中山大学编写。参加编写工作的人员有：万建武（主编，并编写第二章 1～5 节、第五～七章），梁栋（第一章）、赵矿美（第二章 6～8 节，第三章，第四章 7 节）、裴清清（第四章 1～6 节）和游秀华（第八～十一章）。本书第一～七章由万建武审校，第八～十一章由游秀华审校，全书由万建武统稿。

本书在编写过程中参阅了许多文献和国家发布的最新规范，并列于书末，以便读者进一步查阅有关的资料，同时在此对各参考文献的作者以及在本书第一和第二版中参加编写的周孝清教授、丁云飞教授和杨旭高级工程师表示衷心的感谢。

由于编者水平所限，书中难免有不妥之处，恳请读者批评指正。

编　者

2018 年 10 月

目　　录

第一章　流体力学基础

流体包括液体和气体。流体力学是力学的一个分支，研究流体处于平衡和运动状态时的力学规律和在工程中的应用。

流体力学按介质可分为两类，液体力学（水力学）和气体力学。虽然水力学的主要研究对象是液体，但是，当气体的流速和压力不大，密度变化不多，压缩性的影响可以忽略不计时，液体的各种规律对于气体也是适用的。

流体力学在建筑工程中有广泛的应用。给水、排水、供热、供燃气、通风和空气调节等工程设计、计算和分析都是以流体力学作为理论基础的，因此，必须了解和掌握流体力学的基本知识。

第一节　流体的主要物理性质

为了研究流体的力学规律，首先应掌握流体的主要物理性质。流体与固体不同，它的特性是易于流动，任何微小的剪切力都能使静止流体发生很大的变形，因此流体不能有一定的形状，而只能随时被限定为其所在容器的形状。在分析流体静止和运动时，通常把流体看作是无空隙、充满一定空间的连续介质，因此所有参数都是空间坐标的连续函数。

一、流体的密度和重度

均质流体各点的密度相同，单位体积的流体所具有的质量称为密度，用 ρ 表示（kg/m^3）。

$$\rho = \frac{M}{V} \tag{1-1}$$

式中　M——流体的质量（kg）；

　　　V——流体的体积（m^3）。

同理，单位体积流体的重量（力）称为重度。用 γ 表示（N/m^3）。

$$\gamma = \frac{G}{V} \tag{1-2}$$

式中　G——流体的重量（力）（N）。

根据牛顿第二定律 $G = mg$，流体的重度和密度有如下的关系：

$$\gamma = \rho g \tag{1-3}$$

式中　g 为重量加速度，通常取 $g = 9.807 m/s^2$，或取为 $9.81 m/s^2$。

在建筑设备工程中，涉及的流体主要是水、空气和燃气，其密度和重度如表 1-1 所示。

物　　质	重度 （N/m³）	密度 （kg/m³）	备　　注
干空气	12.68	1.293	0℃及1个大气压
水	9800	1000	4℃及1个大气压
汞	13370	13600	20℃及1个大气压

二、流体的压缩性和热膨胀性

当流体所受的压力增大时，其体积缩小，密度增大，这种性质称为流体的压缩性。流体压缩性的大小，一般用压缩系数 β（Pa^{-1}）来表示。压缩系数是指单位压强所引起的体积相对变化量：

$$\beta = -\frac{1}{V_0}\frac{dV}{dP} \qquad (1-4)$$

式中　V_0——受压缩前的流体体积（m³）；

　　　V——流体体积（m³）；

　　　P——流体的压强（Pa）；

式中等号右边的负号，表示 dV 与 dP 的变化相反。

假定压强由 P_0 变化到 P，体积由 V_0 变化到 V，由式（1-4）可得出流体密度随压强变化：

$$\rho = \frac{\rho_0}{1-\beta(P-P_0)} \qquad (1-5)$$

流体因温度升高使原有的体积增大，密度减小的性质称为流体的热膨胀性。热膨胀性的大小用热膨胀系数 α（1/K 或 1/℃）来表示，热膨胀系数是指单位温度所引起的体积相对变化量，即

$$\alpha = \frac{1}{V_0}\frac{dV}{dT} \qquad (1-6)$$

式中　V_0——初温度 t_0 时的流体体积（m³）；

　　　t——温度（K）。

假定温度由 t_0 升高到 t，体积由 V_0 膨胀到 V，由式（1-6）也可得出流体密度随温度变化：

$$\rho = \frac{\rho_0}{1+\alpha(t-t_0)} \qquad (1-7)$$

液体分子之间的间隙小，在很大的外力作用下，其体积只有极微小的变形，例如水从一个大气压增加到一百个大气压时，每增加一个大气压，水的密度增加 1/2000。水的温度在 10～20℃时，温度每增加 1℃，水的密度减小 1.5/10000。当水的温度在 90～100℃时，温度每增加 1℃，水的密度减小 7/10000。可见水的压缩性和热膨胀性是很小的，一般计算时可看成是不可压缩流体。在建筑设备工程中，除水击和热水循环系统外，一般计算均不考虑液体的压缩性和热膨胀性。

从流体的分子结构来看，气体分子之间的间隙大，分子之间的引力很小，气体的体积随压强和温度的变化是非常明显的，故称为可压缩流体，若在一定容器内气体的质量不变，则两个稳定状态之间的参数关系，可由理想气体状态方程确定：

$$\frac{P_1V_1}{T_1} = \frac{P_2V_2}{T_2} \qquad (1-8)$$

式中 P_1、V_1 和 T_1 分别为气体状态变化前的压强、体积和绝对温度；P_2、V_2 和 T_2 分别为其变化后的相应值。但气体在流动过程中，若流速不大（不超过 70～100m/s），压强不超过 9.8×10^3Pa，可以看作是不可压缩流体，例如空气在同一温差较小的空间内的流动，和在通风管道内的流动，因其密度变化很小，可看作是不可压缩流体。但在不同空间流动的空气，例如室内外，由于存在温差，空气的密度会有所不同，会因密度不同产生空气的自然流动，即自然通风。干空气的密度 ρ 按如下公式计算：

$$\rho = 0.003484 \frac{P}{273.15 + t} \tag{1-9}$$

式中 P——空气压强（Pa）；

　　　　t——空气温度（℃）。

三、黏性

一切实际流体都是有黏性的，流体的黏性是在流动中呈现出来的。流体由静止到开始流动，是一个流体内部产生剪切力，形成剪切变形，以使静止状态受到破坏的过程。

黏性是流体阻止其发生剪切变形的一种特性。当相邻的流体层有相对移动时，各层之间因具有黏性而产生摩擦力。摩擦力使流体摩擦而生热，流体的机械能部分地转化为热能而损失掉。所以，运动流体的机械能总是沿程减少的。

为了说明流体的黏性，先观察流体在管中的流动。当流体在管中缓慢流动时，紧贴管壁的流体质点黏附在管壁上，因而流速为零。相反，位于管轴心线上的流体质点流速最大。介乎其间的流体质点（或流体层）各具有不同的流速，将它们的流速矢量顶点连接起来，即成为流速分布曲线，如图 1-1 所示。

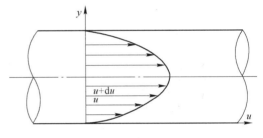

图 1-1　流体的黏性作用

实验证明，内摩擦力的大小与两层之间的速度差 du 及流层接触面积 S 的大小成正比，与流层间的距离 dy 成反比。牛顿在总结实验的基础上，提出了流体内摩擦力假说——牛顿内摩擦定律。若令 τ 表示单位面积上的内摩擦力（Pa），可写为：

$$\tau = \frac{F}{S} = \mu \frac{du}{dy} \tag{1-10}$$

式中 F——内摩擦力（N）；

　　　　S——摩擦流层的接触面积（m²）；

　　　　μ——流体动力黏性系数（Pa·s）；

du/dy——流速梯度，速度沿垂直于流速方向的变化率（s⁻¹）。

式中的动力黏性系数 μ 表示流体黏性的大小，它决定于流体的种类和温度，通常也称为黏度或动力黏度。流体黏性除用动力黏性系数 μ 表示外，还常运动黏性系数或运动黏度 ν 表示，单位 m²/s。

$$\nu = \frac{\mu}{\rho} \tag{1-11}$$

运动黏性系数更能说明流体流动的难易程度。运动黏度愈大，反映流体质点相互牵制的作用愈显著，则流动性愈小。现将水和空气的黏性系数列于表 1-2。

水			空 气			水			空 气		
t ($℃$)	$\mu 10^{-3}$ ($Pa \cdot s$)	$\nu 10^{-6}$ (m^2/s)	t ($℃$)	$\mu 10^{-3}$ ($Pa \cdot s$)	$\nu 10^{-6}$ (m^2/s)	t ($℃$)	$\mu 10^{-3}$ ($Pa \cdot s$)	$\nu 10^{-6}$ (m^2/s)	t ($℃$)	$\mu 10^{-3}$ ($Pa \cdot s$)	$\nu 10^{-6}$ (m^2/s)
0	1.792	1.792	0	0.0172	13.7	30	0.801	0.804	60	0.0201	19.6
5	1.519	1.519	10	0.0178	14.7	50	0.549	0.556	80	0.0210	21.7
10	1.308	1.308	20	0.0183	15.7	70	0.406	0.415	100	0.0218	23.6
15	1.140	1.140	30	0.0187	16.6	90	0.317	0.328	140	0.0236	28.5
20	1.005	1.007	40	0.0192	17.6	100	0.284	0.296	180	0.0251	33.2

流体的黏度与压强的大小几乎无关，仅在高压系统中，流体的黏度稍有增加，因此，一般可不考虑压强对黏度的影响。流体的黏度随温度的变化较大。但温度对气体和液体的黏度有不同的影响。气体分子内聚力较小，而分子运动较剧烈，黏性主要取决于流层间分子的动量交换，所以，当温度升高时，气体分子运动加剧，其黏度增大。液体的情况则与此相反，其黏性决定于分子的内聚力，而当温度升高时，液体分子的内聚力减小，所以其黏度降低。

四、表面张力

液体表面，包括液体与其他流体或固体的接触表面，存在着一种力使液体表面积收缩为最小的力，称为表面张力。表面张力是由液体分子的内聚力引起的，表面张力并不发生在处于平衡状态的平面上，而是发生在曲面上，因在曲面上表面张力才产生附加压力以维持其平衡。液体表面的曲率越大，表面张力就越大。

由于表面张力的作用，如将细玻璃管竖立在液体中，液体就会在细管中上升或下降，称此为毛细管现象。在工程实际中，有时需要消除测量仪器中因毛细管现象使液面升降所造成的误差。能湿润管壁的液体，如水等，其误差是正的，而不能湿润管壁的液体，如水银（汞），其误差是负的，如图 1-2 (a)、(b) 所示。

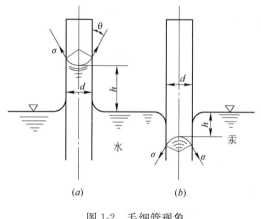

图 1-2　毛细管现象

五、作用于流体上的力

作用于流体上的力包括质量力和表面力两大类。

1. 质量力

质量力是指作用在流体每个质点上的力，其大小与流体的质量成正比。常见的质量力有重力和各种惯性力（如直线加速运动时的直线惯性力和圆周运动时的离心力等）。

2. 表面力

表面力是指作用在流体表面上的力，其大小与受力表面的面积成正比。它包括有表面切向力（摩擦力）和法向力（压力）。它可以是周围流体对所考虑流体作用的摩擦力和压力，也可以是固体壁面对流体作用而产生的摩擦力和压力。流体处于静止状态时，不存在黏性力引起的内摩擦力（切向力为零），表面力只有法向压力。对于理想流体，无论是静止或处于运动状态，都不存在内摩擦力，表面力只有法向压力。

第二节　流体静压强及其分布

流体静止时各质点间没有相对运动，因此流体的黏性表现不出来，流体只受重力和法向压力。

一、流体静压强及其特性

在静止或相对静止的流体中，单位面积上的内法向表面力称为静压强，如图 1-3 所示，在静水中取一表面积为 A 的水体，设周围水体对 A 表面上某一微小面积 ΔS 产生的作用力为 ΔP，则该微小面积上的平均压强为

$$\overline{P} = \frac{\Delta P}{\Delta S} \tag{1-12}$$

当 ΔS 无限缩小到 a 点时，比值趋于某一极限值，该极限值为 a 点的静压强，以 P 表示：

$$P = \lim_{\Delta s \to a} \frac{\Delta P}{\Delta S} \tag{1-13}$$

流体静压强具有两个重要特性：

特性一：流体静压强永远垂直于作用面，并指向该作用面的内法线方向。

特性二：静止流体中任一点的静压强只有一个值，与作用面的方向无关，即任意点处各方向的静压强均相等。

二、流体静压强的分布

1. 分界面、自由表面和等压面

两种密度不同且互不混合液体之间的接触面为分界面；液面和气体的交界面称为自由表面；而流体中由压强相等的各点组成的面叫做等压面。静止流体在重力作用下，分界面和自由表面既是等压面，又是水平面，这一规律只适于满足同种、静止和连续三个条件的流体。例如图 1-4 中 1-1 面是等压面，而 4-4 不是等压面。又如敞口容器内静止液体中任一水平面均为等压面，液体的自由表面上所受的压强相同，为大气压强。此外，压强分布与容器形状无关。若在连通器内，相连通的同一种液体在同高度上的压强相等。相连通的液体可以是在此水平面之下或之上。

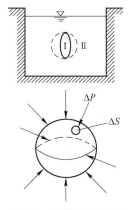

图 1-3　流体的静压强

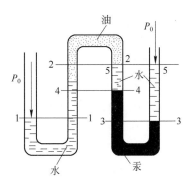

图 1-4　等压面与水平面

2. 静压强的分布规律

在静水中 h 深处以上取一段铅直液柱体，设液柱体上端为 z 坐标的 A 点，该点所受压

强为 P_A；液柱体下端为 z 坐标的 B 点，此点所受压强为 P_B；液体的重度为 γ，液柱体高 h_{AB}，如图 1-5 所示。在流体力学中，单位重量流体所具有的能量称为水头，通常把静止流体中某一点标高 Z 称为单位重量流体的位能，又称位置水头，把某一点的静压强与重度的比值 P/γ 称为单位重量流体的压力能，又称压力水头，两者之和为单位重量流体的势能，又称测压管水头。根据流体力学原理，重力作用下静止流体内部任一点的测压管水头均相等，即各测压管中的液面位于同一水平面上。A、B 两点的压强符合以下方程

$$Z_A + \frac{P_A}{\gamma} = Z_B + \frac{P_B}{\gamma} \tag{1-14a}$$

或可写成

$$P_A + Z_A \gamma = P_B + Z_B \gamma \tag{1-14b}$$

则有

$$P_B = P_A + \gamma(Z_A - Z_B) = P_A + \gamma h_{AB} \tag{1-15}$$

同理也可以得到

$$P_B = P_0 + \gamma h \tag{1-16}$$

式中 P_0——液面上的压强（Pa），大气压强。

式（1-16）是静水压强基本方程式，说明流体的静压强与深度成直线分布规律，且流体中某点静压由两部分组成，即液面上的压强 P_0 和由单位断面液柱自重引起的压强 γh。式（1-16）还说明流体内任一点的静压强都包含液面上的压强 P_0，因此，液面压强若有任何增量，都会使其内部各处的压强有同样的增量，即（$P_B + \Delta P$）=（$P_0 + \Delta P$）$+ \gamma h$，这称为液面压强等值地在液体内传递的原理，即帕斯卡原理。方程也适用于静止气体，只是气体的重度很小，在高差不大的情况下可忽略 γh 项。图 1-6 为水池壁压强分布图。

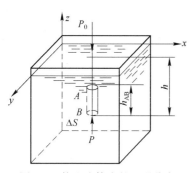

图 1-5　静止液体中的压强分布

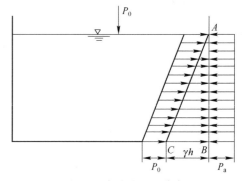

图 1-6　水池壁压强分布

三、压强的度量和单位

流体静压强有两种表示方法：

（1）绝对压强。以绝对真空为零算起的压强，用 P 表示。绝对压强永远是正值，某一点的绝对压强与大气压强比较时，可以大于大气压强，也可以小于大气压强。

（2）相对压强。以当地大气压强 P_a 为零算起的压强，一般结构的压力表测量出的压强即为此压强，所以相对压强又称为表压强，用 p 表示。相对压强可以是正值，也可以是负值。当某点的绝对压强高于大气压强时，相对压强值为正，相对压强的正值称为正压（即压力表读数）；某点的绝对压强低于大气压强时，相对压强值为负，相对压强的负值称为负压。

相对压强与绝对压强之间的关系用下式表示

$$p = P - P_a \tag{1-17}$$

相对压强为负值时，流体处于低压状态，通常用真空度（或真空压强）来度量流体的真空程度。真空度的含义是指某点的绝对压强不足于一个大气压强的部分，用 p_k 表示，即

$$p_k = P_a - P \tag{1-18}$$

真空度实际上等于负的相对压强的绝对值，某点的真空度越大，说明它的绝对压强越小。真空度达到最大值时，绝对压强为零，处于完全真空状态；真空度的最小值为零，即绝对压强等于当地大气压强。

常用的压强单位有

1）在国际单位制中，用单位面积的压力来表示，其单位为 Pa（帕），$1Pa = 1N/m^2$，有时又把 10^5Pa 称为 bar（巴），以往用工程大气压表示时，1 工程大气压 = 98066.5Pa。

2）过去在工程单位中，常用液柱高度表示，由于压强与液柱高度的关系为 $p = \gamma h$，则有 $h = p/\gamma$，根据所取不同流体的 γ 值，其单位为 mH_2O（米水柱）或 mmHg（毫米水银柱），各单位的关系为

$$1 \text{ 标准大气压（atm）} = 760mmHg = 10.33mH_2O = 101325Pa$$

在工程中，压强也具有能量的含义。例如当压强以 Pa 为单位时，其含义是单位体积流体所具有的压能（$1Pa = 1N/m^2 = 1J/m^3$），在通风、空调工程中常采用这一单位。过去在工程单位中当压强以 mH_2O 为单位时，其含义是单位质量流体所具有的压能（kgf·m/kg），也称为水头，在给水排水工程中常采用这一单位。

四、压强的测量

建筑设备工程中常遇到流体静压强的量测问题，例如锅炉、制冷压缩机、水泵和风机等设备中均需测定压强。常用测压仪器有液柱测压计、金属压力表和真空表等。

1. 液柱测压计

图 1-7 中的测压管是最简单的液柱测压计，A 点和 B 点的相对静压强 p 可用水柱高度 h_1 和 h_2 表示（下式中等式右边的负号表示容器内的相对压强为负压）。

$$p_B = P_B - P_a = -\gamma h_2 \tag{1-19}$$

$$p_A = P_A - P_a = -\gamma(h_1 + h_2) \tag{1-20}$$

如果被测点的压强值与大气压强的差值较大，则水柱将会很高，观测不便。可以在测压管中充以重度大的水银液体，做成水银测压计，如图 1-8 所示。

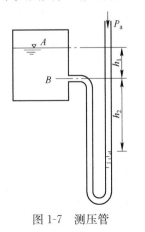

图 1-7　测压管

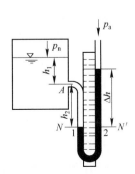

图 1-8　水银测压计

液柱测压计优点是准确度高，缺点是量测值小，体积大。在测量微小的压强时，为了提高测量精度，常采用倾斜微压计。

2. 压力表和真空表

测量较大压强或负压时，常采用压力表和真空表。

图 1-9 为常用的弹簧压力表，其构造是表内有一根下端开口上端封闭的镰刀形青铜管，开口端与测点相接，封闭端外有细链条与齿轮连接。测压时，青铜管在流体压力作用下发生伸张，从而牵动齿轮旋转，齿轮上的指针便把压强的大小在表盘上指示出来。

真空表是用来测量真空度的仪表，亦可分为液体真空表和金属真空表两种，其构造和作用原理与上述各测压计基本相同。真空表常装在离心泵的吸水管上。

此外，大气压强可用水银气压计或空盒气压计等仪器进行测量。

[**例 1-1**] 如图 1-10 所示封闭水箱中，水深 $h=1.5\text{m}$ 的 A 点上安装一压力表，其中心距 A 点 $Z=0.5\text{m}$，压力表读数为 4.9kN/m^2，求水面相对压强 $p_0=?$

[**解**] 根据公式 $P_0+\gamma(h-Z)=P_{表}$

则 $p_0=4.9-9.8\times(1.5-0.5)=-4.9\text{kPa}$

所以水面相对压强 p_0 为 -4.9kPa。

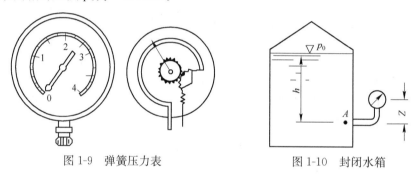

图 1-9 弹簧压力表　　　　　图 1-10 封闭水箱

第三节 流体运动基本规律

一、基本概念

1. 恒定流动和非恒定流动

根据流体质点流经流场中某一固定位置时，其运动参数是否随时间而变化这一条件，将流体运动形式分为恒定流动和非恒定流动两类。恒定流动是指流场中任一点的压强和流速等运动参数不随时间而变化的流动。例如，在定转速下离心式水泵吸水管中的液体流动和不变水位容器的管嘴出流均为恒定流动。非恒定流动是指任一点压强和流速等参数随时间而变化的流动。例如，往复式水泵的吸、排水管中的流动和变水位容器的管嘴出流均为非恒定流动。如图 1-11 所示。自然界都是非恒定流动，在一定条件下工程上取为恒定流动。

2. 压力流和无压流

压力流是流体在压差作用下流动时，流体整个周围都和固体壁面相接触，没有自由表面，如供热工程中管道输送汽、水带热体，风道中气体，给水管中水的输送等都是压力流。

无压流是液体在重力作用下流动时，液体的部分周界与固体壁面相接触，部分周界与气体相接触，形成自由表面。如河流、明渠流和建筑排水横管中的水流等一般都是无压流动。

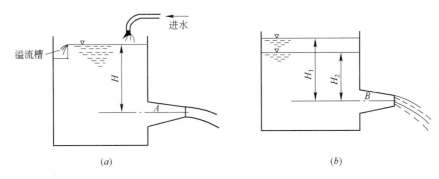

图 1-11 恒定与非恒定流动

（a）恒定流动；（b）非恒定流动

3. 流线和迹线

流线是流体运动时，在流速场中画出某时刻的这样的一条空间曲线，它上面所有流体质点在该时刻的流速矢量都与这条曲线相切，这条曲线就称为该时刻的一条流线，流场中，某一时刻有许多流线构成流线族，可表现流场的流动状况。

迹线是流体运动时，流体中某一个质点在连续时间内的运动轨迹，它反映了流场中某一特定质点在不同时刻的运动轨迹。流线与迹线是两个完全不同的概念。非恒定流的流线与迹线不相重合，恒定流的流线与迹线相重合。

4. 均匀流和非均匀流

均匀流是流体运动时流线是平行直线的流动。如等截面长直管中的流动。非均匀流是流体运动时流线不是平行直线的流动。如流体在收缩管、扩大管或弯管中的流动。非均匀流又可分为渐变流和急变流。渐变流是流体运动中流线接近于平行线的流动，如图 1-12 中的 A 区；急变流是流体运动中流线不能视为平行直线的流动，如图 1-12 中的 B、C 和 D 区。

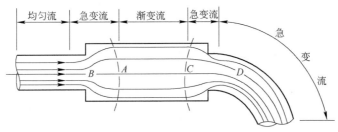

图 1-12　均匀流和非均匀流

5. 元流和总流

元流是流体运动时，在流体中取一微小面积 dS，并在 dS 面积上各点引出流线并形成的一股流束，在元流内的流体不会流到元流外面；在元流外面的流体也不会进元流内。由于 dS 很小，可以认为 dS 上各点的压强、流速等运动要素相等。如图 1-13 所示。总流是流体运动时无数元流的总和。

6. 过流断面、流量和断面平均流速

过流断面是流体运动时，与元流或总流全部流线正交的横断面，用 dS 或 S 表示。均匀流的过流断面为平面；渐变流的过流断面可视为平面；非均匀流的过流断面为曲面，见

图 1-14。研究表明，均匀流和渐变流的过流断面上的压强符合静压强分布。

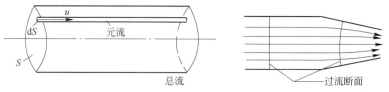

图 1-13　元流与总流　　　　图 1-14　流线与过流断面

流量是流体运动时单位时间内通过过流断面的流体的多少。流量通常用体积流量和质量流量来表示。体积流量是指单位时间内通过过流断面流体的体积，一般流量指的是体积流量。质量流量（或重量流量）是指单位时间内通过过流断面的流体质量（或重量）。流体流动时，断面各点流速一般不同，在工程中经常使用断面平均流速，即断面上各点流速的平均值。

$$v = \frac{1}{S} \int_S u \, dS \qquad (1\text{-}21)$$

式中　v——过流断面上的平均流速（m/s）；

　　　S——过流断面积（m^2）；

　　　u——过流断面微小面积 dS 的流速（m/s），见图 1-15。

这样，通过过流断面的流量就等于过流断面面积乘断面平均流速，即

$$Q = vS = \int_S u \, dS \qquad (1\text{-}22)$$

式中　Q——过流断面上的体积流量（m^3/s）。

那么，通过过流断面的质量流量和重量流量分别为

$$Q_\rho = \rho Q \qquad (1\text{-}23)$$

$$Q_\gamma = \gamma Q \qquad (1\text{-}24)$$

式中　Q_ρ——过流断面上的质量流量（kg/s）；

　　　Q_γ——过流断面上的重量流量（N/s）。

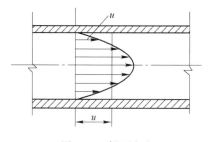

图 1-15　断面流速

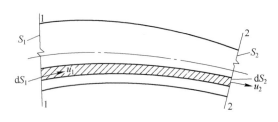

图 1-16　恒定总流段

二、恒定流的连续性方程

恒定流连续性方程是流体运动的基本方程之一，它的形式简单但是应用广泛。

在恒定总流中取一元流，元流在 1-1 过流断面上的面积为 dS_1，流速为 u_1；在 2-2 过流断面上的面积为 dS_2，流速为 u_2。由于流动是恒定流，元流形状及空间各点的流速不随时间变化，流体为连续介质且不能从元流的侧壁流入或流出。则按照质量守恒原理，流体流进断面 dS_1 质量必然等于流出 dS_2 断面的质量，令流体流进 dS_1 的密度为 ρ_1，流出 dS_2 的密度为 ρ_2，则在 dt 时间内流进与流出元流的质量相等，即

$$\rho_1 u_1 \, dS_1 \, dt = \rho_2 u_2 \, dS_2 \, dt \qquad (1\text{-}25)$$

或

$$\rho_1 u_1 \, dS_1 = \rho_2 u_2 \, dS_2 \qquad (1\text{-}26)$$

推广到总流，得：

$$\int_{S_1} \rho_1 u_1 \, dS = \int_{S_2} \rho_2 u_2 \, dS \qquad (1\text{-}27)$$

由于在同一过流断面上，密度 ρ 为常数，上式得

$$\rho_1 Q_1 = \rho_2 Q_2 \qquad (1\text{-}28)$$

或

$$\rho_1 v_1 S_1 = \rho_2 v_2 S_2 \qquad (1\text{-}29)$$

式（1-28）与式（1-29）为总流连续性方程式的普遍形式——质量流量的连续性方程式。

当流体不可压缩时，流体的密度 ρ 不变，上式得：

$$Q_1 = Q_2 \qquad (1\text{-}30)$$

或

$$v_1 S_1 = v_2 S_2 \qquad (1\text{-}31)$$

式（1-30）与式（1-31）为不可压缩流体的总流连续性方程——体积流量的连续性方程式。方程表示流速与断面积成反比的关系，该式在实际工程中应用广泛。

由于重度 $\gamma = \rho g$，且同一地区重力加速度 g 又相同，故过流断面 1-1、2-2 总流的重量流量为

$$\rho_1 Q_1 g_1 = \rho_2 Q_2 g_2 \qquad (1\text{-}32)$$

或

$$\gamma_1 Q_1 = \gamma_2 Q_2 \qquad (1\text{-}33)$$

或

$$\gamma_1 v_1 S_1 = \gamma_2 v_2 S_2 \qquad (1\text{-}34)$$

式（1-32）、式（1-33）和式（1-34）三式为总流重量流量的连续性方程式。

若在工程上遇到可压缩流体，可用总流重量流量的连续性方程式，即式（1-33）或式（1-34）进行计算。

[例 1-2] 如图 1-17 所示水箱水管系统，水从水箱流经直径为 $d=2.5\text{cm}$ 的管道流入大气中。当出口流速为 10m/s 时，求质量流量 $Q_g = ?$

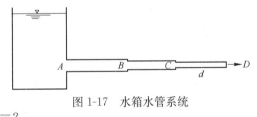

图 1-17 水箱水管系统

[解] 根据公式 $Q_g = \rho A v = \rho \dfrac{1}{4} \pi d^2 v = 1000 \times \dfrac{1}{4} \times 3.14 \times 0.025^2 \times 10 = 4.9\text{kg/s}$

所以水的质量流量 Q_g 为 4.9kg/s。

三、恒定总流能量方程式

1. 实际液体的恒定总流能量方程式

能量守恒及其转化规律是物质运动的一个普遍规律。应用此规律来分析液体运动，可以揭示液体在运动中压强、流速等运动要素随空间位置的变化关系——能量方程式。从而为解决许多工程技术问题奠定基础。

如图 1-18 所示液体流过断面 1-1 和 2-2 间流段，同一过流断面上单位重量液体包含位能、压能和动能，三项能量之和为该断面上单位重量液体的机械能量，在黏性不可压缩液体恒定流动的前提下，实际液体总流的能量方程为表现为单位重量液体通过流段 1-2 的平均能量损失等于两个断面的机械能之差。

$$h_{l,1-2} = H_1 - H_2 = \left(Z_1 + \frac{P_1}{\gamma} + \frac{\alpha_1 v_1^2}{2g}\right) - \left(Z_2 + \frac{P_2}{\gamma} + \frac{\alpha_2 v_2^2}{2g}\right) \tag{1-35}$$

式中 $h_{l,1-2}$——单位重量液体通过流段 1-2 的平均能量损失，也称水头损失（m）；

H_1，H_2——过流断面 1-1 和 2-2 上单位重量液体的总机械能，也称总水头（m）；

Z_1，Z_2——过流断面 1-1 和 2-2 上单位重量液体位能，也称位置水头（m）；

$\dfrac{P_1}{\gamma}$，$\dfrac{P_2}{\gamma}$——过流断面 1-1 和 2-2 上单位重量液体压能，也称压强水头（m）；

$\dfrac{\alpha_1 v_1^2}{2g}$，$\dfrac{\alpha_2 v_2^2}{2g}$——过流断面 1-1 和 2-2 上单位重量液体动能，也称流速水头（m）。

上式中的 α 为动能修正系数。是用断面平均流速 v 代替质点流速 u 计算动能所造成误差的修正。一般 $\alpha = 1.05 \sim 1.1$，为计算方便，一般常取 $\alpha = 1.0$。

在上式中，同一过流端面上单位重量液体位能、压能和动能之和为该断面上的机械能量，或称总水头，式（1-35）表明单位重量液体通过流段 1-2 的平均能量损失等于两个断面的机械能之差。

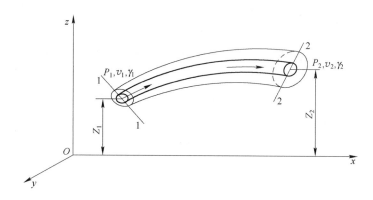

图 1-18　恒定总流段

能量方程式中每一项的单位都是长度，位置水头、压强水头和流速水头可用测压管和测速管测出，它们都可以在断面上用铅直线段在图中表示出来。这就对方程式各项在流动过程中的变化关系以更形象的描述。如图 1-19 所示。

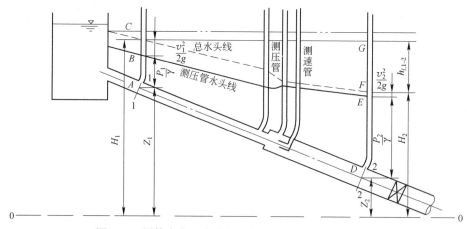

图 1-19　圆管中有压流动的总水头线与和测压管水头线

1）总水头线：各断面上的总水头顶点连成的一条线（图中虚线）。在实际水流中由于水头损失的存在，所以总水头线总是沿流程下降的倾斜线。通常把总水头线沿流程的降低值 $h_{l,1-2}$ 与沿程长度 l 的比值，称为总水头坡度或水力坡度，用 $i(\mathrm{m/m})$ 表示，它表示沿流程单位长度上的水头损失，即：

$$i = \frac{h_{l,1-2}}{l} \tag{1-36}$$

2）测压管水头线：各过流断面的测压管水头（$Z+P/\gamma$）连成的一条线（图中实线）。测压管水头线可能上升，可能下降，也可能水平，可能是直线也可能是曲线。

2. 实际气体的恒定总流能量方程

对于不可压缩的气体，液体能量方程同样可以适用。对一般通风管道中，过流断面上的流速分布比较均匀，动能修正系数可采用 $\alpha=1.0$。这样，实际气体总流的能量方程式写成

$$P_{l,1-2} = \left(\rho g Z_1 + P_1 + \frac{\rho v_1^2}{2}\right) - \left(\rho g Z_2 + P_2 + \frac{\rho v_2^2}{2}\right) \tag{1-37}$$

由于气体密度很小，式中重力位能可以忽略不计，方程简化为

$$P_{l,1-2} = \left(P_1 + \frac{\rho v_1^2}{2}\right) - \left(P_2 + \frac{\rho v_2^2}{2}\right) \tag{1-38}$$

实际气体总流的能量方程与液体总流的能量方程比较，除各项单位以压强来表达过流断面气体单位体积平均能量外，对应项意义基本相近，即

$P_{l,1-2}$——单位体积气体通过流段 1-2 的平均能量损失，称流动阻力（Pa）；

P_1，P_2——过流断面 1-1 和 2-2 上单位体积气体压能，称静压（Pa）；

$\frac{1}{2}\rho v_1^2$，$\frac{1}{2}\rho v_2^2$——过流断面 1-1 和 2-2 上单位体积气体的动能，也称动压（Pa）。

3. 能量方程应用举例

[例 1-3]　如图 1-20 所示文丘里流量计，它装置在管路中，是一段管径先收缩后扩大的短管，将流量计收缩前的 A 点和收缩喉部的 B 点分别与水银压差计的两端连通。当管中水从 A 向 B 通过时，因 A、B 两点的压强不等，在水银比压计上将出现水银柱高差 Δh。求通过的流量 Q 值。

[解]　以 $N-N$ 为等压面，则

$$p_A + \gamma h_1 = p_B + \gamma h_2 + \gamma_{\mathrm{Hg}} \Delta h$$

$$\frac{1}{\gamma}(p_A - p_B) = \left(\frac{\gamma_{\mathrm{Hg}}}{\gamma} - 1\right)\Delta h$$

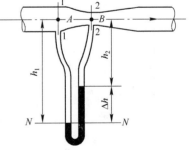

图 1-20　文丘里流量计

过流断面选在安置水银压差计的 1-1 和 2-2 断面上，基准面选为文丘里管轴线，则列断面 1-1、2-2 之能量方程式为

$$h_{l,1-2} = \left(Z_1 + \frac{p_1}{\gamma} + \frac{\alpha_1 v_1^2}{2g}\right) - \left(Z_2 + \frac{p_2}{\gamma} + \frac{\alpha_2 v_2^2}{2g}\right)$$

取 $\alpha_1 = \alpha_2 = 1.0$。因管路很短，水头损失很小，可取 $h_{l,1-2} \approx 0$。又由于文丘里管水平设置，采用的是水银比压计，故

$$Z_1 = Z_2 = 0; \qquad \frac{p_1}{\gamma} - \frac{p_2}{\gamma} = \frac{1}{\gamma}(p_A - p_B) = 12.6\Delta h$$

将上述诸值代入上列公式得：

$$12.6\Delta h = \frac{v_2^2}{2g} - \frac{v_1^2}{2g}$$

根据连续方程式得：

$$v_2 = v_1 \frac{d_1^2}{d_2^2}$$

以上两式联立得：

$$12.6\Delta h = \frac{v_1^2}{2g}\left(\frac{d_1^4}{d_2^4} - 1\right)$$

或

$$v_1 = \sqrt{\frac{2g(12.6\Delta h)}{(d_1^4/d_2^4) - 1}}$$

所以

$$Q' = S_1 v_1 = \frac{\pi d_1^2}{4}\sqrt{\frac{2g(12.6\Delta h)}{(d_1^4/d_2^4) - 1}}$$

为了简化公式，常用符号 A 表示上式的常数值

$$A = \frac{\pi d_1^2}{4}\sqrt{\frac{2g}{(d_1^4/d_2^4) - 1}}$$

则文丘里流量公式为：

$$Q' = A\sqrt{12.6\Delta h}$$

上式未计入水头损失，算得的流量会比管中实际流量略大。如果考虑流经文丘里流量计过流断面 1-1、2-2 间的水头损失，应乘以小于 1 的系数 μ，称为文丘里流量系数，实验中测定 μ 一般为 $0.97 \sim 0.99$ 之间。实际流量为

$$Q = \mu A\sqrt{12.6\Delta h}$$

[例 1-4]　如图 1-21 所示一轴流风机。直径 $d=200\text{mm}$，吸入管的测压管水柱高 $h=20\text{mm}$，空气的重度 $\gamma_a = 11.80\text{N/m}^3$，求轴流风机的风量（假定进口损失很小，可以忽略不计）。

[解]　风机在实际工程中经常遇到，它从大气中吸入空气，进入吸入管段，然后经过风机加压，送至需要的地方，本题就是风机的吸入管段，因为吸入管段中的流量为 $Q=Sv$，其中 S 为已知，故需用气体总量的能量方程式求出流速 v。

过流断面 1-1 取在距进口较远的大气中，流速很小，即 $\frac{v_1^2}{2g} \approx$

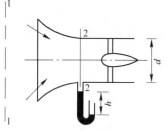

图 1-21　轴流风机

0，1-1 断面上大气压强为已知，即相对压强 $P_1 \approx 0$。2-2 过流断面取在水银测压计的渐变流断面上，则此断面上压强已知，相对压强为：

$$p_2 = -\gamma h = -9800 \times 0.02 = -196\text{N/m}^2$$

此外，若能量方程所需基面取为轴流风机的水平中心轴线，用气体能量方程式：

$$p_1 + \gamma\frac{v_1^2}{2g} = p_2 + \gamma\frac{v_2^2}{2g} + \gamma h_{l,1-2}$$

将上列各项数值代入上式，并且忽略过流断面 1-1、2-2 之间能量损失，在 1-2 之间为连续流条件下，可得：

$$0+0=-196+11.8\times\frac{v_2^2}{2\times9.8}+0$$

所以

$$v_2=\sqrt{\frac{2\times9.8\times196}{11.80}}=18\text{m/s}$$

第四节　流动阻力和水头损失

一、流动阻力和水头损失的两种形式

按照流体的能量方程式去解决各种实际工程技术问题，就得确定水头损失 $h_{l,1\text{-}2}$，本节的任务就是研究恒定流动时各种流态下的水头损失的计算。

流动阻力和水头损失可分为两种形式：

1. 沿程阻力和沿程水头损失

流体在长直管（或明渠）中流动，所受的摩擦阻力称为沿程阻力。为了克服沿程阻力而消耗的单位重量流体的机械能量，称为沿程水头损失 h_f。

2. 局部阻力和局部水头损失

流体的边界在局部地区发生急剧变化时，迫使主流脱离边壁而形成漩涡，流体质点间产生剧烈的碰拉，所形成的阻力称局部阻力。为了克服局部阻力而消耗的单位重量流体的机械能量称为局部水头损失 h_j。

图 1-22 所示一给水管道，管道有弯头、突然扩大、突然缩小、闸门等。在管径不变的直管段上，只有沿程水头损失 h_f，测压管水头线和总水头线都是互相平行的直线。在弯头、突然扩大、突然缩小、闸门等水流边界面急骤改变处产生局部水头损失 h_j。

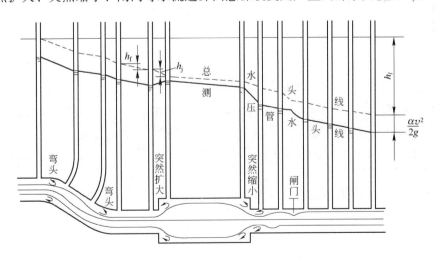

图 1-22　给水管道沿程和局部水头损失

整个管道的总水头损失 $h_{l,1\text{-}2}$ 等于各沿程水头损失 h_f 与各局部水头损失 h_j 分别叠加之和，即

$$h_{l,1\text{-}2}=\sum h_\text{f}+\sum h_\text{j} \tag{1-39}$$

二、流动的两种形态——层流和紊流

实际流体的运动存在有两种不同的状态，即层流和紊流。由于流体运动状态的不同，其流动阻力及能量损失的规律也不相同。

层流和紊流两种流动状态已由雷诺实验所证实。实验装置如图 1-23 所示。在盛有实验用液体的水箱 B 上连接一个透明玻璃管 T，在管末端装一个阀门 K，借以调节管内流量，流量用量桶 D 来测定。用自来水管 F 向水箱 B 供水，利用溢流装置 A 保持水箱 B 中水位恒定不变，使管中液体处于稳定流动状态。

在水箱 B 上方设置一个小水筒 E。其中盛有重度与实验液体相接近，但不会被溶解的有色液体。有色液体通过带有开关 P 的小细管 T_1 被引到玻璃管 T 的入口内。

实验过程首先微开阀门 K，使少量液体缓缓地从玻璃管 T 流出。略微打开小细管 T_1 的开关 P，使有色液体亦流入玻璃管中。这时能清楚地看到一条形状稳定的有色液体流线，此时管中液体都是沿着轴向流动，有色液体质点并不和其周围的液体质点相互混杂或交换。管中的这种流体运动是层流状态（图 1-23a）。

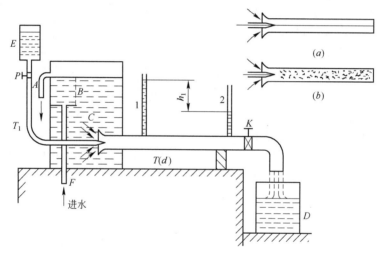

图 1-23　雷诺实验装置

将阀门 K 开大，流速加快，流速增大到某一定值时，有色液体流线开始波动，层流运动将要破坏，处于过渡状态。如果再开大阀门，则液体发生紊乱，有色液体已看不清楚。此时液体质点已互相混杂和碰撞，并产生动量交换，流动呈不规则状态。管中的这种流体运动为紊流状态（图 1-23b）。

判断流动状态，雷诺用量纲分析方法得到无因次量——雷诺数 Re 来判别，对于圆形管道

$$Re = \frac{vd}{\nu} \tag{1-40}$$

式中　Re——雷诺数；

　　　v——圆管中流体的平均流速（m/s）；

　　　d——圆管的管径（m）；

　　　ν——流体的运动黏滞系数（m²/s）。

对于圆管的有压管流：若 $Re<2000$ 时，流体为层流状态；若 $2000<Re<4000$ 时，流

体为过渡状态；若 $Re>4000$ 时，流体为紊流状态。

设 R 为水力半径，则

$$R = \frac{S}{U} \tag{1-41}$$

式中　S——过流断面积（m^2）；

　　　U——湿周，表示流体同固体边壁在过流断面上接触的周边长度（m）。

对于有压管流的水力半径

$$R = \frac{S}{U} = \frac{\pi d^2/4}{\pi d} = \frac{d}{4} \tag{1-42}$$

对于矩形断面的管道

$$R = \frac{ab}{2(a+b)} \tag{1-43}$$

在建筑设备工程中，绝大多数的流体运动都处于紊流形态。只有在流速很小，管径很小或黏滞性很大的流体运动时（如地下水渗流，油管等）才可能发生层流运动。

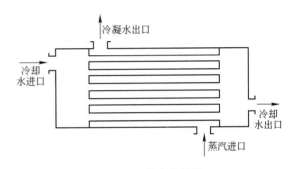

图 1-24　蒸汽冷凝器

[例 1-5]　如图 1-24 所示一蒸汽冷凝器，内有 250 根平行的黄铜管，通过的冷却水总流量为 8L/s，水的运动黏性系数 $v=1.31\times10^{-6}\,m^2/s$，为了使黄铜管内冷却水保持为紊流，则黄钢管的直径 $d\leqslant$？

[解]　单管流量　$Q=8\times10^{-3}/250=3.2\times10^{-5}\,m^3/s$

$$v = \frac{Q}{\pi d^2/4}$$

$$Re = \frac{vd}{\nu} = \frac{4Q}{\pi d\nu} \geqslant 4000$$

$$d \leqslant \frac{4Q}{4000\nu\pi} = \frac{4\times3.2\times10^{-5}}{4000\times1.31\times10^{-6}\times3.14} = 7.78\text{mm}$$

所以为了使黄铜管内冷却水保持为紊流，则要求黄钢管的直径 $d\leqslant7.78$mm。

三、沿程水头损失

流体运动时，不同流态的水头损失规律是不一样的。工程中的大多数流动是紊流，因此下面介绍紊流状态下的水头损失。迄今，用理论的方法只能推导层流的沿程水头损失公式。对于紊流，目前采用理论和实验相结合的方法，建立半经验公式来计算沿程水头损失，这类公式普遍表达为：

$$h_{\mathrm{f}} = \lambda \frac{l}{d} \frac{v^2}{2g} \tag{1-44}$$

式中　h_{f}——沿程水头损失（m）；

　　　λ——沿程阻力系数；

　　　d——管径（m）；

　　　l——管长（m）；

v——管中平均流速（m/s）。

对于气体管道，则可将式（1-44）写成压头损失的形式，即

$$P_f = \lambda \frac{l}{d} \frac{\rho v^2}{2} \tag{1-45}$$

式中　P_f——压头损失（Pa）。

对于非圆断面管渠，$d = 4R$，所以式（1-44）变为：

$$h_f = \lambda \frac{l}{4R} \frac{v^2}{2g} \tag{1-46}$$

在实际工程中，有时是已知沿程水头损失 h_f 和水力坡度 i，而要求流速 v 的大小，为此，将式（1-46）整理得到：

$$v = \sqrt{\frac{8g}{\lambda}} \sqrt{Ri} = C\sqrt{Ri} \tag{1-47}$$

公式（1-47）称为均匀流流速公式或称谢才系数。该公式在明渠流中应用很广。

四、沿程阻力系数 λ 和流速系数 C 的确定

1. 尼古拉兹实验曲线

沿程阻力系数是反映边界粗糙情况和流态对水头损失影响的一个系数。层流中沿程阻力系数 λ 只与雷诺数 Re 有关，在紊流中 λ 与雷诺数及粗糙度相关。为了确定沿程阻力系数 λ 的变化规律，尼古拉兹在圆管内壁用胶黏上经过筛分具有同一粒径的砂粒，制成人工均匀颗粒粗糙。然后对不同粗糙度的管道进行实验。尼古拉兹实验装置如图 1-25（a）所示。实验是在恒定流的条件下进行的。在管段 1-1 和 2-2 的两个断面上装有测压管，当管中平均流速为 v 时，两测压管的水面高差等于 1-2 管段的沿程水头损失，然后按照公式 $h_f = \lambda \frac{l}{d} \frac{v^2}{2g}$ 计算 λ 值。调节尾阀的不同开度，可得到不同的 Q、v、Re 和 λ 值。并将它们绘在对数坐标纸上，横坐标以 $\lg Re$ 表示，纵坐标以 $\lg(100\lambda)$ 表示。用几种不同相对粗糙度的管子进行同样的实验，最后得出如图 1-25（b）所示的结果。

分析这些曲线，可得出

1. 层流区。当 $Re < 2000$ 时，所有的试验点聚积在直线 I 上，λ 与 Re 有关，λ 与 Re 的关系为 $\lambda = f_1(Re) = Re/64$。

2. 层流转变为紊流的过渡区。当 $2000 < Re < 4000$ 时，λ 与 Re 有关，与相对粗糙度 $\left(\frac{\Delta}{d}\right)$ 无关，$\lambda = f_2(Re)$。

3. 紊流区。$Re > 4000$ 后形成，根据 λ 的变化规律，此区流动又可分为如下三个流区：

（1）水力光滑区。当 $Re > 4000$ 时，所有聚集在线 Ⅱ-Ⅱ 上的试验点，沿程阻力系数 λ 与 Re 有关，而与相对粗糙度无关，$\lambda = f_3(Re) = \dfrac{0.3164}{Re^{1/4}}$。

（2）水力过渡区。此区沿程阻力系数 λ 与雷诺数 Re 和相对粗糙度都有关，$\lambda = f_4(Re, \Delta/d)$。

（3）阻力平方区。当 Re 增加到相当大时，实验曲线成为与横轴平行的直线，沿程阻力系数 λ 只与相对粗糙度有关，与雷诺数 Re 无关，此区的流动阻力与流速平方成正比，故称阻力平方区，$\lambda = f_5\left(\dfrac{\Delta}{d}\right)$。

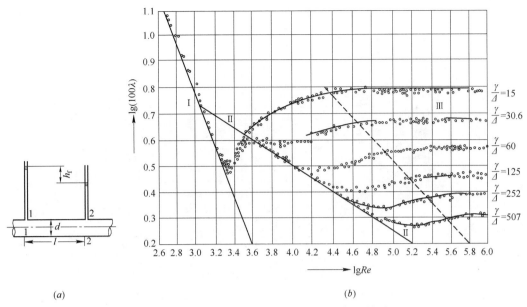

图 1-25　圆管中不同相对粗糙度的 Re 与 λ 关系

尼古拉兹实验全面揭示了不同流态下 λ 和 Re 数及相对粗糙度的关系以及 λ 计算式的适用范围。尼古拉兹实验是对人工均匀粗糙管进行的，而工业管道的实际粗糙是不均匀的，与尼古拉兹实验的人工均匀粗糙管有很大不同，需要确定一个反映管道绝对粗糙特征的量，即当量糙粒高度 Δ。在流体力学中采用把尼古拉兹粗糙作为度量粗糙的基本标准，把工业管道的不均匀粗糙折合成尼古拉兹粗糙。如实测工业管道在粗糙区的 λ 值，将它与尼古拉兹实验结果进行比较，找出 λ 值相等同一直径尼古拉兹粗糙管的糙粒高度，即当量糙粒高度 Δ。一些工业管道当量糙粒高度如表 1-3 所示。

工业管道当量粗糙度　　　　　　　　　　　　　　　　　　　表 1-3

管 道 材 料	Δ(mm)	管 道 材 料	Δ(mm)
钢板制风管	0.15(引自全国通用通风管道计算表)	竹风道	0.8～1.2
塑料板制风管	0.10(引自全国通用通风管道计算表)	铅管、钢管、玻璃管	0.01 光滑(以下引自莫迪当量粗糙图)
矿渣石膏板风管	1.0(引自全国通用通风管道计算表)	镀锌钢管	0.15
表面光滑砖风道	4.0	钢管	0.046
矿渣混凝土板风管	1.5	涂沥青铸铁管	0.12
铁丝网抹灰风管	10～15	铸铁管	0.25
胶合板风道	1.0	混凝土管	0.3～3.0
地面沿墙砌造风管	3～6	木条拼合圆管	0.18～0.9
墙内砌砖风管	5～10	鞍钢焊接黑铁管(D_0 15～100)	0.4～0.1(引自太原工业大学小口径钢管实验资料)

柯列勃洛克根据大量的工业管道试验资料，得出紊流综合公式-柯氏公式：

$$\frac{1}{\sqrt{\lambda}} = -2\lg\left(\frac{\Delta}{3.7d} + \frac{2.51}{Re\sqrt{\lambda}}\right)$$

(1-48)

为了简化计算，莫迪以柯氏公式为基础绘制出反映 Re、Δ/d 和 λ 对应关系的莫迪图，如图 1-26 所示。在图上可根据 Re 和 Δ/d 直接查出 λ。

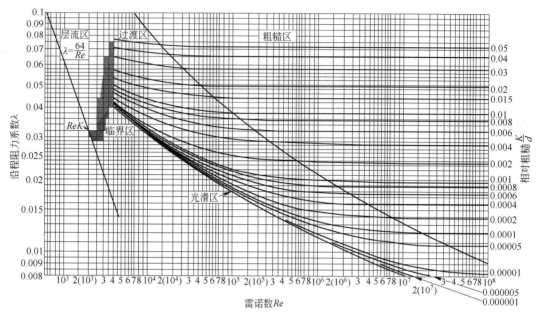

图 1-26 莫迪图

2. 沿程阻力系数 λ 的几个经验公式

（1）水力过渡区

供热管道近似公式

$D<200mm$ 时，

$$\lambda = \frac{1.343}{(d/\Delta)^{0.125} Re^{0.17}} \qquad (1\text{-}49a)$$

$D>200mm$ 时

$$\lambda = \frac{1.83}{(d/\Delta)^{0.087} Re^{0.134}} \qquad (1\text{-}49b)$$

（2）阻力平方区

通风管道的综合经验公式

$$\lambda = -2\lg\left(\frac{\Delta}{3.7d} + \frac{2.51}{Re\sqrt{\lambda}}\right) \qquad (1\text{-}50)$$

供热工程的综合经验公式

$$\lambda = 0.11\left(\frac{\Delta}{d} + \frac{68}{Re}\right)^{0.25} \qquad (1\text{-}51)$$

当 Re 很大时给水排水工程的钢管与铸铁管的经验公式

当 $v \geqslant 1.2m/s$ 时 $\qquad \lambda = \dfrac{0.021}{d^{0.3}} \qquad (1\text{-}52)$

当 $v < 1.2m/s$ 时 $\qquad \lambda = \dfrac{0.0179}{d^{0.3}}\left(1 + \dfrac{0.867}{v}\right)^{0.3} \qquad (1\text{-}53)$

实际计算 λ 时，也可以查用于工业管道的表。

3. 流速系数 C 的经验公式

均匀流的流速公式（1-47）在给水排水管道和明渠中应用广泛。式中流速系数 C 的经验公式也较多，常用的有曼宁公式：

$$C = \frac{1}{n} R^{1/6} \tag{1-54}$$

式中　n—粗糙系数，视管壁渠壁材料粗糙而定，如表 1-4 所示。

给水排水工程中常用管渠材料的 n 值　　　　表 1-4

管 渠 材 料	n	管 渠 材 料	n
钢管、新的接缝光滑铸铁管	0.011	粗糙的砖砌面	0.015
普通的铸铁管	0.012	浆砌块石	0.020
陶土管	0.013	一般土渠	0.025
混凝土管	0.013～0.014	混凝土渠	0.014～0.017

美、英给水工程上所采用的海澄-威廉公式，适用于常温下的管径大于 0.05m，流速小于 3m/s 的管中水流，即：

$$v = 0.85 C R^{0.63} i^{0.54} \tag{1-55}$$

式中　v——管中平均流速（m/s）；

　　　C——流速系数，反映粗糙度，可由表 1-5 选用；

　　　R——水力半径（m）；

　　　i——水力坡度（Pa/m）。

一些管材的 C 值　　　　表 1-5

管 壁 材 料	C	管 壁 材 料	C
非常光滑的直管，石棉水泥	140	铆接钢管（用旧）	95
很光滑的管、混凝土、铸铁	130	用旧水管，积垢情况很差	60～80
刨光木板、焊接钢管	120	鞍钢焊接黑铁管 $D_0 15$	9
缸瓦管（带釉）、铆接钢管	110	$D_0 20～100$	127
铸铁（用旧）、细砌砖工	100		

五、局部水头损失

在实际水力计算中，局部水头损失可以采用流速水头乘以局部阻力系数后得到，即

$$h_{\mathrm{j}} = \xi \frac{v^2}{2g} \tag{1-56}$$

式中　ξ——局部阻力系数，ξ 值多是根据管配件、附件不同，由实验测出。各种局部阻力系数值可查阅有关手册得到；

　　　v——过流断面的平均流速，它应与 ξ 值相对应。除注明外，一般用阻力后的流速（m/s）；

　　　g——重力加速度。

以上分别讨论了沿程和局部水头损失的计算，从而解决了流体运动中任意两过流断面间的水头损失计算问题，即

$$h_l = \sum h_{\mathrm{f}} + \sum h_{\mathrm{j}} = \sum \lambda \frac{l}{d} \frac{v^2}{2g} + \sum \xi \frac{v^2}{2g} \tag{1-57}$$

[例1-6] 有一煤气焊接钢管，长度 $l=200$m，直径 $d=100$mm。试求流量 $Q=20$L/s，水温 15℃时，该管的沿程水头损失是多少？

[解] 采用谢维列夫公式计算沿程水头损失：

因为
$$v=\frac{Q}{S}=\frac{Q}{\pi d^2/4}=\frac{20000}{3.14/4\times10^2}=255\text{cm/s}$$

又查表 1-2 得
$$v=1.14\times10^{-6}\text{m}^2/\text{s}=0.0114\text{cm}^2/\text{s}$$

雷诺数：
$$Re=\frac{vd}{\nu}=\frac{255\times10}{0.0114}=223700\gg2000$$

故可知管中水流为紊流形态。又因为 $v=2.55$m/s>1.2m/s，按公式（1-52）计算沿程阻力系数：

$$\lambda=\frac{0.021}{d^{0.3}}=\frac{0.021}{0.1^{0.3}}=\frac{0.021}{0.501}=0.0419$$

所以
$$h_{\text{f}}=\lambda\frac{l}{d}\frac{v^2}{2g}=\frac{0.0419\times200}{0.1}\times\frac{2.55^2}{2\times9.81}=27.77\text{m}$$

[例1-7] 如图 1-27 所示一卧式压力罐 A，通过长度为 50m，直径为 150mm 的铸铁管，向高架水箱 B 供应冷水，水温 10℃。已知 $h_1=1.0$m，$h_2=5.0$m，管路上有 3 个 90°圆弯头（$d/R=1.0$），1 个球形阀，压力管上压力表读数为 1kgf/cm^2，用国际单位制表示为 98000N/m$^2=10$mH$_2$O，求供水流量（设管路为中等新旧程度，$\Delta=1.0$mm）。

[解] 由于流量未知，无法判定流动区域，只能采用试算法。现假定是充分紊流，由公式

$$\lambda=0.11\left(\frac{\Delta}{d}\right)^{0.25}=0.11\times\left(\frac{1.0}{150}\right)^{0.25}=0.0315$$

查阅有关水力学计算手册得到
$$\xi_{\text{进口}}=0.5,\quad\xi_{\text{弯头}}\approx0.3,\quad\xi_{\text{球阀}}=12,\quad\xi_{\text{出口}}=1.0$$
则
$$\sum\xi=\xi_{\text{进口}}+3\times\xi_{\text{弯头}}+\xi_{\text{球阀}}+\xi_{\text{出口}}=14.4$$
所以断面 1-1 和 2-2 之间的总水头损失为：

$$h_{l,1-2}=\left(Z_1+\frac{p_1}{\gamma}+\frac{\alpha_1v_1^2}{2g}\right)-\left(Z_2+\frac{p_2}{\gamma}+\frac{\alpha_2v_2^2}{2g}\right)$$

$$=(1+10+0)-(5+0+0)=6\text{m}$$

又因为
$$h_{l,1-2}=\lambda\frac{l}{d}\frac{v^2}{2g}+\sum\xi\frac{v^2}{2g}$$

$$6=\left(0.0315\times\frac{50}{0.150}+14.4\right)\frac{v^2}{2g}$$

所以
$$v=2.18\text{m/s}$$

$$Q=v\times\frac{\pi d^2}{4}=2.18\times\frac{3.14}{4}\times0.15^2=0.0384\text{m}^3/\text{s}=138\text{m}^3/\text{h}$$

最后，校核一下最初假定的流动区域是否属实，由表 1-2 查得：
$$\nu=1.308\times10^{-6}\text{m}^2/\text{s}=1.308\times10^{-2}\text{cm}^2/\text{s}$$
故
$$Re=\frac{vd}{\nu}=\frac{218\times15}{1.308\times10^{-2}}=2.5\times10^5\gg2000$$

由此知流动确实处于充分紊流形态，以上计算有效。

[**例 1-8**]　水泵的吸水管装置如图 1-28 所示。设水泵的最大许可真空度为 $\dfrac{p_k}{\gamma}=$ 7mH$_2$O，工作流量 $Q=8.3$L/s，吸水管直径 $d=80$mm，长度 $l=10$m，弯头局部阻力系数：$\xi_{弯头}=0.7$，$\xi_{底阀}=8$，求水泵的最大许可安装高度 H_s。

[**解**]　以吸水井的水面为基准面，列断面 0-0 与 1-1 的能量方程式为：

$$0+\frac{p_a}{\gamma}+0=H_s+\frac{p_1}{\gamma}+\frac{\alpha_1 v_1^2}{2g}+h_l$$

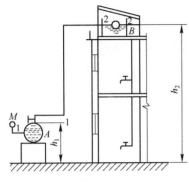
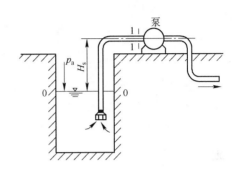

图 1-27　供水系统图　　　　图 1-28　水泵吸水管装置简图

式中，$\dfrac{p_a-p_1}{\gamma}=\dfrac{p_k}{\gamma}$ 是水泵进口断面 1-1 处的真空度，$\dfrac{p_k}{\gamma}=7$mH$_2$O

$$v_1=\frac{Q}{S}=\frac{0.0083}{\frac{\pi}{4}\times(0.08)^2}=1.65\text{m/s}$$

$$h_l=\left(\lambda\frac{l}{d}+\xi_{底阀}+\xi_{弯头}\right)\frac{v_1^2}{2g}=\left(0.04\times\frac{10}{0.8}+8+0.7\right)\frac{1.65^2}{2\times9.81}=1.91\text{mH}_2\text{O}$$

将以上各值代入前式，得

$$H_s=7-\frac{1.65^2}{2\times9.81}-1.91=4.95\text{m}$$

复 习 思 考 题

1-1　流体的重度和密度有何区别和联系？

1-2　什么是流体的黏滞性，它对流体流动有什么作用？动力黏性系数和运动黏性系数有何联系和区别？

1-3　什么是流体的压缩性和膨胀性，它们对液体和气体的重度和密度有何影响？

1-4　什么是绝对压强、相对压强、真空度，它们之间的关系怎样？

1-5　什么是雷诺数和水力半径，怎样用雷诺数判别流动形态？

1-6　空气压强 $P=101325$Pa，温度 $t=30$℃，求空气的密度和重度，当动力黏性系数 $\mu=0.0187\times10^{-3}$Pa·s，求运动黏性系数 ν。

1-7　图示为一采暖系统，水温升高引起体积膨胀，为防止管道及暖气片胀裂设置上部水箱，已知系统内水的总体积 $V=8$m^3，加热前后温差为 $\Delta t=50$℃，水的膨胀系数 $\alpha=0.005$，求膨胀水箱的最小容积。

1-8　封闭水箱如图示，已知自由面压强 $P_0=130000$Pa，箱外当地大气压强 $P_a=101325$Pa，求 A 点的绝对压强和相对压强。

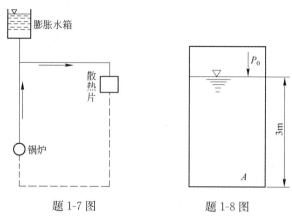

题 1-7 图　　　　　　　　　　题 1-8 图

1-9　封闭水箱中的水深 h 处 A 点上安装压力表，压力表的读数为 4.9kPa，已知 $h=1.5\text{m}$，$Z=0.5\text{m}$，求水面的相对压强、绝对压强和真空度。

1-10　如图所示，在水泵的吸入管 1 和压出管 2 中安装水银压差计，测得 $h=120\text{mm}$，问水经过水泵后压强增加为多少？

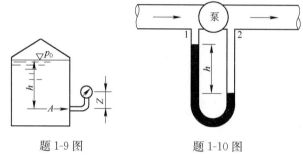

题 1-9 图　　　　　　　　　　题 1-10 图

1-11　如图所示的管段，已知 $d_1=2.0\text{cm}$，$d_2=4.5\text{cm}$，$d_3=7.5\text{cm}$，流量 $Q=5\text{L/s}$，求各管段的平均流速。

1-12　如图所示，密度为 1.2kg/m^3 的空气由风机吸入，吸风管道的直径为 $d=15\text{cm}$，在喇叭形进口处水柱计测得 $h=20\text{mm}$，不考虑损失，求空气流量 Q。

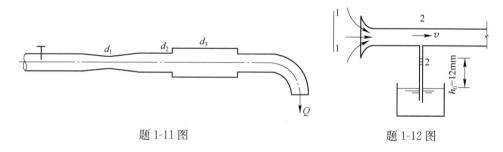

题 1-11 图　　　　　　　　　　题 1-12 图

1-13　有一管径 $d=25\text{mm}$ 室内水管，管中流速 $v=1.5\text{m/s}$，水温 25℃，判别管中水的流态。

1-14　在直径 $d=50\text{mm}$ 给水钢管管道中，水的流量 $Q=5\text{L/s}$，水温 15℃，求管长 $l=500\text{m}$ 时的沿程水头损失。

1-15　镀锌铁皮风道的直径 $d=400\text{mm}$，流量 $Q=2\text{m}^3/\text{s}$，空气温度 $t=20$℃，判别空气处于什么阻力区，并求沿程阻力系数。

第二章 室内给水

室内给水的任务是把水从城市给水管网或自备水源安全可靠、经济合理地输送到设置在室内的生活、生产和消防设备的用水点，并且满足用水点对水量、水压和水质等方面的要求。

第一节 室内给水系统的分类与组成

一、室内给水系统的分类

室内给水系统按其用途可划分为生活给水系统、生产给水系统和消防给水系统。

1. 生活给水系统

生活给水系统主要是为人们的日常生活提供饮用、洗涤、沐浴等用水的系统。根据供水对象的不同，还可分为直饮水给水系统、饮用水给水系统和杂用水给水系统。生活给水系统除了要满足用水设施对水量和水压的要求外，还要满足国家规定的水质标准。

2. 生产给水系统

生产给水系统是为产品的生产加工过程供水的系统。由于各种生产工艺的不同，生产给水系统种类繁多，主要包括生产设备的冷却、原料和产品的洗涤、锅炉用水和某些工业的原料用水等。生产用水对水质、水量、水压以及安全方面的要求应当根据生产性质和要求确定。

3. 消防给水系统

消防给水系统是向建筑内部以水作为灭火剂的消防设施供水的系统。其中包括消火栓给水系统和自动喷水灭火系统。消防给水对水质没有严格的要求，但必须保证足够的水量和水压。消防给水管道内平时所充水的 pH 值应在 6～9 的范围内。

在一栋建筑物中，以上三种给水系统不一定单独设置。通常根据用水对象对水质、水量、水压的具体要求，通过技术经济比较，确定采用独立设置的给水系统或共用给水系统。共用给水系统有生产、生活共用给水系统，生活、消防共用给水系统，生活、生产、消防共用给水系统等。共用方式包括共用贮水池、共用水箱、共用水泵、共用管路系统等。

二、室内给水系统的组成

室内给水系统通常由以下几个基本部分组成。

1. 引入管

引入管是将室外给水管引入建筑物的管段。引入管与进户管的区别是：进户管是指住宅内生活给水管道进入住户至水表的管段。对于一个小区（如工厂、学校、居住小区等）来说，引入管是由市政供水管道接口至小区给水管网的管段。

2. 水表节点

水表节点是指安装在引入管上的水表及其前后设置的阀门和泄水装置的总称。水表用于计量建筑物的用水量。阀门用于在维修或拆换水表时关断水管。泄水装置用于检修时放空管网。为了保证水表计量准确，翼轮式水表与阀门间应有 8～10 倍水表直径的直管段，以保证水表前水流平稳。

3. 给水管道

给水管道是指室内给水干管、立管、支管等组成的管道系统。用来把引入管引入建筑物内的水输送和分配到各个用水点。

4. 给水附件

给水附件是设置在给水管道上的各种配水龙头、阀门等装置。在给水系统中控制流量大小、限制流动方向、调节压力变化、保障系统正常运行。常用的给水附件有配水龙头、闸阀、止回阀、减压阀、安全阀、排气阀、水锤消除器等。

5. 升压设备

升压设备是为给水系统提供水压的设备。常用的升压设备有水泵、气压给水设备、变频调速给水设备。

6. 贮水和水量调节构筑物

贮水和水量调节构筑物是给水系统中贮存和调节水量的装置，如贮水池和水箱。它们在系统中用于调节流量、贮存生活用水、消防用水和事故备用水，水箱还具有稳定水压和容纳管道中的水因热胀冷缩体积发生变化时的膨胀水量的功能。

7. 室内消防设备

是根据《建筑设计防火规范》《消防给水及消火栓系统技术规范》《自动喷水灭火系统设计规范》等防火规范的要求，在建筑物内设置的消火栓系统、自动喷水灭火系统、气体/干粉灭火系统的各种设备。

8. 水处理设备

用于在对给水水质有特殊要求的生产、生活用水场合，对市政管网给水进一步处理的设备，如锅炉给水的软化水处理设备。

第二节　室内生活给水系统的供水方式

室内给水方式的选择应当根据用户对水质、水压和水量的要求，室外管网所能提供的水质、水量和水压情况，卫生器具、消防设备等用水点在建筑物内的分布，用户对供水安全可靠性的要求，经技术经济比较确定。通常根据以下原则进行选择：

（1）在满足用户要求的前提下，力求给水系统简单，管道长度短，以降低工程造价和运行管理费用。

（2）尽量利用室外管网的水压直接供水。如果室外给水管网的水压不能满足整个建筑物的用水要求，可考虑在建筑物下部楼层采用室外管网水压直接供水，上部楼层采用设置升压设备的加压供水。

（3）供水安全可靠、管理维修方便。

（4）当两种及两种以上用水的水质接近时，应尽量采用共用给水系统。

（5）生产给水应尽量采用废水重复利用的给水系统，以节约水资源。

（6）生产、生活、消防给水系统中的管道、配件和附件所承受的水压，要小于产品的允许工作压力。

（7）不同使用性质或计费的给水系统，应在引入管后分成各自独立的给水管网。

（8）给水系统的竖向分区，应根据建筑物用途、层数、使用要求、材料设备性能、维护管理、节约供水、能耗等条件，结合室外给水管网的水压合理确定。

一、室内生活给水系统的给水方式

常见的室内生活给水系统的给水方式有以下几种。

1. 直接给水方式

直接给水方式是在建筑物内部只设置与室外供水管网直接相连的给水管道、利用室外管网的压力直接向室内用水设备供水的系统，是最简单、经济的给水方式，如图 2-1 所示。

直接给水方式适用于室外管网的水量和水压在一天内的任何时间都能保证室内用户用水要求的地区。直接给水方式的优点是给水系统简单，投资少，安装维修方便，可充分利用室外管网水压节省运行能耗。缺点是给水系统没有贮备水量，当室外管网停水时，室内系统会立即断水。

2. 单设水箱给水方式

当室外管网压力在一天内的大部分时间能满足要求，仅在用水高峰时刻，由于用水量的增加，室外管网的水压降低而不能保证建筑物上部楼层用水时，可采用单设屋顶水箱的给水方式（图 2-2）。在室外给水管网水压升高时（一般在夜间）向水箱充水；室外管网压力不足时（一般在白天）由水箱供水。采用这种方式要确定水箱容积，必须掌握室外管网一天内流量、压力的逐时变化资料，需要时要做调查或进行实测。一般建筑物内水箱容积不大于 $20m^3$，故单设水箱方式仅在日用水量不大的建筑物中采用。为了防止水箱中的水回流至室外管网，在引入管上要设置止回阀。

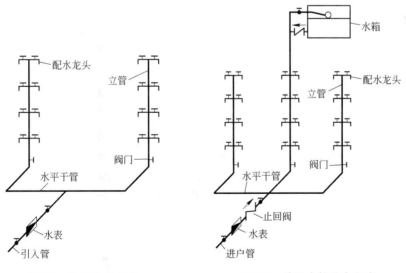

图 2-1　直接给水方式　　　　　　图 2-2　单设水箱给水方式

在室外管网水压周期性不足的多层建筑中，也可以采用图 2-3 所示的给水方式，即建筑物下面几层由室外管网直接供水、上面几层采用水箱给水的分区给水方式。这样可以减小屋顶水箱的容积。为了防止水箱中的水回流至室外管网和影响下部楼层由室外管网直接供水，在上部楼层的进水管上要设置止回阀。

3. 水泵、水箱联合给水方式

当室外给水管网的水压经常性不足、室内用水不均匀、室外管网不允许水泵直接吸水而且建筑物允许设置水箱时，可采用图 2-4 所示的水泵、水箱联合给水方式。

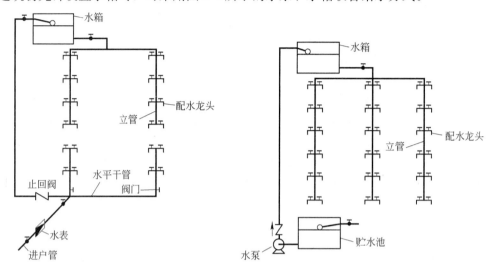

图 2-3　下层直接给水、上层单设水箱的给水方式　　图 2-4　水泵、水箱联合给水方式

这种给水方式中，水泵从贮水池吸水，经加压后送入水箱。因水泵供水量大于系统用水量，水箱水位上升到最高水位时停泵。此后由水箱向系统供水，当水箱水位下降到最低水位时水泵重新启动。这种给水方式由于水泵可及时向水箱补水，可减小水箱容积。同时，在水箱的调节下，水泵能稳定在高效率点工作，节省运行耗电。在高位水箱上采用水位继电器控制水泵启动，易于实现管理自动化。贮水池和水箱能够贮备一定水量，增强供水的安全可靠性。

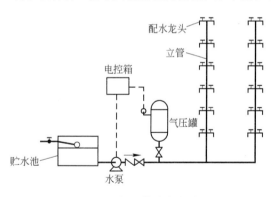

图 2-5　气压罐给水方式

4. 气压罐给水方式

这种给水方式是利用密闭压力水罐取代水泵、水箱联合给水方式中的高位水箱进行供水，如图 2-5 所示。

这时，水泵从贮水池吸水，送入给水管网的同时，多余的水进入气压水罐，将罐内的气体压缩。当罐内压力上升到最大工作压力时，水泵停止工作。此后，利用罐内气体的压力将水送给配水点。罐内压力随着水量的减少逐渐下降，当下降到最小工作压力时，水泵重新启动供水。

这种给水方式适用于室外管网的水压经常性不足，不宜设置高位水箱的建筑，如地震区建筑、高度有限制的飞机场附近的建筑等场所。它的优点是设备可设在建筑物的任何高度上，便于隐蔽，安装方便，水质不易受污染，投资省，建设周期短，便于实现自动化等。缺点是给水压力波动较大，运行能耗大。

气压水罐内的最低工作压力，应满足管网最不利处的配水点所需水压；气压水罐内的最高工作压力，不得使管网最大水压配水点的水压大于 0.55MPa。

5. 水泵给水方式

如果室外管网压力在一天内的大部分时间不能满足室内给水要求，且室内用水量较大又较均匀时，可单设水泵供水。此时由于出水量均匀，水泵工作稳定，电能消耗比较少，这种给水方式适用于生产车间给水。对于用水量较大、用水不均匀性比较突出的建筑物，当用水量减少时，由于管路阻力损失随流量减少而减少，水泵仍然恒速运行会造成能量的浪费。为了减少水泵的运行耗电，可采用图 2-6 所示的变频调速水泵供水。

变频调速水泵的工作原理是：当给水系统中流量发生变化时，扬程也随之发生变化，压力传感器向微机控制器输入水泵出水管压力的信号，当测得的压力值大于设计给水量对应的压力值时，微机控制器向变频调速器发出降低电流频率的信号，使水泵转速降低，水泵出水量减少，水泵出水管压力下降，反之亦然。

当采用从室外市政给水管网直接吸水的叠压供水时，应经当地供水行政主管部门及供水部门批准认可。当不允许水泵直接从室外市政给水管网吸水时，必须设置断流水池。

6. 分区给水方式

在多层建筑物中，当室外给水管网的压力只能满足建筑物下面几层供水要求时，为了充分利用室外管网水压，可将建筑物供水系统划分为上、下两区。下区用城市管网压力直接供水，上区由升压、贮水设备供水。可将两区的 1 根或几根立管相互连通，在连接处装设阀门，以便在下区进水管发生故障或室外给水管网水压不足时，打开阀门由高区水箱向低区用户供水（图 2-7）。这种给水方式特别适用于建筑物低层设有洗衣房、浴室、大型餐厅等用水量大的场所。

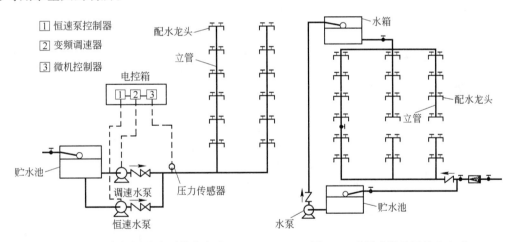

图 2-6　变频调速水泵供水方式　　　图 2-7　多层建筑分区给水方式

二、高层建筑的室内给水方式

对于建筑高度较大的高层建筑，如果只采用一个区供水，建筑下部楼层管道的静水压力会很大，会产生以下不利情况：①必须采用高压管材、零件及配水器材，使设备材料费用增加；②容易产生水锤及水锤噪声，配水龙头、阀门等附件易被磨损，使用寿命缩短；③低层水龙头的流出水头过大，使水流形成射流喷溅，影响使用；④维修管理费用和水泵运转电费增加。

为了降低下部管道中的静水压力，消除或减轻不利因素，当建筑物达到一定高度时，给水系统需进行竖向分区，在建筑物的垂直方向分为若干个区域进行供水。

高层建筑给水系统的竖向分区，应根据使用设备的材料性能、维护管理条件、建筑层数和室外给水管网水压等合理确定。如果分区压力过小，则分区数较多，给水设备、给水管道系统以及相应的土建投资将增加，维护管理工作量增加。如果分区压力过大，会出现水压过大、噪声大、用水设备和给水附件易损坏等不良现象。我国《建筑给水排水设计规范》规定：各分区最低卫生器具配水点处的静水压不宜大于0.45MPa；居住建筑入户管给水压力不应大于0.35MPa，对于静水压大于0.35MPa的入户管或配水横管，宜设减压或调压设施；各分区最不利配水点的水压，应满足用水水压要求。通常每个分区负担的楼层数为10~12层。

高层建筑的分区给水方式可分为串联给水方式、并联给水方式和减压给水方式。设计时应根据工程的实际情况，按照供水安全可靠、技术先进、经济合理的原则进行选择。

1. 串联给水方式

高层建筑的串联给水方式如图2-8所示。各分区均设有水泵和水箱，上区的水泵从下区的水箱中抽水。这种给水方式的优点是各区水泵扬程和流量按照本区的需要设计，使用效率高，能源消耗小，且水泵压力均衡，扬程较小，水锤影响小。此外，不需要设高压水泵和高压管道，设备和管道较简单，投资较省。缺点是：①水泵分散布置，水泵、水箱要占用建筑面积；②水泵设在楼层中，消声减振要求高；③水泵分散，维护管理不便；④若下区发生事故，上部分区的供水受影响，供水可靠性差。

2. 并联给水方式

并联给水方式如图2-9所示，这是在各区设置独立的水箱和水泵，水泵集中设置在建筑物底层或地下室，各区水泵独立地向各自分区的水箱供水。这种供水方式的优点是：①各区独立运行，互不影响，某区发生事故，不影响其他分区，供水安全性好；②水泵集中布置，管理维护方便，水泵运行效率高，能源消耗较小；③水箱分散设置，各分区水箱容积小，有利于结构设计。缺点是：①水泵台数多，上区水泵出水高压管线长，设备费用增加；②分区水箱占用楼层的使用面积，给建筑布置带来困难，减少了建筑使用面积。由于这种方式优点较多，因而在允许分区设置水箱的各类高度不超过100m的建筑中应用较多。

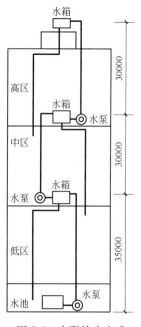

图2-8 串联给水方式

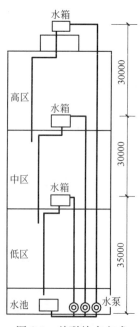

图2-9 并联给水方式

3. 减压给水方式

减压给水方式分为减压水箱给水方式和减压阀给水方式。这两种方式的共同点是建筑物的用水量全部由设置在底层的水泵提升至屋顶总水箱，再由此水箱向下区减压供水。

减压水箱供水方式（图2-10）是把屋顶总水箱的水，分送至各分区水箱，分区水箱起减压作用。优点是：①水泵数量少，设备费用降低，管理维护简单；②水泵房面积小，各分区减压水箱调节容积小。缺点是：①水泵运行费用高；②屋顶总水箱容积大，对建筑的结构和抗震不利；③建筑物高度较高、分区较多时，下区减压水箱的浮球阀承受压力大，造成关不严或经常维修；④下区供水受上区供水限制，可靠性不如并联供水方式。

减压阀供水方式（图2-11）的工作原理与减压水箱供水方式相同，不同之处在于以减压阀来代替减压水箱。其优点是减压阀不占用楼层面积，可使建筑面积发挥最大的经济效益。缺点是水泵运行费用较高。

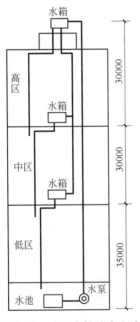

图2-10 减压水箱给水方式

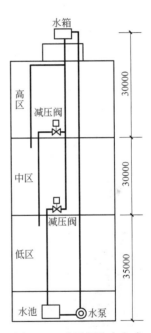

图2-11 减压阀给水方式

第三节 室内消防给水

火灾统计资料表明，建筑物内发生的早期火灾，主要是用室内消防给水设备控制和扑灭的。根据我国常用消防车的供水能力，低层建筑的室内消防给水系统主要用于扑灭建筑物初期火灾。高层建筑灭火必须立足于自救，因此高层建筑的室内消防给水系统应具有扑灭建筑物大火的能力。为了节约投资和考虑到消防人员赶到火场扑救初期火灾的可能性，并不要求任何建筑物都设置室内消防给水设备。必须设置室内消防给水系统的建筑物及场所应当按照国家现行的《建筑设计防火规范》《消防给水及消火栓系统技术规范》《自动喷水灭火系统设计规范》等规范的要求确定。

常用的室内消防给水系统有消火栓灭火系统、自动喷水灭火系统、水幕系统、水喷雾灭火系统等。

一、消火栓给水系统

（一）消火栓给水系统的组成与布置

消火栓给水系统分为室外消火栓给水系统和室内消火栓给水系统，二者有着不同的消防范围，但存在着密不可分的联系。

室外消火栓给水系统包括室外消火栓、水泵接合器、管道及控制阀等设备。室内消火栓给水系统由消防水源、消防管道、室内消火栓、消防卷盘、消火栓箱（水枪、水龙带）、消防水泵、消防水箱、消防水池、水泵接合器、控制阀等组成。

1. 消火栓

消火栓是安装在给水管网上，向火场供水的带有阀门的标准接口，是连接室内外消防水源的设备。室外消火栓分地上式和地下式。地上式消火栓目标明显、易于寻找、出水操作方便，但容易冻结、易损坏，有些场合会妨碍交通，容易被车辆意外撞坏，适用于室外气温较高的地区。地下式消火栓隐蔽性强，不影响城市美观，受破坏情况少，可防冻，适用于较寒冷的地区。但目标不明显，寻找、操作和维修都不方便，要求设置明显标志，一般需要与消火栓连接器配套使用。

室内消火栓是一个带内扣式接头的角形截止阀，常用类型有直角单阀单出口、45°单阀单出口（图 2-12）、直角单阀双出口和直角双阀双出口四种，出水口直径为 50mm 或 65mm。室内消火栓一端连消防主管，一端与水龙带连接。水枪射流量小于 3L/s 时，宜采用 DN50 出水口的消火栓；水枪射流量大于 3L/s 时，宜采用 DN65 出水口的消火栓。

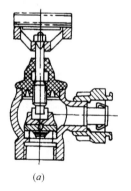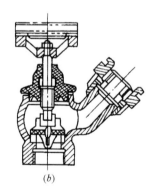

(a)   (b)

图 2-12 单出口室内消火栓

（a）直角单出口式；（b）45°角单出口式

2. 消防水枪

消防水枪是灭火的重要工具，一般用铜、铝合金或塑料制成，用于把水带内的水流转化成所需流态，喷射到火场的物体上，达到灭火、冷却或防护的目的。消防水枪按出水流状态分为直流水枪、喷雾水枪、开花水枪。

直流水枪用来喷射柱状密集充实水流，具有射程远、水量大等优点，适用于远距离扑救一般固体物质火灾。开花水枪可以根据灭火的需要喷射开花水流，使压力水流形成一个伞形水屏障，用来冷却容器外壁、阻隔辐射热，阻止火势蔓延，掩护灭火人员靠近着火地点。喷雾水枪利用离心力的作用，使压力水流变成水雾，利用水雾粒子与烟尘中的炭粒子结合可沉降的原理，达到消烟的效果，能减少火场水渍损失、高温辐射和烟熏危害。喷雾水枪喷出的雾状水流，适用于扑救阴燃物质的火灾、低燃点石油产品的火灾、浓硫酸、浓硝酸或稀释浓度高的强酸场所的火灾，还适用于扑救油类火灾及油浸式变压器、多油式断路器等电气设备火灾。

室内消火栓箱内一般只配置直流水枪，喷嘴直径有 13mm、16mm、19mm 三种。13mm 和 16mm 喷嘴水枪可与 50mm 消火栓及消防水带配套使用，16mm、19mm 喷嘴水枪可与 65mm 消火栓及消防水带配套使用。

3. 消防水龙带

消防水龙带指两端带有消防接口，可与消火栓、消防泵（车）配套，用于输送水或其他液体灭火剂。消防水龙带有麻织的、棉织的和衬胶的三种，衬胶的压力损失小，但抗折叠性能不如麻织的和棉织的好。与室内消火栓配套使用的消防水龙带直径为 50mm 和 65mm，长度有 15m、20m、25m、30m 等规格。

4. 消防卷盘

消防卷盘又称为水喉，一般安装在室内消火栓箱内，以水作灭火剂，在启用室内消火栓之前，供建筑物内一般人员自救扑灭初期火灾。与室内消火栓比较，具有体积小，操作轻便，能在三维空间内作 360°转动等优点。消防卷盘由阀门、输入管路、卷盘、软管、喷枪、固定支架、活动转臂等组成，栓口直径为 25mm，配备的胶带内径不小于 19mm，软管长度有 20m、25m、30m 三种，喷嘴口径不小于 6mm，可配直流、喷雾两用喷枪。

5. 消火栓箱

消火栓箱安装在建筑物内的消防给水管路上，配置有室内消火栓、消防水枪、消防水带等设备（表 2-1），具有给水、灭火、控制、报警等功能。消火栓箱通常用铝合金、冷轧板、不锈钢制作，外装玻璃门，门上设有明显的标志，有 800mm×650mm×200(320)mm 等规格。消火栓箱根据安装方式可分为明装、暗装、半明装。

消火栓箱材料设备配置　　　　　　表 2-1

编号	名　称	材　料	规　格	单位	数量
1	消火栓箱	铝合金、不锈钢或冷轧钢板	由设计定	个	1
2	消火栓	铸铁	SN50 或 SN65	个	1 或 2
3	水枪	铝合金或铜	φ13、φ16 或 φ19	只	1 或 2
4	水龙带	有衬里或无衬里	DN50 或 DN65	条	1 或 2
5	水龙带接口	铝合金	KD50 或 KD65	个	2 或 4
6	挂架	钢	由设计定	套	1 或 2
7	消防软管卷盘		由设计定	套	1
8	暗杆楔式闸阀	铸铁	DN25	个	1
9	软管或镀锌钢管		DN25	米	1
10	消防按钮		由设计定	个	1

消火栓箱应布置在建筑物内各层明显、易于取用和经常有人出入的地方，如楼梯间、走廊、大厅、车间的出入口，消防电梯的前室等处。消火栓阀门中心装置高度距地面 1.2m，出水方向宜向下或与设置消火栓的墙面成 90°角。

6. 水泵接合器

水泵接合器是从外部水源给室内消防管网供水的连接口。发生火灾时，当建筑物内部的室内消防水泵因检修、停电、发生故障或室内给水管道的水压、水量无法满足灭火要求时，消防车通过水泵接合器的接口，向建筑物内送入消防用水或其他液体灭火剂，来扑灭建筑物内的火灾。《消防给水及消火栓系统技术规范》对室内消火栓系统设置消防水泵接合器的场所做出了具体的规定。

水泵接合器根据安装型式可以分为地下式、地上式、墙壁式、多用式等类型。地上式水泵接合器目标显著，使用方便；地下式水泵接合器安装在路面下，不占用地方，适用于寒冷的地区；墙壁水泵接合器安装在建筑物的墙脚处，墙面上只露两个接口和装饰标志；多用型消防水泵接合器是综合国内外样机进行改型的产品，具有体积小、外形美观、结构合理、维护方便等优点。图2-13是SQ型水泵接合器外形图。

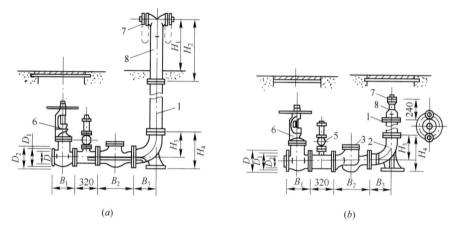

图 2-13　水泵接合器外形图

（a）SQ型地上式；（b）SQ型地下式

1—法兰接管；2—弯管；3—升降式单向阀；4—放水阀；5—安全阀；6—楔式闸阀；7—进水用消防接口；8—本体

水泵接合器的设置数量，应按照室内消防用水量确定。每个水泵接合器的流量，应按 10～15L/s 计算。当计算出来的水泵接合器数量少于 2 个时，仍应采用 2 个，以利安全。消防给水为竖向分区供水时，在消防车供水压力范围内的分区，应分别设置水泵接合器。

水泵接合器应设在便于消防车使用的地点，应当有明显的标志，以免误认为是消火栓。其周围 15～40m 范围内应设室外消火栓、消防水池，或有可靠的天然水源。

（二）室内消火栓给水方式

根据建筑物的高度，室外给水管网的水压和流量，以及室内消防管道对水压和流量的要求，室内消火栓灭火系统一般有以下几种给水方式：

1. 室外管网直接给水的室内消火栓给水系统

当室外给水管网的压力和流量在任何时间能满足室内最不利点消火栓的设计水压和流量时，室内消火栓给水系统宜采用无加压水泵和水箱的室外给水管网直接给水方式，如图 2-14 所示。

2. 设加压水泵和水箱的室内消火栓给水系统

当室外管网的压力和流量经常不能满足室内消防给水系统所需的水量水压时，应设有加压水泵和水箱的室内消火栓给水系统，如图 2-15 所示。

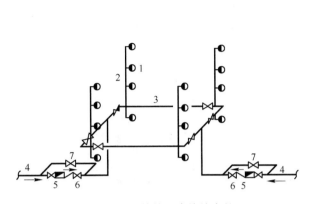

图 2-14 室外管网直接给水的
室内消火栓给水系统
1—室内消火栓；2—消防立管；3—干管；
4—进户管；5—水表；6—止回阀；
7—旁通管及阀门

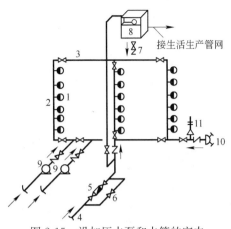

图 2-15 设加压水泵和水箱的室内
消火栓给水系统
1—室内消火栓；2—消防立管；3—干管；
4—进户管；5—水表；6—旁通管及阀门；
7—止回阀；8—水箱；9—水泵；
10—水泵结合器；11—安全阀

消防用水与生活生产用水合并的室内消火栓给水系统，其消防水泵应保证供应生活、生产、消防用水的最大秒流量，并应满足室内管网最不利点消火栓的水压。水箱应贮存10min 的消防用水量。消防水泵应当保证在火警 5min 内开始工作，并且在火场断电时仍然能正常工作。

3. 不分区的消火栓给水系统

建筑物高度大于 27m 但不超过 50m，室内消火栓接口处静水压力不超过 1.0MPa 的工业和民用建筑室内消火栓给水系统，仍可得到消防车通过水泵接合器向室内管网供水，以加强室内消防给水系统工作。因此，可以采用不分区的消火栓给水系统，如图 2-16 所示。

4. 分区消火栓给水系统

建筑物高度超过 50m，消防车已难于协助灭火，室内消火栓给水系统应具有扑灭建筑物内大火的能力。为了加强安全和保证火场供水，当（1）系统工作压力大于 2.4MPa；（2）消火栓接口处的静水压力大于 1.0MPa；（3）自动水灭火系统报警阀处的工作压力大于 1.6MPa 或喷头处的工作压力大于 1.2MPa 时，应采用分区的室内消火栓给水系统。当消火栓口的出水动压力大于 0.5MPa 时，应采取减压措施。

分区消火栓给水系统可分为并联给水方式（图 2-17a）、串联给水方式（图 2-17b）和分区

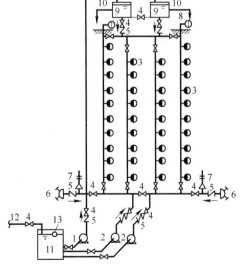

图 2-16 不分区的消火栓给水系统
1—生活、生产水泵；2—消防水泵；
3—消火栓和水泵远距离启动按钮；4—阀门；
5—止回阀；6—水泵接合器；7—安全阀；
8—屋顶消火栓；9—高位水箱；
10—至生活、生产管网；11—贮水池；
12—来自城市管网；13—浮球阀

减压给水方式（图 2-18）。

在分区给水系统中，各分区水箱的高度应保证该区最不利消火栓灭火时水枪的充实水柱长度。在分区串联给水系统中，高区水泵在低区高位水箱中吸水，此时，低区水泵出水进入该水箱。当分区串联给水系统的高区发生火灾，必须同时启动高、低区消防水泵灭火。

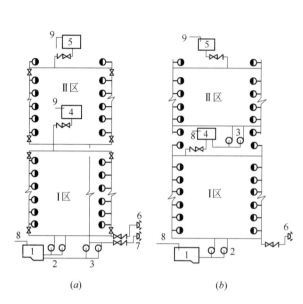

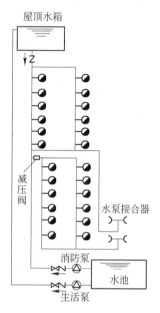

图 2-17　分区供水室内消火栓给水系统

1—水池；2—Ⅰ区消防水泵；3—Ⅱ区消防水泵；4—Ⅰ区水箱；
5—Ⅱ区水箱；6—Ⅰ区水泵接合器；7—Ⅱ区水泵接合器；
8—水池进水管；9—水箱进水管

图 2-18　分区减压室内
消火栓给水系统

分区减压给水系统的减压设施可以用减压阀（两组），也可以用中间水箱减压。如果采用中间水箱减压，则消防水泵出水应进入中间水箱，并采取相应的控制措施。

采用减压水箱减压分区供水时，减压水箱的有效容积不应小于 18m³，且宜分为两格。减压水箱应有两条进、出水管，且每条进、出水管应满足消防给水系统所需消防水量的要求。

（三）消火栓给水系统的设置要求

1. 消防用水量

室内外消火栓给水系统的用水量与建筑类型、大小、高度、结构、耐火等级和生产性质有关，应当根据现行的《建筑设计防火规范》《消防给水及消火栓系统技术规范》规定的消防用水量、水枪数量和水压进行水力计算确定。消防用水与生活、生产用水合用的室内给水管网，当生活、生产用水达到最大用水量时，应仍能保证供应全部消防用水量。

室外消防用水量是供移动式消防车使用的水量。移动式消防车通过从室外消火栓或消防水池取水，直接扑灭火灾或通过水泵接合器向室内管网供水。室外消火栓的数量按室外消火栓设计流量和保护半径计算确定，保护半径不应大于 150m，间距不大于 120m。每个室外消火栓的设计流量宜按 10～15L/s 计算。室外消火栓应沿建筑物周围均匀布置，且不宜集中布置在建筑物的一侧。建筑消防扑救面一侧的消火栓数量不宜少于 2 个。市政室外消火栓距路边不宜小于 0.5m，且不应大于 2m；距建筑物外墙宜小于 5m。

2. 消防管道布置

室内消火栓系统的管网应当布置成环状。至少有两条进水管与室外管网相连。当环状管网的一条进水管发生故障时，其余进水管应仍能通过全部消防流量。两条进水管应从建筑物的不同侧引入。

当由室外生产生活消防合用系统直接供水时，合用系统除了应当满足室外消防给水设计流量以及生产和生活设计流量的要求外，还应当满足室内消防给水系统的设计流量和压力要求。

室内消防管道的管径应当根据系统设计流量、流速和压力要求计算确定。室内消火栓竖管的管径应根据竖管的最低流量计算确定，但不应小于 DN100。

室内消防给水管网应当用阀门分隔成若干独立的管段，当某管段损坏或检修时，停止使用的竖管不超过一条；当竖管为 4 条或 4 条以上时，可关闭不相邻的两根竖管。每根竖管与供水横干管相接处应设置阀门。一般按管网节点的管段数 $n-1$ 的原则设置阀门，如图 2-19 所示。消防阀门平时应开启，并有明显的启闭标志。室内消火栓给水系统与自动喷水灭火系统宜分开设置。

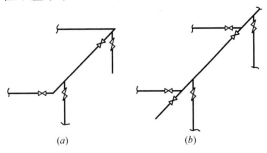

图 2-19　消防管网节点阀门布置图
(a) 三通节点；(b) 四通节点

3. 水枪充实水柱

发生火灾时，火场的辐射热使消防人员无法接近着火点，因此，从水枪喷出的水流，应该具有足够的射程，保证所需的水量到达着火点。消防水流的有效射程通常用充实水柱表示。水枪的充实水柱是指从喷嘴出口起，到 90% 的射流总量穿过直径 38mm 圆圈处的密集不分散的射流长度，如图 2-20 所示。当水枪的充实水柱长度过大时，射流的反作用力会使消防人员无法把握水枪灭火，影响灭火，充实水柱长度一般不宜大于 15m。

水枪的充实水柱长度可根据图 2-21 所示的室内最高着火点距地面高度、水枪喷嘴距地面高度、水枪射流倾角用按式 (2-1) 计算：

$$S_k = \frac{H_1 - H_2}{\sin\alpha} \tag{2-1}$$

式中　S_k——充实水柱长度 (m)；

　　　H_1——室内最高着火点距离地面的高度 (m)；

　　　H_2——水枪喷嘴距离地面的高度 (m)；

　　　α——水枪射流倾角，一般取 45°～60°。

室内消火栓栓口的压力和消防水枪的充实水柱应符合《消防给水及消火栓系统技术规范》的规定：

(1) 消火栓栓口的动压力不应大于 0.5MPa；当大于 0.7MPa 时必须设置减压装置。

(2) 高层建筑、厂房、库房和室内净空高度超过 8m 的民用建筑，消火栓栓口的动压力不应小于 0.3MPa，且消防水枪的充实水柱应按 13m 计算；其他场所，消火栓栓口的动压力不应小于 0.25MPa，且消防水枪的充实水柱应按 10m 计算。

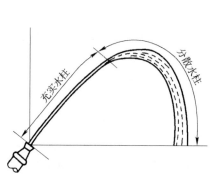

图 2-20　直流水枪充实水柱　　　　　图 2-21　充实水柱计算示意图

4. 消火栓口的水压

为保证水枪的充实水柱长度，消火栓口所需要的水压按式（2-2）计算：

$$H_{xh} = H_q + ALq_{xh}^2 + H_k \qquad (2-2)$$

式中　H_{xh}——消火栓口的水压（kPa）；

　　　H_q——水枪喷嘴处的压力（kPa）；

　　　A——水龙带的阻力系数，按表 2-2 采用；

　　　L——水龙带的长度（m）；

　　　q_{xh}——水枪出流量（L/s）；

　　　H_k——消火栓口的阻力损失，取 20kPa。

水龙带的阻力系数　　　　　　　　　　　表 2-2

水龙带材料	水龙带直径（mm）	
	50	65
帆布、麻织水龙带	0.14720	0.04217
衬胶水龙带	0.06639	0.01687

5. 消火栓的保护半径

消火栓的保护半径，是指以消火栓为中心、能充分发挥灭火作用的圆形区域的半径。可用式（2-3）计算：

$$R = kL + S_k \cos\alpha \qquad (2-3)$$

式中　R——消火栓的保护半径（m）；

　　　k——消防水龙带弯曲折减系数，按消防水龙带转弯数量取 0.8～0.9；

　　　L——水龙带的长度（m）；

　　　S_k——充实水柱长度（m），按照《消防给水及消火栓系统技术规范》的要求确定；

　　　α——水枪射流倾角，一般取 45°～60°。

6. 室内消火栓的布置间距

室内消火栓布置间距应由计算确定。消火栓应设在走道、楼梯附近等明显易于取用，以及便于火灾扑救的地点。住宅的室内消火栓宜设置在楼梯间及休息平台；汽车库内消火栓的布置不应影响汽车的通行和车位的设置。

消火栓的布置应保证同层任何部位有 2 支消防水枪的 2 股充实水柱能同时到达。对于建筑高度小于或等于 24m 且体积小于或等于 5000m³ 的多层库房、建筑高度小于或等于 54m 且每单元设置一部疏散楼梯的住宅，以及《消防给水及消火栓系统技术规范》允许采用 1 支消防水枪的其他场合，可采用 1 支消防水枪的 1 股充实水柱到达室内的任何部位。

室内消火栓宜按直线距离计算其布置间距，并应满足下列要求：（1）消火栓按照 2 支消防水枪的 2 股充实水柱布置的建筑物，消火栓的布置间距不应大于 30m。（2）消火栓按照 1 支消防水枪的 1 股充实水柱布置的建筑物，消火栓间距不应大于 50m。

消防竖管的布置，应保证同层相邻两个消火栓的水枪的充实水柱同时达到被保护范围内的任何部位。

二、闭式自动喷水灭火系统

自动喷水灭火系统是能在发生火灾时自动喷水灭火、同时发出火警信号的灭火系统，具有工作性能稳定、适应范围广、安全可靠、扑灭初期火灾成功率高（在 95％以上）、维护简便等优点。自动喷水灭火系统广泛地应用于各种允许用水灭火的保护对象和场所，根据系统中喷头开闭形式的不同，分为闭式和开式自动喷水灭火系统两大类。

（一）闭式自动喷水灭火系统分类

闭式自动喷水灭火系统是利用火场达到一定温度时，能自动地将喷头打开，扑灭和控制火势并发出火警信号的给水系统。具体可以分为湿式系统、干式系统、干湿两用系统、预作用系统、重复启闭预作用系统等。

1. 湿式自动喷水灭火系统

湿式自动喷水灭火系统如图 2-22 所示。湿式自动喷水灭火系统报警阀前后的管道内平时充满有压力的水。火灾发生时，在火场温度作用下，闭式喷头感温元件的温度达到预定的动作温度后，喷头开启喷水灭火，阀后压力下降，湿式阀瓣打开，水经延时器后通向水力警铃，发出声响报警信号，与此同时，压力开关及水流指示器也将信号传送至消防控制中心，经判断确认火警后启动消防水泵向管网加压供水，实现持续自动喷水灭火。

湿式自动喷水灭火系统具有结构简单、施工和管理维护方便、使用可靠、灭火速度快、灭火效率高、建设投资少等优点。但由于其管路在喷头中始终充满水，一旦发生渗漏会损坏建筑装饰，应用受到环境温度的限制。这种系统适用于常年室内温度不低于 4℃，且不高于 70℃的建筑物内。

2. 干式自动喷水灭火系统

干式自动喷水灭火系统，如图 2-23 所示。干式自动喷水灭火系统管网中平时充满压缩空气，只在报警阀前的管道中充满有压力的水。发生火灾时，闭式喷头打开，首先喷出压缩空气，配水管网内气压降低，利用压力差将干式报警阀打开，水流入配水管网，再从喷头流出，同时水流到达压力继电器令报警装置发出报警信号。干式喷水灭火系统由于报警阀后的管路中无水，不怕冻结，不怕环境温度高，因而适用于环境温度低于 4℃或高于 70℃的建筑物和场所，其喷头宜向上设置。

与湿式自动喷水灭火系统相比，干式自动喷水灭火系统增加了一套充气设备，使管网内的气压保持在一定范围内，因而投资较多，管理比较复杂。喷水前需排放管内气体，灭火速度不如湿式自动喷水灭火系统快。

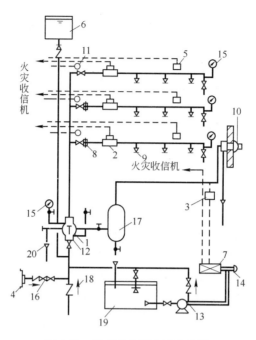

图 2-22 湿式自动喷水灭火系统

1—湿式报警阀；2—水流指示器；3—压力继电器；4—水泵接合器；5—感烟探测器；6—水箱；7—控制箱；

8—减压孔板；9—喷头；10—水力警铃；11—报警装置；12—闸阀；13—水泵；14—按钮；15—压力表；

16—安全阀；17—延迟器；18—止回阀；19—贮水池；20—排水漏斗

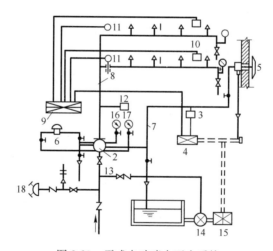

图 2-23 干式自动喷水灭火系统

1—闭式喷头；2—干式报警阀；3—压力继电器；4—电气自控箱；5—水力警铃；6—快开器；7—信号管；

8—配水管；9—火灾收信机；10—感温、感烟火灾探测器；11—报警装置；12—气压保持器；13—阀门；

14—消防水泵；15—电动机；16—阀后压力表；17—阀前压力表；18—水泵接合器

3. 干湿式自动喷水灭火系统

干湿式自动喷水灭火系统是干式自动喷水灭火系统与湿式自动喷水灭火系统交替使用的系统。其组成包括闭式喷头、管网系统、干湿两用报警阀、水流指示器、信号阀、末端试水装置、充气设备和供水设施等。干湿两用系统在使用场所环境温度高于 70℃ 或低于

4℃时，系统呈干式；环境温度在 4℃至 70℃之间时，可将系统转换成湿式系统。

4. 预作用自动喷水灭火系统

预作用自动喷水灭火系统如图 2-24 所示，系统将火灾自动探测报警技术和自动喷水灭火系统结合在一起。预作用阀后的管道平时呈干式，充满低压气体或氮气。在火灾发生时，安装在保护区的感温、感烟火灾探测器首先发出火警信号，同时开启预作用阀，使水进入管路，在很短时间内将系统转变为湿式。随着火势的继续扩大，闭式喷头上的热敏元件熔化或爆裂，喷头自动喷水灭火，系统中的控制装置根据管道内水压的降低自动开启消防泵向消防管网供水。

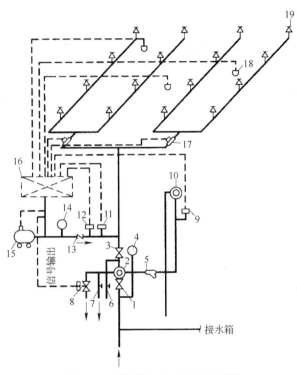

图 2-24　预作用自动喷水灭火系统

1—总控制阀；2—预作用阀；3—检修闸阀；4—压力表；5—过滤器；6—截止阀；7—手动开启阀；8—电磁阀；
9—压力开关；10—水力警铃；11—启闭空压机压力开关；12—低气压报警压力开关；13—止回阀；
14—压力表；15—空压机；16—报警控制箱；17—水流指示器；18—火灾探测器；19—闭式喷头

预作用自动喷水灭火系统有早期报警装置，能在喷头动作之前及时报警并转换成湿式系统，克服了干式喷水灭火系统必须待喷头动作，完成排气后才能喷水灭火，从而延迟喷水时间的缺点。但是，预作用系统比湿式系统或干式系统多一套自动探测报警和自动控制系统，构造比较复杂，建设投资多。适用于自动喷水灭火系统处于准工作状态时严禁管道漏水、严禁系统误喷的场所。

5. 重复启闭预作用自动喷水灭火系统

重复启闭预作用系统是在预作用系统的基础上发展起来的一种自动喷水灭火系统。该系统不仅能够自动喷水灭火，而且当火灾扑灭后又能自动关闭系统。重复启闭预作用系统的功能优于其他喷水灭火系统，但造价高，一般只适用于灭火后必须及时停止喷水，以减少不必要水渍的场所。

(二) 闭式自动喷水灭火系统的主要设备

1. 闭式喷头

闭式喷头是闭式自动喷水灭火系统的重要设备，由喷水口、控制器和溅水盘三部分组成。其形状和式样较多，如图 2-25 所示。

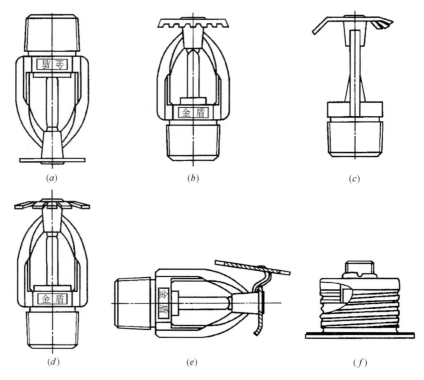

图 2-25　闭式喷头的类型

(a) 下垂型喷头；(b) 直立型喷头；(c) 边墙直立型喷头；
(d) 普通型喷头；(e) 边墙水平型喷头；(f) 吊顶型喷头

闭式喷头是用耐腐蚀的铜质材料制造，喷水口平时被控制器封闭。我国生产的闭式喷头口径为 12.7mm，其感温级别有普通级 (72℃)、中温级 (100℃) 和高温级 (141℃) 三种。在不同环境温度场所内设置喷头时，喷头公称动作温度应比环境温度高 30℃ 左右。

喷头应布置在顶板或吊顶下易于接触到火灾热气流并且有利于均匀布水的位置。当喷头附近有障碍物时应增设补偿喷水强度的喷头。喷头的布置形式，可采用正方形、长方形、菱形或梅花形。喷头之间的水平距离以及喷头与各种障碍物的距离等要求应符合现行《自动喷水灭火系统设计规范》的规定。

2. 报警阀

自动喷水灭火系统中报警阀的作用是开启和关闭管道系统中的水流，同时将控制信号传递给控制系统，驱动水力警铃直接报警，根据其构造和功能可分为：湿式报警阀、干式报警阀、干湿两用报警阀、雨淋报警阀和预作用报警阀等。

我国生产的湿式报警阀有导阀型和座圈型两种。座圈型湿式报警阀如图 2-26 所示。阀内设有阀瓣等组件，阀瓣铰接在阀体上。平时，阀瓣上下充满水，水压近似相等。由于阀瓣上面与水接触的面积大于下面的水接触面积，阀瓣受到向下的水压合力，处于关闭状态。当水源压力出现波动或冲击时，通过补偿器（或补水单向阀）使上下腔的压力保持一致，水力警铃不发生报警，压力开关断开，阀瓣处于准工作状态。当闭式喷头开始喷水灭火时，补偿器来不及补水，阀瓣上面的水压下降，下腔的水便向洒水管网及动作喷头供水，同时水沿着报警阀的环形槽进入报警口，流向延迟器、水力警铃，警铃发出声响报警，压力开关开启，给出电接点信号报警并启动水泵。

干式报警阀前后的管道内分别充满压力水和压缩空气，图 2-27 是差动型干式阀构造示意图，阀瓣将阀腔分成上、下两部分，与喷头相连的管路充满压缩空气，与水源相连的管路充满压力水。平时靠作用在阀瓣两侧的气压与水压的力矩差使阀瓣封闭，发生火灾时，气体一侧的压力下降，作用于水体一侧的力矩使阀瓣开启，向喷头供水灭火。

干湿两用报警阀是用于干湿两用自动喷水灭火系统中的供水控制阀，报警阀上方的管道既可充有压气体，又可充水。充有压气体时的作用与干式报警阀相同，充水时的作用与湿式报警阀相同。

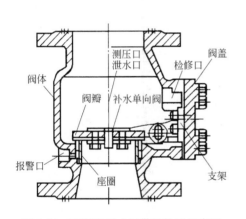
图 2-26 座圈型湿式报警阀构造示意图

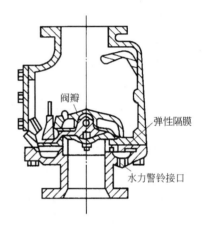
图 2-27 差动型干式报警阀构造示意图

干湿两用报警阀由干式报警阀、湿式报警阀上下叠加而成，如图 2-28 所示。干式阀在上，湿式阀在下。当系统为干式系统时，干式报警阀起作用。干式报警阀室注水口上方及喷水管网充满压缩空气，阀瓣下方及湿式报警阀全部充满压力水。当有喷头开启时，空气从打开的喷头泄出，管道系统的气压下降，直到干式报警阀的阀瓣被下方的压力水开启，水流进入喷水管网。部分水流同时通过环形隔离室进入报警信号管，启动压力开关和水力警铃。系统进入工作状态，喷头喷水灭火。

当系统为湿式系统时，干式报警阀的阀瓣被置于开启状态，只有湿式报警阀起作用，系统工作过程与湿式系统相同。

雨淋报警阀在自动喷水灭火系统中是除湿式报警阀外应用较多的报警阀，雨淋阀不仅用于雨淋灭火系统、水喷雾系统、水幕系统等开式系统，还用于预作用系统。雨淋报警阀的构造如图 2-29 所示，阀腔分成上腔、下腔和控制腔三部分。上腔为空气，下腔为压力水，控制腔与供水主管道和启动管路连通，供水管道中的压力水推动控制腔中的膜片、进而推动驱动杆顶紧阀瓣锁定杆，锁定杆产生力矩，把阀瓣锁定在阀座上，使下腔的压力水不进入上腔。当失火时，启动管路自动泄压，控制腔的压力迅速降低，使驱动杆作用在阀瓣锁定杆上的力矩低于供水压力作用在阀瓣上的力矩，于是阀瓣开启，压力水进入配水管网。

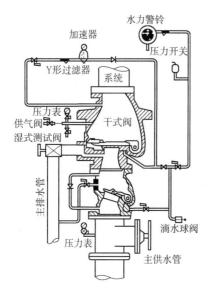
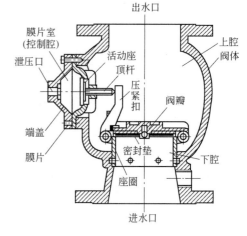

图 2-28 干湿两用报警阀构造示意图　　图 2-29 雨淋报警阀构造示意图

雨淋阀带有防自动复位机构，阀瓣开启后，需人工手动复位。

预作用阀由湿式阀和雨淋阀上下串接而成，雨淋阀位于供水侧，湿式阀位于系统侧，其动作原理与雨淋阀类似。平时靠供水压力为锁定机构提供动力，把阀瓣扣住，探测器或喷头动作后，锁定机构上作用的供水压力迅速降低，从而使阀瓣脱扣开启，供水进入消防管网。

报警阀宜设置在安全和易于操作的地点。距离地面的高度宜为 1.2m。安装报警阀的场所应设置排水设施。一个报警阀组控制的喷头数在湿式系统不宜超过 800 只，在干式系统不宜超过 500 只。每个报警阀组供水的最高与最低位置喷头的高程差不宜大于 50m。每个报警阀组控制的最不利点喷头处应设置末端试水装置；其他防火分区、楼层的最不利点喷头处应设置 25mm 的试水阀。

3. 水流报警装置

水流报警装置包括水力警铃、压力开关和水流指示器。

水力警铃安装在报警阀的报警管路上，是一种水力驱动的机械装置。当自动喷水灭火系统启动灭火后，消防用水的流量等于或大于一个喷头的流量时，压力水流沿报警支管进入水力警铃驱动叶轮，带动铃锤敲击铃盖，发出报警声响。水力警铃不得由电动报警器取代。水力警铃的工作压力不应小于 0.05MPa，应设置在有人值班的地点附近。水力警铃与报警阀连接的管道，管径应为 20mm，总长不宜大于 20m。

压力开关是自动喷水灭火系统的自动报警和自动控制部件，当系统启动，报警支管中的压力达到压力开关的动作压力时，触点就会自动闭合或断开，将水流信号转化为电信号，传递给消防控制中心或直接控制和启动消防水泵、电子报警系统或其他电气设备。压力开关应垂直安装在水力警铃前，如果报警管路上安装了延迟器，则压力开关应安装在延迟器之后。

水流指示器是在自动喷水灭火系统中将水流信号转换成电信号的一种报警装置，通常安装在配水干管或支管上，每个防火分区和每个楼层都应设置水流指示器。当某个喷头开启喷水时，管道中的水产生流动并推动水流指示器的桨片，桨片探测到水流信号并接通延时电路 20~30s 之后，水流指示器将水流信号转换为电信号传至报警控制器或控制中心，指示火灾发生的区域。水流指示器有叶片式、阀板式等类型。目前世界上应用得最广泛的是叶片式水流指示器。

4. 延迟器

延迟器是一个罐式容器，属于湿式报警阀的辅件，用来防止水源压力波动、报警阀渗漏而引起的误报警。报警阀开启后，水流需经 30s 左右充满延迟器，然后才可冲击水力警铃。

延迟器下端为进水口，与报警阀报警口连接相通；上端为出水口，接水力警铃。当湿式报警阀因水锤或水源压力波动而使阀瓣被冲开时，水流由报警支管进入延迟器，因为波动时间短，进入延迟器的水量少，压力水不会推动水力警铃的轮机或作用到压力开关上，故能有效起到防止误报警的作用。

5. 末端试水装置

末端试水装置由试水阀、压力表以及试水接头等组成，用于测试系统能否在开放一只喷头的最不利条件下可靠报警并正常启动。试水接头出水口的流量系数应等于同楼层或防火分区内的最小流量系数喷头。打开试水装置喷水，可以进行系统调试时的模拟试验。末端试水装置的出水，应排入排水管道。末端试水装置和试水阀应有标识，距地面的高度宜为 1.5m，并应采取不被他用的保护措施。

（三）管网的布置和敷设

供水管网应布成环状，进水管不少于两根。环状管网的供水干管，应设分隔阀门，便于管段的检修。分隔阀门应设在便于管理、维修和容易接近的地方。在报警阀的供水管上，应设置阀门，其后面的配水管上不得设置阀门和其他用水设备。自动喷水灭火系统报警阀以后的管道，应采用镀锌钢管或无缝钢管。湿式系统的管道，可用丝扣连接或焊接。对于干式、干湿式、预作用系统的管道，宜用焊接方法连接。

每个自动喷水灭火系统的配水管道应均匀、对称布置，以减少系统的水力损失。每根配水支管的管径不应小于 25mm；其上布置的喷头数和喷头布置间距应根据建筑物的危险等级，按照现行《自动喷水灭火系统设计规范》的要求确定。

三、开式自动喷水灭火系统

开式自动喷水灭火系统由开式喷头、管道系统、雨淋阀、火灾探测装置、报警控制组件和供水设施等组成，根据喷头形式和使用目的的不同，可分为雨淋系统、水幕系统、水喷雾系统。

1. 雨淋喷水灭火系统

雨淋喷水灭火系统用于火灾的蔓延速度快、闭式喷头的开放不能及时使喷头有效覆盖着火区域的场合。

雨淋系统采用开式洒水喷头，由雨淋阀控制喷水范围，利用配套的火灾自动报警系统或传动管系统监测火灾并自动启动系统灭火。发生火灾时，火灾探测器将信号送至火灾报警控制器，压力开关、水力警铃一起报警，控制器输出信号打开雨淋阀，同时启动水泵连续供水，使整个保护区内的开式喷头喷水灭火。因雨淋阀开启后所有开式洒水喷头同时喷水，好似倾盆大雨，故称为雨淋系统。雨淋系统具有出水量大、灭火及时的优点，适用于下列场所：①火灾的水平蔓延速度快、闭式喷头的开放不能及时使喷水有效覆盖着火区域；②室内净空高度超过闭式系统限定的最大净空高度，且必须迅速扑救初期火灾。

雨淋喷水灭火系统、预作用喷水灭火系统虽然都采用了雨淋阀、探测报警系统。但预作用喷水灭火系统采用闭式喷头，雨淋阀后的管道内平时充有压缩气体；而雨淋系统采用开式喷头，雨淋阀后的管道平时为空管。

雨淋系统可由电气控制启动、传动管控制启动或手动控制。传动管控制启动包括湿式和干式两种方法（图 2-30），发生火灾时，湿（干）式导管上的喷头受热爆破，喷头出水（排气），雨淋阀控制膜室的压力下降，雨淋阀打开，水从开式喷头喷出灭火。同时压力开关动作，启动水泵向系统供水。

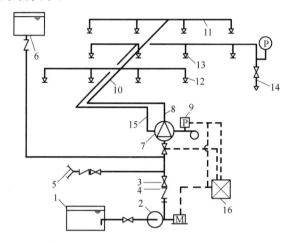

图 2-30　传动管启动雨淋系统

1—水池；2—水泵；3—闸阀；4—止回阀；5—水泵接合器；6—消防水箱；7—雨淋报警阀组；8—配水干管；
9—压力开关；10—配水管；11—配水支管；12—开式洒水喷头；13—闭式喷头；14—末端试水装置；
15—传动管；16—报警控制器；M—驱动电机

电气控制系统如图 2-31 所示。发生火灾时，电子探测系统把不同类型的火警信号送入火灾报警控制器，经分析判断为火灾后，打开控制雨淋阀的电磁阀泄水，使雨淋阀控制腔内压力下降，雨淋阀迅速打开，水从开式喷头喷出扑灭火灾。同时压力开关动作，启动水泵向系统供水。

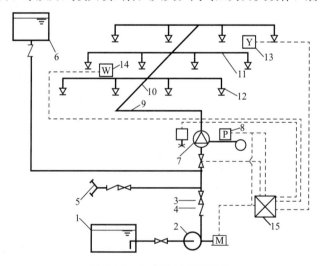

图 2-31　电动启动雨淋系统

1—水池；2—水泵；3—闸阀；4—止回阀；5—水泵接合器；6—消防水箱；7—雨淋报警阀组；
8—压力开关；9—配水干管；10—配水管；11—配水支管；12—开式洒水喷头；13—烟感探测器；
14—温感探测器；15—报警控制器；M—驱动电机

2. 水幕喷水灭火系统

水幕喷水灭火系统并不直接用于扑灭火灾，而是利用水幕喷头或洒水喷头密集喷射形成的水墙或水帘，防止火势扩大和蔓延。根据阻火作用的不同，水幕系统进一步分为防火分隔水幕和防护冷却水幕。防火分隔水幕主要用于无法设置防火分隔物的部位，例如商场营业厅、展览厅、剧院舞台、吊车的行车道等部位，用以阻止火焰和高温烟气向相邻区域蔓延。防护冷却水幕的作用是向防火卷帘、门窗、檐口等保护对象喷水，冷却降温，增强保护对象的耐火能力。

3. 水喷雾灭火系统

水喷雾系统利用喷雾喷头在一定压力下将水流分解成粒径在 $100\sim700\mu m$ 之间的细小雾滴，通过表面冷却、窒息、乳化、稀释的共同作用实现灭火和防护，保护对象主要是火灾危险大、扑救困难的专用设施或设备。水喷雾系统既能够扑救固体火灾，也可以扑救液体火灾和电气火灾。

水喷雾灭火系统的组成和工作原理与雨淋系统基本一致。其区别主要在于喷头的结构和性能不同：雨淋系统采用标准开式喷头，而水喷雾灭火系统则采用中速或高速喷雾喷头。当水以细小的雾状水滴喷射到正在燃烧的物质表面时会产生表面冷却、窒息、乳化、稀释等灭火作用。

喷雾系统的灭火效率比喷水系统的灭火效率高，耗水量小，一般标准喷头的喷水量为 $1.33L/s$。而细水雾喷头的流量为 $0.17L/s$。由于水喷雾灭火的原理与喷水灭火的原理有点不同，有时在分类时单列为水喷雾灭火系统。

4. 开式喷头

与闭式系统相比，开式系统采用开式喷头喷水灭火。图 2-32 是开式洒水喷头的构造示意图，有双臂下垂，双臂直立，双臂边墙和单臂下垂式四种，其公称口径有 10mm、15mm、20mm 三种。开式喷头的规格、型号、接管螺纹和外形与玻璃球闭式喷头完全相同，是在玻璃球闭式喷头上卸掉感温元件和密封座而成，通常用于雨淋系统，也称为"雨淋开式喷头"。

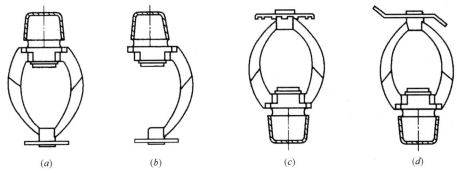

(a)　　　　　　　(b)　　　　　　　(c)　　　　　　　(d)

图 2-32　开式洒水喷头构造示意图

(a) 双臂下垂型；(b) 单臂下垂型；(c) 双臂直立型；(d) 双臂边墙型

第四节　给水系统的水泵、水池和水箱

一、给水系统的水泵

1. 水泵的类型

水泵是给水系统中的主要升压设备，除了直接给水方式和单设水箱给水方式以外，其他给水方式都需要使用水泵。建筑给水系统中使用的水泵主要有离心式水泵，管道泵，自吸泵，潜水泵。其中应用最多是离心式水泵，分为单级单吸卧式、单级双吸卧式、多级卧式、多级立式等类型。

离心式水泵构造如图 2-33 所示。其特点是结构简单、体积小、效率高、流量和扬程在一定范围内可调。单吸式水泵流量较小，适用于用水量小的给水系统，双吸式水泵流量较大，适用于用水量大的给水系统。单级泵扬程较低，一般用于低层或多层建筑，多级泵扬程较高，通常用于高层建筑。立式泵占地面积较小，适用于泵房面积较小的场合；卧式泵占地面积较大，多用于泵房面积较大的场合。

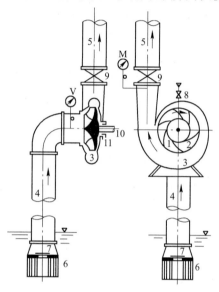

图 2-33　离心式水泵构造示意图

1—叶轮；2—叶片；3—泵壳；4—吸水管；
5—压水管；6—拦污栅；7—底阀；
8—加水漏斗；9—阀门；10—泵轴；
11—填料函；M—压力表；V—真空表

离心式水泵的工作方式有"吸入式"和"灌入式"两种。吸水池低于水泵轴的方式称为"吸入式"；吸水池水面高于水泵轴的方式称为"灌入式"。为了便于在水泵启动和运行中采用自动控制，通常采用"灌入式"工作方式。这时，泵壳和吸水管处于充满水的状态。当叶轮高速转动时，在离心力的作用下，叶片槽道（两叶片间的过水通道）中的水从叶轮中心被甩向泵壳，使水获得动能与压能。由于泵壳的断面是逐渐扩大的，所以水进入泵壳后流速逐渐减小，部分动能转化为压能，使水泵出口处的水具有较高的压力，流入压水管。在水被甩走的同时，水泵进口处形成负压，在大气压力的作用下，将吸水池中的水通过吸水管压向水泵进口。由于电动机带动叶轮连续回转，因此，离心泵是均匀连续地供水，即不断地将水压送到用水点或高位水箱。

管道泵一般为小口径泵，进出口直径相同，并位于同一中心线上，可以像阀门一样安装于管路之中，灵活方便，不必设置基础，占地面积小。带防护罩的管道泵可设置在室外。

自吸泵除了在安装或维修后的第一次启动时需要灌水外，以后再次启动均不需要灌水，适用于从地下贮水池吸水、不宜降低泵房地面标高而且水泵机组频繁启动的场合。

潜水泵不需灌水、启动快、运行噪声小、不需设置泵房，但维修不方便。

2. 生活水泵的选择

水泵选择的主要依据是给水系统所需要的水量和水压。选择的原则是在满足给水系统所需的水压与水量条件下，水泵的工作点位于水泵特性曲线的高效率段。考虑到运转过程中，水泵磨损会使水泵的效率降低，通常使所选水泵的流量和扬程有 $10\%\sim15\%$ 的安全系数。

当建筑物的给水系统不设置高位水箱时，水泵的流量按照设计秒流量确定。在建筑物设置有高位水箱调节生活给水的场合，水泵的流量应当大于或等于最大小时用水量。水泵的扬程应当满足最不利用水点或消火栓所需的水压，具体分两种情况：

（1）水泵直接由室外管网吸水。这时，水泵的扬程由式（2-4）确定

$$H_\mathrm{b} = H_1 + H_2 + H_3 + H_4 - H_0 \tag{2-4}$$

式中　H_b——水泵扬程（kPa）；

　　　H_1——最不利配水点与引入管起点之间的静压差（kPa）；

　　　H_2——设计流量下计算管路的总阻力损失（kPa）；

　　　H_3——最不利用水点配水附件的最低工作压力（kPa）；

　　　H_4——水表的阻力损失（kPa）；

　　　H_0——室外给水管网所能提供的最小压力（kPa）。

（2）水泵从贮水池吸水。这时，水泵的扬程按式（2-5）确定

$$H_b = H_1 + H_2 + H_3 \tag{2-5}$$

式中 H_1 是最不利配水点与贮水池最低工作水位之间的静压差（kPa），其他各项的意义与式（2-4）中的相同。

对于居住建筑的生活给水系统，在进行方案的初步设计时，可根据建筑层数估算自室外地面算起，系统所需要的水压。一般 1 层建筑物为 100kPa；2 层建筑物为 120kPa；3 层或 3 层以上建筑物，每增加 1 层增加 40kPa。采用竖向分区供水方案的建筑，也可以根据已知的室外给水管网能够保证的最低水压，按上述标准初步确定市政管网直接供水的范围。

3. 消防水泵

消防水泵包括消防主泵和稳压泵。消防主泵在火灾发生后由消火栓箱内的按钮或消防控制中心远程启动，也可在泵房现场启动。消防水泵的性能应满足消防给水系统灭火所需的水量和水压要求。多台消防水泵并联时，应校核流量叠加对消防水泵出口压力的影响。

4. 水泵房

生活用的水泵房不得设在对噪声要求严格的建筑物或房间附近；设在建筑物内的给水泵房，应采用消声减振措施。图 2-34 是水泵隔振安装结构的示意图。

水泵房内宜设有检修水泵的场地，检修场地尺寸宜按照水泵或电机外形尺寸四周有不小于 0.7m 的通道确定，应符合表 2-3 的要求。

泵房内宜设置手动起重设备。设置水泵的房间，应设排水设施，通风良好，不得结冻。泵房的大门应保证能使搬运的机件进出，应比最大件宽 0.5m。

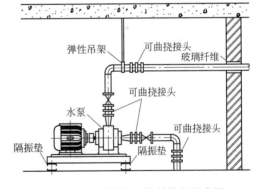

图 2-34　水泵隔振安装结构的示意图

水泵机组外轮廓面与墙和相邻机组间的间距　　　　　　　　　　　表 2-3

电动机额定功率（kW）	机组外廓面与墙面之间最小距离（m）	相邻机组外轮廓面之间最小间距（m）
≤22	0.8	0.4
>25～55	1.0	0.8
≥55，≤160	1.2	1.2

消防水泵房宜与生活、生产水泵房合建，以便于管理。独立设置或附设在建筑物内的消防水泵房的建筑设计应符合《建筑设计防火规范》《消防给水及消火栓系统技术规范》等规范的要求。

消防水泵应有不少于两条的出水管与消防给水环状管网连接。当其中一条出水管检修时，其余出水管应仍能供应全部消防给水设计流量。每台消防水泵出水管上应装设试验和检查用压力表和 DN65 的试水管，并应设置排水措施。

一组消防水泵的吸水管不应少于两条。当其中一条吸水管检修时，其余的吸水管应仍能通过全部消防给水设计流量。消防水泵应采用自灌式吸水，吸水口的淹没深度应满足消防水泵在最低水位运行安全的要求。吸水管喇叭口在消防水池最低有效水位下的淹没深度应根据吸水管喇叭口的水流速度和水力条件确定，但不应小于 600mm。当采用旋流防止器时，淹没深度不应小于 200mm。

消防水泵应设置备用泵，其性能与工作泵性能一致。但下列建筑除外：①建筑高度小于 54m 的住宅和室外消防给水设计流量小于等于 25L/s 的建筑；②室内消防给水设计流量小于等于 10L/s 的建筑。

为了及时启动消防水泵，保证火场供水，应在每个室内消火栓处设置直接启动消防水泵的按钮。消防水泵应保证在火警后 5min 内开始工作，并在火场断电时仍能正常运转。消防水泵与动力机械应直接连接。消防水泵房宜设有与本单位消防队直接联络的通信设备。

二、给水系统的贮水池和消防水池

对于采用水箱水泵联合给水方式、气压给水方式或变频调速给水方式的建筑给水系统，在水量能够得到保证的前提下，水泵宜直接从市政管网吸水，以充分利用市政管网的水压减小给水的运行能耗。但是，供水管理部门通常不允许建筑内部给水系统的水泵直接从市政管网吸水，以免管网压力剧烈波动或大幅度下降，影响其他用户的使用。为了提高供水可靠性和减少因市政管网或引入管检修造成的停水影响，建筑给水系统需设置贮水池。

此外，为了保证火灾发生时消防供水的可靠性，需要设置消防水池。《消防给水及消火栓系统技术规范》《自动喷水灭火系统设计规范》等防火规范对需要设置消防水池的场合做出了具体的规定。为了防止消防水池中的水长期不用变质，消防水池通常与生产、生活水池合用，但需要采取确保消防用水量不作他用的技术措施。对于居住小区生活用水贮水池与消防用水贮水池的合并设置，还应符合《建筑给水排水设计规范》的有关规定。

1. 有效容积

合用水池的有效容积与水源的供水能力和用水量变化情况以及用水可靠性要求有关，包括调节水量、消防贮备水量和生产事故备用水量三部分，用式（2-6）计算：

$$V = (Q_b - Q_g)T_b + V_s + V_f \tag{2-6}$$

式中　V——贮水池的有效容积（m^3）；

　　　Q_b——水泵出水量（m^3/h）；

　　　Q_g——水源供水能力（水池进水量）（m^3/h）；

　　　T_b——水泵最长连续运行时间（h）；

　　　V_s——生产事故备用水量（m^3）；

　　　V_f——消防贮备水量（m^3），用式（2-7）确定。

$$V_f = 3.6(Q_1 + Q_2 + Q_3 - Q_4)T \tag{2-7}$$

式中　Q_1——自动喷水灭火系统消防用水量（L/s）；

　　　Q_2——室内消火栓系统消防用水量（L/s）；

　　　Q_3——室外消火栓系统消防用水量（L/s）；

Q_4——发生火灾时，室外管网能够保证的消防用水量（L/s）；

T——火灾延续时间（h）。

各类消防设备的用水量标准和建筑物的火灾延续时间应按照现行的《建筑设计防火规范》《消防给水及消火栓系统技术规范》《自动喷水灭火系统设计规范》等规范的要求确定。

生产事故备用水量，主要是在进水管路发生故障进行检修期间，满足室内生产、生活用水的需要，可根据建筑物的重要性，取2~3倍最大小时用水量。

2. 设置要求

贮水池应设在通风良好、不结冻的房间内。为防止渗漏造成损害和避免噪声影响，贮水池不宜毗邻电气用房和居住用房或在其下方。建筑物内的生活饮用水池应当采用独立的结构形式，不得利用建筑物的本体结构作为水池的壁板、底板及顶盖。

贮水池外壁与建筑本体结构墙面或其他池壁之间的净距，应满足施工或装配的需要。无管道的侧面，净距不宜小于0.7m；安装有管道的侧面，净距不宜小于1.0m，且管道外壁与建筑本体墙面之间的通道宽度不宜小于0.6m；设有人孔的池顶，顶板面与上面建筑本体板底的净空不应小于0.8m。贮水池的设置高度应利于水泵自灌式吸水，池内宜设有水泵吸水坑，吸水坑的大小和深度，应满足水泵吸水管的安装要求。生活、消防合用贮水池应有保证消防贮备水量不被动用的措施，如图2-35所示。

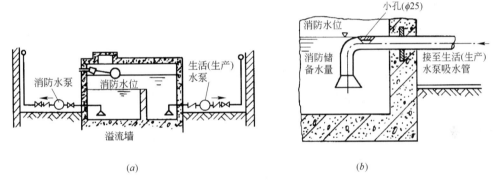

图2-35 消防水不被动用的技术措施

（a）在储水池中设溢流墙；（b）在生活或生产水泵吸水管上开孔

贮水池应设进出水管、溢流管、泄水管和水位信号装置。当利用城市给水管网压力直接进水时，应设置自动水位控制阀，控制阀直径与进水管管径相同，采用浮球阀控制时，浮球阀的数量不宜少于两个，且进水管的标高应一致，浮球阀前应设检修用的控制阀。溢流管宜采用水平喇叭口集水，喇叭口下的垂直管段不宜小于4倍溢流管管径。溢流管的管径按照能够排泄贮水池的最大入流量确定，并宜比进水管大一级。泄水管的管径应按水池（箱）泄空时间和泄水受体排泄能力确定，当贮水池中的水不能以重力自流泄空时，应设置移动或固定的提升装置。容积大于500m³的贮水池，应分成容积基本相等的两格，以便清洗、检修时不中断供水。

发生火灾时，在能保证向水池连续供水的条件下，计算消防水池容积时，可减去火灾延续时间内连续补充的水量。火灾后消防水池的补水时间，不宜超过48h。但当消防水池有效总容积大于2000m³时，不应大于96h。消防水池的进水管管径应计算确定，且不应小于DN100。

当消防水池采用两路消防供水且在火灾情况下连续补水能满足消防要求时，消防水池的有效容积应根据计算确定，但不应小于100m³，当仅设消火栓系统时不应小于50m³。

消防水池的总蓄水有效容积大于 500m³ 时，宜设两格能独立使用的消防水池，当大于 1000m³ 时，应设置能独立使用的两座消防水池。每格（或座）消防水池应设置独立的出水管，并应设置满足最低有效水位的连通管，连通管的管径应能满足消防给水设计流量的要求。

寒冷地区的消防水池，应有防冻设施。

三、高位生活水箱和消防水箱

高位水箱在建筑给水系统中具有稳定水压、贮存生活用水、调节水量的作用。对于临时高压给水系统应当设置消防水箱。为了防止消防水箱中的水长期不用变质，消防水箱通常与生活水箱合用。

1. 合用水箱的有效容积

合用水箱的有效容积应为调节容积、生产事故备用水量及消防贮备水量之和，用下式计算：

$$V = V_t + V_s + V_f \qquad (2\text{-}8)$$

式中　V——合用水箱的有效容积（m³）；

　　　V_s——生产事故备用水量（m³）；

　　　V_f——消防贮备水量（m³），根据《消防给水及消火栓系统技术规范》《自动喷水灭火系统设计规范》等规范计算确定；

　　　V_t——水箱的调节容积（m³），根据水箱补水方式的不同，有以下几种确定方法：

（1）由室外给水管网供水。这时水箱的调节容积用式（2-9）计算：

$$V_t = QT \qquad (2\text{-}9)$$

式中　Q——水箱连续供水的平均小时用水量（m³/h）；

　　　T——水箱连续供水的最长时间（h）。

（2）由人工启动水泵进水。这时水箱的调节容积用式（2-10）计算：

$$V_t = \frac{Q_d}{N} - T_b Q_p \qquad (2\text{-}10)$$

式中　Q_d——最高日用水量（m³）；

　　　N——水泵每天启动次数；

　　　T_b——水泵启动 1 次的最短运行时间（h）；

　　　Q_p——水泵运行时间内的平均时用水量（m³/h）。

（3）水泵自动启动进水。这时水箱的调节容积用式（2-11）计算：

$$V_t = C\frac{Q_b}{4n} \qquad (2\text{-}11)$$

式中　C——安全系数，可取 1.5～2.0；

　　　Q_b——水泵供水量（m³/h）；

　　　n——水泵在 1h 内最大启动次数，一般选用 4～8 次/h。

水泵为自动控制时，水箱调节容积不宜小于最大小时用水量的 50%。

2. 生产事故备用水量和消防贮备水量

生产事故备用水量按工艺要求，从有关的设计规范、手册查取。

消防贮备水量用以扑救初期火灾。根据《消防给水及消火栓系统技术规范》，对于临时高压给水系统的高位消防水箱应满足初期火灾消防用水量的要求，消防水箱的有效容积应符合下列规定：

（1）一类高层公共建筑，不应小于 36m³，但是当建筑高度大于 100m 时，不应小于 50m³，当建筑高度大于 150m 时，不应小于 100m³；

（2）多层公共建筑、二类高层公共建筑和一类高层住宅，不应小于 18m³，当一类高层住宅建筑高度大于 100m 时，不应小于 36m³；

（3）二类高层住宅建筑，不应小于 12m³；

（4）建筑高度大于 21m 的多层住宅建筑，不应小于 6m³；

（5）工业建筑室内消防给水设计流量小于或等于 25L/s 时，不应小于 12m³；大于 25L/s 时，不应小于 18m³；

（6）总建筑面积大于 10000m² 且小于 30000m² 的商店建筑不应小于 36m³；总建筑面积大于 30000m² 的商店，不应小于 50m³。当与（1）的规定不一致时应取其中的较大值。

3. 设置要求

高位水箱应设置在通风良好、不结冻的房间内，为了防止结冻，或防止因阳光照射、水温上升导致余氯加速挥发，露天设置的水箱都应采取保温措施。

消防水箱的设置位置应高于所服务的水灭火设施，水箱的最低有效水位应满足水灭火设施最不利点的静水压力，且应符合下列要求：

（1）一类高层公共建筑，不应低于 0.1MPa，但当建筑高度大于 100m 时，不应低于 0.15MPa；

（2）高层住宅、二类高层公共建筑、多层公共建筑，不应低于 0.07MPa，多层住宅不宜低于 0.07MPa；

（3）工业建筑不应低于 0.1MPa，当建筑体积小于 20000m³ 时，不宜低于 0.07MPa；

（4）自动喷水灭火系统应根据喷头需要的灭火压力确定，但最小不应低于 0.1MPa。

当消防水箱的设置高度不能满足所要求的静水压力要求时，应设稳压泵。稳压泵的设计压力应满足系统自动启动和管网充满水的要求，稳压泵的设计压力应保持系统最不利点处的水灭火设施在准工作状态时的静水压力大于 0.15MPa。稳压泵应当设置备用泵。稳压泵的设计流量宜按消防给水设计流量的 1%～3% 计算，且不宜小于 1L/s。

消防用水与其他用水合用的水箱，应有确保消防用水不作他用的技术设施。除串联消防给水系统外，发生火灾后由消防水泵供给的消防用水，不应进入消防水箱（图 2-36）。

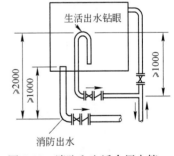

图 2-36　消防和生活合用水箱

第五节　室内热水供应系统

一、热水供应系统的分类和组成

1. 热水供应系统的分类和组成

室内热水供应系统，按照热水供应范围分为局部热水供应系统、集中热水供应系统和区域热水供应系统。

局部热水供应系统适用于热水用水点少的单元旅馆、住宅、公共食堂、理发室、医疗所等建筑。这种系统可以采用电加热器、煤气加热器、太阳能热水器等设备供单个或几个配水点使用。

集中热水供应系统可供应一幢或几幢建筑物需要的热水。在锅炉房或热交换器间集中加热冷水，通过室内热水管网供给各用水点使用。其供应范围比局部系统大得多。这种系统适用于医院、疗养院、旅馆、公共浴室、集体宿舍等建筑。

区域热水供应系统中加热冷水的热媒多使用热电站、工业锅炉房引出的热力网，集中加热冷水供建筑群使用。这种系统热效率最高，供应范围比集中热水供应系统大得多，每幢建筑物热水供应设备也最少，有条件时优先采用。

2. 集中热水供应系统的热水供应方式

集中热水供应系统通常由加热设备、热媒管道、热水输配管网和循环管道、配水龙头或用水设备、热水箱及水泵组成。根据是否设置循环管可分为全循环热水供应方式、半循环热水供应方式和不设置循环管的热水供应方式。

图 2-37（a）是全循环热水供应方式，它所有的供水干管、立管和分支管都设有相应的回水管道，可以保证配水管网任意点的水温。冷水从给水箱经冷水管从下部进入水加热

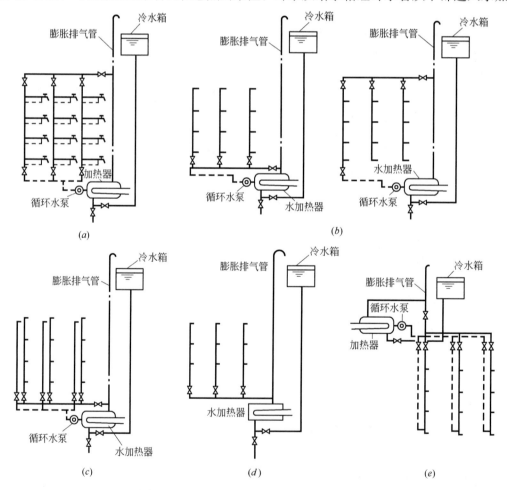

图 2-37 按照循环方式划分的集中热水供应系统
（a）全循环；（b）干管循环；（c）立管循环；（d）无循环；（e）倒循环

54

器，热水从上部流出，经上部的热水干管和立管、支管分送到各用水点。这种方式一般适用于要求能随时获得稳定的热水温度的建筑，如旅馆、医院、疗养院、托儿所等场所。当配水干管与回水干管之间的高差较大时，可以采用不设循环水泵的自然循环系统。

半循环热水供应方式是只在干管或立管上设循环管，分为干管循环（图 2-37b）或立管循环（图 2-37c）。干管循环热水供应系统仅保持热水干管内的热水循环。在热水供应前，需要先打开配水龙头放掉立管和支管内的冷水。立管循环热水供水方式是指热水干管和热水立管内均保持有热水的循环，打开配水龙头时只需放掉热水支管中少量的存水，就能获得设计水温的热水。半循环热水供应方式适用于对水温的稳定性要求不高，用水较集中或一次用水量较大的场所，比全循环方式节省管材。

图 2-37 (d) 是不设循环管道的热水供应方式。这种热水供应方式的优点是节省管材，缺点是每次供应热水前需要先放掉管中的冷水。适用于浴室、生产车间等定时供应热水的场所。

图 2-37 (e) 是倒循环热水供应方式。这种布置方式水加热器承受的水压力小，冷水进水管道短，阻力损失小，可降低冷水箱设置高度，膨胀排气管短。但它必须设置循环水泵，减振消声的要求高。一般适用于高层建筑。

热水供应方式的选择，应当根据建筑物性质、要求卫生器具供应热水的种类和数量、热水供应标准、热源情况等因素，选择不同的方式进行技术和经济比较后确定。

二、热水供应系统的热源

1. 集中热水供应系统通常用于医院、疗养院、旅馆、公共浴室、集体宿舍等建筑的热水供应。采用集中热水供应系统时，其热源的选择原则是：

（1）宜首先利用工业余热、废热和地热作为热水系统的热源；

（2）对于日照时间长、太阳辐射量大和年极端最低气温比较高的地区，宜优先采用太阳能作为热水系统的热源；

（3）在具备可再生低温能源的地区可通过经济分析，采用空气源或水源热泵热水供应系统。

当集中热水供应系统不具备采用以上热源的条件时，可采用热水锅炉、热水机组等其他可供使用的水加热设备作为集中热水供应系统的热源。

2. 局部热水供应系统通常用于热水用水点少的住宅、食堂、理发室、医疗所等建筑。局部热水供应系统可以采用电加热器、煤气加热器、太阳能热水器等作为热水供应的热源。

三、热水水质和用水量标准

1. 热水的水质

生产用热水的水质标准是根据生产工艺要求确定。生活用热水的水质标准除了应该符合我国现行国家标准《生活饮用水卫生标准》要求外，对集中热水供应系统加热前水质是否需要软化处理，应根据水质、水量、使用要求等因素进行技术经济比较，按照《建筑给水排水设计规范》的要求确定。如果实践证明该地区使用磁水器软化水有效时，可在水加热器或锅炉冷水进水管上安装磁水器。

2. 热水用水量标准

室内热水供应的用水量标准有两种：一种是根据建筑的使用性质、热水水温、卫生设备完善程度、热水供应时间、当地气候条件、生活习惯和水资源情况等确定；另一种是按卫生器具一次或 1h 热水用水量和所需要的水温确定。具体使用场合和卫生器具的热水用水定额按现行《建筑给水排水设计规范》给出的数值确定。

生产用的热水量标准按照生产工艺的要求确定。具体数值根据我国现行的《工业企业设计卫生标准》等规范的要求确定。

3. 水温

（1）冷水计算温度

热水系统计算使用的冷水水温应以当地最冷月平均水温资料确定。如果没有当地冷水温度资料，可按现行《建筑给水排水设计规范》的数值确定所在地区的冷水计算温度。

（2）热水供水温度

热水供水温度是指热水供应设备（如热水锅炉、水加热器）的出水温度。加热设备的供水温度过高或过低都是不合适的。较高的供水温度虽然可以增加储热量，减少热水箱的容积，但也会增大加热设备和管道的热损失，耗费能源，加速加热设备和管道的结垢、腐蚀。而供水温度过低，将为"军团菌"等有害人体健康的病菌提供生存、繁殖的条件与环境。军团菌能够在 20～50℃ 的环境中存活和生长繁殖，温度超过 60℃，水中"军团菌"就不能存活。

生活用热水锅炉、热水机组或水加热器出口的最高水温和配水点的最低水温可按表 2-4 确定。设置集中热水供应系统的住宅，配水点的最低水温不应低于 45℃。当配水点处最低水温降低时，热水锅炉和水加热器最高水温亦可相应降低，这有助于缓解硬水地区的结垢，减少因温差而引起的热损失。

集中热水供应系统中，在水加热设备和热水管道保温条件下，加热设备出口处与配水点的热水温度差，一般不大于 10℃。

直接供应热水的热水锅炉、热水机组或水加热器出口的最高水温和配水点的最低水温　表 2-4

水质处理情况	热水锅炉、热水机组或水加热器出口的最高水温（℃）	配水点的最低水温（℃）
原水水质无需软化处理，原水水质需水质处理且有水质处理	75	50
原水水质需水质处理但未进行水质处理	60	50

四、常用热水加热方式与设备

1. 燃油燃煤热水锅炉

燃油燃煤热水锅炉生产热水的优点是设备、管道简单，投资较省；热效率较高，运行费用较低；运行稳定、安全、噪声低、维修管理简单。但当给水水质较差时结垢（或腐蚀）较严重，当煤质较差时炉膛腐蚀比较严重，而且运行卫生条件较差，劳动强度较大；若不设热水箱则供水温度波动较大。这种加热方式适用于用水较均匀、耗热量不大（一般小于 380kW，即小于 20 个淋浴器的耗热量）的单层和多层建筑等场合。

2. 燃气加热器

这种加热方式的优点是设备、管道简单，使用方便，不需专人管理；热效率较高，噪声低；烟尘少、无炉灰，比较清洁卫生。但是，若安全措施不完善或使用不当，易发生烫伤和煤气中毒事故；当水质较差时，易产生结垢（或腐蚀）；没有自动调节装置时出水温度波动较大。适用于耗热量较小（一般小于76kW，即小于4个淋浴器的耗热量）的用户。

3. 电加热器

这种加热方式使用方便、卫生、安全，不产生二次污染，但由于电费较贵和电力供应不富余，只适用于燃料和其他热源供应困难而电力有富余的地区，或不允许产生烟气的地方等。

4. 太阳能加热器

太阳能加热器具有节省能源，不存在二次污染，设备、管道简单，使用方便等优点。缺点是基建投资较贵，钢材耗量较多，在我国绝大多数地区不能全年应用，必须与其他加热方式结合使用。因此，适合在日照条件较好、燃料供应困难或价格较贵的地区推广应用。通常用于公共浴室、理发室、小型饮食行业、住宅等场所。图2-38是采用自然循环的太阳能水加热器示意图。

5. 汽-水混合加热

汽-水混合加热方式如图2-39所示。具有加热设备、管道简单，投资省，热效率较高，加热设备不易结垢堵塞，维修管理较方便等优点。缺点是噪声较大。由于凝结水不能回收，蒸汽锅炉给水处理负荷较大。适用于耗热量较小（一般小于380kW，即小于20个淋浴器的耗热量）、对噪声要求不严格的建筑，如公共浴室、洗衣房、工业企业等。

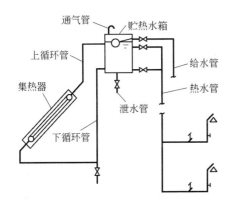

图2-38 自然循环太阳能水加热器示意图

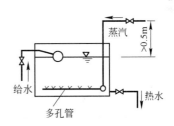

图2-39 汽-水混合加热方式

采用蒸汽直接通入水中或采取汽水混合设备的加热方式时，宜用于开式热水系统。蒸汽中不得含油质及有害物质。加热时应采用消声混合器，所产生的噪声应满足国家《城市区域环境噪声标准》的要求。

6. 容积式加热器

容积式加热器的加热方式如图2-40所示。这种加热器具有一定的贮存容积，出水温度稳定；设备可承受一定的水压、噪声低，因此可设在任何位置，布置方便，蒸汽凝结水和热媒热水可以回收，水质不受热媒污染；供水一般是通过壳程，阻力损失较少。但其热效率低，传热系数较小，体积大，占地面积大；设备、管道较复杂，投资较高，维修管理较麻烦。适用于要求供水温度稳定、噪声低、耗热量较大（一般大于380kW）的旅馆、医院等建筑。

7. 快速加热器

快速加热器有汽-水加热器和水-水加热器两种类型。前者热媒为蒸汽，后者热煤为过热水。图 2-41 是蒸汽热媒的快速加热器加热方式示意图。这种加热方式热效率较高，传热系数较大，结构紧凑，占地面积小；热媒可回收，可减少锅炉给水处理的负担，且水质不受热媒的污染。但在水质较差时，加热器结垢较严重；而且用水不均匀或热媒压力不稳定时，水温不易调节；热水一般是通过管程加热，阻力损失较大；设备、管道较复杂，投资较高，维修管理较麻烦。适用于具有：①热水用水量大且较均匀；②热力网容量较大，可充分保证热媒供应；③水质较好，加热器结垢不严重的场所。

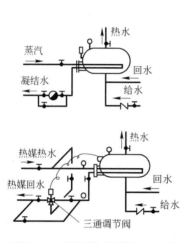

图 2-40　容积式加热器加热方式

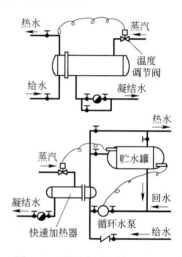

图 2-41　快速加热器加热方式

五、室内热水管网的布置和敷设

1. 管网的布置和敷设

室内热水管网布置的基本原则是在满足使用要求、便于维修管理的情况下管线最短。

热水管网有明装和暗装两种敷设方式。铜管、薄壁不锈钢管、衬塑钢管等可根据建筑、工艺要求暗装或明装。塑料热水管宜暗装，明装时立管宜布置在不受撞击处。热水干管根据所选定的方式可以敷设在室内地沟、地下室顶部、建筑物最高层或专用设备技术层内。一般建筑物的热水管线布置在预留沟槽、管道竖井内。明装管道尽可能布置在卫生间或不居住人的房间。管道穿楼板及墙壁应有套管，楼板套管应该高出地面 $50\sim100$mm，以防楼板集水时由楼板孔流到下一层。暗装管道在装设阀门处应留检修门，以利于管道更换和维修。管沟内敷设的热水管应置于冷水管之上，并且进行保温。

上行下给式配水干管的最高点应设排气装置（自动排气阀，带手动放气阀的集气罐和膨胀水箱），下行上给配水系统，可利用最高配水点放气。下行上给热水供应系统的最低点应设泄水装置（泄水阀或丝堵等），有可能时也可利用最低配水点泄水。对下行上给全循环式管网，为了防止配水管网中分离出的气体被带回循环管，应当把每根立管的循环管始端都接到其相应配水立管最高点以下 0.5m 处。

热水管道应设固定支架，一般设置在伸缩器或自然补偿管道的两侧，其间距长度应满足管段的热伸长度不大于伸缩器所允许的补偿量。固定支架之间宜设导向支架。为了避免管道热伸长所产生的应力破坏管道，应采用乙字弯的连接方式，如图 2-42 所示。

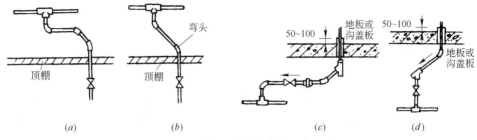

图 2-42 热水立管与横管的连接方式

为了调节平衡热水管网的循环流量和检修时缩小停水范围，在配水、回水干管连接的分支干管上，配水立管和回水立管的端点，以及居住建筑和公共建筑中每一用户或单元的热水支管上，均应装设阀门。在水加热设备、贮水器、锅炉、自动温度调节器和疏水器等设备的进出水口的管道上，也应装设必需的阀门，以满足运行调节和检修的需要。

2. 管道支架

热水管道由于安装管道补偿器的原因，需要在补偿器的两侧设固定支架，以均匀分配管道伸缩量。此外，一般在管道的分支管处、水加热器接出管道处、多层建筑立管中间、高层建筑立管两端（中间有伸缩设施）等处均应设固定支架。

3. 管道保温

热水供应系统中的水加热设备、热水箱、热水供回水干管、立管、有冰冻可能的自然循环管均应当保温，以减少传送过程中的热量损失。

热水供应系统的保温材料应导热系数小、具有一定的机械强度、重量轻、无腐蚀性、易于施工成型。热水配、回水管、热媒水管常用的保温材料为岩棉、超细玻璃棉、硬聚氨酯、橡塑泡棉等材料，其保温层厚度可参照表 2-5 采用。蒸汽管用憎水珍珠岩管壳保温时，其保温层厚度参照表 2-6 采用。水加热器、开水器等设备采用岩棉制品、硬聚氨酯发泡塑料等保温时，保温层厚度可取 35mm。

热水配、回水管、热媒水管保温层厚度 表 2-5

管道直径 DN（mm）	热水配、回水管				热媒水、蒸汽凝结水管	
	15～20	25～50	65～100	＞100	≤50	＞50
保温层厚度（mm）	20	30	40	50	40	40

蒸汽管保温层厚度 表 2-6

管道直径 DN（mm）	≤40	50～65	≥80
保温层厚度（mm）	50	60	70

管道和设备在保温之前，应进行防腐处理。保温材料应与管道或设备的外壁紧密相贴，并在保温层外表面做防护层。在管道转弯处的保温应做伸缩缝，缝内装填柔性材料。

第六节 室内给水系统的管材和管道附件

一、常用给水管材

建筑给水管种类繁多，根据材质的不同大体可分为金属管、塑料管、复合管三大类。

1. 金属管

金属管主要有镀锌钢管、不锈钢管、铜管等。

(1) 镀锌钢管。镀锌钢管曾经是我国生活饮用水使用的主要管材，由于其内壁易生锈、滋生细菌、微生物等有害杂质，使自来水在输送途中造成"二次污染"。根据国家有关规定，镀锌钢管在城镇住宅生活给水系统中已禁止使用。目前镀锌钢管主要用于消防给水系统。镀锌钢管的优点是强度高、抗振性能好；管道可采用焊接、螺纹连接、法兰连接或卡箍连接。

(2) 不锈钢管。不锈钢管具有机械强度高、坚固、韧性好、耐腐蚀性好、热膨胀系数低、卫生性能好、外表美观、安装维护方便、经久耐用等优点，适用于建筑给水特别是管道直饮水及热水系统。管道可采用焊接、螺纹连接、卡压式、卡套式等多种连接方式。

(3) 铜管。铜管包括拉制铜管、挤制铜管、拉制黄铜管、挤制黄铜管，是传统的给水管材。铜管具有耐温、延展性好、承压能力强、化学性质稳定、线性膨胀系数小等优点。铜管公称压力 2.0MPa，冷、热水均适用。但是价格较高。铜管可采用螺纹连接、焊接及法兰连接。

2. 塑料管

塑料管包括硬聚氯乙烯管、聚乙烯管、交联聚乙烯、聚丙烯管、聚丁烯管、丙烯腈-丁二烯-苯乙烯管等。

(1) 硬聚氯乙烯管（UPVC）。聚氯乙烯管材的使用温度为 5～45℃，不适用于热水输送，常见规格为 DN15～DN400；公称压力为 0.6～1.0MPa。优点是耐腐蚀性好、抗衰老性强、黏接方便、价格低、产品规格全、质地坚硬。缺点是维修困难、无韧性，环境温度低于 5℃时脆化，高于 45℃时软化，长期使用有 UPVC 单体和添加剂渗出。该管材为早期替代镀锌钢管的管材，现在已经不推广使用。硬聚氯乙烯管可采用承插黏接。也可采用橡胶密封圈柔性连接、螺纹或法兰连接。

(2) 聚乙烯管（PE）。聚乙烯管包括高密度聚乙烯管（HDPE）和低密度聚乙烯管（LDPE）。聚乙烯管的特点是重量轻、韧性好、耐腐蚀、耐低温性能好、运输及施工方便、具有良好的柔性和抗蠕变性能，在建筑给水中得到广泛应用。目前国内产品的规格在 DN16～DN160 之间，最大可达 DN400。聚乙烯管道的连接可采用电熔、热熔、橡胶圈柔性连接，工程上主要采用熔接。

(3) 交联聚乙烯管（PEX）。交联聚乙烯是通过化学方法，使普通聚乙烯的线性分子结构改性成三维交联网状结构。交联聚乙烯管具有强度高、韧性好、抗老化（使用寿命达50 年以上）、温度适应范围广（-70～110℃）、无毒、不滋生细菌、安装维修方便、价格适中等优点，主要用于室内热水供应系统。管径小于等于 25mm 的管道与管件采用卡套式连接，管径大于等于 32mm 的管道与管件采用卡箍式连接。

(4) 聚丙烯管（PP）。普通聚丙烯材质的缺点是耐低温性能差，在 5℃ 以下因脆性太大而难以正常使用。通过共聚合的方式可以使聚丙烯性能得到改善。目前用得较多的是改进性能的 PP-R 聚丙烯管。

PP-R 管的优点是强度高、韧性好、无毒、温度适应范围较广（5～95℃）、耐腐蚀、抗老化、保温效果好、沿程阻力小、施工安装方便。目前国内产品规格在 DN20～DN110 之间，不仅可用于冷、热水系统，且可用于纯净饮用水系统。管道之间采用热熔连接，管道与金属管件可以通过带金属嵌件的聚丙烯管件，用丝扣或法兰连接。

（5）聚丁烯管（PB）。聚丁烯管是用高分子树脂制成的高密度塑料管，管材质软、耐磨、耐热、抗冻、无毒无害、耐久性好、重量轻、施工安装简单，公称压力可达 1.6MPa，能在 -20～95℃ 条件下安全使用，适用于冷、热水系统。聚丁烯管与管件的连接方式有三种方式，即铜接头夹紧式连接、热熔式插接、电熔合连接。

（6）丙烯腈-丁二烯-苯乙烯管（ABS）。ABS 管材是丙烯腈、丁二烯、苯乙烯的三元共聚物，丙烯腈提供了良好的耐蚀性、表面硬度；丁二烯作为一种橡胶体提供了韧性；苯乙烯提供了优良的加工性能。三种组合的联合作用使 ABS 管强度大，韧性高，能承受冲击。ABS 管材的工作压力 1.0MPa，常用规格为 $DN15$～$DN50$，使用温度为 -40～95℃。管材连接方式为黏接。

3. 复合管

复合管包括了铝塑复合管和钢塑复合管等。

（1）铝塑复合管。铝塑复合管是通过挤出成型工艺制造的新型复合管材，它由聚乙烯（或交联聚乙烯）层-胶黏剂层-铝层-胶黏剂层-聚乙烯层（或交联聚乙烯）五层结构构成。既保持了聚乙烯管和铝管的优点，又避免了各自的缺点。可以弯曲，弯曲半径等于 5 倍直径；耐温差性能强，使用温度范围 -100～110℃；耐高压，工作压力可以达到 1.0MPa 以上。管件连接主要是夹紧式铜接头，可用于室内冷、热水系统。

（2）钢塑复合管。钢塑复合管是在钢管内壁衬（涂）一定厚度的塑料层复合而成，依据复合管基材的不同，可分为衬塑复合管和涂塑复合管两种。衬塑钢管是在传统的输水钢管内插入一根薄壁的 PVC 管，使两者紧密结合，就成了 PVC 衬塑钢管；涂塑钢管是以普通碳素钢管为基材，将高分子 PE 粉末融熔后均匀地涂敷在钢管内壁，经塑化后，形成光滑、致密的塑料涂层。

钢塑复合管兼备了金属管材强度高、耐高压、能承受较强的外来冲击力和塑料管材的耐腐蚀性、不结垢、导热系数低、流体阻力小等优点。钢塑复合管可采用沟槽、法兰或螺纹连接的方式，同原有的镀锌管系统完全相容，应用方便，但需在工厂预制，不宜在施工现场切割。

4. 给水管材的选择

选用给水管材时，首先应了解各类管材的特性指标，如耐温耐压能力、线性膨胀系数、抗冲击能力、热传导系数及保温性能、管径范围、卫生性能等，然后根据建筑装饰标准、输送水的温度及水质要求、使用场合、敷设方式等进行技术经济比较后确定。主要原则是：安全可靠、卫生环保、经济合理、水力条件好、便于施工维护。

埋地给水管道采用的管材，应具有耐腐蚀和能承受相应地面荷载的能力。可采用塑料给水管、有衬里的铸铁给水管、经可靠防腐处理的钢管。室内的给水管道，应选用耐腐蚀和安装连接方便可靠的管材，可采用塑料给水管、塑料和金属复合管、铜管、不锈钢管以及经可靠防腐处理的钢管。高层建筑的给水立管不宜采用塑料管。

二、管道附件

给水管道附件是安装在管道及设备上的具有启闭或调节功能、保障系统正常运行的装置，分为配水附件、控制附件与其他附件三类。

1. 配水附件

配水附件是卫生器具用来调节和分配水流的各式水龙头（或阀件），是使用最频繁的

管道附件。产品应符合节水、耐用、开关灵便、美观等要求。常用的水龙头类型有:

(1)旋启式水龙头。旋启式水龙头如图 2-43 (a) 所示,普遍用于洗涤盆、污水盆、盥洗槽等卫生器具的配水,由于密封橡胶垫磨损容易造成滴、漏现象,我国已经限期禁用普通旋启式水龙头,以陶瓷芯片水龙头取代。

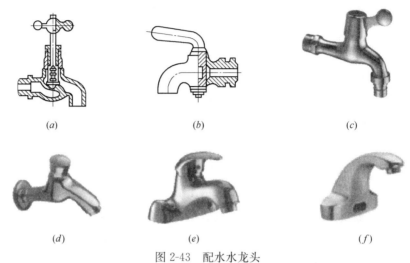

图 2-43　配水水龙头
(a) 旋启式水龙头;(b) 旋塞式水龙头;(c) 陶瓷芯片水龙头;(d) 延时自闭水龙头;
(e) 混合水龙头;(f) 感应式水龙头

(2)旋塞式水龙头。旋塞式水龙头如图 2-43 (b) 所示,手柄旋转 90°即完全开启,可在短时间内获得较大流量;由于启闭迅速容易产生水击,一般设在浴池、洗衣房、开水间等压力不大的给水设备上。因水流直线流动,阻力较小。

(3)陶瓷芯片水龙头。陶瓷芯片水龙头如图 2-43 (c) 所示,采用陶瓷片作为密封材料,由动片和定片组成,通过手柄的水平旋转或上下提压造成动片与定片的相对位移以进行启闭。但水流阻力较大。陶瓷芯片硬度极高,优质陶瓷阀芯使用 10 年也不会漏水。新型陶瓷芯片水龙头大多有流畅的造型和不同的颜色,有的水龙头表面镀钛金、镀铬、烤漆、烤瓷等;造型除常见的流线形、鸭舌形外,还有球形、细长的圆锥形、倒三角形等,使水龙头具有了装饰功能。

(4)延时自闭水龙头。延时自闭水龙头如图 2-43 (d) 所示,主要用于酒店及商场等公共场所的洗手间,使用时将按钮下压,每次开启持续一定时间后,靠水压力及弹簧的增压而自动关闭水流,能够有效避免"长流水"现象,避免浪费。

(5)混合水龙头。混合水龙头如图 2-43 (e) 所示,安装在洗脸盆、浴盆等卫生器具上,通过控制冷、热水流量调节水温,作用相当于两个水龙头,使用时将手柄上下移动控制流量,左右偏转调节水温。

(6)自动控制水龙头。自动控制水龙头如图 2-43 (f) 所示,根据光电效应、电容效应、电磁感应等原理,自动控制水龙头的启闭,常用于建筑装饰标准较高的盥洗、淋浴、饮水等的水流控制,具有节水、卫生、防止交叉感染的功能。

2. 控制附件

控制附件是用于调节水量、水压、关断水流、控制水流方向、水位的各式阀门。控制附件应符合性能稳定、操作方便、便于自动控制、精度高等要求。

给水管道上使用的阀门，应根据使用要求按照下列原则选型：需要调节流量、水压时，宜采用调节阀、截止阀；在要求水流阻力小的部位宜采用闸阀、球阀、半球阀；在安装空间小的场所宜采用蝶阀、球阀；在水流需要双向流动的管段上不得使用截止阀；在口径较大的水泵出水管上宜采用多功能阀。常用的阀门类型有：

（1）闸阀。闸阀如图 2-44（a）所示，其关闭件（闸板）由阀杆带动，沿阀座密封面作升降运动，一般用于 $DN \geqslant 70$mm 的管路。闸阀具有流体阻力小、开关需要的外力较小、介质的流向不受限制等优点；但是外形尺寸和开启高度都较大、安装需要的空间较大、水中杂质落入阀座后容易造成阀门关闭不严、关闭过程中密封面间的相对摩擦容易引起擦伤现象。在要求水流阻力小的部位（如水泵吸水管上）宜采用闸阀。

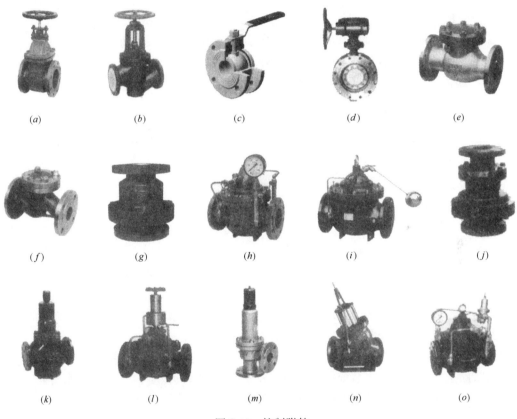

图 2-44　控制附件

（a）闸阀；（b）截止阀；（c）球阀；（d）蝶阀；（e）旋启式止回阀；（f）升降式止回阀；（g）消声止回阀；
（h）缓闭止回阀；（i）浮球阀；（j）比例式减压阀；（k）可调式减压阀；（l）泄压阀；
（m）安全阀；（n）多功能阀；（o）紧急关闭阀

（2）截止阀。截止阀如图 2-44（b）所示，其关闭件（阀瓣）由阀杆带动，沿阀座（密封面）轴线作升降运动。截止阀具有开启高度小、关闭严密、在开闭过程中密封面的摩擦力比闸阀小、耐磨等优点；但截止阀的阻力损失较大，由于开关力矩较大，结构长度较大，一般用于 $DN \leqslant 200$mm 的管道。截止阀适合于需要调节流量、水压时的场合。在水流需要双向流动的管段上不得使用截止阀。

（3）球阀。球阀如图 2-44（c）所示，球阀的启闭件（球体）绕垂直于通路的轴线旋转，在管路中用来做切断、分配和改变介质的流动方向，适用于安装空间小的场所。球阀具有流动阻力小、结构简单、体积小、重量轻、开闭迅速等优点；缺点是容易产生水击。

（4）蝶阀。蝶阀如图 2-44（d）所示，蝶阀的启闭件（蝶板）绕固定轴旋转。蝶阀具有操作力矩小、开闭时间短、安装空间小、重量轻等优点；主要缺点是蝶板占据一定的过水断面，增大阻力损失，容易挂积纤维和杂物。

（5）止回阀。止回阀是指启闭件（阀瓣或阀芯）利用水的作用力，自动阻止水逆流的阀门。一般安装在与市政管网直接连接的建筑物的引入管上；密闭的水加热器或用水设备的进水管上；水泵的出水管上；以及进出水管合用一条管道的水箱、水塔和高地水池的出水管段上。

根据启闭件动作方式的不同，可进一步分为旋启式止回阀、升降式止回阀、消声止回阀、缓闭止回阀等类型，分别如图 2-44（e）、（f）、（g）、（h）所示。

需要注意的是：卧式升降式止回阀和阻尼缓闭止回阀只能安装在水平管上，立式升降式止回阀只能安装在立管上，其他的止回阀可安装在水平管上或水流方向自下而上的立管上。水流方向自上而下的立管，不应安装止回阀，因为其阀瓣不能自行关闭，起不到止回作用。

（6）浮球阀。浮球阀如图 2-44（i）所示，广泛用于各种水箱、水池、水塔的进水管路中，控制水箱（池、塔）的水位。当水箱（池、塔）充水到设定水位时，浮球随水位浮起，关闭进水口，防止溢流；当水位下降时，浮球下落，进水口开启。为保障进水的可靠性，一般采用两个浮球阀并联安装，在浮球阀前要安装检修用的阀门。

（7）减压阀。当给水管网的压力高于配水点允许的最高使用压力时，应当设置减压阀，给水系统中常用的减压阀有比例式减压阀和可调式减压阀两种，分别如图 2-44 的中（j）、（k）所示。比例式减压阀用于阀后压力允许波动的场合，垂直安装，减压比不宜大于 3∶1；可调式减压阀用于阀后压力要求稳定的场合，水平安装，阀前与阀后的最大压差不宜大于 0.4MPa，对于要求安静的场所不应大于 0.3MPa。当最大压差超过规定值时，宜串联设置。在供水保证率要求高，停水会引起重大经济损失的给水管道上设置减压阀时，宜采用两个减压阀并联设置，一用一备，但不得设置旁通管。

（8）泄压阀。泄压阀如图 2-44（l）所示，与水泵配套使用，主要安装在供水系统中的泄水管路上，可保证供水系统的水压不超过主阀上导阀的设定值，确保供水管路、阀门及其他设备的安全。如果给水管网存在短时超压现象，且短时超压会引起使用不安全时，应设置泄压阀。泄压阀的泄流量大，应将连接管道排入非生活用水水池，当直接排放时，可排入集水井或排水沟。

（9）安全阀。安全阀如图 2-44（m）所示，用来防止系统内压力超过预定的安全值。它是利用介质本身的力量排出额定数量的流体，不需借助任何外力，当压力恢复正常后，阀门自动关闭并阻止介质继续流出。安全阀的泄流量很小，主要用于释放压力容器时因温度升高引起的超压。安全阀前不得设置阀门，泄压口应连接管道将泄压水引至安全地点排放。

（10）多功能阀。多功能阀如图 2-44（n）所示，兼有电动阀、止回阀和水锤消除器的功能，一般装在直径较大的水泵出水管路的水平管段上。

（11）紧急关闭阀。紧急关闭阀如图 2-44（o）所示，用于生活小区中消防用水与生活用水并联的供水系统中，当消防用水启动时，阀门自动紧急关闭，切断生活用水，保证消防用水，当消防用水结束时，阀门自动打开，恢复生活供水。

3. 其他附件

在给水系统的适当位置，经常需要安装一些保障系统正常运行、延长设备使用寿命、改善系统工作性能的附件，如排气阀、橡胶接头、伸缩器、过滤器、倒流防止器、水锤消除器等。

（1）排气阀。排气阀如图 2-45 所示，用来排除集积在管中的空气，使水流通畅。在间歇性使用的给水管网末端和最高点、自动补气式气压给水系统配水管网的最高点、给水管网有明显起伏可能积聚空气管段的峰点应设置自动排气阀。

（2）橡胶接头。橡胶接头如图 2-46 所示，由织物增强的橡胶件与活接头或金属法兰组成，用于管道吸收振动、降低噪声，补偿因各种因素引起的水平位移、轴向位移、角度偏移。

（3）管道伸缩器。管道伸缩器如图 2-47 所示，可在一定的范围内轴向伸缩，也能在一定的角度范围内克服因管道对接不同轴而产生的偏移。它既能极大地方便各种管道、水泵、水表、阀门、管道的安装与拆卸，也可补偿管道因温差引起的伸缩变形。

图 2-45　排气阀　　　　图 2-46　橡胶接头　　　　图 2-47　伸缩器

（4）管道过滤器。管道过滤器如图 2-48 所示，用于除去液体中含有的固体颗粒。安装在水泵吸水管、水加热器进水管、换热装置的循环冷却水进水管上，以及进水总表、住宅进户水表、减压阀、泄压阀、自动水位控制阀，温度调节阀等阀件前，保护设备免受杂质的冲刷、磨损、淤积和堵塞，保证设备正常运行，延长设备的使用寿命。

（5）倒流防止器。倒流防止器也称防污隔断阀，由两个止回阀中间加一个排水器组成（图 2-49），用于防止生活饮用水管道发生回流污染。倒流防止器与止回阀的区别在于：止回阀只是引导水流单向流动的阀门，不是防止倒流污染的有效装置；管道倒流防止器具有止回阀的功能，而止回阀则不具备管道倒流防止器的功能，设管道倒流防止器后，不需要再设止回阀。

（6）水锤消除器。水锤消除器如图 2-50 所示，在高层建筑物内用于消除因阀门或水泵快速开、关所引起的管路中压力骤然升高的水锤危害，减少水锤压力对管路及设备的破坏，可安装在水平、垂直、倾斜的管路中。

图 2-48　管道过滤器　　　　图 2-49　倒流防止器　　　　图 2-50　水锤消除器

4. 水表

水表是用于计量建筑物用水量的仪表。通常设置在建筑物的引入管、住宅的入户配水支管以及公用建筑物内需计量水量的水管上。水表应装设在观察方便，不冻结和不易受到损坏的地方。

根据工作原理分为流速式和容积式水表两类。容积式水表要求通过的水质良好，精密度高，但构造复杂，我国很少使用，在建筑给水系统中普遍使用的是流速式水表。流速式水表是根据管径一定时，通过水表的水流速度与流量成正比的原理制成的。水流通过水表时推动翼轮旋转，翼片轮轴传动一系列联动齿轮（减速装置），再传递到记录装置，在标度盘指针指示下便可读到流量的累积值。

流速式水表按翼轮构造不同分为旋翼式、螺翼式和复式三种。旋翼式的翼轮转轴与水流方向垂直，水流阻力较大，多为小口径水表，适用于测量小流量。螺翼式的翼轮转轴与水流方向平行，阻力较小，适于大流量的大口径水表。复式水表是旋翼式和螺翼式的组合型式，在流量变化很大时采用。

流速式水表按其计数机件所处状态又分干式和湿式两种。干式水表的计数机件用金属圆盘与水隔开；湿式水表的计数机件浸在水中，在计数盘上装一块厚玻璃（或钢化玻璃）用以承受水压。湿式水表机件简单、计量准确、密封性能好，但只能用在水中不含杂质的管道上，因为水质浊度高，将降低精度，产生磨损缩短水表寿命。

水表的性能参数有包括过载流量、常用流量、分界流量、最小流量和始动流量。

（1）过载流量也称为最大流量，是只允许短时间流经水表的流量，是水表使用的上限值。旋翼式水表通过最大流量时的阻力损失为 100kPa，螺翼式水表通过最大流量时的阻力损失为 10kPa。

（2）常用流量也称为公称流量或额定流量，是水表允许长期使用的流量。

（3）分界流量是指水表误差限度改变时的流量。

（4）最小流量是水表开始准确指示的流量值，是水表使用的下限值。

（5）始动流量也称为启动流量，是水表开始连续指示的流量值。

水表选择时需要注意的是：①用水量均匀的生活给水系统的水表，应当以给水设计流量选定水表的常用流量；②用水量不均匀的生活给水系统的水表，应当用给水设计流量选定水表的过载流量；③对生活消防共用系统，还需要加消防流量。应当用生活用水的设计流量叠加消防流量进行校核，校核流量不应超过水表的过载流量值。

第七节　室内给水系统的管路布置与敷设

一、室内给水系统的管路布置

1. 室内给水管道的布置形式

给水管道按供水可靠性不同分为枝状管网和环状管网两种形式；按水平干管设置位置可以分为上行下给、下行上给和中分式三种形式。

枝状管网单向供水，可靠性差，但管路简单、节省管材、造价低；环状管网双向甚至多向供水，可靠性高，但管线长，造价高。

上行下给供水方式的干管设在顶层天花板下、吊顶内或技术夹层中，由上向下供水，适用于设置高位水箱的建筑；下行上给供水方式的干管采用埋地敷设、设在底层或地下室中，由下向上供水，适用于利用市政管网直接供水或增压设备位于底层但不设高位水箱的建筑；中分式供水方式的干管设在中间技术夹层或某中间层的吊顶内，由中间向上、下两个方向供水，适用于屋顶用作露天茶座、舞厅并设有中间技术夹层的建筑。

给水管道布置是否合理，关系到给水系统的工程投资、运行费用、供水可靠性、安装维护和操作使用。因此，在管道布置时，需要与其他专业管线的布置相互协调，在满足《建筑给水排水设计规范》的要求下，做到经济合理、供水安全可靠。

2. 引入管

建筑物的给水引入管，应当从配水平衡和供水可靠考虑，当建筑物内卫生器具布置不均匀时，应当从建筑物用水量最大处和不允许断水处引入；当建筑物内卫生用具布置比较均匀时，应当在建筑物中央部分引入，以缩短管网向不利点的输水长度，减少管网的阻力损失。

引入管应设置两条或两条以上，并要从市政管网的不同侧引入，在室内将管道连成环状双向供水。如受到条件限制，也可从同侧引入，但两根引入管的间距不得小于15m，并应当在两根引入管之间设置阀门。如条件不能满足，可采取设贮水池或增设第二水源等安全供水措施。

生活给水引入管与污水排出管管外壁的水平距离不得小于1.0m。引入管穿过承重墙或基础时，管上部预留净空不得小于建筑物的沉降量，一般不小于0.1m，并做好防水的技术处理。引入管进入建筑内有两种情况，一种是从浅基础下面通过（图2-51a），另一种是穿过建筑物基础或地下室墙壁（图2-51b）。当引入管穿过建筑物基础或地下室墙壁时，要在穿过处的管道上设置止水环等措施，做好防水的技术处理。

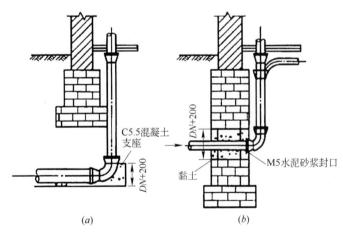

图 2-51　引入管进入建筑物

(a) 从浅基础下通过；(b) 穿通建筑物基础或地下室墙壁

3. 给水干管和立管

室内给水干管和立管的布置与建筑物性质、建筑物外形、结构状况、卫生器具和生产设备布置情况以及所采用的给水方式等有关，并应充分利用室外给水管网的压力。

管道布置时应力求长度最短，尽可能呈直线走向，与墙、梁、柱平行敷设，照顾美观，并要考虑施工检修方便。给水干管应尽量靠近用水量最大设备处或不允许间断供水的用水处，以保证供水可靠，并减少管道转输流量，使大口径管道的长度最短。

工厂车间内的给水管道架空布置时，应当不妨碍生产操作及车间内的交通运输，不允许把管道布置在遇水会引起爆炸、燃烧或损坏原料的产品和设备上面。

室内给水管道不允许布置在排水沟、烟道和风道内，不允许穿过大小便槽、橱窗、壁柜，应尽量避免穿过建筑物的沉降缝，如果必须穿过时要采取相应的保护措施。常用的措施有：①软性接头法。这是用橡胶软管或金属波纹管连接沉降缝或伸缩缝两边的管道；②丝扣弯头法（图2-52），在建筑沉降过程中，两边的沉降差由丝扣弯头的旋转来补偿，仅适用于小管径的管道；③活动支架法（图2-53），这是在沉降缝两侧设支架，使管道只能垂直位移，以适应沉降、伸缩的应力。

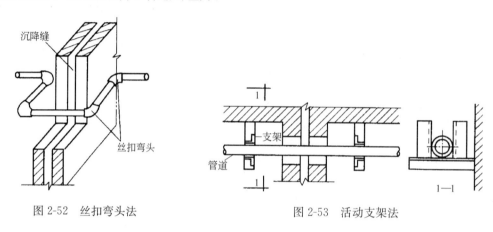

图 2-52　丝扣弯头法　　　　　　　　　图 2-53　活动支架法

布置给水管道时，其周围要留有一定的空间，以满足安装、维修的要求。表2-7中是室内给水立管与墙面的最小净距要求。

室内给水立管与墙面的最小净距　　　　　　　　　　　　表 2-7

立管管径（mm）	＜32	32～50	70～100	125～150
与墙面净距（mm）	25	35	50	60

二、室内给水管路的敷设

室内给水管道的敷设，根据建筑对卫生、美观方面的要求，分为明装和暗装两种。

明装是将室内给水管道沿墙、梁、柱、天花板下、地板旁暴露敷设。优点是造价低，施工安装、维护修理方便。缺点是由于管道表面积灰、产生凝结水等影响环境卫生，不美观。

暗装是将给水管道道敷设在地下室天花板下或吊顶中，或敷设在管井、管槽和管沟中。优点是卫生条件好、房间美观。缺点是造价高，施工安装和维护修理不方便。

给水管道除单独敷设外，也可与其他管道一同敷设。考虑到供水安全、施工维护方便等要求，当平行或交叉设置时，对管道间的相互位置、距离、固定方法等应综合有关要求统一处理。建筑物内埋地敷设的给水管和排水管之间的最小间距，平行埋设时不宜小于0.5m；交叉埋设时不应小于0.15m，且给水管应当在排水管的上方。

水表节点一般装设在建筑物的外墙内或室外专门的水表井中。水表装设地方的空气温度要在2℃以上，并要便于检修、不受污染、不被损坏、查表方便。

当管道埋地敷设时，应当避免被重物压坏。管道不得穿越生产设备基础，在特殊情况下必须穿越时，应采取有效的保护措施；生活给水管道不宜与输送易燃、可燃、有害液体或气体的管道同沟敷设。

在给水管道穿越屋面、地下室或地下构筑物的外墙、钢筋混凝土水池的壁板或底板处，应设置防水套管；明装的给水立管穿越楼板时，应采取防水措施。管道在空间敷设时，必须采取固定措施，以保证施工方便和供水安全。固定管道可用管卡、吊环、托架等，如图 2-54 所示。

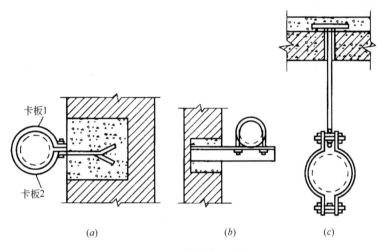

图 2-54　管道支、吊架
(a) 管卡；(b) 托架；(c) 吊环

管道在穿过建筑物内墙、基础及楼板时均应预留孔洞口，暗装管道在墙中敷设时，也应预留墙槽，避免临时打洞、刨槽影响建筑结构的强度。管道预留孔洞和墙槽的尺寸见表 2-8。横管穿过预留洞时，管顶上部净空不得小于建筑物的沉降量，以保护管道不致因建筑沉降而损坏，一般不小于 0.1m。

给水管预留孔洞、墙槽尺寸（mm） 表 2-8

管道名称	管径	明管预留孔洞长（高）×宽	暗管墙槽宽×深
立　管	≤25	100×100	130×130
	32～50	150×150	150×130
	70～100	200×200	200×200
2 根立管	≤32	150×100	200×130
横支管	≤25	100×100	60×60
	32～40	150×130	150×100
入户管	≤100	300×200	

三、管道的防护技术措施

为了使室内给水系统能在较长年限内正常工作，除了应加强维护管理外，在施工过程中还需要采取以下一些技术措施。

1. 防腐

明装或暗装的金属管道都要采取防腐措施，通常防腐的做法是先对管道除锈，使之露出金属光泽，然后在管外壁刷涂防腐涂料。防腐层要采用具有足够的耐压强度、良好的防水性、绝缘性和化学稳定性、能与被保护管道牢固黏结、无毒的材料。

2. 防冻、防结露

设置在温度低于 0℃ 以下地方的设备和管道，如寒冷地区的屋顶水箱、不采暖房间、地下室、管井、管沟中的管道以及敷设在受室外冷空气影响的门厅、过道等处的管道，应当在涂刷底漆后进行保温。保温层的外壳，应密封防渗漏。

在环境温度较高、空气湿度较大的房间（如厨房、洗衣房、某些生产车间），当管道内水温低于周围环境的露点温度时，管道及设备的外壁会产生凝结水，不仅会腐蚀和损坏管道或设备，影响环境卫生，还会使建筑装饰和室内物品受到损害。因此，必须采取防止结露的措施。防结露保温层的计算和构造，按现行的《设备及管道绝热技术通则》执行。

3. 防高温

明装在室外的给水管道，应当避免受阳光直接照射，塑料给水管还应当有效的保护措施。室内塑料给水管道不得与水加热器或热水炉直接连接，应当有不小于 0.4m 的金属管段过渡；塑料给水管道不得布置在灶台边缘，塑料给水立管距灶台边缘不得小于 0.4m，距燃气热水器边缘不宜小于 0.2m。

给水管道因水温变化会产生热胀冷缩，必须考虑管道补偿。塑料管的线性膨胀系数是钢管的 7~10 倍，需要特别的重视。伸缩补偿装置应按管段的直线长度、管材的线性膨胀系数、环境温度和水温的变化幅度、管道节点允许位移量等因素计算确定，并且应尽量利用管道自身的折角来补偿温度变形。

4. 防振

当管道中水流速度过大时，启闭水龙头、阀门易出现水锤现象，引起管道、附件的振动，不但会损坏管道附件造成漏水，还会产生噪声。所以在设计时应当控制管道的水流速度，在系统中应尽量减少使用电磁阀或速闭型阀门。在住宅建筑进户管的阀门后装设可曲挠橡胶接头进行隔振，并可在管道支架、管卡内衬垫减振材料，减少噪声的扩散。

第八节　室内给水系统的水力计算

一、用水定额与卫生器具额定流量

1. 用水定额

用水定额是针对不同的用水对象，在一定时期内制定的相对合理的单位用水量数值。它是国家根据各个地区的人民生活水平、生产和消防用水情况，经调查统计制定的。用水定额分为：①生活用水定额；②生产用水定额；③消防用水定额。

用水定额是确定设计用水量的主要参数之一，合理选定用水定额直接关系到给水系统的规模及工程造价。用水定额的大小按照国家现行的《建筑给水排水设计规范》《工业企业设计卫生标准》《消防给水及消火栓系统技术规范》《自动喷水灭火系统设计规范》等规范计算确定。

2. 卫生器具的给水额定流量

生活用水量是通过各种卫生器具和用水设备消耗的，卫生器具的供水能力与所连接的管道直径、配水阀前的工作压力有关。给水额定流量是卫生器具配水出口在单位时间内流出的规定水量。为了保证卫生器具能够满足使用要求，对各种卫生器具连接管的直径和最低工作压力都有相应的规定。为了方便管道的水力计算，卫生器具的给水额定流量用卫生器具给水当量和给水当量数来表示。

卫生器具给水当量是以污水盆上支管直径为15mm的水龙头的额定流量0.2L/s作为一个"当量"值。其他卫生器具给水额定流量均以此为基准，折算成给水当量的倍数，称为卫生器具"给水当量数"。某一个卫生器具的给水当量数是该卫生器具给水额定流量与给水当量（0.2L/s）的比值，附录2列出了常用卫生器具的给水额定流量和给水当量。

二、室内给水设计流量

给水设计流量是给水系统确定管道直径、计算管道阻力损失、选择给水系统的水泵扬程和流量的依据。室内生活用水引入管的给水设计流量应根据建筑用水情况按照《建筑给水排水设计规范》的规定选择确定，主要分为以下几种情况。

1. 住宅建筑给水设计秒流量

住宅建筑生活给水管道的设计秒流量应按下列步骤和方法计算：

① 根据住宅配置的卫生器具给水当量、使用人数、用水定额、使用时数及小时变化系数，按式（2-12）计算最大用水时卫生器具给水当量平均出流概率：

$$U_0 = \frac{100 q_L m K_h}{0.2 N_g T \times 3600} \qquad （\%） \qquad (2-12)$$

式中　U_0——生活给水管道的最大用水时卫生器具给水当量平均出流概率（%）；

q_L——最高用水日的用水定额，按表2-9选取；

m——每户用水人数；

K_h——小时变化系数，按表2-9选取；

N_g——每户设置的卫生器具给水当量数；

T——用水小时数（h）。

住宅最高日生活用水定额及小时变化系数　　　　　　　　　表2-9

住宅类别		卫生器具设置标准	用水定额［L/（人·d）］	小时变化系数 K_h
普通住宅	I	有大便器、洗涤盆	85～150	3.0～2.5
	II	有大便器、洗脸盆、洗涤盆、洗衣机、热水器和沐浴设备	130～300	2.8～2.3
	III	有大便器、洗脸盆、洗涤盆、洗衣机、集中热水供应（或家用热水机组）和沐浴设备	180～320	2.5～2.0
别墅		有大便器、洗脸盆、洗涤盆、洗衣机、洒水栓、家用热水机组和沐浴设备	200～350	2.3～1.8

② 根据计算管段上的卫生器具给水当量总数，按式（2-13）计算该管段的卫生器具给水当量的同时出流概率：

$$U = 100 \frac{1 + \alpha_c (N_g - 1)^{0.49}}{\sqrt{N_g}} \qquad （\%） \qquad (2-13)$$

式中　U——计算管段的卫生器具给水当量同时出流概率（%）；

α_c——对应于不同 U_0 的系数，按表2-10确定；

N_g——计算管段的卫生器具给水当量总数。

不同 U_0 下的系数 α_c 表 2-10

U_0(%)	1.0	2.0	3.0	4.0	5.0	6.0	7.0	8.0
α_c	0.00323	0.01097	0.01939	0.02816	0.03715	0.04629	0.05555	0.06489

③ 根据计算管段上的卫生器具给水当量同时出流概率，用式（2-14）计算该管段的设计秒流量：

$$q_g = 0.2UN_g \tag{2-14}$$

式中 q_g——计算管段的设计秒流量（L/s）。

④ 给水干管有两条或两条以上具有不同最大用水时卫生器具给水当量平均出流概率的给水支管时，该管段的最大用水时卫生器具给水当量平均出流概率按式（2-15）计算：

$$\bar{U}_0 = 100\,\frac{\sum U_{0i}N_{gi}}{\sum N_{gi}} \quad （\%） \tag{2-15}$$

式中 $\bar{U}_0$——给水干管的卫生器具给水当量平均出流概率（%）；

U_{0i}——支管的最大用水时卫生器具给水当量平均出流概率（%）；

N_{gi}——相应支管的卫生器具给水当量总数。

2. 用水分散型公共建筑设计秒流量

对于《建筑给水排水设计规范》规定的旅馆、医院、商场、中小学教学楼等用水分散型的公共建筑，用式（2-16）计算设计秒流量：

$$q_g = 0.2\alpha\,\sqrt{N_g} \tag{2-16}$$

式中 q_g——计算管段的给水设计秒流量（L/s）；

N_g——计算管段的卫生器具给水当量总数；

α——根据建筑物用途而定的系数，按表 2-11 选用。

需要注意的是：当计算值小于该管段上 1 个最大卫生器具给水额定流量时，应采用 1 个最大的卫生器具给水额定流量作为设计秒流量；如果计算值大于该管段上按卫生器具给水额定流量累加所得流量值时，应采用卫生器具给水额定流量累加所得的流量值。

根据建筑物用途而定的系数值（α）   表 2-11

建筑物名称	α 值
幼儿园、托儿所、养老院	1.2
门诊部、诊疗所	1.4
办公楼、商场	1.5
图书馆	1.6
书店	1.7
学校	1.8
医院、疗养院、休养所	2.0
酒店式公寓	2.2
宿舍（Ⅰ、Ⅱ）类、旅馆、招待所、宾馆	2.5
客运站、航站楼、会展中心、公共厕所	3.0

3. 用水集中型公共建筑设计秒流量

对于用水集中型公共建筑，如工业企业的生活间、公共浴室、职工食堂的厨房等建筑的生活给水管道的设计秒流量，应根据卫生器具给水额定流量、同类型卫生器具数和卫生器具的同时给水百分数按式（2-17）计算：

$$q_g = \sum q_0 n_0 b \qquad (2-17)$$

式中 q_g——计算管段的给水设计秒流量（L/s）；

q_0——同类型的 1 个卫生器具给水额定流量（L/s）；

n_0——计算管段同类型的卫生器具数；

b——卫生器具的同时给水百分数，按《建筑给水排水设计规范》的规定选取。

需要注意的是：如果计算值小于该管段上 1 个最大卫生器具的给水额定流量时，应采用 1 个最大的卫生器具的给水额定流量作为设计秒流量。大便器自闭式冲洗阀应单列计算，当单列计算值小于 1.2L/s 时，以 1.2L/s 计；大于 1.2L/s 时，以计算值计。

三、给水管路的水力计算

1. 设计流速

管内流速的大小直接影响到给水系统经济合理性。流速过大，会增加管道的阻力损失、给水系统所需的压力和增压设备的运行费用。此外，还容易产生水锤，引起噪声，损坏管道或附件。流速过小，会使管道直径变大、增加工程的初投资。因此，设计时应综合考虑以上因素，把流速控制在适当的范围内。生活或生产给水管道的水流速度宜按表 2-12 采用；消火栓给水管道的流速不宜大于 2.5m/s；自动喷水灭火系统的管道流速，不宜大于 5.0m/s。

生活给水管道的水流速度 表 2-12

公称直径（mm）	15~20	25~40	50~70	≥80
水流速度（m/s）	≤1.0	≤1.2	≤1.5	≤1.8

2. 管径

根据计算得出的各管段设计流量，初步选定管道设计流速，按式（2-18）计算管道直径：

$$d = \sqrt{\frac{4q_g}{\pi u}} \qquad (2-18)$$

式中 q_g——计算管段的设计流量（m³/s）；

d——计算管段直径（m）；

u——计算管段的设计流速（m/s）。

由式（2-18）计算的管道直径一般不等于标准管径，可根据计算结果取相近的标准管径，并核算流速是否符合要求。如不符合，应调整流速后重新计算。对于住宅的入户管，公称直径不宜小于 20mm。

3. 沿程阻力损失

给水管道的沿程阻力损失可按式（2-19）计算：

$$h_f = iL = \frac{105 q_g^{1.85}}{C_h^{1.85} d_j^{4.87}} L \qquad (2-19)$$

式中 h_f——沿程阻力损失（kPa）；

i——单位长度管道的阻力损失（kPa/m）；

L——管道长度（m）；

C_h——海澄-威廉系数，按表2-13采用；

d_j——管道计算内径（m）；

q_g——给水设计流量（m³/s）。

各种管材的海澄-威廉系数   **表2-13**

管道类别	塑料管、内衬（涂）塑管	铜管、不锈钢管	衬水泥、树脂的铸铁管	普通钢管、铸铁管
C_h	140	130	130	100

4. 局部阻力损失

生活给水管道配水管的局部阻力损失，宜按管道的连接方式，采用管（配）件"当量长度法"计算。螺纹接口的阀门及管件摩擦阻力损失的当量长度见表2-14。当管道的管（配）件当量长度资料不足时，可根据管件的连接状况，按管网的沿程阻力损失的百分数确定局部阻力损失。

（1）管（配）件内径与管道内径一致，采用三通分水时，取25%～30%；采用分水器分水时，取15%～20%。

（2）管（配）件内径略大于管道内径，采用三通分水时，取50%～60%；采用分水器分水时，取30%～35%。

（3）管（配）件内径略小于管道内径，管（配）件的插口插入管口内连接，采用三通分水时，取70%～80%；采用分水器分水时，取35%～40%。

水表的局部阻力损失，应按选用产品所给定的压力损失值计算。在未确定具体产品时，可按下列情况估算：住宅入户管上的水表，宜取0.01MPa；建筑物或小区引入管上的水表，在生活用水工况时，宜取0.03MPa；在校核消防工况时，宜取0.05MPa。

比例式减压阀的阻力损失，阀后动水压宜按阀后静水压的80%～90%采用；管道过滤器的局部阻力损失宜取0.01MPa。

螺纹接口的阀门及管件的摩阻损失当量长度表   **表2-14**

管件内径（mm）	各种管件的折算管道长度（m）						
	90°弯头	45°弯头	三通90°转角	三通直向流	闸阀	球阀	角阀
9.5	0.3	0.2	0.5	0.1	0.1	2.4	1.2
12.7	0.6	0.4	0.9	0.2	0.1	4.6	2.4
19.1	0.8	0.5	1.2	0.2	0.2	6.1	3.6
25.4	0.9	0.5	1.5	0.3	0.2	7.6	4.6
31.8	1.2	0.7	1.8	0.4	0.2	10.6	5.5
38.1	1.5	0.9	2.1	0.5	0.3	13.7	6.7
50.8	2.1	1.2	3.0	0.6	0.4	16.7	8.5
63.5	2.4	1.5	3.6	0.8	0.5	19.8	10.3
76.2	3.0	1.8	4.6	0.9	0.6	24.3	12.2
101.6	4.3	2.4	6.4	1.2	0.8	38.0	16.7
127.0	5.2	3	7.6	1.5	1.0	42.6	21.3
152.4	6.1	3.6	9.1	1.8	1.2	50.2	24.3

注：本表的螺纹接口是指管件无凹口的螺纹，当管件为凹口螺纹或管件与管道为等径焊接，其当量长度取本表值的一半。

复 习 思 考 题

2-1 室内给水系统的主要任务是什么？

2-2 室内给水系统按用途可分几类，各有什么用途？

2-3 室内给水系统主要由哪几部分组成？分别有什么作用？

2-4 简述室内生活给水系统常用给水方式的主要特点及适用场合。

2-5 高层建筑室内给水系统有哪些特点？

2-6 高层建筑给水系统为什么要进行竖向分区？常用的分区方式有几种？

2-7 简述室内常用消防给水方式的主要特点及适用场合。

2-8 热水供应系统由哪几部分组成？简述他们的主要作用。

2-9 如何确定贮水池容积？与消防给水合用的水池的设置需要注意什么问题？

2-10 如何确定水箱的容积？与消防给水合用的水箱，在设计时应当注意什么问题？

2-11 集中热水供应方式有几种？简述各种热水供应方式的优缺点及适应场合。

2-12 室内热水供应系统的加热设备有哪些类型？各有什么优缺点？

2-13 室内给水系统的常用管材有哪些？他们的主要特点是什么？采用什么方式连接？

2-14 室内给水系统常用配水附件有哪些？他们的主要特点是什么？

2-15 给水管道常用控制附件有哪些？分别有什么作用？

2-16 流速式水表有几种类型？分别适用于什么场合？水表的主要性能参数的物理意义是什么？

2-17 如何确定给水系统中水泵的流量和扬程？

2-18 水泵布置方式有几种？"灌入式"工作方式的主要特点是什么？

2-19 如何确定给水系统所需要的供水压力？

2-20 给水管道水流速度的确定需要注意什么问题？常用的流速范围是多少？

2-21 如何确定室内给水管道中各种阀门和管件的局部阻力损失？

2-22 室内消火栓给水系统的主要设备有哪些？他们的作用是什么？

2-23 水泵接合器作用是什么？有几种形式？简述其主要特点和适用场合。

2-24 室内消火栓给水系统的设置应当符合哪些要求？

2-25 水枪充实水柱的物理意义是什么？充实水柱的确定需要注意什么问题？

2-26 怎样确定室内消火栓的布置间距？布置间距的确定需要考虑哪些因素？

2-27 闭式自动喷水灭火系统有哪几种类型？各自的主要特点是什么？分别适用于什么场合？

2-28 常用的闭式喷头有几种？简述其主要特点和适用场合。

2-29 报警阀的作用是什么？有几种类型？各自的工作原理是什么？

2-30 开式自动喷水灭火系统与闭式自动喷水灭火系统有哪些相同和不同之处？

2-31 开式自动喷水灭火系统哪几种类型？各自的主要特点是什么？分别适用于什么场合？

2-32 简述水喷雾灭火系统的灭火机理。

2-33 卫生器具"给水当量"和"给水当量数"的物理意义是什么？

第三章　室　内　排　水

第一节　室内排水系统的分类与组成

一、室内排水系统的分类

室内排水系统的任务是接纳、汇集建筑物内各种卫生器具和用水设备排放的污、废水，以及屋面的雨水、雪水，并在满足排放要求的条件下，及时、迅速地排至室外。

室内排水系统按照排水的性质可分为生活排水系统、工业废水排水系统和屋面雨水排水系统三类。

1. 生活排水系统是生活污水排水系统和生活废水排水系统的总称。排除大便器（槽）、小便器（槽）内的粪便水为生活污水排水系统；排除洗脸、洗澡、洗衣和厨房产生的废水为生活废水排水系统。

2. 工业废水排水系统有生产废水排水系统和生产污水排水系统两种。生产废水排水系统用于排除未受污染或污染较轻以及仅水温稍有升高的工业废水。如机械设备的冷却水，可作为杂用水用于冲洗厕所、河湖景观、道路降尘、洗车用水等，可直接排放，也可经简单处理后排放；生产污水排水系统用于排除生产过程中被化学杂质（有机物、重金属离子、酸、碱等）、机械杂物（悬浮物及胶体物）污染较严重的工业废水，包括水温过高排放后会造成热污染的工业废水，生产污水需要经过处理达到国家排放标准后才能排放。

3. 屋面雨水排水系统用于排除建筑屋面的雨水和融化的冰雪水。

二、建筑排水系统的体制

在排除城市（镇）和工业企业中的生活废水、生活污水、生产废水、生产污水和雨水雪水时，是采用同一个管渠系统进行排除，还是采用两个或两个以上各自独立的管渠系统进行排除，这种不同的排除方式所形成的排水系统，称为排水系统的体制，简称排水体制。建筑内部排水体制可分为分流制和合流制两种。

分流制：不同种类的污、废水用不同的管道进行分开排除。例如建筑内的屋面雨水与其他污、废水分开排除称为分流制；建筑内的污水和废水（如粪便水和洗涤水）分开排除也称为分流制。

合流制：不同种类的污、废水用同一管道进行排除。

确定室内排水系统的排水体制应根据污水性质、污染程度、结合室外排水体制和有利于综合利用与处理要求等确定。当建筑物使用性质对卫生标准要求较高时、生活污水需经化粪池处理后才能排入市政排水管道时、生活废水需要回收利用时，建筑排水宜采用生活污水与生活废水分流的排水系统。职工食堂、营业餐厅的厨房含有大量油脂的洗涤废水，机械自动洗车台冲洗水，含有大量致病菌、放射性元素超过排放标准的医院污水，水温超过 40℃的锅炉、水加热器等加热设备的排水，用作中水水源的生活排水，实验室有害有毒废水等均应单独排至水处理和回收构筑物。屋面雨水排水系统应独立设置，以便迅速、及时地将雨水排出。

三、室内排水系统的组成

室内排水系统一般包括卫生器具（或生产设备的受水器）、排水横支管、立管、排出管、通气管道、清通设备。此外，当污水不能自流排至室外时，需设污水提升设备，还包括一些隔油池、降温池、化粪池等污水局部处理设备（施），如图 3-1 所示。

1. 卫生器具（或生产设备的受水器）

卫生器具（如大便器、小便器、洗脸盆、淋浴器、洗涤盆、地漏等）是室内排水系统的起点，接纳各种污、废水后排入排水管网。污、废水从器具排出经过存水弯和器具排水管流入排水横支管。器具排水管管径不得小于所连接的横支管管径。大便器排水管最小管径不得小于 100mm。

2. 排水横支管

排水横支管是连接卫生器具排水管至排水立管的横管段。排水横支管中水的流动属于重力流，因此，管道应有一定的坡度坡向立管。排水横支管的管径不得小于所连接的器具排水管管径（见表 3-4）。塑料排水横支管的标准坡度为 0.026。

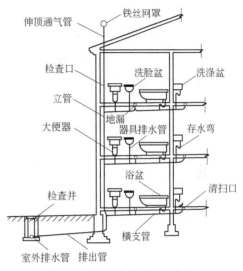

图 3-1 室内排水系统示意图

3. 立管

排水立管是指呈垂直或与垂线夹角小于 45° 的管道。它承接各楼层排水横支管排入的污水，然后再排入横干管（或排出管）。为了保证排水通畅，排水立管管径不得小于所连接的排水横支管管径。

4. 排出管

排出管是室内排水立管与室外排水检查井之间的连接管段，它接受一根或几根立管流来的污、废水并排入室外排水管网。排出管的管径不得小于所连接的立管管径。建筑物内的排出管的管径不得小于 50mm。

5. 通气管道

通气管道是为了使排水系统内空气流通，压力稳定，防止水封破坏而设置的与大气相通的管道。它在排水系统中有以下作用：①使室内排水系统与大气相通，平衡排水管道内气体压力，保护水封不受破坏；②排放排水管道内臭气和有害气体，以满足卫生条件要求；③减轻废水、废气对管道的腐蚀，延长管道的使用寿命；④可提高排水系统的排水能力，有助于形成良好的水流条件，使排水管内排水通畅，并可减少排水系统的噪声。

通气管道系统是排水系统设计中很重要的一方面。特别是高层建筑，排水立管长、排水量大，立管内气压波动大，排水系统功能的好坏很大程度上决于管道通气系统设置的是否合理。常见的通气管有顶伸通气立管、专用通气立管、主通气立管、副通气立管、环形通气管、器具通气管、结合通气管、汇合通气管和自循环通气管等。常用通气管系统的形式如图 3-2 所示。

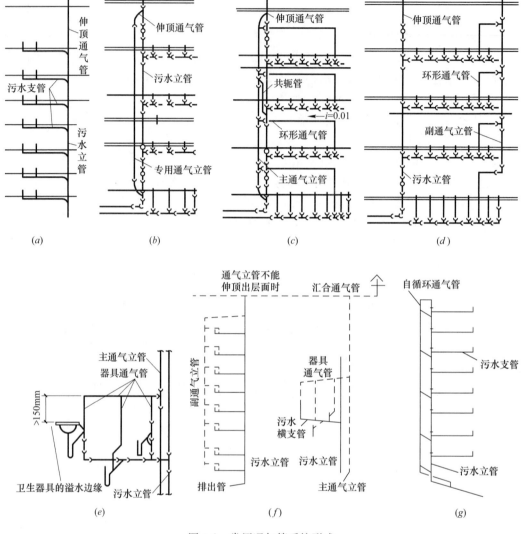

图 3-2　常用通气管系统形式

(*a*) 顶伸通气立管；(*b*) 专用通气立管；(*c*) 主通气立管与环形通气管；
(*d*) 副通气立管与环形通气管；(*e*) 器具通气管；(*f*) 汇合通气管；(*g*) 自循环通气管

通气管的设置要求如下：

（1）生活排水管道的立管顶端应设置伸顶通气管。排水立管按相同管径向上垂直延伸出屋顶的通气管称为伸顶通气立管，如图 3-2（*a*）所示。低层建筑和建筑标准要求较低的多层建筑，当其排水横支管不长、卫生器具不多时可仅设伸顶通气管。这种排水系统的通气效果较差，排水量较小。对于多层建筑或高层建筑，卫生器具同时排水的机率较大，管内压力波动大，应增设专门用于通气的管道。

（2）下列情况应设置通气立管：生活排水立管所承担的卫生器具排水设计流量，当超过表 3-6 中仅设伸顶通气管的排水立管最大设计排水能力时；建筑标准要求较高的多层住宅和公共建筑、10 层及 10 层以上高层建筑卫生间的生活污水立管。如图 3-2（*b*）、图 3-2（*c*）和图 3-2（*d*）的专用通气立管、主通气立管或副通气立管。

（3）对于连接 4 个及 4 个以上卫生器具且长度大于 12m 的排水横支管以及连接 6 个及 6 以上大便器的污水横支管，应设置环形通气管，如图 3-2（c）和图 3-2（d）所示。

（4）对卫生、安静要求较高的建筑物内，生活排水管道宜设置器具通气管。设有器具通气管的排水管段应设置环形通气管，如图 3-2（e）所示。

（5）结合通气管是排水立管与通气立管的连接管段，也称共轭管。如图 3-2（c）所示。结合通气管宜每层或隔层与专用通气管、排水立管连接，与主通气立管、排水立管连接不宜多于 8 层；结合通气管宜与排水立管以斜三通连接，也可用 H 管件替代。

（6）汇合通气管是连接数根通气立管或排水立管顶端通气部分，并延伸至室外接通大气的通气管段。如图 3-2（f）所示。

（7）当伸顶通气管无法伸出屋面，且通气管从侧墙伸出也无法实施时，可设置自循环通气管道。自循环通气管道系统是通气立管在顶端、层间和排水立管相连，在底端与排出管连接，排水时在管道内产生的正负压通过连接的通气管道迂回补气而达到平衡的通气方式，如图 3-2（g）所示。

通气立管不得接纳器具污水、废水和雨水，不得与风道和烟管连接。通气管高出屋面不得小于 0.3m，且应大于最大积雪厚度（有隔热层时，应从隔热层板面算起），通气管顶端应装设风帽或网罩。在经常有人停留的平屋面上，通气管口应高出屋面 2m，采用金属管材时应根据防雷要求设置防雷装置。通气管穿屋面处应防止漏水。在通气管口周围 4m 以内有门窗时，通气管口应高出窗顶 0.6m 或引向无门窗一侧。

6. 清通设备

在排水管道容易堵塞的部位，应设置清通设备，以保障排水畅通。清通设备包括检查口、清扫口和检查井以及带有清通门（盖板）的 90°弯头或三通接头等。检查口是带有可开启检查盖的配件，装设在排水立管及水平干管上，做检查和清通之用。检查口可双向清通。清扫口是在排水横管上，用于清扫排水管的管件。清扫口仅可单向清通。如图 3-3 所示。

铸铁排水立管检查口之间的距离不宜大于 10m；塑料排水立管宜每六层设置一个检查口。但在建筑物最底层和设有卫生器具的二层以上建筑物的最高层，应设置检查口。连接 2 个及 2 个以上大便器或 3 个以上卫生器具的铸铁排水横管上，宜设置清扫口；连接 4 个及 4 个以上大便器的塑料排水横支管上宜设置清扫口；在水流偏转角大于 45°的排水横支管上，应设置检查口或清扫口。排水管起点设置堵头代替清扫口时，堵头与墙面应有不小于 0.4m 的距离。立管上设置检查口，应设在距地（楼）面以上 1.00m 处，并应高于该层卫生器具上边缘 0.15m。

室外排水管道的连接在管道转弯和连接处或管道的管径、坡度改变处均应设置检查井。

7. 污水抽升设备

民用建筑中的地下室、人防建筑物、某些工业企业车间地下室或半地下室、地下铁道等地下建筑物内的污、废水不能自流排到室外时，必须设置污水抽升设备，将建筑物内所产生的污、废水抽至室外排水管道。污水抽升设备包括集水池和污水泵。

8. 污水局部处理设施

当室内污水未经处理不允许直接排入城市下水道时（如强酸性、强碱性、汽油或油脂含量高、杂质多的排水），必须予以局部处理，使污水水质得到初步改善后再排入室外排水管道。民用建筑常用的污水局部处理设施有沉淀池、隔油池及化粪池等。

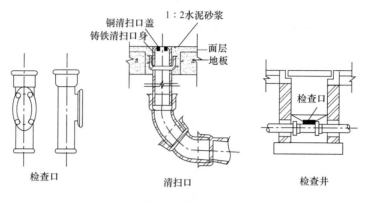

图 3-3 清通设备

第二节 室内排水系统的管材、卫生设备及局部污水处理设备

一、管材与连接方式

管材的选用受多种因素的影响，需要综合考虑，包括国家相关政策、有关标准规范、使用性质、建筑高度、抗震要求、防火要求、设计标准、造价、使用维护等，同时还要参考当地管材供应情况，因地制宜选用。室内排水系统的管材应采用建筑排水塑料管及管件或柔性接口机制排水铸铁管及其相应管件。当连续排水温度大于40℃时，应采用金属排水管或耐热塑料排水管。压力排水管道可采用耐压塑料管、金属管或钢塑复合管。

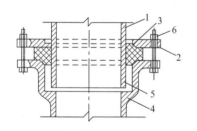

图 3-4 铸铁管法兰压盖柔性接口
1—铸铁法兰；2—法兰压盖；
3—橡胶密封圈；4—承口端头；
5—插口端头；6—定位螺栓

1. 柔性接口机制排水铸铁管

柔性接口机制排水铸铁管有两种，一种是连续铸造工艺制造，承口带法兰，管壁较厚，采用法兰压盖、橡胶密封圈、螺栓连接，如图3-4所示。另一种是采用不锈钢带、橡胶密封圈、卡紧螺栓连接的柔性接口，如图3-5所示。

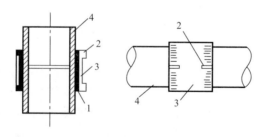

图 3-5 不锈钢带、橡胶密封圈、卡紧螺栓连接的铸铁管柔性接口
1—橡胶密封圈；2—卡紧螺栓；3—不锈钢带；4—排水铸铁管

2. 硬聚氯乙烯塑料管（UPVC）

硬聚氯乙烯塑料管是以聚氯乙烯树脂为主要原料的塑料制品，具有优良的化学稳定性、耐腐蚀性。主要优点是物理性能好、质轻、管壁光滑、水头损失小、容易加工及施工方便等。缺点是防火性能不好，排水噪声大。其连接方法主要采用专用胶水承插黏接，另外还有弹性密封圈的连接方式。

排水系统选用管材时，住宅建筑优先选用 UPVC 管材；排放带酸、碱性废水的实验楼、教学楼应选用 UPVC 管材；建筑物内连续排放水温大于 40℃、瞬时排放水温大于 80℃ 的排水管道及排放含油废水（如厨房排水）的排水管道不宜采用 UPVC 管材。防火要求高的建筑（如火灾危险性大的高层建筑）和要求环境安静的场所，应采用柔性接口机制铸铁排水管。若采用 UPVC 管材，应设置阻火圈或防火套管，并应考虑采用消能措施。硬聚氯乙烯塑料管部分常用规格见表 3-1。

排水硬聚氯乙烯塑料管规格 表 3-1

公称直径（mm）	40	50	75	100	150
外径（mm）	40	50	75	110	160
壁厚（mm）	2.0	2.0	2.3	3.2	4.0
参考重量（g/m）	341	431	751	1535	2803

二、室内卫生器具及排水附件

（一）卫生器具

室内卫生器具是用来满足人们日常生活中各种卫生要求、收集和排放生活及生产中的污水、废水的设备。卫生洁具的材质应耐腐蚀、耐摩擦、耐老化，对水质和人体无害，有一定机械强度，表面光滑，颜色适人，易清洗。卫生洁具应满足人的使用和水的使用功能，节水节能，防噪声，并能让人感觉舒适。构造内无存水弯的卫生器具与排水管道连接时，必须在排水口以下设存水弯，存水弯的深度不得小于 50mm，以防止有害气体进入室内。卫生器具的安装详见国家建筑标准设计图集《09S304·卫生设备安装》。

卫生器具的设置数量、材质和技术要求均应符合现行的有关设计标准、规范或规定，以及有关产品标准。应根据其用途、设置地点、室内装饰对卫生洁具的色调和装饰效果、维护条件等要求而定。常用卫生洁具，按其用途可分为以下几类：

1. 便溺用卫生器具

卫生间中的便溺用卫生器具，其作用是用来收集和排除粪便污水，主要有大便器和小便器等。

大便器选用应根据使用对象、设置场所、建筑标准等因素确定，且应选用节水型大便器。节水型大便器在保证卫生要求、使用功能和排水管道输送能力条件下，不泄露，一次冲水量不大于 6L，可采用大、小分档冲洗的结构，大便冲洗用水量不大于 6L，小便冲洗用水量不大于 4.2L。常用的大便器有蹲式、坐式和大便槽三种。蹲式大便器冲洗方式有高位水箱式、低位水箱式、延时冲洗阀式、冲洗阀加空气隔断器式。坐式大便器有冲洗式和虹吸式两种，根据排水口的位置分下出水和后出水形式，冲洗方式为分体低位水箱和连体低位水箱。

小便器按结构分有冲落式和虹吸式。按安装方式分有斗式、落地式和壁挂式三种。按用水量分有普通型、节水型和无水型。节水型小便器在保证卫生要求、使用功能条件下，不泄露，一次冲水量不大于3L。无水型小便器的下水口与排水管道相连通，无需进水口，它是使用气味屏蔽液，配合小便器缸体独特的气味隔离设计，即可保持管道清洁，可以避免水资源浪费。

2. 盥洗、沐浴用卫生器具

盥洗、沐浴用卫生器具主要有洗脸盆、盥洗、槽浴和盆淋浴器等。

洗脸盆安装在住宅的卫生间及公共建筑物的盥洗室、洗手间、浴室中，供洗脸洗手用。洗脸盆可分为挂式、立柱式、台式三种。

盥洗槽设在公共建筑、集体宿舍、旅馆等的盥洗室中，一般用瓷砖或水磨石现场建造，有长条形和圆形两种形式。有定型的标准图集可供查阅。

浴盆是高档卫生间的设备之一，材料有陶瓷、搪瓷仿、大理石、玻璃钢板等，形状花样繁多。除了传统的浴盆外，又衍生出按摩浴缸、水力按摩系统等。

淋浴器是一种占地面积小、造价低、耗水量小、清洁卫生的沐浴设备。按配水阀门和装置的不同，分普通式、脚踏式、光电淋浴器。广泛用于集体宿舍、体育场馆及公共浴室中。淋浴器有成品的，也有现场组装的。

3. 洗涤用卫生器具

洗涤用卫生器具供人们洗涤器物之用，主要有污水盆、洗涤盆、化验盆等。通常污水盆装置在公共建筑的厕所、卫生间及集体宿舍盥洗室中，供打扫厕所、洗涤拖布及倾倒污水之用；洗涤盆装置在居住建筑、食堂及饭店的厨房内供洗涤碗碟及蔬菜食物使用。

（二）排水用附件

1. 地漏

地漏主要用来排除地面积水。厕所、盥洗室等需要经常从地面排水的房间，应设置地漏。地漏应设在易溅水的器具附近地面的最低处，其篦子顶面应比地面低5～10mm，并且地面有不小于0.01的坡度坡向地漏。当排水管道不允许穿越下层楼板时，可设置侧墙式地漏、埋地式地漏（图3-6）。排水量大的房间，地面应做集水沟，地漏安装在集水沟内最低处。地漏是连接排水管道系统与室内地面的重要接口，它的性能好坏直接影响室内空气的质量，对房间的异味控制非常重要。带水封的地漏水封深度不得小于50mm。

地漏从材质上分主要有铸铁、工程塑料（ABS）、硬聚氯乙烯（PVC-U）等，也可采用铜合金或不锈钢等材料。从功能上分有带弯头的防臭地漏、升降地漏、超薄地漏，还有洗衣机专用地漏。地漏应优先采用具有防涸功能的地漏。这种地漏在地面有排水时，能利用水的重力打开排水，排完积水后能利用永磁铁磁性自动回复密封，密封防涸性能很好。食堂厨房和公共浴室等排水宜设置网框式地漏，严禁采用钟罩（扣碗）式地漏。

2. 存水弯

存水弯是一种弯管，里面存有一定深度的水，这个深度称为水封深度。水封可防止排水管网中产生的臭气、有害气体或可燃气体通过卫生器具进入室内。每个卫生器具都必须装设存水弯，有的设在卫生器具的排水管上，有的卫生器具内部构造已有水封。卫生器具不便于安装存水弯时，应在排水支管上设置水封装置。

常用的存水弯有S型、P型和U型，存水弯水封深度h不得小于50mm，如图3-7所示。

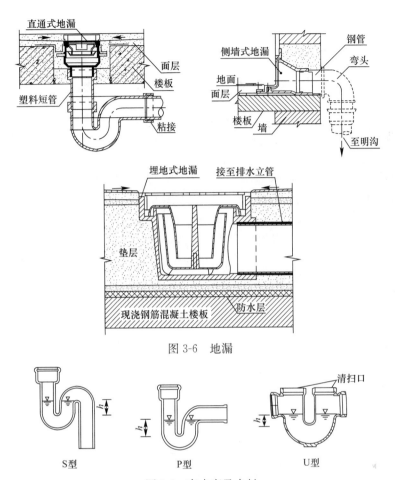

图 3-6 地漏

S型   P型   U型

图 3-7 存水弯及水封

三、局部污水处理设备

1. 化粪池

在城市污水处理设施不健全，生活污水不允许直接排入市政排水管网时，需要在建筑物附近设置化粪池。

（1）化粪池的作用

化粪池的作用是利用沉淀和厌氧消化的作用对粪便污水进行处理，并对其进行减量，防止管道堵塞和对粪便进行无害化处理。经化粪池处理后，污水与杂物分离排入排水管道，沉淀下来的污泥在化粪池内停留一段时间，发酵腐化杀死粪便中的寄生虫后清淘。清淘周期宜采用3～12个月。

（2）化粪池的制作

化粪池可由砖砌、混凝土建造、玻璃钢制作等。通常池底用混凝土，四周和隔墙用砖砌，池顶用钢筋混凝土板铺盖，盖上设有人孔。化粪池要保证无渗漏。

化粪池的形式有圆形和矩形两种。圆形用于污水排放量很小的场合；矩形化粪池由两格或三格污水池和污泥池组成（图3-8），格与格之间设有通气孔洞。池的进水管口应设导流装置，出水管口以及格与格之间应有拦截污泥浮渣的措施。化粪池的池壁和池底应有防止地下水、地表水进入池内和防止渗漏的措施。

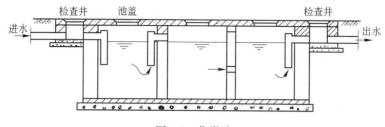

图 3-8　化粪池

化粪池的尺寸与建筑物的性质、使用人数、污水排放量标准、污水悬浮物的沉降条件以及污水在化粪池中的停留时间等因素有关，一般应由水力计算确定，但通常不应小于以下尺寸：①水面到池底的深度不得小于 1.3m；②池宽不得小于 0.75m；③池长不得小于 1.0m；④圆形化粪池的直径不得小于 1.0m。如需估算所需化粪池容积时，可参照化粪池图集选取。

化粪池距离地下水取水构筑物不得小于 30m，以防止给水被污染。通常设在庭院内建筑物的背面、靠近污水排放较集中的位置，不宜放在人们经常停留的地方。池外壁距建筑物外墙不宜小于 5m，并不得影响建筑物基础。当受条件限制化粪池设置于建筑物内时，应采取通气、防臭和防爆措施。

2. 隔油池

隔油池是截流污水中油类物质的局部处理构筑物。含有较多油脂的公共食堂和饮食业的污水，应经隔油池局部处理后才能排放，否则油污进入管道后，随着水温下降，将凝固并附着在管壁上，缩小甚至堵塞管道。隔油池一般采用上浮法除油，其构造如图 3-9 所示。

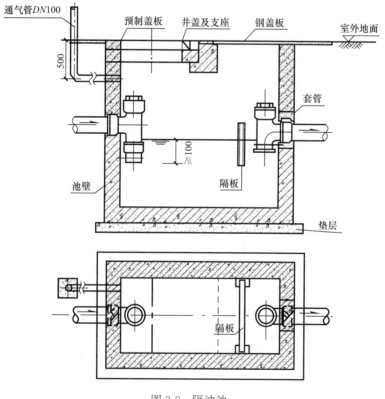

图 3-9　隔油池

为便于利用积留油脂，粪便污水和其他污水不应排入隔油池内。对夹带杂质的含油污水，应在排入隔油池前，经沉淀处理或在隔油池内考虑沉淀部分所需容积。隔油池应有活动盖板，进水管要便于清通。此外，如车库等使用油脂的公共建筑，也应设隔油池去除污水中的油脂。

3. 沉砂池

污水在迁移、流动和汇集过程中不可避免会混入泥砂。排水中的砂如果不预先沉降分离去除，则会影响后续处理设备的运行，堵塞管网。沉砂池主要用于去除污水中粒径大于 0.2mm，密度大于 $2.65t/m^3$ 的砂粒，以保护管道、阀门等设施免受磨损和阻塞。汽车库内冲洗汽车的污水含有大量的泥砂，在排入城市排水管道之前，应设沉砂池除去污水中粗大颗粒杂质。小型沉砂池的构造如图 3-10 所示。

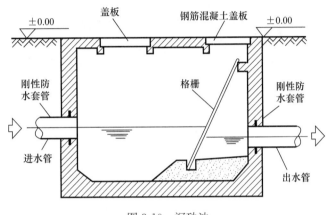

图 3-10 沉砂池

4. 污水抽升设备

居住小区排水管道不能以重力自流排入市政排水管道时，应设置污水泵房。污水泵房应建成单独构筑物，并应有卫生防护隔离带。建筑物地下室生活排水应设置污水集水池和污水泵提升排至室外检查井。面积较大、用水点较分散时，一般均匀分散就近设置。

建筑物内使用的污水水泵有潜水排污泵、液下排水泵、立式污水泵和卧式污水泵等。当污水泵为自动启闭时，其流量按照排水的设计秒流量选取；人工启闭时，按照排水的最大小时流量选取。污水泵的扬程根据提升高度、管路系统水头损失、另加 2~3m 流出水头计算得出。污水泵应设备用泵。

集水池容积的确定是设计污水泵房的关键因素之一，当污水泵为自动启闭时，有效容积不得小于最大一台污水泵 5min 的出水量（污水泵每小时启动不大于 6 次）；污水泵采用人工启动时，应根据污水流入量和污水泵工作情况决定集水池的有效容积，一般采用 15~20min 最大小时流入量（污水泵每小时启动次数不大于 3 次），否则运行管理工作麻烦。当排水量很小时，为了便于运行管理，污水泵可作人工定时启动，此时集水池有效容积应能容纳两次启动间的最大流入量，但不得大于 6h 的平均流入量。消防电梯井集水池的有效容积不得小于 $2.0m^3$。

污水泵房和集水池间的建造布置，应特别注意要有良好的通风设施。

第三节 室内排水系统的管路布置与敷设

一、室内排水管路的布置

排水管的布置应满足水力条件最佳、便于维护管理、保护管道不易受损坏、保证生产和使用安全以及经济和美观的要求。因此,排水管的布置应满足以下原则:

(1) 卫生器具至排出管的距离应最短,管道转弯应最少。排出管宜以最短距离排至室外,因排水管网中的污水靠重力流动,排水中杂质较多,如排出管过长或转弯过多,容易堵塞,清通检修也不方便。此外,管道长则需要的坡降大,会增加室外排水管道的埋深。

(2) 排水立管宜靠近排水量最大的排水点。以便尽快地接纳横支管来的水而减少管道堵塞的机会。

(3) 排水管道不得敷设在对生产工艺或卫生有特殊要求的生产厂房内,以及食品和贵重商品仓库、通风小室、电气机房和电梯机房内。

(4) 排水管道不得穿过沉降缝、伸缩缝、变形缝、烟道和风道。当排水管道必须穿过沉降缝、伸缩缝和变形缝时,应采取相应技术措施。

(5) 排水埋地管道不得布置在可能受重物压坏处或穿越生产设备基础。

(6) 排水管道不得穿越住宅客厅、餐厅、卧室,并不宜靠近与卧室相近的内墙。排水管道不宜穿越橱窗、壁柜等。

(7) 塑料排水立管应避免布置在易受机械撞击处,当不能避免时,应采取保护措施。

(8) 塑料排水管应避免布置在热源附近,当不能避免并导致管道表面受热温度高于60℃时,应采取隔热措施。塑料排水立管与家用灶具边缘净距离不得小于0.4m。当排水管道外表面可能结露时,应根据建筑物性质和使用要求采取防结露措施。

(9) 住宅卫生间排水横管不应穿越楼板进入下层住户,所以楼板最好下沉(300mm左右),排水支管埋在填充层内。排水立管宜设在外墙或在户外公共走道设置的管井里。

(10) 厨房和卫生间的排水立管应分别设置。

(11) 在层数较多的建筑物内,为了防止底层卫生器具因受立管底部出现过大的压力等原因而造成水封破坏或污水外溢现象,底层卫生器具的排水应考虑采用单独排出方式。

二、室内排水管路的敷设

室内排水管道的敷设有两种方式:明装和暗装。

明装管道的优点是造价低、清通检修方便、施工方便,缺点是卫生条件差,不美观。室内美观和卫生条件要求较高的建筑物和管道种类较多的建筑物,应采用暗装方式,排水立管多采用内敷设暗装,可设在管道竖井或管槽内,或包管掩盖;横支管可嵌设在管槽内,或敷设在吊顶内;有地下室时,排水横干管应尽量敷设在天花板下。管道应尽量靠墙、梁、柱平行设置,有条件时可和其他管道一起敷设在公共管沟和管廊中。暗装的管道卫生条件好,室内较美观,但造价高,施工和维修均不方便。排水立管也常直接明装在建筑物次立面的外墙处,既不影响建筑立面美观,也避免了管道穿越楼板,减少了卫生洁具排水时的相互干扰。

排水立管穿越承重墙、基础和楼层时应外加套管,预留孔洞的尺寸一般比通过的立管管径大50~100mm,见表3-2。套管管径较立管管径大1~2个规格时,现浇楼板可预先镶入套管。

排水立管穿越楼板留孔洞尺寸（mm）　　　　　　　表 3-2

管径 DN	50	75～100	125～150	200～300
孔洞尺寸	100×100	200×200	300×300	400×400

排水管在穿越承重墙和基础时应预留孔洞。预留孔洞的尺寸应使管顶上部的净空不小于建筑物的沉降量，且不得小于 0.15m，见表 3-3。

排出管穿越基础预留孔洞尺寸（mm）　　　　　　　表 3-3

管径 DN	50～75	>100
留洞尺寸（高×宽）	300×300	(DN+300)×(DN+300)

第四节　室内排水系统的水力计算

一、排水设计秒流量

1. 排水定额

每人每日的生活污水量与气候、建筑物内卫生设备的完善程度以及生活习惯有关。建筑物内部生活污水排放系统的排水定额及小时变化系数与建筑内部生活给水系统相同；工业污（废）水排放系统的排水定额及小时变化系数应按工艺要求确定。

为了确定排水系统的管径，首先应计算出通过各管段的流量。排水管段中某个管段的设计流量和接纳的卫生器具类型、数量及同时使用数量有关。为了计算上的方便，与给水系统一样，每个卫生器具的排水量也可折算成当量。以污水盆排水量 0.33L/s 为 1 个排水当量，将其他卫生器具的排水量与 0.33L/s 的比值，作为该种卫生器具的排水当量。1 个排水当量的排水量（0.33L/s）是 1 个给水当量额定流量（0.2L/s）的 1.65 倍，这是因为卫生器具排放的污水具有突然、迅猛、流率较大的缘故。各种卫生器具的排水流量、当量和排水管的管径按表 3-4 确定。

卫生器具的排水流量、当量和排水管的管径　　　　　表 3-4

序号	卫生器具名称	排水流量（L/s）	当量	排水管管径（mm）
1	洗涤盆、污水盆（池）	0.33	1.00	50
2	餐厅、厨房单格洗涤盆（池） 餐厅、厨房双格洗涤盆（池）	0.67 1.00	2.00 3.00	50 50
3	盥洗槽（每个水嘴）	0.33	1.00	50～75
4	洗手盆	0.10	0.30	32～50
5	洗脸盆	0.25	0.75	32～50
6	浴盆	1.00	3.0	50
7	淋浴器	0.15	0.45	50
8	大便器　冲洗水箱 大便器　自闭式冲洗阀	1.50 1.20	4.50 3.60	100 100
9	医用倒便器	1.50	4.50	100
10	小便器　自闭式冲洗阀 小便器　感应式冲洗阀	0.10 0.10	0.30 0.30	40～50 40～50
11	大便槽　≤4 个蹲位 大便槽　>4 个蹲位	2.50 3.00	7.50 9.00	100 150

序号	卫生器具名称	排水流量（L/s）	当量	排水管管径（mm）
12	小便槽（每米长）自动冲洗水箱	0.17	0.50	—
13	化验盆（无塞）	0.20	0.60	40～50
14	净身器	0.10	0.30	40～50
15	饮水器	0.05	0.15	25～50
16	家用洗衣机	0.50	1.50	50

注：家用洗衣机下排水软管直径为 30mm，上排水软管内径为 19mm。

2. 设计秒流量的计算

建筑内排水系统的排水量是采用排水设计秒流量进行计算的，其方法是根据不同的建筑分别采用卫生器具的当量数或卫生器具的额定排水量计算排水设计秒流量。

（1）住宅、Ⅰ、Ⅱ类宿舍（用水疏散型）、宾馆、酒店式公寓、医院、疗养院、幼儿园、养老院、办公楼、商场、会展中心、中小学教学楼、食堂或营业餐厅等建筑生活排水管道设计秒流量，应按下式计算：

$$q_u = 0.12\alpha \sqrt{N_u} + q_{max} \tag{3-1}$$

式中　q_u——计算管段的排水设计秒流量（L/s）；

N_u——计算管段的排水当量总数；

α——根据建筑物用途而定的系数，按表 3-5 确定；

q_{max}——计算管段上排水量最大的一个卫生器具的排水流量（L/s）。

根据建筑物用途而定的系数值 α　　　　　表 3-5

建筑物名称	宿舍（Ⅰ、Ⅱ类）、住宅、宾馆、酒店式公寓、医院、疗养院、幼儿园、养老院的卫生间	旅馆和其他公共建筑的盥洗室和厕所间
α 值	1.5	2.0～2.5

注：如计算所得流量值大于该管段上按卫生器具排水流量累加时，应按卫生器具排水流量累加值计。

（2）Ⅲ、Ⅳ类宿舍（用水集中型）、工业企业生活间、公共浴室、洗衣房、职工食堂或营业餐厅的厨房、实验室、影剧院、体育场馆等建筑的生活管道排水设计秒流量，应按下式计算：

$$q_u = q_0 n_0 b \tag{3-2}$$

式中　q_u——计算管段排水设计秒流量（L/s）；

q_0——同类型的一个卫生器具排水流量（L/s）；

n_0——同类型卫生器数；

b——卫生器具的同时排水百分数，按照《建筑给水排水设计规范》的要求选取。冲洗水箱大便器的同时排水百分数应按 12% 计算，当计算排水流量小于一个大便器排水流量时，应按一个大便器的排水流量计算。

二、排水管路的水力计算

管道水力计算的目的是在排除所负担污水流量的情况下，既适用又经济地决定所需的管径和管道坡度，并确定是否需要设置专用或其他通气系统，以利于排水管道系统的正常运行。

1. 排水立管

生活排水立管管径可按式（3-1）或式（3-2）计算出排水设计秒流量后，按表 3-6 确定。立管管径不得小于所连接的横支管管径。为防止排水管内气压波动激烈而破坏水封，不通气排水立管只适用于较小的排水能力。当生活排水立管所承担的卫生器具排水设计流量超过表 3-6 中仅设伸顶通气管的排水立管最大设计排水能力时，应按设置通气立管来确定排水立管管径。UPVC 等塑料管表面光滑，排水能力比铸铁管大。

生活排水立管最大设计排水能力 　　　　　　　　表 3-6

排水立管系统类型			最大设计排水能力（L/s）				
			排水立管管径（mm）				
			50	75	100 (110)	125	150 (160)
伸顶通气	立管与横支管连接配件	90°顺水三通	0.8	1.3	3.2	4.0	5.7
		45°斜三通	1.0	1.7	4.0	5.2	7.4
专用通气	专用通气 75mm	结合通气管每层连接	—	—	5.5	—	—
		结合通气管隔层连接	—	3.0	4.4	—	—
	专用通气 100mm	结合通气管每层连接	—	—	8.8	—	—
		结合通气管隔层连接	—	—	4.8	—	—
	主、副通气立管＋环形通气管		—	—	11.5	—	—
自循环通气	专用通气形式		—	—	4.4	—	—
	环形通气形式		—	—	5.9	—	—
特殊单立管	混合器		—	—	4.5	—	—
	内螺旋管＋旋流器	普通型	—	1.7	3.5	—	8.0
		加强型	—	—	6.3	—	—

注：排水层数在 15 层以上时，宜乘 0.9 系数。

2. 排水横管

排水横管水力计算公式：

$$v = \frac{1}{n} R^{2/3} i^{1/2} \tag{3-3}$$

$$d = \sqrt{\frac{4q}{\pi v}} \tag{3-4}$$

式中　v——速度（m/s）；

　　　R——水力半径（m）；

　　　i——水力坡度，采用排水管的坡度；

　　　n——粗糙系数，铸铁管为 0.013；混凝土管、钢筋混凝土管为 0.013～0.014；钢管为 0.012；塑料管为 0.009；

　　　q——计算管段的设计秒流量（L/s）；

　　　d——计算管段的管径（m）。

生活污水含杂质多，排水量大而急，为避免排水管道淤积、堵塞和便于清通，对生活排水管道的最小管径作了如下规定：建筑物内排出管最小管径不得小于 50mm；大便器排水管最小管径不得小于 100mm；多层住宅厨房间的立管管径不宜小于 75mm；公共食堂厨房内的污水采用管道排除时，其管径比计算管径大一级，但干管管径不得小于 100mm，支管管径不得小于75mm；医院污物洗涤盆（池）和污水盆（池）的排水管管径不得小于75mm；小便槽或连接3个及3个以上的小便器，其污水支管管径不宜小于75mm；浴池的泄水管管径宜采用100mm。

为确保排水系统能在最佳的水力条件下工作，在确定管径时必须对直接影响管道中水流工况的主要因素管道充满度、流速、坡度等进行控制。

3. 管道充满度

管道充满度是排水横管内水深与管径的比值（渠道是水深与渠高的比值）。重力流屋面雨水排水管系的悬吊管应按非满流设计，其充满度不宜大于0.8。重力流的管道上部保持一定的空间，目的是使污（废）水中的有害气体能自由排出、调节排水系统的压力波动、防止水封被破坏和用来容纳未预见的高峰流量。建筑内排水管道的设计充满度，按表3-7确定。重力流屋面雨水排水管系的埋地管应按满流设计。

建筑物内生活排水铸铁管道（塑料管排水横管）的通用坡度、最小坡度和最大设计充满度　表3-7

管径（mm）	通用坡度	最小坡度	最大设计充满度
50（50）	0.035（0.025）	0.025（0.0120）	0.5
75（75）	0.025（0.015）	0.015（0.0070）	
100（110）	0.020（0.012）	0.012（0.0040）	
125（125）	0.015（0.010）	0.010（0.0035）	
150（160）	0.010（0.007）	0.007（0.0030）	0.6
200（200）	0.008（0.005）	0.005（0.0030）	
（250）	（0.005）	（0.0030）	
（315）	（0.005）	（0.0030）	

注：括号内为塑料管排水横管管道的管径、通用坡度和最小坡度。

4. 管道坡度

为满足管道充满度及流速的要求，排水管道应有一定的坡度。排水管道坡度有通用坡度和最小坡度。通用坡度为正常情况下应予以保证的；最小坡度为必须保证的坡度。一般情况下应采用通用坡度；当横管过长或建筑空间、标高受限制时，可采用最小坡度。塑料管管壁光滑，排水横管的标准坡度和最小坡度均比同等管径的铸铁排水管小。通用坡度和最小坡度应按表3-7确定。黏接、熔接连接的塑料排水横支管标准坡度应为0.026，胶圈密封连接排水横管坡度按表3-7调整。

5. 流速

污水中含有固体杂质，如果流速过小，固体物会在管内沉淀，减少过水断面积，造成排水不畅或堵塞管道，为此规定了一个最小流速，即为自净流速。自净流速的大小与污废水的成分、管径、设计充满度有关，建筑内部排水横管自净流速见表3-8。

各种排水管道的自净流速（m/s）　表3-8

污水管道类别	生活污水排水管			明渠（沟）	合流制排水管
	DN100	DN150	DN200		
自净流速	0.7	0.65	0.6	0.4	0.75

为简化计算，根据相关公式制成了室内排水管道水力计算表，可直接由管道的设计秒流量，控制充满度、流速、坡度在允许的范围内，查表确定排水横管管径和坡度（见附录3）。

6. 通气管管径的确定

通气管的管径，应根据排水能力、管道长度确定，不宜小于排水管管径的1/2，其最小管径可按表3-9确定。当通气立管长度小于等于50m时，且两根及两根以上排水立管同时与一根通气立管相连，应以最大一根排水立管按表3-9确定通气立管管径，且管径不宜小于其余任何一根排水立管管径。当立管长度在50m以上时，为保证排水里管内气压稳定，其管径应与排水立管管径相同。伸顶通气管管径与排水立管管径相同，但在最冷月平均气温低于−13℃的地区，为防止通气管口结霜而断面减少，应在室内平顶或吊顶以下0.3m处将管径放大一级。结合通气管的管径不宜小于通气立管管径。当两根或两根以上污水立管的通气管汇合连接时，汇合通气管的断面积应为最大一根通气管的断面积加其余通气管断面积之和的0.25倍。

通气管最小管径 表3-9

通气管名称	排水管管径（mm）				
	50	75	100	125	150
器具通气管	32	—	50	50	—
环形通气管	32	40	50	50	—
通气立管	40	50	75	100	100

注：表中通气立管系专用通气立管、主通气立管、副通气立管。
自循环通气立管管径应与排水立管管径相等。

第五节 屋面雨水排放

一、屋面雨水排水的任务、组成和类型

1. 屋面雨水排水的任务

屋面雨水排水的任务是迅速而及时地将降落在建筑物屋面的雨（雪）水排至室外雨水管渠或地面。屋面的雨（雪）水会造成屋面积水、漏水等水患，特别是暴雨，在短时间内会形成积水，造成屋顶四处溢流、墙体受污或屋面漏水，影响人们的正常生活和生产活动。另外是为雨（雪）水的收集、处理、回用创造条件。雨（雪）水是一种重要的水资源，在降落过程中受污染较小，易于处理和利用，可用于灌溉花草、冲洗道路等，节水节能。

2. 建筑雨水排水系统的组成

建筑屋面雨水排水系统，除屋面构造本身外（如天沟、檐沟），其系统包括雨水斗、连接雨水斗的短管、横管、立管、排出管，还包括雨水检查口、清扫口等，如图3-14所示。

3. 屋面雨水排水系统的类型

屋面雨水排水系统的分类与管道的设置、管内的压力、水流状态和屋面排水条件等有关。

（1）按建筑物内部是否有雨水管道分为内排水系统和外排水系统两类。建筑物内部设有雨水管道，屋面设雨水斗的雨水排出系统为内排水系统，否则为外排水系统。

（2）按屋面的排水条件分为檐沟排水、天沟排水和无沟排水。当建筑屋面面积较小

时，在檐沟下设置汇集屋面雨水的沟槽，称为檐沟排水。在面积大且曲折的屋面设置汇集雨水的沟槽，将雨水排至建筑物的两端，称为天沟排水。降落到屋面的雨水沿屋面径流，直接流入雨水管道，称为无沟排水。

（3）按雨水在管道内的设计流态分为重力无压流、重力半有压流和压力流三类。重力无压流是指雨水通过自由堰流入管道，在重力作用下附壁流动，管内压力正常，也称为堰流斗系统。压力流是指管内充满雨水（满管压力流），主要在负压抽吸作用下流动，也称为虹吸式系统。重力半有压流是指管内气水混合，在重力和负压抽吸双重作用下流动，这种系统也称为 87 雨水斗系统。重力半有压流设计流态介于无压流和有压流之间的过渡状态。

另外，按出户埋地横干管是否有自由水面分为敞开式排水系统和密闭式排水系统两类。按一根雨水立管连接的雨水斗数量分为单斗系统和多斗系统等。以下介绍几种屋面雨水排水系统。

二、外排水系统和内排水系统

1. 檐沟外排水系统

檐沟外排水系统也称普通外排水系统或水落管外排水系统。对一般低层、多层居住及屋面面积较小的公共建筑、小型单跨厂房，雨水的排除多采用屋面檐沟汇集，然后流入有一定间距并沿外墙设置的水落管排至地面或地下雨水排水系统。一般沿建筑物屋面长度方向的两侧，每隔 $15\sim20m$ 敷设一根直径 $100mm$ 的雨水管，其汇水面积不超过 $250m^2$，如图 3-11 所示。

檐沟在民用建筑中多采用预制混凝土构件制作。排水管可采用建筑排水塑料管，高层建筑可采用承压塑料管、排水铸铁管，管径多为 $50\sim200mm$。落水管的间距应根据降雨量及管道的通水能力所确定的一根水落管应服务的屋面面积而定。根据经验，落水管间距为：民用建筑 $8\sim16m$，工业建筑 $18\sim24m$。

2. 天沟外排水

天沟外排水是利用屋面构造上的长天沟本身的容量和坡度，使雨水向建筑物两端或两边（山墙、女儿墙）泄放，并由雨水斗收集经墙外立管排至地面、明沟或通过排出管、检查井流入雨水管道。

天沟排水应以伸缩缝、沉降缝、变形缝为分水线，如图 3-12 所示。天沟流水长度应根据暴雨强度、汇水面积、屋面结构等进行计算确定，一般以 $40\sim50m$ 为宜，过长会使天沟的起终点高差过大，超过天沟限值。天沟坡度不宜小于 0.003，并伸出山墙 $0.4m$。天沟的净宽按设置的雨水斗的管径来确定。管径 $100mm$ 的雨水斗，天沟最小宽度为 $300mm$；$150mm$ 的雨水斗，天沟最小宽度为 $350mm$。落水管可采用承压塑料管、承压排水铸铁管和钢塑复合管。天沟与雨水管的连接见图 3-13。

外排水系统的优点是：由于室内没有管道、检查井，不会因雨水系统而产生漏水、检查井冒水现象；不会影响室内管道、设备的安装；所产生的水流噪声不影响室内；节省管材。

3. 内排水系统

内排水系统适用于大面积建筑、多跨的工业厂房、高层建筑以及对建筑立面处理要求较高的建筑物屋面的排水。

内排水系统是由雨水斗、悬吊管、立管、埋地横管、检查井及清通设备等组成，如图 3-14 所示。视具体建筑物构造等情况，可以组成悬吊管跨越房间后接立管排至地面（图 3-14 右边部分），或不设悬吊管的单斗系统（图 3-14 左边部分）等方式。

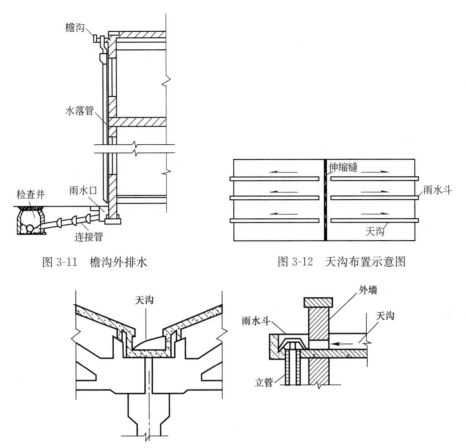

图 3-11 檐沟外排水

图 3-12 天沟布置示意图

图 3-13 天沟与雨水管的连接

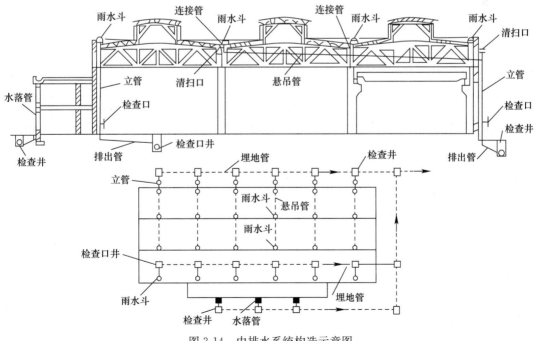

图 3-14 内排水系统构造示意图

三、重力流雨水排水系统和压力流雨水排水系统

重力流雨水排水系统是传统的屋面雨水排水方式。重力流雨水系统的设计流态是无压流。雨水汇集后经雨水斗下接的立管靠重力自流排出。管道中的水是自由水面，即系统管道内不被水完全充满，一部分为空气。该系统设计施工简易，运行安全可靠，但管道设置相对较多，占据空间位置较多。

压力流雨水排水系统（即虹吸式雨水排水系统）是具有虹吸排水能力的屋面雨水排水系统，管道中的水是全充满的压力流状态，排水过程是一个虹吸排水过程。其排水原理是利用建筑物屋面的高度使雨水具有势能，从而使满管流动时产生虹吸作用，在雨水连续流经雨水悬吊管转入雨水立管处的管道产生最大负压，屋面雨水在管内负压的抽吸作用下能以较高的流速被排至室外，如图 3-15 所示。该系统适用于各种建筑屋面的雨水排除（如会展中心、体育场馆、航站楼、机库、大型货运库、物流中心、厂房、办公楼等）。

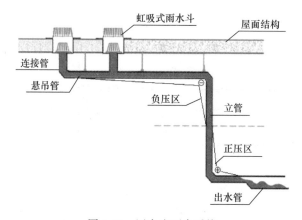

图 3-15　压力流雨水系统

屋面雨水系统的选择应根据生产性质、使用要求、建筑物形式、结构特点及气候条件等合理、经济地进行选择。高层建筑屋面雨水排水、檐沟外排水宜为重力流雨水系统；工业厂房、库房、公共建筑的大型屋面和长天沟外排水宜为压力流雨水系统。重力流雨水排水系统不用对排水系统做精确水力计算，雨水在重力的作用下自然排放。压力流雨水排水系统要对排水系统做准确的水力计算，雨水在重力作用下，通过系统设计实现有压力的排放。

四、雨水斗

雨水斗的基本形式是带进水格栅的扩口短管，是一种雨水由此进入排水管道的专用装置，设在天沟或屋面的最低处。其作用是能迅速地排除屋面雨雪水、疏导水流、减小水流掺气量、拦截粗大杂质避免管道堵塞。雨水斗有重力式和虹吸式两类。重力式雨水斗由顶盖、进水格栅（导流罩）、短管等构成。进水格栅（导流罩）既可以拦截较大杂物又对进水具有整流、导流作用。常用重力式雨水斗有 65 型、79 型和 87 型三种。一般采用 87 型（79 型、65 型的进化版），如图 3-16 所示，常用规格有 DN75、DN100、DN150、DN200四种。图 3-17 为 87 型雨水斗的安装示意图，87 型雨水斗进出口面积比大，渗气量少，水力性能稳定，能迅速排除屋面雨水。

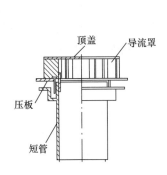

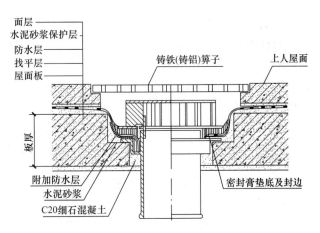

图 3-16　87 型雨水斗（重力流有压流）　　　图 3-17　87 型雨水斗安装示意图（上人屋面）

虹吸式雨水斗由顶盖、进水格栅（导流罩）、扩容进水室、整流装置（二次进水罩）、短管等主要部件组成，如图 3-18 所示。虹吸雨水斗具有较强的反涡流功能，能很好地防止空气通过雨水斗入口处的水流带入系统，并在斗前水位升高到一定程度时，形成水封完全阻隔空气进入，并使雨水平稳地淹没泄流进入排水管。

不同设计的排水流态、排水特征的屋面雨水排水系统应选用相应的雨水斗。在阳台、花台和供人们活动的屋面，可采用无格栅的平算式雨水斗，如图 3-19 所示。平算式雨水斗的进出口面积比较小，在设计负荷范围内，其泄流流态为自由堰流。

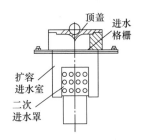

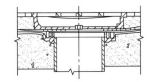

图 3-18　虹吸式雨水斗（压力流）　　　图 3-19　平算式雨水斗（重力流）

五、雨水管道的布置

重力流排水系统多层建筑宜采用建筑排水塑料管，高层建筑宜采用耐腐蚀的金属管、承压塑料管。重力流排水系统悬吊管管径不得小于雨水斗连接管的管径，并不得小于 100mm，立管管径不得小于悬吊管的管径。塑料管悬吊管最小坡度不小于 0.005，铸铁管悬吊管最小坡度不小于 0.01。长度大于 15m 的悬吊管，应设检查口，其间距不宜大于 20m，且应布置在便于维修操作处。

压力流雨水排水系统必须采用虹吸雨水斗，立管管径应经计算确定，可小于悬吊管的管径。悬吊管敷设时无需坡度，但不得反坡，管径不得小于 50mm。悬吊管中心线与雨水斗出口的高差宜大于 1m。

屋面雨水排水系统的立管接纳悬吊管或雨水斗的水流，通常沿墙、柱布置，每隔 2m 用夹箍固定在柱子上。为便于清通，立管在距地面 1m 处要装设检查口。埋地横管与立管的连接可采用检查井，也可采用管道配件。埋地横管可采用钢筋混凝土或带釉的陶土管。

检查井的进出管道之间的交角不得小于 135°。

为杜绝屋面雨水从阳台溢出，阳台排水管应单独设置。当生活阳台设有生活排水设备及地漏时，可不另设阳台雨水排水地漏。如当阳台设有洗衣机时，洗衣机排水地漏及排水管可以兼做阳台地面排水地漏和排水管。采用窗式和分体式空调的建筑，建筑已预留好空调机位时，应设置凝结水排水管，但不必设通气管，下部引至室外雨水口或明沟。

复 习 思 考 题

3-1　室内排水系统按照排水的性质可分哪几类，各有什么特点？

3-2　简述建筑排水系统的组成，各有什么作用？

3-3　什么是排水系统的体制？有哪几类？各有什么特点？

3-4　室内排水系统通气管的作用是什么？通气方式有哪几种？各适用于什么场所？

3-5　建筑排水系统中水封的作用是什么？水封设置有何要求？如何防治水封免遭破坏？

3-6　清通设备有哪些？如何设置？

3-7　室内排水系统常用管材有哪些？有何特点？

3-8　存水弯和地漏有哪几种？其构造、作用及设置条件如何？

3-9　化粪池、隔油池、沉砂池的主要作用是什么？

3-10　排水管的布置应满足哪些原则？

3-11　什么是排水当量？为什么卫生器具的排水当量比给水当量大？

3-12　在室内排水系统横管的水力计算中，为什么对管道充满度、坡度、流速等参数的大小有所规定？

3-13　屋面雨水排放有哪些排放方式？各有何特点？常用雨水斗有哪些类型？

3-14　重力流雨水排水系统和压力流雨水排水系统的管道布置有何特点？

3-15　雨水斗有哪些类型？主要构成是什么？

第四章　室内供暖与燃气供应

第一节　传热原理与换热器

一、传热的基本方式

凡有温度差，就有热量自发地由高温物体传到低温物体。由于自然界和生产过程中，到处存在温度差，因此，传热是自然界和生产领域中非常普遍的现象。例如房屋墙壁在冬季的散热，整个过程如图 4-1 所示可分为三段。首先由室内空气以对流换热和墙与物体间的辐射方式把热量传给墙内表面；再由墙内表面以固体导热方式传递到墙外表面；最后由墙外表面以空气对流换热和墙与物体间的辐射方式把热量传给室外环境。

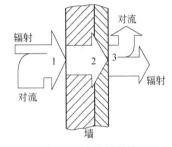

图 4-1　墙壁的散热

传热过程是由导热、热对流、热辐射三种基本传热方式组合形成的。要了解传热过程的规律，就必须首先分别分析三种基本传热方式。

1. 导热

导热又称热传导，是指物体各部分无相对位移或不同物体直接接触时依靠分子、原子及自由电子等微观粒子的热运动而进行的热量传递现象。导热是物质的属性，导热过程可以在固体、液体及气体中发生。但在引力场下，单纯的导热一般只发生在密实的固体中，因为在有温差时，液体和气体中难以维持单纯的导热。

由前述墙壁的导热过程可看出，平壁导热量与壁两侧表面的温度差成正比；与壁厚成反比；并与材料的导热性能有关。因此，通过平壁的导热量的计算式可表示为：

$$Q = \frac{\lambda}{\delta} \Delta t F \tag{4-1a}$$

式中　Q——导热量（W）；

$\quad\quad F$——壁面积（m^2）；

$\quad\quad \delta$——壁厚（m）；

$\quad\quad \Delta t$——壁两侧表面的温差（℃），$\Delta t = t_{w2} - t_{w1}$；

$\quad\quad \lambda$——导热系数，指具有单位温度差的单位厚度物体，在它的单位面积上每单位时间的导热量，单位是 W/(m·℃)，表示材料导热能力的大小，导热系数一般由实验测定。改写式（4-1a），得

$$q = \frac{\Delta t}{\delta / \lambda} = \frac{\Delta t}{R_\lambda} \tag{4-1b}$$

式中 $q = Q/F$ 是热流通量（W/m^2）；R_λ 表示导热热阻，则平壁导热热阻为 $R_\lambda = \delta / \lambda$，单位

为 $m^2 \cdot ℃/W$。可见平壁导热热阻与壁厚成正比，而与导热系数成反比。

2. 热对流

依靠流体的运动，把热量由一处传递到另一处的现象，称为热对流，它是传热的另一种基本方式。若热对流过程中，单位时间通过单位面积、质量为 m（$kg/m^2 \cdot s$）的流体由温度 t_1 的地方流到 t_2 处，则此热对流传递的热量（W/m^2）为：

$$q = mc_p(t_1 - t_2) \tag{4-2}$$

因为有温度差，热对流又必然同时伴随热传导。而且工程上遇到的实际传热问题，都是流体与固体壁面直接接触时的换热，故传热学把流体与固体壁间的换热称为对流换热。与热对流不同的是，对流换热过程既有热对流作用，亦有导热作用，故已不再是基本传热方式。对流换热的基本计算式是牛顿 1701 年提出的，即

$$q = \alpha(t_w - t_f) = \alpha\Delta t \tag{4-3a}$$

式中 t_w——固体壁表面温度（℃）；

t_f——流体温度（℃）；

α——换热系数 $[W/(m^2 \cdot ℃)]$，其意义指单位面积上，当流体同壁之间为单位温差，在单位时间内能传递的热量。

α 的大小表达了该对流换热过程的强弱。例如热水暖气片外壁面和空气间的换热系数约为 $6W/(m^2 \cdot ℃)$，而它的内壁面和热水之间的 α 则可达数千 $W/(m^2 \cdot ℃)$。式（4-3a）称为牛顿冷却公式。利用热阻概念，改写式（4-3a）可得

$$q = \frac{\Delta t}{1/\alpha} = \frac{\Delta t}{R_\alpha} \tag{4-3b}$$

式中 $R_\alpha = 1/\alpha$ 即为单位壁表面积上的对流换热热阻（$m^2 \cdot ℃/W$）。

3. 热辐射

导热或对流都是以冷、热物体的直接接触来传递热量，热辐射则不同，它依靠物体表面对外发射可见和不可见的射线（电磁波）传递热量。物体表面每单位时间、单位面积对外辐射的热量称为辐射力，用 E 表示，单位是 W/m^2，其大小与物体表面性质及温度有关。对于绝对黑体（一种理想的热辐射表面），它的辐射力 E_b 与表面热力学温度的 4 次方成比例，即斯蒂芬-玻尔茨曼定律：

$$E_b = C_b(T/100)^4 \tag{4-4a}$$

式中 E_b——绝对黑体辐射力（W/m^2）；

C_b——绝对黑体辐射系数，$C_b = 5.67W/(m^2 \cdot K^4)$；

T——热力学温度（K）。

一切实际物体的辐射力都低于同温度下绝对黑体的辐射力（W/m^2），等于

$$E = \varepsilon_b C_b(T/100)^4 \tag{4-4b}$$

式中 ε——实际物体表面的发射率，也称黑度，其值处于 0～1 之间。

物体间靠热辐射进行的热量传递称为辐射换热，它的特点是：在热辐射过程中伴随着能量形式的转换（物体内能→电磁波能→物体内能）；不需要冷热物体直接接触；不论温度高低，物体都在不停地相互发射电磁波能，相互辐射能量，高温物体辐射给低温物体的能量大于低温物体向高温物体辐射的能量，总的结果是热量由高温物体传到低温物体。

两个无限大的平行平面间的热辐射是最简单的辐射换热问题，设两表面的热力学温度

分别为 T_1 和 T_2，且 $T_1 > T_2$，则两表面间单位面积、单位时间辐射换热量（W/m^2）的计算式是

$$q = C_{12}\left[(T_1/100)^4 - (T_2/100)^4\right] \tag{4-4c}$$

式中 C_{12} 称为 1、2 两表面间的相当辐射系数，它取决于辐射表面的材料性质及状态，其值在 $0 \sim 5.67$ 之间。

二、传热过程

在工程中经常遇到两流体间的换热。热量从壁一侧的流体通过壁传递给另一侧的流体，称为传热过程。设有一大平壁，面积为 F（m^2），两侧分别为温度 t_{f1} 的热流体和 t_{f2} 的冷流体，两侧换热系数分别为 α_1 及 α_2，两侧壁面温度分别为 t_{w1} 和 t_{w2}，壁材料的导热系数为 λ，厚度为 δ，如图 4-2 所示。

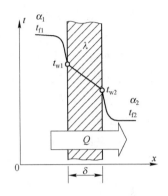

图 4-2 平壁的传热过程

若传热过程不随时间变化，即各处温度及传热量不随时间改变，传热过程处于稳态。又设壁的长和宽均远大于它的厚度，可认为热流方向与壁面垂直。若将该平壁在传热过程中的各处温度描绘在 $t-x$ 坐标图上，该传热过程的温度分布如图中的曲线所示。按图 4-1 的分析方法，整个传热过程分三段，分别用下列三式表达：

热量由热流体以对流换热传给壁左侧，按式（4-3），对单位时间和单位面积

$$q = \alpha_1(t_{f1} - t_{w1})$$

热量以导热方式通过壁，按式（4-1）

$$q = \frac{\lambda}{\delta}(t_{w1} - t_{w2})$$

热量由壁右侧以对流换热传给冷流体，即

$$q = \alpha_2(t_{w2} - t_{f2})$$

在稳态情况下，以上三式的热流通量 q 相等，把它们改写为

$$t_{f1} - t_{w1} = \frac{q}{\alpha_1}$$

$$t_{w1} - t_{w2} = \frac{q}{\lambda/\delta}$$

$$t_{w2} - t_{f2} = \frac{q}{\alpha_2}$$

三式相加，消去未知的 t_{w1} 及 t_{w2}，整理后得

$$q = \frac{1}{\dfrac{1}{\alpha_1} + \dfrac{\delta}{\lambda} + \dfrac{1}{\alpha_2}}(t_{f1} - t_{f2}) = K(t_{f1} - t_{f2}) \tag{4-5a}$$

对 F（m^2）的平壁，传热量为

$$Q = KF(t_{f1} - t_{f2}) \tag{4-5b}$$

式中

$$K = \frac{1}{\dfrac{1}{\alpha_1} + \dfrac{\delta}{\lambda} + \dfrac{1}{\alpha_2}} \tag{4-5c}$$

称为传热系数。它表明在单位时间、单位壁面积上，冷热流体间每单位温度差可传递的热

量，K 的单位是 $W/(m^2 \cdot \text{℃})$，可反映传热过程的强弱。按热阻形式改写式（4-5a），得

$$q = \frac{t_{f1} - t_{f2}}{1/K} = \frac{\Delta t}{R_K} \tag{4-6}$$

式中 R_K 称为平壁单位面积的传热热阻，即

$$R_K = \frac{1}{K} = \frac{1}{\alpha_1} + \frac{\delta}{\lambda} + \frac{1}{\alpha_2} \tag{4-7}$$

可见传热过程的热阻等于热流体、冷流体的换热热阻及壁的导热热阻之和，类似于串联电阻的计算方法，掌握这一点对于分析和计算传热过程十分方便。由传热热阻的组成不难看出，传热阻力的大小与流体的性质、流动情况、壁的材料以及厚度等因素有关，所以它的数值变化范围很大。例如，一砖厚（240mm）的房屋外墙的 K 值约为 $2W/(m^2 \cdot \text{℃})$，而在蒸汽热水器中，K 值可达 $5000W/(m^2 \cdot \text{℃})$。对于换热器，$K$ 值越大，说明传热越好。但对建筑物围护结构和热力管道的保温层等，它们的作用是减少热损失，当然 K 值越小越好。

[例 4-1] 混凝土板厚 $\delta = 100mm$，导热系数 $\lambda = 1.54W/(m \cdot \text{℃})$，两侧空气温度分别为 $t_{f1} = 5\text{℃}$，$t_{f2} = 30\text{℃}$，换热系数 $\alpha_1 = 25W/(m^2 \cdot \text{℃})$，$\alpha_2 = 8W/(m^2 \cdot \text{℃})$，求单位面积上传热过程的各项热阻、传热热阻、传热系数及热流通量。

[解] 单位面积各项热阻

$$R_{\alpha 1} = \frac{1}{\alpha_1} = \frac{1}{25} = 0.04$$

$$R_\lambda = \frac{\delta}{\lambda} = \frac{0.1}{1.54} = 0.065$$

$$R_{\alpha 2} = \frac{1}{\alpha_2} = \frac{1}{8} = 0.125$$

单位面积的传热热阻

$$R = R_{\alpha 1} + R_\lambda + R_{\alpha 2} = 0.04 + 0.065 + 0.125 = 0.23 m^2 \cdot \text{℃}/W$$

传热系数

$$K = 1/R_K = 1/0.23 = 4.35 W/(m^2 \cdot \text{℃})$$

热流通量为

$$q = K\Delta t = 4.35 \times (30 - 5) = 109 W/m^2$$

三、换热器

换热器是实现两种或两种以上温度不同的流体相互换热的设备。按工作原理可分为三类：（1）间壁式换热器——其中冷热流体被一壁面隔开，如暖风机、燃气加热器、冷凝器、蒸发器；（2）混合式换热器——它的冷热流体直接接触，彼此混合进行换热，热交换时存在质交换，如空调工程中的喷淋室，蒸汽喷射泵等；（3）回热式换热器——它的换热面交替地吸收和放出热量，热流体流过换热面时温度升高，换热面吸收并贮蓄热量，然后冷流体流过换热面，换热面放出热量加热冷流体，如锅炉中回热式空气预热器。间壁式换热器种类很多，从构造上主要可分为管壳式、肋片管式、板式、板翘式、螺旋板式等，其中以前两种用得最为广泛。

1. 管壳式换热器

图 4-3 为管壳式换热器示意图。流体 I 在管外流动，管外各管间设置一些圆缺形的挡板，作用是提高管外流体的流速（挡板数增加，流速提高），使流体能充分流经全部管面，改善流体对管子的冲刷角度，从而提高壳侧的换热系数。此外，挡板还可以起支承管束、保持管间距等作用。流体 II 在管内流动，从管的一端流到另一端称为一个管程，当管子总

数及流体流量一定时,管程数越多,则管内流速越高。图 4-3 为单壳程双管程的换热器。图 4-4 (a) 为 2 壳程 4 管程,图 4-4 (b) 为 3 壳程 6 管程。

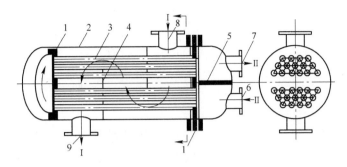

图 4-3 管壳式换热器示意图

1—管板;2—外壳;3—管子;4—挡板;5—隔板;6、7—管程进口及出口;8、9—壳程进口及出口

管壳式热交换器结构坚固,易于制造,适应性强,处理能力大,高温、高压情况下亦可应用,换热表面清洗较方便。其缺点是材料消耗大,不紧凑。

2. 肋片管式换热器

肋片管亦称翅片管,图 4-5 为肋片管式换热器结构示意图。在管子外壁加肋,肋化系数可达 25 左右,大大增加了空气侧的换热面积,强化了传热,与光管相比,传热系数可提高 1~2 倍。这类换热器结构较紧凑,适用于两侧流体换热系数相差较大的场合。

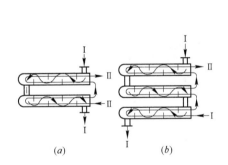

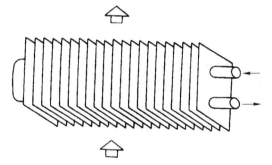

图 4-4 多壳程与多管程换热器

(a) 2 壳程 4 管程;(b) 3 壳程 6 管程

图 4-5 肋片管式换热器

3. 板式换热器

板式换热器是由若干传热板片叠置压紧组装而成,板四角开有角孔,流体由一个角孔流入,即在两块板形成的流道中流动,而经另一对角线角孔流出(该板的另外两个角孔则由垫片堵住),流道很窄,通常只有 3~4mm,冷热两流体的流道彼此相间隔。为强化流体在流道中的扰动,板面都做成波纹形。板片间装有密封垫片,它既用来防漏,又用以控制两板间的距离。图 4-6 为板式换热器流道示意图。冷热两流体分别由板的上、下角孔进入换热器,并相间流过奇数及偶数流道,然后再从下、上角孔流出。

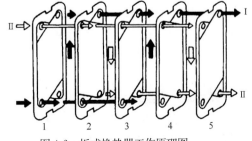

图 4-6 板式换热器工作原理图

传热板片是板式换热器的关键元件，不同形式的板片直接影响到传热系数、流动阻力和承受压力的能力。板片的材料，通常为不锈钢，对于腐蚀性强的流体（如海水冷却器），可用钛板。板式换热器的传热系数高，阻力相对较小（相对于高传热系数）、结构紧凑、金属消耗量低、使用灵活性大（传热面积可以灵活变更）、拆装清洗方便等。已广泛应用于供热采暖系统及食品、医药、化工等部门。目前板式换热器性能已达：最佳传热系数 $7000W/(m^2 \cdot ℃)$（水-水），最大处理量 $1000m^3/h$，最高操作压强 28bar，紧凑性 $250\sim1000m^2/m^3$，金属消耗 $16kg/m^2$。

4. 板翅式换热器

板翅式换热器的类型很多，但都是由若干层基本换热元件组成，结构原理如图 4-7 (a) 所示。在两块平隔板 1 中夹着一块波纹形导热翅片 3，两端用侧条 2 密封，形成一层基本换热元件，许多这样的元件交错叠合（使相邻两流道流动方向交错）焊接起来就构成板式换热器。图 4-7 (b) 是一种叠合方式。波纹板可做成多种形式，图中 (a) 为平直形翅片，还有锯齿翅片，翅片带孔，弯曲翅片等形式，目的是增加流体的扰动，增强传热。板翅式换热器由于两侧都有翅片，作为气-气换热器，传热系数对空气可达 $350W/(m^2 \cdot ℃)$。板翅换热器结构非常紧凑，轻巧，每立方米体积中容纳的传热面积可高达 $4300m^2$，承压可达 100bar。但它容易堵塞，清洗困难，不易检修。适用于清洁和无腐蚀的流体换热。

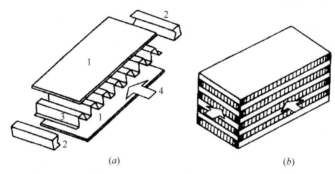

图 4-7　板翅式换热器结构原理

1—平隔板；2—侧条；3—翅片；4—流体

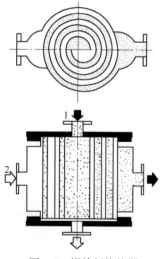

图 4-8　螺旋板换热器

5. 螺旋板换热器

螺旋板换热器结构原理如图 4-8 所示，它是由两块平行的金属板卷制起来，构成两个螺旋通道，再加上下盖及连接管即成换热器，制造工艺简单。冷热两种流体分别在两个螺旋通道中流动，图中所示为逆流式，流体 1 从中心进入，沿螺旋形通道流到周边流出，流体 2 则由周边进入，沿螺旋形通道流到中心流出。除此以外，还可做成顺流方式。螺旋流道有利于提高传热系数。例如水-水型，K 值可达 $2200W/(m^2 \cdot ℃)$。螺旋流道的冲刷效果好，污垢形成速度低，仅是管壳式的十分之一。此外，结构比管壳式紧凑，单位体积的传热面积约为管壳式的 2 倍，达 $100m^2/m^3$，流动阻力较小。使用板材制造，比管材价廉。但缺点是不易清洗，修理困难，承压能力低，一般用于压力 10bar 以下场合。

四、增强、削弱传热的方法

（一）增强传热的方法

增强传热的积极措施是设法提高传热系数。而传热系数是由传热过程中各项热阻决定的，因此，为了增强传热，必须首先分析传热过程的热阻。一般换热设备的传热面都是金属薄壁，壁的导热热阻很小，常可略去，在不计入污垢热阻时，传热系数可写成下式：

$$K = \frac{1}{\frac{1}{\alpha_1} + \frac{1}{\alpha_2}} = \frac{\alpha_1 \alpha_2}{\alpha_1 + \alpha_2}$$

分析上式可以得到一个重要结论：K 值将比 α_1 和 α_2 中最小者的值还要小。可见，在 α_1 和 α_2 中最小的一个对 K 值的影响最大。因此，为了最有效地增大传热系数，必须增大换热系数最小的那一项。

当然，虽然金属壁的导热热阻可以忽略，但在实际运行中，壁上可能会增加一层污垢，污垢厚度虽不大，但其导热系数很小，故其热阻对传热将十分不利，例如 1mm 厚的水垢层相当于 40mm 厚钢板的热阻，1mm 的烟渣层相当于 400 厚的钢板的热阻。因此，在采取增强传热措施的同时，必须注意清除污垢，以免抵消增强措施的效果。以下是一些可行的增强传热的方法。

1. 扩展传热面

扩展传热壁换热系数小的一侧的面积，是增强传热中使用最广泛的一种方法，如肋壁、肋片管、波纹管、板翅式换热面等，它使换热设备传热系数及单位体积的传热面积增加，能收到高效紧凑的效益。

2. 改变流动状况

增加流速、增强扰动、采用旋流及射流等都能起到增强传热的效果，但这些措施将引起流动阻力的增加。

3. 使用添加剂改变流体物性

流体热物性中的导热系数和容积比热对换热系数的影响较大。在流体内加入一些添加剂可以改变流体的某些热物理性能，达到强化传热的效果。添加剂可以是固体或液体，它与换热的主流体组成气-固、液-固、汽-液以及液-液混合流动系统。

4. 改变表面状况

（1）增加粗糙度

增加壁面粗糙度不仅对管内受迫流动换热、外掠平板流动换热等有利，也有利于沸腾换热和凝结换热。

（2）改变表面结构

采用烧结、机械加工或电火花加工等方法在表面形成一很薄的多孔金属，可增强沸腾换热。在壁上切削出沟槽或螺纹也是改变表面结构，增强凝结换热的实用技术。

（3）表面涂层

在换热表面涂镀表面张力很小的材料，以造成珠状凝结。在辐射换热条件下，涂镀选择性涂层或发射率大的材料以增强辐射换热。

（二）削弱传热的方法

与增强传热相反，削弱传热则要求降低传热系数。削弱传热是为了减少热设备及其管道的热损失，节省能源以及保温。主要方法可概括为：

1. 覆盖热绝缘材料

在冷热设备上包裹热绝缘材料是工程中最常用的保温措施，常用的材料有岩棉、泡沫塑料、微孔硅酸钙、珍珠岩等。它们的导热系数处于 0.03～0.05 范围内，是较好的保温隔热材料。

2. 真空热绝缘层

将热设备的外壳做成真空夹层，夹层壁涂以反射率很高的涂层，这种情况下，夹层中仅有微弱的辐射及稀薄气体的导热。夹层真空越高，反射率越高，则绝热性能越好。

3. 改变表面状况

(1) 改变表面的辐射特性

采用选择性涂层，既增强对投入辐射的吸收，又削弱本身对环境的辐射换热损失，这些涂层如氧化铜、镍黑等。

(2) 附加抵制对流的元件

如太阳能平板集热器的玻璃盖板与吸热板间装蜂窝状结构的元件，抑制空气对流，同时也可减少集热器的对外辐射热损失。

第二节　供暖系统的分类与组成

供暖就是用人工方法向室内供给热量，保持一定的室内温度，以创造适宜的生活或工作条件的技术。供暖系统由热媒制备（热源）、热媒输送和热媒利用（散热设备）三个主要部分组成。根据三个主要组成部分的相互位置关系来分，供暖系统可分为局部供暖系统和集中式供暖系统。

热媒制备、热媒输送和热媒利用三个主要组成部分在构造上都在一起的供暖系统，称为局部供暖系统，如烟气供暖（火炉、火墙和火炕等）、电热供暖和燃气供暖等。虽然燃气和电能通常由远处输送到室内来，但热量的转化和利用都是在散热设备上实现的。

热源和散热设备分别设置，用热媒管道相连接，由热源向各个房间或各个建筑物供给热量的供暖系统，称为集中式供暖系统。

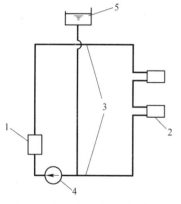

图 4-9　集中式热水供暖系统示意图
1—热水锅炉；2—散热器；3—热水管道；
4—循环水泵；5—膨胀水箱

图 4-9 是集中式热水供暖系统的示意图。热水锅炉 1 与散热器 2 分别设置，通过热水管道（供水管和回水管）3 相连接。循环水泵 4 使热水在锅炉内加热，在散热器冷却后返回锅炉重新加热。图 4-9 中的膨胀水箱 5 用于容纳供暖系统升温时的膨胀水量，并使系统保持一定的压力。图中的热水锅炉，可以向单幢建筑物供暖，也可以向多幢建筑物供暖。对一个或几个小区多幢建筑物的集中式供暖方式，在国内称为区域供热（暖）。

根据供暖系统散热给室内的方式不同，主要可分为对流供暖和辐射供暖。

以对流换热为主要方式的供暖，称为对流供暖。系统中的散热设备是散热器，因而这种系统也称为散热器供暖系统。利用热空气作为热媒，向室内供给热量的供暖系统，称为热风供暖系统。它也是以对流方式向室内供暖。辐射供暖是以辐射传热为主的一种供暖方式。辐射供暖系统的散热设备，主要采用金属辐射板或以建筑物部分顶棚、地板或墙壁作为辐射散热面。

随着经济的发展，人们生活水平的提高和科学技术的不断进步，19 世纪末期，在集中供暖技术的基础上，开始出现以热水或蒸汽作为热媒，由热源集中向一个城镇或较大区域供应热能的方式——集中供热。

集中供热系统由三大部分组成：热源、热网和热用户。

1. 热源

在热能工程中，热源是泛指能从中吸取热量的任何物质、装置或天然能源。供热系统的热源，是指供热热媒的来源。目前最广泛应用的是：区域锅炉房和热电厂。在此热源内，燃料燃烧产生的热能将热水或蒸汽加热。此外也可以利用核能、地热、电能、工业余热作为集中供热系统的热源。

2. 热网

由热源向热用户输送和分配供热介质的管线系统，称为热网。

3. 热用户

集中供热系统利用热能的用户，称为热用户，如室内供暖、通风、空调、热水供应以及生产工艺用热系统等。

以区域锅炉房（内装置热水锅炉或蒸汽锅炉）为热源的供热系统，称为区域锅炉房集中供热系统。

第三节 热 水 供 暖

以热水为热媒的供暖系统，称为热水供暖系统。热水供暖系统可按下述方法分类：

1. 按热水供暖循环动力的不同，可分为自然循环系统和机械循环系统。靠水的密度差进行循环的系统，称为自然循环系统。靠机械力进行循环的系统，称为机械循环系统。

2. 按供、回水方式的不同，可分为单管系统和双管系统。热水经立管或水平供水管顺序通过多组散热器，并顺序地在各散热器中冷却的系统，称为单管系统。热水经供水立管或水平供水管平行地分配给多组散热器，冷却后的回水自每个散热器直接沿回水立管或水平回水管流回热源的系统，称为双管系统。

3. 按系统管道敷设方式的不同，可分为垂直式和水平式系统。

4. 按热媒温度的不同，可分为低温水供暖系统和高温水供暖系统。

一、自然循环热水供暖系统

1. 自然循环热水供暖的工作原理

图 4-10 是自然循环热水供暖系统的工作原理图。在图中假设整个系统只有一个放热中心 1（散热器）和一个加热中心 2（锅炉），用供水管 3 和回水管 4 把锅炉与散热器相连接。在系统的最高处连接一个膨胀水箱 5，用它容纳水在受热后膨胀而增加的体积。

在系统工作之前，先将系统中充满冷水。当水在锅炉内被加热后，密度减小，同时受从散热器流回密度较大的回水的驱动，使热水沿供水干管上升，流入散热器。在散热器内水被冷却，再沿回水干管流回锅炉。这样形成如图 4-10 箭头所示方向的循环流动。假设循环环路内，水温只在锅炉（加热中心）和散热器（冷却中心）两处发生变化，假想在循环环路最低点的断面 A-A 处有一个阀门。若突然将阀门关闭，则在断面 A-A 两侧受到不同的水柱压力。这两方所受到的水柱压力差就是驱使水在系统内进行循环流动的作用压力。

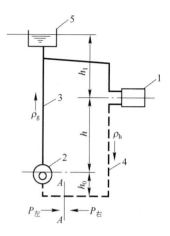

图 4-10　自然循环热水供暖系统工作原理图

1—散热器；2—热水锅炉；3—供水管路；4—回水管路；5—膨胀水箱

设 P_1 和 P_2 分别表示 A-A 断面右侧和左侧的水柱压力，则：

$$P_1 = g(h_0\rho_h + h\rho_h + h_1\rho_g)$$
$$P_2 = g(h_0\rho_h + h\rho_g + h_1\rho_g)$$

断面 A-A 两侧之差值，即系统的循环作用压力为：

$$\Delta P = P_1 - P_2 = gh(\rho_h - \rho_g) \tag{4-8}$$

式中　ΔP——自然循环系统的作用压力（Pa）；

g——重力加速度（m/s²），取 9.81m/s²；

h——冷却中心至加热中心的垂直距离（m）；

ρ_h——回水密度（kg/m³）；

ρ_g——供水密度（kg/m³）。

由式（4-8）可见，起循环作用的只有散热器中心和锅炉中心之间这段高度内的水柱密度差。如供水温度为 95℃，回水 70℃，则每米高差可产生的作用压力为：

$$gh(\rho_h - \rho_g) = 9.81 \times 1 \times (977.84 - 961.92) = 156\text{Pa}$$

2. 自然循环热水供暖系统的主要型式

自然循环热水供暖系统主要分双管和单管两种形式。图 4-11（a）为双管上供下回式系统，右侧图 4-11（b）为单管上供下回顺流式系统。

上供下回式自然循环热水供暖系统管道布置的一个主要特点是：系统的供水干管必须有向膨胀水箱方向上升的流向。其反向的坡度为 0.5%～1.0%，散热器支管的坡度一般取 1%。这是为了使系统内的空气能顺利地排除，因系统中若积存空气，就会形成气塞，影响水的正常循环。在自然循环系统中，水的流速较低，水平干管中流速小于 0.2m/s；而在干管中空气气泡的浮升速度为 0.1～0.2m/s，而在立管中约为 0.25m/s。因此，在上供下回自然循环热水供暖系统充水和运行时，空气能逆着水流方向，经过供水干管聚集到系统的最高处，通过膨胀水箱排除。

为使系统顺利排空气和在系统停止运行或检修时能通过回水干管顺利地排水，回水干管应有沿水流向锅炉方向的向下坡度。

3. 不同高度散热器环路的作用压力

在如图 4-12 的双管系统中，由于供水同时在上、下两层散热器内冷却，形成了两个并联环路和两个冷却中心。它们的作用压力分别为：

$$\Delta P_1 = gh_1(\rho_h - \rho_g) \tag{4-9}$$
$$\Delta P_2 = g(h_1 + h_2)(\rho_h - \rho_g) = \Delta P_1 + gh_2(\rho_h - \rho_g) \tag{4-10}$$

式中　ΔP_1——通过底层散热器 1 环路的作用压力（Pa）；

ΔP_2——通过上层散热器 2 环路的作用压力（Pa）。

由式（4-10）可见，通过上层散热器环路的作用压力比通过底层散热器的大，其差值为：$gh_2(\rho_h - \rho_g)$（Pa）。

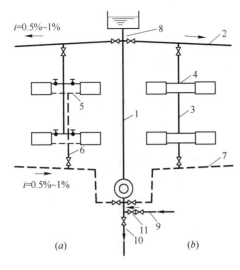

图 4-11　重力循环供暖系统

（a）双管上供下回式系统；（b）单管顺流式系统

1—总立管；2—供水干管；3—供水立管；4—散热器供水支管；

5—散热器回水支管；6—回水立管；7—回水干管；8—膨胀水箱连接管；

9—充水管（接上水管）；10—泄水管（接下水道）；11—止回阀

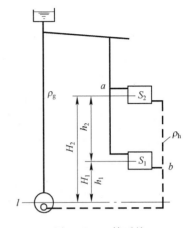

图 4-12　双管系统

由此可见，在双管系统中，由于各层散热器与锅炉的高差不同，虽然进入和流出各层散热器的供、回水温度相同（不考虑管路沿途冷却的影响），也将形成上层作用压力大，下层压力小的现象。如选用不同管径仍不能使各层阻力损失达到平衡，由于流量分配不均，必然要出现上热下冷的现象。

在供暖建筑物内，同一竖向各层房间的室温不符合设计要求的温度，而出现上、下层冷热不匀的现象，通常称作系统垂直失调。由此可见，双管系统的垂直失调，是由于通过各层的循环作用压力不同而出现的，而且楼层数越多，上下层的作用压力差值越大，垂直失调就会越严重。

二、机械循环热水供暖系统

机械循环热水供暖系统与自然循环热水供暖系统的主要差别是在系统中设置有循环水泵，靠水泵的机械能，使水在系统中强制循环。由于水泵所产生的作用压力很大，因而供暖范围可以扩大。机械循环热水供暖系统不仅可用于单幢建筑物中，也可以用于多幢建筑，甚至发展为区域热水供暖系统。

机械循环热水供暖系统的主要形式如下：

（一）垂直式系统

垂直式系统，按供、回水干管布置位置的不同，有下列几种形式：（1）上供下回式双管和单管热水供暖系统；（2）下供下回式双管热水供暖系统；（3）中供式热水供暖系统；（4）下供上回式（倒流式）热水供暖系统；（5）混合式热水供暖系统。

1. 机械循环上供下回式热水供暖系统（图 4-13）

机械循环系统除膨胀水箱的连接位置与自然循环系统不同外，还增加了循环水泵和排气装置。

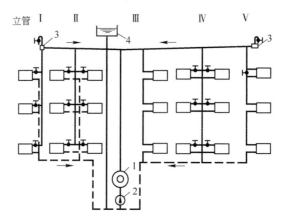

图 4-13 机械循环上供下回式热水供暖系统
1—热水锅炉；2—循环水泵；3—集气装置；4—膨胀水箱

在机械循环系统中，水流速度较高，供水干管应按水流方向设上升坡度，使气泡随水流方向流动汇集到系统的最高点，通过在最高点设置排气装置，将空气排出系统外。回水干管的坡向与自然循环系统相同。坡度宜采用 0.003。

图 4-13 中左侧是双管式系统，右侧立管Ⅲ是单管顺流式系统，右侧立管Ⅳ是单管跨越式系统。在高层建筑（通常超过六层）中，常采用跨越式与顺流式相结合的系统形式，上部几层采用跨越式，下部采用顺流式（如图 4-13 右侧立管Ⅴ所示）。

对一些要求室温波动很小的建筑（如高级旅馆等），可在双管和单管跨越式系统散热器支管上设置室温调节阀。

上供下回式管道布置合理，是最常用的一种布置形式。

2. 机械循环下供下回式双管系统（图 4-14）

系统的供水和回水干管都敷设在底层散热器下面。在设有地下室的建筑物，或在平屋顶建筑顶棚下难以布置供水干管的场合，常采用下供下回式系统。

与上供下回式系统相比，它有如下特点：（1）在地下室布置供水干管，管路直接散热给地下室，无效热损失小；（2）在施工中，每安装好一层散热器即可供暖，给冬季施工带来很大方便；（3）排除系统中的空气较困难。

下供下回式系统排除空气的方式主要有两种：通过顶层散热器的冷风阀手动分散排气（图 4-14 左侧），或通过专设的空气管手动或自动集中排气（图 4-14 右侧）。

3. 机械循环中供式热水供暖系统（图 4-15）

从系统总立管引出的水平供水干管敷设在系统的中部。下部系统呈上供下回式。上部系统可采用下供下回式（双管，见图 4-15a），也可采用上供下回式（单管，见图 4-15b）。

中供式系统可避免由于顶层梁底标高过低，致使供水干管遮挡顶层窗户的不合理布置，并减轻了上供下回式楼层过多，易出现垂直失调的现象；但上部系统要增加排气装置。中供式系统可用于加建楼层的原有建筑物或"品"字形建筑（上部建筑面积少于下部的建筑）的供暖。

4. 机械循环下供上回式（倒流式）热水供暖系统（图 4-16）

系统的供水干管设在下部，而回水干管设在上部，顶部还设置有顺流式膨胀水箱。立管布置主要采用顺流式。倒流式系统具有如下特点：

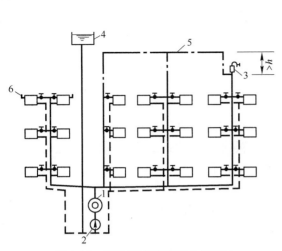

图 4-14　机械循环下供下回式系统

1—热水锅炉；2—循环水泵；3—集气罐；

4—膨胀水箱；5—空气管；6—冷风阀

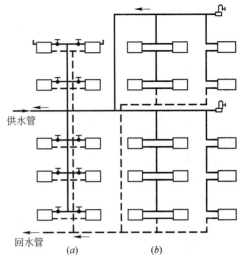

图 4-15　机械循环中供式热水供暖系统

（a）上部系统—下供下回式双管系统；

（b）下部系统—上供下回式单管系统

（1）水在系统内的流动方向是自下而上流动，与空气流动方向一致。可通过膨胀水箱排除空气，无需设置集气罐等排气装置。

（2）对热损失大的底层房间，由于底层供水温度高，底层散热器的面积减少，便于布置。

（3）当采用高温水供暖系统时，由于供水干管设在底层，这样可防止高温水汽化所需的水箱标高，减少布置高架水箱的困难。

（4）倒流式系统散热器的传热系数远低于上供下回式系统。散热器热媒的平均温度几乎等于散热器出水温度。在相同的立管供水温度下，散热器的面积要比上供下回顺流式系统的面积增多。

5. 机械循环混合式热水供暖系统（图 4-17）

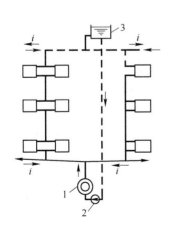

图 4-16　机械循环下供上回式

（倒流式）热水供暖系统

1—热水锅炉；2—循环水泵；3—膨胀水箱

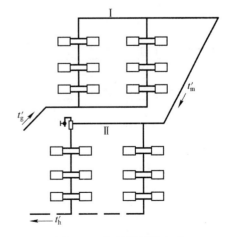

图 4-17　机械循环混合式

热水供暖系统

混合式系统是由下供上回式（倒流式）和上供下回式两组串联组成的系统。水温 t'_g 的高温水自下而上进入第 I 组系统，通过散热器，水温降到 t'_m 后，再引入第 II 组系统，系统循环水温度再降到 t'_h 后返回热源。由于两组系统串联，系统的压力损失大些。这种系统一般只宜使用在连接于高温热水网路上的卫生条件要求不高的民用建筑或生产厂房。

6. 异程式系统与同程式系统

在供暖系统供、回水干管布置上，通过各个立管的循环环路的总长度不相等的布置形式称为异程式系统。而通过各个立管的循环环路的总长度相等的布置形式则称为同程式系统。

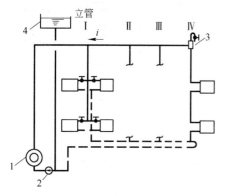

图 4-18　同程式系统

1—热水锅炉；2—循环水泵；

3—集气罐；4—膨胀水箱

在机械循环系统中，由于作用半径较大，连接立管较多，异程式系统各立管循环环路长短不一，各个立管环路和压力损失较难平衡。会出现近处立管流量超过要求，而远处立管流量不足。在远近立管处出现流量失调而引起在水平方向冷热不均的现象，称为系统的水平失调。

为了消除或减轻系统的水平失调，可采用同程式系统。如图 4-18 所示，通过最近立管的循环环路与通过最远外立管的循环环路的总长度都相等，因而压力损失易于平衡。由于同程式系统具有上述优点，在较大的建筑物中，常采用同程式系统。但同程式系统管道的金属消耗量要多于异程式系统。

（二）水平式系统

水平式系统按供水管与散热器的连接方式同样可分为顺流式（图 4-19）和跨越式（图 4-20）两类。

水平式系统的排气方式要比垂直式上供下回系统复杂些。它需要在散热器上设置冷风阀分散排气，或在同一层散热器上部串联一根空气管集中排气。对较小的系统，可用分散排气方式。对散热器较多的系统，宜采用集中排气方式。

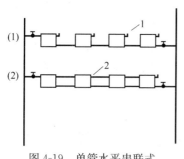

图 4-19　单管水平串联式

1—冷风阀；2—空气管

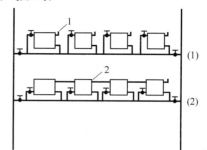

图 4-20　单管水平跨越式

1—冷风阀；2—空气管

水平式系统与垂直式系统相比，具有如下优点：

（1）系统的总造价，一般要比垂直式系统低；

（2）管路简单，无穿过各层楼板的立管，施工方便；

（3）有可能利用最高层的辅助空间（如楼梯间、厕所等）架设膨胀水箱，不必在顶棚上专设安装膨胀水箱的房间；

（4）对一些各层有不同使用功能或不同温度要求的建筑物，采用水平式系统，更便于分层管理和调节。

三、高层建筑热水供暖系统

目前国内高层建筑热水供暖系统，有如下几种形式：

1. 分层式供暖系统

在高层建筑供暖系统中，垂直方向分成两个或两个以上的独立系统称为分层式供暖系统。下层系统通常与室外热网直接连接。它的高度主要取决于室外热网的压力工况和散热器的承压能力。上层系统与外网采用隔绝式连接（图 4-21），利用水加热器使上层系统的压力与室外网路的压力隔绝。上层系统隔绝式连接，是目前常用的一种形式。

当外网供水温度较低，使用热交换器所需加热面过大而不经济合理时，可考虑采用如图 4-22 所示的双水箱分层式供暖系统。

双水箱分层式供暖系统，具有如下特点：

（1）上层系统与外网直接连接。当供水压力低于高层建筑静水压力时，在用户供水管上设加压水泵（如图 4-22 所示）。利用进、回水箱两个水位高差 H 进行上层系统的水循环。

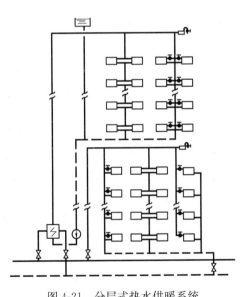

图 4-21　分层式热水供暖系统

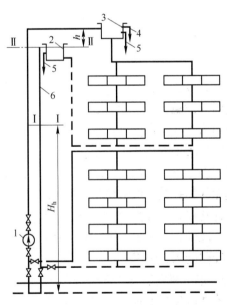

图 4-22　双水箱分层式热水供暖系统

1—加压水泵；2—回水箱；3—进水箱；4—进水箱
溢流管；5—信号管；6—回水箱溢流管

（2）上层系统利用非满管流动的溢流管 6 与外网回水管连接，溢流管下部的满管高度取决于外网回水管的压力。

（3）由于利用两个水箱替代了用热交换器所起的隔绝压力作用，简化了入口设备，降低了系统造价。

（4）采用了开式水箱，易使空气进入系统，造成系统的腐蚀。

2. 双线式系统

双线式系统有垂直式和水平式两种形式。

（1）垂直双线式单管热水供暖系统（图4-23）。垂直双线式单管热水供暖系统是由竖向的∏形单管式立管组成的。双线系统的散热器通常采用蛇形管或辐射板式（单块或砌入墙内形成整体式）结构。由于散热器立管是由上升立管和下降立管组成的，因此各层散热器的平均温度近似地可以认为是相同的。这种各层散热器的平均温度相同的单管式系统，尤其对高层建筑，有利于避免系统垂直失调。

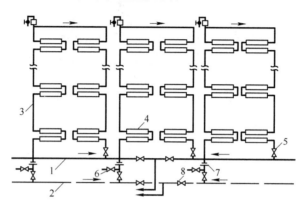

图4-23 垂直双线式单管热水供暖系统
1—供水干管；2—回水干管；3—双线立管；4—散热器；
5—截止阀；6—排水阀；7—节流孔板；8—调节阀

垂直双线式系统的每一组∏形单管式立管最高点处应设置排气装置。此外，由于立管的阻力较小，容易引起水平失调。可考虑在每根立管的回水立管上设置节流孔板，增大立管阻力，或采用同程式系统来消除水平失调。

（2）水平双线式热水供暖系统（图4-24）。水平双线式系统，在水平方向的各组散热器平均温度近似地认为是相同的。当系统的水温或流量发生变化时，每组双线上的各个散热器的传热系数值的变化程度近似是相同的。因而对避免冷热不均很有利（垂直双线式也有此特点）。同时，水平双线式与水平单管式一样，可以在每层设置调节阀，进行分层调节。此外，为避免系统垂直失调，可考虑在每层水平分支线上设置节流孔板，以增加各水平环路的阻力损失。

3. 单、双管混合式系统（图4-25）

若将散热器沿垂直方向分若干组，在每组内采用双管形式，而组与组之间则用单管连接，这就组成了单、双管混合式系统。

这种系统的特点是：既避免了双管系统在楼层数过多时出现的严重竖向失调现象，同时又能避免散热器支管管径过大的缺点，而且散热器还能进行局部调节。

四、室内热水供暖系统的管路布置和主要设备

（一）室内热水供暖系统的管路布置

室内热水供暖系统管路布置合理与否，直接影响到系统造价和使用效果。因此，系统管道走向布置应合理，以节省管材，便于调节和排除空气，而且要求各并联环路的阻力损失易于平衡。

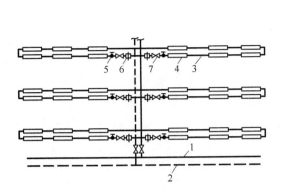
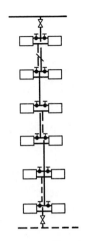

图 4-24　水平双线式热水供暖系统

1—供水干管；2—回水干管；3—双线水平管；

4—散热器；5—截止阀；6—节流孔板；7—调节阀

图 4-25　单、双管混合式系统

供暖系统的引入口宜设置在建筑物热负荷对称分配的位置，一般宜在建筑物中部。系统应合理地设若干支路，而且尽量使各支路的阻力易于平衡。图 4-26 是两种常见的供、回水干管的走向布置方式。图 4-26（a）为有四个分支环路的异程式系统布置方式。图 4-26（b）为有两个分支环路的同程式系统布置形式。

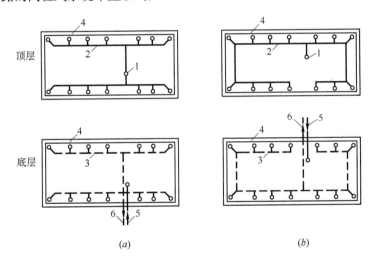

图 4-26　常见的供、回水干管走向布置方式

（a）四个分支环路的异程式系统；（b）两个分支环路的同程式系统

1—供水总立管；2—供水干管；3—回水干管；

4—立管；5—供水进口管；6—回水出口管

室内热水供暖系统的管路应明装，有特殊要求时，方采用暗装。尽可能将立管布置在房间的角落。对于上供下回式系统，供水干管多设在顶层顶棚下。回水干管可敷设在地面上，地面上不容许敷设（如过门时）或净空高度不够时，回水干管设置在半通行地沟或不通行地沟内。地沟上每隔一定距离应设活动盖板，过门地沟也应设活动盖板，以便于检修。当敷设在地面上的回水干管过门时，回水干管可从门下小管沟内通过，此时要注意坡度以便于排气。

为了有效地排除系统内的空气，所有水平供水干管应具有不小于0.002的坡度（坡向根据自然循环或机械循环而定）。如因条件限制，机械循环系统的热水管道可无坡度敷设，但管中的水流速度不得小于0.25m/s。

（二）热水供暖系统的主要设备和附件

1.膨胀水箱

膨胀水箱的作用是用来贮存热水供暖系统加热的膨胀水量。在自然循环上供下回式系统中，它还起着排气作用。膨胀水箱的另一作用是恒定供暖系统的压力。

膨胀水箱一般用钢板制成，通常是圆形或矩形。图4-27为圆形膨胀水箱构造图。箱上连有膨胀管、溢流管、信号管、排水管及循环管等管路。

膨胀管与供暖系统管路的连接点，在自然循环系统中，应接在供水总立管的顶端；在机械循环系统中，一般接至循环水泵吸入口前。连接点处的压力，无论在系统不工作或运行时，都是恒定的。此点因而也称为定压点。当系统充水的水位超过溢流水管口时，通过溢流管将水自动溢流排出。溢流管一般可接到附近下水道。

信号管用来检查膨胀水箱是否存水，一般应引到管理人员容易观察到的地方（如接回锅炉房或建筑物底层的卫生间等）。排水管用来清洗水箱时放空存水和污垢，它可与溢流管一起接至附近下水道。

在机械循环系统中，循环管应接到系统定压点前的水平回水干管上（图4-28）。该点与定压点（膨胀管与系统的连接点）之间应保持1.5～3m的距离。这样可让少量热水能缓慢地通过循环管和膨胀管流过水箱，以防水箱里的水冻结。同时，膨胀水箱应考虑保温。在自然循环系统中，循环管也接到供水干管上，也应与膨胀管保持一定的距离。

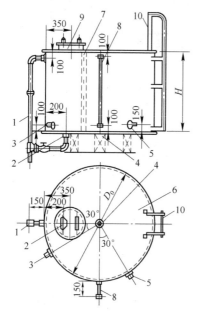

图4-27 圆形膨胀水箱

1—溢流管；2—排水管；3—循环管；4—膨胀管；
5—信号管；6—箱体；7—内人梯；
8—玻璃管水位计；9—人孔；10—外人梯

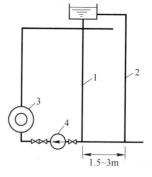

图4-28 膨胀水箱与机械
循环系统的连接方式

1—膨胀管；2—循环管；3—热水锅炉；
4—循环水泵

在膨胀管、循环管和溢流管上，严禁安装阀门，以防止系统超压，水箱水冻结或水从水箱溢出。

2. 热水供暖系统排除空气的设备

系统的水被加热时，会分离出空气。在系统停止运行时，通过不严密处也会渗入空气，充水后，也会有些空气残留在系统内。系统中如果积存空气，就会形成气塞，影响水的正常循环。因此，系统中必须设置排除空气的设备。目前常见的排气设备，主要有集气罐、自动排气阀和冷风阀等几种。

（1）集气罐。集气罐用直径 $\phi100\sim250$mm 的短管制成，它有立式和卧式两种（见图 4-29，图中尺寸为国标图中最大型号的规格）。顶部连接直径 $\phi15$ 的排气管。

在机械循环上供下回式系统中，集气罐应设在系统各分支环路供水干管末端的最高处（图 4-30）。在系统运行时，定期手动打开阀门将热水中分离出来并聚集在集气罐内的空气排除。

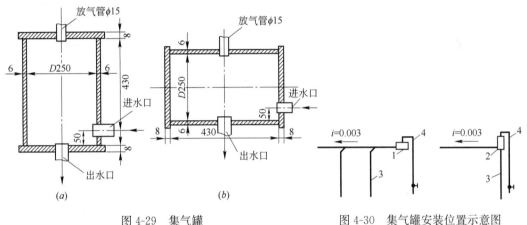

图 4-29　集气罐

图 4-30　集气罐安装位置示意图
1—卧式集气罐；2—立式集气罐；
3—末端立管；4—DN15 放气管

（2）自动排气阀。目前国内生产的自动排气阀型式较多。它的工作原理，很多都是依靠水对浮体的浮力，通过杠杆机构传动力，使排气孔自动启闭，实现自动阻水排气的功能。

图 4-31 所示为 B11-X-4 型立式自动排气阀。当阀体 7 内无空气时，水将浮子 6 浮起，通过杠杆机构 1 将排气孔 9 关闭，而当空气从管道进入，积聚在阀体内时，空气将水面压下，浮子的浮力减小，依靠自重下落，排气孔打开，使空气自动排出，空气排除后，水再将浮子浮起，排气孔重新关闭。

（3）冷风阀（图 4-32）。冷风阀多用在水平式和下供下回式系统中，它旋紧在散热器上部专设的丝孔上，以手动方式排除空气。

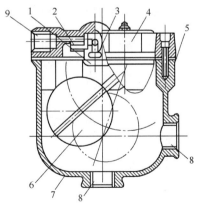

图 4-31　立式自动排气阀
1—杠杆机构；2—垫片；3—阀堵；
4—阀盖；5—垫片；6—浮子；
7—阀体；8—接管；9—排气孔

3. 散热器温控阀（图 4-33）

散热器温控阀是一种自动控制散热器散热量的设备，它由两部分组成：一部分为阀体部分，另一部分为感温元件控制部分。当室内温度高于给定的温度值时，感温元件受热，其顶杆就压缩阀杆，将阀口关小；进入散热器的水流量减小，散热器散热量减小，室温下降。当室内温度下降到低于设定值时，感温元件开始收缩，其阀杆靠弹簧的作用，将阀杆抬起，阀孔开大，水流量增大，散热器散热量增加，室内温度开始升高，从而保证室温处在设定的温度值上。温控阀控温范围在 13～28℃ 之间，控制精度为 ±1℃。

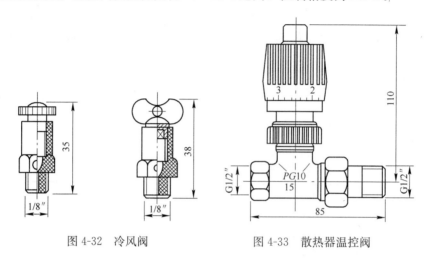

图 4-32　冷风阀　　　　　　　　图 4-33　散热器温控阀

第四节　蒸汽供暖

一、蒸汽供暖原理

蒸汽作为供暖系统的热媒，其供热原理图如图 4-34 所示。蒸汽从热源 1 沿蒸汽管路 2 进入散热设备 4，蒸汽凝结放出热量后，凝水通过疏水器 5 再返回热源重新加热。

与热水作为供暖系统的热媒相对比，蒸汽供暖具有如下一些特点：

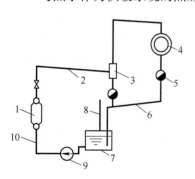

图 4-34　蒸汽供热原理图

1—热源；2—蒸汽管路；3—分水器；
4—散热设备；5—疏水器；6—凝水
管路；7—凝水箱；8—空气管；
9—凝水泵；10—凝水管

（1）热水在系统散热设备中，靠其温度降低放出热量，而且热水的相态不发生变化。蒸汽在系统散热设备中，靠水蒸气凝结成水放出热量，相态发生了变化。蒸汽凝结放出汽化潜热比水通过有限的温降放出的热量要大得多，因此，对同样的热负荷，蒸汽供暖时所需的蒸汽质量流量要比热水流量少得多。

（2）热水在封闭系统内循环流动，其参数（主要指流量和比容）很小变化。蒸汽和凝水在系统管路内流动时，其状态参数变化比较大，还会伴随相态变化。例如湿饱和蒸汽沿管路流动时，由于管壁散热会产生沿途凝水，使输送的蒸汽量有所减少；当湿饱和蒸汽经过阻力较大的阀门时，蒸汽被绝热节流，虽焓值不变，但压力下降，体积膨胀，同时，温度一般要降低。湿饱和蒸汽可成为节流后压力下的饱和蒸汽或过热蒸汽。在这些变化中，蒸汽的密度会随着发生较大的变化。又例如，从散热设备流出的饱和凝水，通过疏水器和在凝结水管路中压力下降，沸点改变，凝水部分重新汽化，形成所谓"二次蒸汽"，以两相流的状态在管路内流动。

（3）在热水供暖系统中，散热设备内热媒温度为热水和流出散热设备回水的平均温度。蒸汽在散热设备中定压凝结放热，散热设备的热媒温度为该压力下的饱和温度。蒸汽供暖系统散热器热媒平均温度一般都高于热水供暖系统。因此，对同样热负荷，蒸汽供热要比热水供热节省散热设备的面积。但蒸汽供暖系统散热器表面温度高，易烧烤积在散热器上的有机灰尘，产生异味，卫生条件较差。

（4）蒸汽供暖系统中的蒸汽比容，较热水比容大得多。因此，蒸汽管道中的流速，通常可采用比热水流速高得多的速度。

（5）由于蒸汽具有比容大，密度小的特点，因而在高层建筑供暖时，不会像热水供暖那样，产生很大的水静压力。此外，蒸汽供热系统的热惯性小，供汽时热得快，停汽时冷得也快，适宜用于间歇供热的用户。

二、蒸汽供暖系统

（一）蒸汽供暖系统分类

按照供汽压力的大小，将蒸汽供暖分为三类：供汽的表压力高于 70kPa 时，称为高压蒸汽供暖；供汽的表压力等于或低于 70kPa 时，称为低压蒸汽供暖；当系统中的压力低于大气压力时，称为真空蒸汽供暖。

按照蒸汽干管布置的不同，蒸汽供暖系统可有上供式、中供式、下供式三种。

按照立管的布置特点，蒸汽供暖系统可分为单管式和双管式。目前国内绝大多数蒸汽供暖系统采用双管式。

按照回水动力不同，蒸汽供暖系统可分为重力回水和机械回水两类。高压蒸汽供暖系统都采用机械回水方式。

（二）低压蒸汽供暖系统

1. 重力回水低压蒸汽供暖系统

图 4-35 所示是重力回水低压蒸汽供暖系示意图。图 4-35（a）是上供式，图 4-35（b）是下供式。在系统运行前，锅炉充水至I-I平面。锅炉加热后产生的蒸汽，在其自身压力作用下，克服流动阻力，沿供汽管道进入散热器内，并将积聚在供汽管道和散热器内的空气驱入凝水管，最后，经连接在凝水管末端的 B 点处排出。蒸汽在散热器内冷凝放热。凝水靠重力作用沿凝水管路返回锅炉，重新加热变成蒸汽。

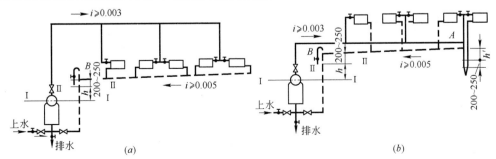

图 4-35　重力回水低压蒸汽供暖系统示意图

从图 4-35 可见，重力回水蒸汽供暖系统中的蒸汽管道，散热器及凝结水管构成一个循环回路。由于总凝水立管与锅炉连通，锅炉工作时，在蒸汽压力作用下，总凝水立管的水位将升高 h 值，达到 II-II 水面。当凝水干管内为大气压力时，h 值即为锅炉压力所折算的水柱高度。为使系统内的空气能从 B 点处顺利排出，B 点前的凝水干管就不能充满水。在干管的横断面，上部分应充满空气，下部分充满凝水，凝水靠重力流动。这种非满管流动的凝水管，称为干式凝水管。显然，它必须敷设在 II-II 水面以上，再考虑锅炉压力波动，B 点处应再高出 II-II 水面约 200~250mm，第一层散热器当然应在 II-II 水面以上才不致被凝水管堵塞，排不出空气，从而保证其正常工作，水面 II-II 以下的总凝水立管全部充满凝水，凝水满管流动，称为湿式凝水管。

重力回水低压蒸汽供暖系统型式简单，不需要设置凝水箱和凝水泵，运行时不消耗电能，宜在小型系统中采用。

2. 机械回水低压蒸汽供暖系统

图 4-36 是机械回水的中供式低压蒸汽供暖系统的示意图。不同于连续循环重力回水

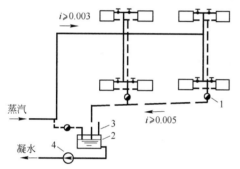

图 4-36 机械回水低压蒸汽供暖系统示意图
1—低压恒温式疏水器；2—凝水箱；
3—空气管；4—凝水泵

系统，机械回水系统是一个"断开式"系统。凝水不直接返回锅炉，而首先进入凝水箱，然后再用凝水泵将凝水送回热源重新加热。在低压蒸汽供暖系统中，凝水箱布置应低于所有散热器和凝水管。进凝水箱的凝水干管应作顺流向下的坡度，使从散热器流出的凝水靠重力自流进入凝水箱。为了使系统的空气可经凝水干管流入凝水箱，再经凝水箱上的空气管排往大气，凝水干管同样应按干式凝水管设计。

机械回水系统的最主要优点是扩大了供热范围，因而应用最为普遍。

（三）高压蒸汽供暖系统

图 4-37 所示是一个用户入口和室内高压蒸汽供热系统示意图。高压蒸汽通过室外蒸汽管路进入用户入口的高压分汽缸。根据各种热用户的使用情况和要求的压力不同，季节性的室内蒸汽供暖管道系统宜与其他热用户的管道系统分开，即从不同的分汽缸中引出蒸汽分送不同的用户。当蒸汽入口压力或生产工艺用热的使用压力高于供暖系统的工作压力时，应在分汽缸之间设置减压装置。室内各供暖系统的蒸汽，在用热设备冷凝放热，冷凝水沿凝结水管道流动，经过疏水器后汇流到凝水箱，然后，用凝结水泵压送回锅炉房重新加热。凝水箱可布置在该厂房内，也可布置在工厂区的凝结水回收分站或直接布置在锅炉房内。凝水箱可以与大气相通，称为开式凝水箱，也可以密封且具有一定的压力，称为闭式凝水箱。

图 4-37 右面部分是室内高压蒸汽供暖系统的示意图。由于高压蒸汽的压力较高，容易引起水击，为了使蒸汽管道的蒸汽与沿途凝水同向流动，减轻水击现象，室内高压蒸汽供暖系统大多采用双管上供下回式布置。各散热器的凝水通过室内凝水管路进入集中的疏水器。疏水器起着阻汽排水的功能，并靠疏水器后的余压，将凝水送回凝水箱。

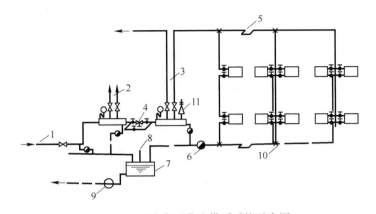

图 4-37　室内高压蒸汽供暖系统示意图

1—室外蒸汽管；2—室内高压蒸汽供热管；3—室内高压蒸汽供暖管；
4—减压装置；5—补偿器；6—疏水器；7—开式凝水箱；8—空气管；
9—凝水泵；10—固定支点；11—安全阀

在系统开始运行时，借高压蒸汽的压力，将管道系统及散热器内的空气驱走。空气沿干式凝水管流至疏水器，通过疏水器内的排气阀或空气旁通阀，最后由凝水箱顶的空气管排出系统外；空气也可以通过疏水器前设置启动力排气管直接排出系统外。

三、蒸汽供暖系统的管路布置与设备

（一）蒸汽供暖管路的布置与敷设

室内蒸汽供暖系统管道布置大多采用上供下回式。当地面不便布置凝水管时，也可采用上供上回式。实践证明，上供上回式布置方式不利于运行管理。系统停汽检修时，各用热设备和主管要逐个排放凝水，系统启动升压过快时，极易产生水击，且系统内空气也不易排除。因此，此系统必须在每个散热设备的凝水排出管上安装疏水器和止回阀。

在蒸汽供暖管路中，要注意排除沿途凝水，以免发生蒸汽系统常有的"水击"现象。在蒸汽供暖系统中，沿管壁凝结的沿途凝水可能被高速蒸汽流重新掀起，形成"水塞"，并随蒸汽一起高速流动，在遇到阀门、拐弯或向上的管段等使流动方向改变时，水滴或水塞在高速下与管件或管子撞击，就产生"水击"，出现噪声、振动或局部高压，严重时能破坏管件接口的严密性和管路支架。为了减轻水击现象，水平敷设的供汽管路，必须具有足够的坡度，并尽可能保持汽、水同向流动，蒸汽干管汽水同向流动时，坡度 i 宜采用 0.003，不得小于 0.002。进入散热器支管的坡度 $i=0.01\sim0.02$。

供汽干管向上拐弯处，必须设置疏水装置。通常宜装置耐水击的双金属片型的疏水器，定期排出沿途流来的凝水（如图 4-37 供水干管入口处所示）。当供汽压力低时，也可用水封装置，如图 4-35 (b) 下供式系统末端的连接方式。同时，在下供式系统的蒸汽立管中，汽、水呈逆向流动，蒸汽立管要采用比较低的流速，以减轻水击现象。

在图 4-35 (a) 的上供式系统中，供水干管中汽、水同向流动，干管沿途产生的凝水，可通过干管末端凝水装置排除。为了保持蒸汽的干度，避免沿途凝水进入供汽立管，供汽立管宜从供汽干管的上方或上方侧接出。

蒸汽供暖系统经常采用间歇工作的方式供热。当停止供汽时，原充满在管路各散热器内的蒸汽冷凝成水。由于凝水的容积远小于蒸汽的容积，散热器和管路内会因此出现一定的真空度。此时，应打开图 4-35 所示空气管的阀门，使空气通过干凝水干管迅速地进入系统内，以免空气从系统的接缝处渗入，逐渐使接缝处生锈、不严密，造成渗漏。在每个散热器上设置蒸汽自动排气阀是较理想的补进空气的措施。蒸汽自动排气阀的工作原理，同样是靠阀体内的膨胀芯热胀冷缩来防止蒸汽外逸和让冷空气通过阀体进入散热器的。散热设备到疏水器前的凝水管中必须保证沿凝水流动方向的坡度不得小于 0.005。同时，为使空气能顺利排除，当干凝水管路（无论低压或高压蒸汽系统）通过过门地沟时，必须设空气绕行管（见图 4-38）。当室内高压蒸汽供暖系统的某个散热器需要停止供汽时，为防止蒸汽通过凝水管窜入散热器，每个散热器的凝水支管上都应增设阀门，供关断用。

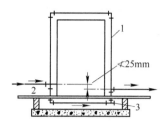

图 4-38　干凝水管路过门装置
1—φ15 空气绕行管；2—凝水管；
3—泄水口

高压蒸汽和凝水温度高，在供汽和凝水干管上，往往需要设置固定支架 10 和补偿器 5，以补偿管道的热伸长。

（二）蒸汽供暖系统主要设备及附件

1. 疏水器

蒸汽疏水器的作用是阻止蒸汽逸漏和排出用热设备及管道中的凝水，同时能排除系统中积留的空气和其他不凝性气体。疏水器是蒸汽供热系统中重要的设备，根据作用原理不同，可分为三种类型：

（1）机械型疏水器。利用蒸汽和凝水的密度不同，形成凝水液位，以控制凝水排水孔自动启闭工作的疏水器。主要产品有浮筒式、钟形浮子式、自由浮球式、倒吊筒式疏水器等。

（2）热动力型疏水器。利用蒸汽和凝水热动力学（流动）特性的不同来工作的疏水器。主要产品有圆盘式、脉冲式、孔板或迷宫式疏水器等。

（3）热静力型（恒温型）疏水器。利用蒸汽和凝水的温度不同引起恒温元件膨胀或工作的疏水器。主要产品有波纹管式、双金属片式和液体膨胀式疏水器等。

图 4-39 所示是低压疏水装置中常用的一种疏水器，称为恒温式疏水器。凝水流入疏水器后，经过一个缩小的孔口排出。此孔的启闭由一个能热胀冷缩的薄金属片波纹管盒操纵。盒中装有少量受热易蒸发的液体（如酒精）。当蒸汽流入疏水器时，小盒被迅速加热，液体蒸发产生压力，使波纹盒伸长，带动盒底的锥形阀，堵住小孔，防止蒸汽逸漏，直到疏水器内蒸汽冷凝成饱和水并冷却后，波纹盒收缩，阀孔打开，排出凝水。当空气或较冷的凝水流入时，阀门一直打开，它们可以顺利通过。

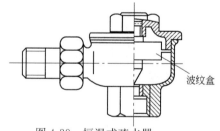

波纹盒

图 4-39　恒温式疏水器

2. 管道补偿器

在供暖系统中，金属管道会因受热而伸长。每米钢管当它本身的温度每升高 1℃时，便会伸长 0.012mm。当平直管道的两端都被固定不能自由伸长时，管道就会因伸长而弯曲；当伸长量很大时，管道的管件就有可能因弯曲而破裂。因此需要在管道上补偿管道的热伸长。

管道补偿器主要有管道的自然补偿、方形补偿器、波纹补偿器、套筒补偿器和球形补偿器等几种形式。自然补偿是利用供热管道自身的弯曲管道来补偿管道的热伸长。根据弯曲管段的弯曲形状不同，又称之为L形或Z形补偿器（图4-40）。自然补偿不必特设补偿器。在考虑管道热补偿时，应尽量利用其自然弯曲的补偿能力。

方形补偿器是由四个90°弯头构成倒"U"形的补偿器（图4-41）。靠其弯管的变形来补偿管段的热伸长。方形补偿器具有制造方便、不需专门维修、工作可靠等优点，在供热管道上应用普遍。

图4-40 管道本身具有的弯曲和固定点　　　图4-41 方形补偿器

第五节　供暖系统热负荷与散热设备

一、供暖系统设计热负荷

供暖系统的设计热负荷是指在室外设计温度下，为达到要求的室内温度，供暖系统在单位时间内向建筑物供给的热量。它是设计供暖系统的最基本依据。供暖系统的设计热负荷，应根据建筑物得、失热量确定。

$$Q = Q_s - Q_d \tag{4-11}$$

式中　Q——供暖设计热负荷（W）；

　　　Q_s——建筑物失热量（W）；

　　　Q_d——建筑物得热量（W）。

在围护结构的传热耗热量计算中，把它分成围护结构传热的基本耗热量和附加耗热量两部分。基本耗热量指在一定条件下，通过房间各部分围护结构从室内传到室外的传热量的总和；附加耗热量指由于围护结构的传热条件发生变化而对基本耗热量的修正。太阳辐射得热量也采用修正耗热量的计算方法，通过对基本耗热量进行朝向修正考虑列入。

（一）围护结构传热耗热量

当室内外存在温差时，围护结构将通过导热、对流和辐射三种传热方式将热量传至室外，在稳定传热条件下，通过围护结构传热的基本耗热量为：

$$Q = KF(t_n - t_w) \tag{4-12}$$

式中　K——围护结构的传热系数 [W/(m²·℃)]，可根据土建提供的资料从有关的设计手册查取；

　　　F——围护结构的传热面积（m²）；

　　　t_w——室外供暖计算温度，简称室外计算温度（℃），见附录4-1；

　　　t_n——室内计算温度，简称室内温度（℃），见附录4-2和附录4-3。

（二）加热进入室内的冷空气所需要的热量

在供暖期中，冷空气经窗缝、门缝或经开启的外门进入室内，供暖系统也应将这部分冷空气加热到室温，所需之热量（kW）为：

$$Q = LC_P\rho(t_n - t_w) \tag{4-13}$$

式中　L——冷空气进入量（m^3/s）；

　　C_P——空气的定压比热，其值为 $1.01kJ/(kg \cdot \text{℃})$；

　　ρ——在室外温度下空气的密度（kg/m^3）。

（三）建筑热负荷的估算方法

在粗估建筑物的供暖热负荷时，可用热指标法。常用的热指标法有两种形式：一种是单位面积热指标法；另一种是在室内外温差为 1℃时的单位体积热指标法。热指标是在调查了同一类型建筑物的供暖热负荷后，得出的该类型建筑物每 m^2 建筑面积或在室内外温差为 1℃时每 m^3 建筑物体积的平均供暖热负荷。

用单位面积供暖热指标法估算建筑物的热负荷时，供暖热负荷用下式计算：

$$Q = q_f F \tag{4-14}$$

式中　Q——建筑物的供暖热负荷（kW）；

　　q_f——单位面积供暖热指标（kW/m^2）；

　　F——总建筑面积（m^2）。

民用建筑的单位面积供暖热指标见附录 4-4。

用单位体积供暖热指标法估算建筑物的热负荷时，供暖热负荷用下式计算：

$$Q = q_V V(t_n - t_w) \tag{4-15}$$

式中　q_V——单位体积供暖热指标 $[kW/(m^3 \cdot \text{℃})]$；

　　V——建筑物的体积（按外部尺寸计算）（m^3）；

　　t_n——冬季室内计算温度（℃）；

　　t_w——室外供暖计算温度（℃）；

北京地区建筑物单位供暖热指标见附录 4-5。

用热指标法估算建筑物的供暖热负荷，宜用于初步设计或规划设计，不应用于施工图设计。

二、供暖系统的散热设备

散热设备是安装在供暖房间里的放热设备，它把热媒（热水或蒸汽）的部分热量传给室内空气，用以补偿建筑物热损失，从而使室内维持所需要的温度。我国大量使用的散热设备有散热器、暖风机和辐射板三大类。

（一）散热器的类型

散热器用铸铁或钢制成。近年来我国常用的几种散热器有柱型散热器、翼型散热器以及光管散热器、钢串片对流散热器等。

1. 柱型散热器

柱型散热器由铸铁制成。它又分为四柱、五柱及二柱三种。图 4-42 是四柱 800 型散热片简图。有些集中供暖系统的散热器就是由这种散热片组合而成的。四柱 800 型散热片高 800mm，宽 164mm，长 57mm。它有四个中空的立柱，柱的上、下端全部互相连通。在散热片顶部和底部各有一对带丝扣的穿孔供热媒进出，并可借正、反螺丝把单个散热片组合起来。在散热片的中间有两根横向连通管，以增加结构强度，并使散热器表面温度比较均匀。

散热器在落地布置情况下，为使其放置平稳，两端的散热片必须是带足的。当组装片数较多时，在散热器中部还应多用一个带足的散热片，以避免因散热器过长而产生中部下垂的现象。

图 4-43 为二柱型铸铁散热片简图。这种散热片两柱之间有波浪形的纵向肋片，用以增加散热面积。在制造工艺方面，它在柱型散热片中是比较简单的。

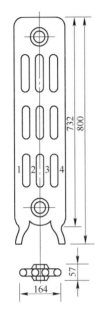 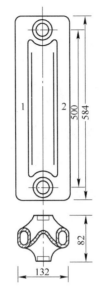 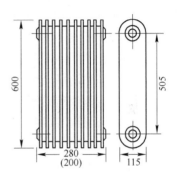

图 4-42　四柱 800 型散热片　　图 4-43　二柱 132 型散热片　　图 4-44　长翼型散热器

2. 翼型散热器

翼型散热器由铸铁制成，分为长翼型和圆翼型两种。长翼型散热器（图 4-44）是一个在外壳上带有翼片的中空壳体。在壳体侧面的上、下端各有一个带丝扣的穿孔，供热媒进出，并可借正反螺丝把单个散热器组合起来。这种散热器有两种规格，由于其高度为 600mm，所以习惯上称这种散热器为"大 60"及"小 60"。"大 60"的长度为 280mm，带 14 个翼片；"小 60"的长度为 200mm，带有 10 个翼片。除此之外，其他尺寸完全相同。

3. 钢串片对流散热器

钢串片对流散热器是在用联箱连通的两根（或两根以上）钢管上串上许多长方形薄钢片制成的（见图 4-45）。这种散热器的优点是承压高、体积小、重量轻、容易加工、安装简单和维修方便；其缺点是薄钢片间距离小，不易清扫以及耐腐蚀性能不如铸铁好。薄钢片因热胀冷缩，容易松动，日久传热性能严重下降。

除上述散热器外，还有钢制板式散热器、钢制柱形散热器等等，在此不一一介绍。

（二）散热器的计算

散热器的放热量（W）按下式计算：

$$Q = KF(t_p - t_n) \tag{4-16}$$

式中　K——散热器的传热系数 [W/(m² · ℃)]；

　　　F——散热器的散热面积（m²）；

　　　t_p——散热器内热媒的平均温度（℃）；

　　　t_n——室内供暖计算温度（℃）。

图 4-45　钢串片对流散热器

123

散热器内热媒的平均温度，在蒸汽供暖系统中等于送入散热器内蒸汽的饱和温度，对 0.2 相对大气压以下的低压蒸汽供暖系统而言，t_p 可取 100℃；在热水供暖系统中 t_p 取散热器进水与出水温度的算术平均值。

散热器的传热系数，受多种因素的影响。因此传热系数都是按一定的实验条件，对于不同的热媒用实验方法得到的。为了散出热量，所需要的散热面积为：

$$F = \frac{Q}{K(t_p - t_n)}\beta_1\beta_2\beta_3 \tag{4-17}$$

式中　F——散热面积（m^2）；

　　　Q——散热器散热量，即供暖设计热负荷（W）；

　　　β_1——散热器片数修正系数，$\beta_1 = 0.95 \sim 1.1$；

　　　β_2——暗装管道内水冷却系数，明装管道 $\beta_2 = 1.0$，暗装管道可从有关设计手册查取；

　　　β_3——散热器安装方式修正系数，可从有关设计手册查取。

散热器片数为：

$$n = F/f \tag{4-18}$$

式中 f 为每片散热器的散热面积（m^2）；n 为散热器的片数，只能是整数，由此而增减的部分散热面积，对柱型散热器不应超过 $0.1m^2$；对于长翼型散热器可用大小搭配，最后也不应超过计算面积的 10%。

（三）散热器的布置与安装

散热器设置在外墙窗口下最为合理。经散热器加热的空气沿外窗上升，能阻止渗入的冷空气沿墙及外窗下降，防止冷空气直接进入室内工作地区。对于要求不高的房间，散热器也可靠内墙壁设置。

在一般情况下，散热器在房间内敞露装置，这样散热效果好，且易于清除灰尘。当建筑方面或工艺方面有特殊要求时，就要将散热器加以围挡。例如某些建筑物为了美观，可将散热器装在窗下的壁龛内，外面用装饰性面板把散热器遮住。另外，在采用高压蒸汽供暖的浴室中，也要将散热器加以围挡，防止人体烫伤。

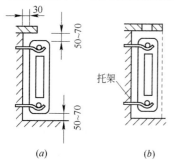

图 4-46　散热器安装
（a）明装；（b）暗装

安装散热器时，有脚的散热器可直立在地上；无脚的散热器可用专门的托架挂在墙上（图 4-46），在现砌墙壁内埋托架，应与土建平行作业。预制装配建筑，应在预制墙板时即埋好托架。

楼梯间内散热器应尽量放在底层，因为底层散热器所加热的空气能够自行上升，从而补偿上部的热损失。为了防止冻裂，在双层门的外室以及门斗中不宜设置散热器。

在选择散热器时，除要求散热器能供给足够的热量外，还应综合考虑经济、卫生、运行安全可靠以及与建筑物相协调等问题。例如常用的铸铁散热器不能承受大于 0.4MPa 的工作压力；钢制散热器虽能承受较高的工作压力，但耐腐蚀能力却比铸铁散热器差。近年来，选用钢制散热器的民用建筑物在逐渐增多。

第六节　热　　源

一、供热锅炉

锅炉是供热之源,锅炉及锅炉房设备生产出蒸汽(或热水),通过热力管道送往热用户,以满足生产工艺或生活供暖等方面的需要。通常,我们将用于工业及供暖方面的锅炉,称为供热锅炉,以区别于用于动力、发电方面的动力锅炉。

（一）供热锅炉类型

锅炉分蒸汽锅炉与热水锅炉两大类。对供热锅炉来说,每一类又可分为低压锅炉与高压锅炉两种。在蒸汽锅炉中,蒸汽的表压力低于 70kPa 的称为低压锅炉;蒸汽的表压力高于 70kPa 的称为高压锅炉。在热水锅炉中,温度低于 115℃ 的称为低压锅炉;温度高于 115℃ 的称为高压锅炉。

集中供暖系统常用的热水温度为 95℃;常用的蒸汽压力往往小于 0.7 个相对大气压,所以大都用低压锅炉。在区域供热系统中,则多用高压锅炉。

低压锅炉用铸铁或钢制造,高压锅炉则完全用钢制造。

当蒸汽锅炉工作时,在锅炉内部要完成三个过程,即燃料的燃烧过程、烟气与水的热交换过程以及水受热的汽化过程。热水锅炉则只完成前两个过程。

（二）锅炉的基本特性参数

我们常用锅炉蒸发量(或产热量)、蒸汽(或热水)参数、受热面蒸发率(或发热率)以及锅炉效率来表示锅炉的基本特性。

锅炉蒸发量即蒸汽锅炉每小时的蒸汽产量,单位是 t/h。但有时不用蒸发量而用产热量来表示锅炉的容量,产热量是指锅炉每小时生产的热量,单位是 kW。

蒸汽(或热水)参数是指蒸汽(或热水)的压力及温度。对于生产饱和蒸汽的锅炉,由于饱和压力和饱和温度之间有固定的对应关系,因此通常只标明蒸汽的压力就可以了。对于生产热水的锅炉,则压力与温度都要标明。

受热面蒸发率(或发热率)是指每平方米受热面每小时生产的蒸汽量(或热量),单位是 kg/(m² · h)(或 kW/m²)。

锅炉效率是指锅炉中被蒸汽或热水接受的热量与燃料在炉子中应放出的全部热量的比值。

根据锅炉监督机构的规定:低压锅炉可装置在供暖建筑物内的专用房间或地下室中;而高压锅炉则必须装置在供暖建筑物以外的独立锅炉房中。

铸铁片式锅炉为常见的小容量低压供暖锅炉。具有可增减炉片,改变发热量,耐腐蚀,经久耐用等优点;但有效率低,产热量较小以及耗铸铁量大等缺点。

卧式快装锅炉是钢制锅炉,它在我国许多地方已推广使用。其工作压力分为 0.8MPa 和 1.3MPa 两种,蒸发量从 1t/h 到 4t/h。

根据供暖系统的热媒及其参数和所用的燃料,选择锅炉的类型。根据建筑物的总热负荷及每台锅炉的产热量选择锅炉的台数。在一般情况下,锅炉最好选两台或两台以上。这样考虑是因为一年中由于气候的变化,建筑物的热负荷并不均匀。当室外温度等于供暖室外计算温度时,全部锅炉都要满负荷工作,而当室外温度升高时,便可停止部分锅炉工作，使工作的锅炉仍处于经济运行状态。锅炉台数增多时，对调节来说是比较合理的，但管理不便，并会增加锅炉房的占地面积。

（三）锅炉房位置的确定及对建筑设计的要求

用于供暖的锅炉房，大体上可分为两类：一类为工厂供热或区域供热用的独立锅炉房；另一类为生活或供暖用的附属锅炉房，它既可附设在供暖建筑物内，也可建在供暖建筑物以外。为安全起见，在供暖建筑物内设置的锅炉只能是低压锅炉。这两类锅炉房并无本质差异，只是大小简繁稍有差别而已，这里以后一类锅炉房为对象加以介绍。

1. 锅炉房的位置应力求靠近供暖建筑物的中央。这样可减少供暖系统的作用半径，并有助于供暖系统各环路间的阻力平衡。

2. 应尽量减少烟灰对环境的影响，锅炉房一般应位于建筑物供暖季主导风向的下风向。

3. 锅炉房的位置应便于运输和堆放燃料与灰渣。

4. 在锅炉房内除安放锅炉外，还应合理地布置储煤处、鼓风机、水处理设备、凝结水箱及冷凝水泵（蒸汽供暖系统）、循环水泵（热水供暖系统）、厕所、浴室及休息室等。

5. 锅炉房应有较好的自然采光，且锅炉的正面应尽量朝向窗户。

6. 锅炉房应符合锅炉房设计规范和有关的建筑防火规范的要求。

7. 用建筑物的地下室作为锅炉房时，应有可靠的防止地面水和地下水侵入的措施。此外，地下室的地坪应具有向排水地漏倾斜的坡度。

8. 锅炉房应有两个单独通往室外的出口，分别设在相对的两侧。但当锅炉前端走道的总长度（包括锅炉之间的通道在内）不超过 12m 时，锅炉房可只设一个出入口。锅炉房通向室外的门应向外开，锅炉房内的生活室等直接通向锅炉间的门，应向锅炉间开。

9. 锅炉应装在单独的基础上。

（四）锅炉房主要尺寸的确定

在锅炉房中，要合理地配置和安装各种设备，以保证安装、运行及检修的方便和安全可靠。

1. 锅炉房平面尺寸：应由锅炉、其他设备和烟道的位置、尺寸和数量而定。

（1）锅炉前部到锅炉房前墙的距离，一般不小于 3m，对于需要在炉前操作的锅炉，此距离应大于燃烧室总长 1.5m 以上。

（2）锅炉与锅炉房的侧墙之间或锅炉之间有通道时，如不需要在通道内操作，其宽度不应小于 1.0m。如需要在通道内操作，通道宽度应保证操作方便，一般为 1.5~2.0m。

（3）鼓风机、引风机和水泵等设备之间的通道，一般不应小于 0.7m。

（4）锅炉后墙与总水平烟道之间应留有足够的距离，以敷设由锅炉引出的烟道及装置烟道闸板，此距离不得小于 0.6m。

2. 锅炉房的高度：应由锅炉高度而定。

一般情况下，锅炉房的顶棚或屋架下弦应比锅炉高 2.0m。但当锅炉房采用木屋架时，则屋架下弦至少高于锅炉 3m。

（五）烟道、烟囱及煤灰场

1. 烟道

燃料燃烧所生成的烟气，一般由锅炉后部排入水平烟道。水平烟道有两种布置方法：一种是将它放到锅炉房的地面下；另一种是放在地面上。烟道壁用一砖半砌筑。在砌筑地下烟道时应注意防水并要保持烟道内壁光滑和严密。

在由锅炉引出的水平烟道上，应设闸板，以调节烟气的流量。为了清除烟道内的积灰，在水平烟道转弯、分叉及设闸板外，应设置专门的清扫口，清扫口应当用盖子盖严。

水平烟道的净截面，应根据该烟道内烟气的流量和流速来确定。烟气量取决于燃料的消耗量、燃料的成分和燃烧条件；烟气的流速一般为 4～6m/s。

2. 烟囱

为了使燃料在锅炉内安全地和连续地燃烧，必须不间断地向锅炉内燃料层供给空气，同时将所产生的烟气经烟道及烟囱排入大气。烟囱的主要作用是污染物高空排放和产生抽力，烟囱越高抽力越大。当空气流过煤层及烟气流经各种受热面，烟道及烟囱的阻力较大时，除了设置烟囱、引风机外，还需要用鼓风机向煤层送风。

供暖锅炉房的烟囱可以靠墙砌筑或者离开建筑物单独砌筑。如用建筑物的地下室作为锅炉房时，在一般情况下不希望离开建筑物单独砌筑烟囱，而是将烟囱靠内墙砌筑。这样做的优点是：防止烟囱内烟气冷却；水平烟道短；不影响建筑物的美观。如必须将烟囱单独在室外砌筑，则尽量将其布置到对建筑美观影响较小的地方，并且距外墙应不小于 3m。

烟囱的高度要满足抽力及环境保护的要求。一般情况下，烟囱高度不应低于 15m。烟囱截面应根据烟囱内烟气的流量及流速来确定。烟囱内烟气流速一般为 4～6m/s。

3. 煤灰场

在一般情况下，煤及灰渣均堆放在锅炉房主要出入口外的空地上。有时也可在锅炉间旁边设置单独的煤仓。露天煤场和煤仓的贮煤量应根据煤供应的均衡性以及运输条件来确定。煤仓中的煤应能直接溜入锅炉间。灰渣场宜在锅炉房供暖季主导风向的下方，其灰渣贮存量取决于运输条件。

二、热力管网及热力引入口

供暖系统除可用小型锅炉作为热源外，也可用区域供热系统作为热源。

区域供热系统的热源是热电站或大型锅炉房。一个区域供热系统的锅炉房，提供了一个区域中全部房屋的供暖、通风及热水供应系统所需要的全部热量。在区域供热系统中，热源所产生的热量，通过室外管网（即热力管网）送到各个热用户。

区域供热系统的热媒可以是热水或蒸汽。通过室外热网，将热水或蒸汽送至各个热用户。室外管网以双管系统最为普遍。双管系统即自供热中心引出两根管线，一根将热水或蒸汽送到热用户，另一根流回回水或凝结水。

区域供热系统如以热水为热媒，热网的供水温度为 95～150℃，甚至更高一些，回水温度约为 70～90℃；区域供热系统如以蒸汽为热媒，蒸汽的参数视热用户的需要和室外管网的长度而定。

当供暖系统与区域供热系统的室外管网相连接时，室外热力管网中的热媒参数，不可能与全部热用户所要求的热媒参数完全一致，这就要求在各热用户的引入口将热媒参数加以改变。

（一）热力引入口

图 4-47、图 4-48 分别是热水和蒸汽热力引入口示意图。建筑物热力引入口可利用地下管沟、地下室、楼梯间或次要的房间作为热力引入口。热力引入口的位置最好放在整个建筑物的中央。由于热力引入口是调节、统计和分配从热力管网取得热量的中心，因此要

求热力引入口房间除应有足够的尺寸，使人能方便地进行所有的操作外，还应有照明并要保持清洁。热力引入口的高度最低不小于 2m，宽度约 1.5m，长度约 2.5m，如在热力引入口内有水泵、凝结水箱或加热器，则上述尺寸应加大。

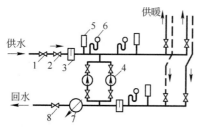 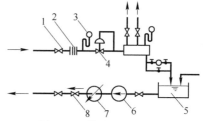

图 4-47　热水热力引入口　　　　　图 4-48　蒸汽热力引入口

1—阀门；2—止回阀；3—除污器；4—水泵；　　1—阀门；2—蒸汽流量计；3—压力表；4—减压阀；

5—温度计；6—压力表；7—水量表；8—阀门　　5—凝结水箱；6—水泵；7—水量表；8—止回阀

（二）热用户与热水热力管网的连接

供暖系统热用户与室外热力管网的连接方式可分为直接连接和间接连接两种方式。

直接连接方式是热用户系统直接连接于热力管网上，热力管网内热媒直接进入热用户系统中。直接连接方式简单，造价低，在小型供热系统中广泛采用。

间接连接方式是在供暖系统热用户与管网连接处设置表面式热交换设备，用户系统与热力网路被表面式热交换设备隔离，形成两个独立的系统。热力管网中热媒不进入热用户系统中，仅将热量传递给热用户。

热水供暖系统、热水供应系统与热水热力管网连接的原理图，见图 4-49。在图中，（a）、（b）、（c）及（d）是热水供暖系统与热水热力管网连接的图式；（e）及（f）是热水供应系统与热水热力管网连接的图式。（a）、（b）、（c）及（e）是热用户与热水热力管网的直接连接图式；（d）及（f）则是借助于表面式水-水加热器的间接连接图式。

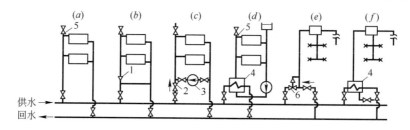

图 4-49　热用户与热水热力管网连接

1—混水器；2—止回阀；3—水泵；4—加热器；5—排气阀；6—温度调节器

在直接连接时，必须遵循以下的条件：

1. 连接后，热用户中的压力不应高于其允许压力；

2. 连接后，热用户最高点的压力要高于热用户中热水的饱和压力，即不允许热用户中热水汽化；

3. 要满足热用户对温度和流量的要求。

在采用图 4-49（a）的连接方式时，热水从供水干管直接进入供暖系统，放热后返回回水干管。这种连接方式，在热力管网的水力工况（指供水、回水干管的压力及它们的差值）和热力工况（指整个供暖季的温度）与供暖系统相同时才采用。

当热力管网供水温度过高时，就要用图 4-49 (b) 及 (c) 的连接方式。供暖系统的部分回水通过混水器或水泵与供水管送来的热水相混合，达到所需要的水温后，进入供暖系统。放热后，一部分回水返回到回水干管；另一部分回水再次与供水干管送来的热水相混合。在用图 4-49 (c) 方式连接时，为防止水泵升压后将热力管网回水干管中的回水压入供水干管，应在供水干管引向供暖系统的引入管上加装止回阀。

如果热力管网中的压力过高，超过了供暖系统所允许的压力，或者当供暖系统所需压力较高而又不宜普遍提高热力管网的压力时，供暖系统就不能直接与热力管网连接，而必须通过表面式水-水加热器将供暖系统与热力管网隔开，此时，应按图 4-49 (d) 给出的图式连接。

图 4-49 (e) 及 (f) 的情况大致与前面相应的图式相同，只不过一个是供暖系统，而另一个是热水供应系统而已。

（三）热用户与蒸汽热力管网连接

供暖系统、热水供应系统与蒸汽热力管网连接的原理图，见图 4-50。图中 (a) 是蒸汽供暖系统与蒸汽热力管网直接连接图式。蒸汽热力管网中压力较高的蒸汽通过减压阀进入蒸汽供暖系统，放热后，凝结水经疏水阀流入凝结水箱，然后用水泵将凝结水送回热力管网。为了防止热力管网凝结水干管中的凝结水和二次蒸汽倒流入凝结水箱之中，在水泵出口装置

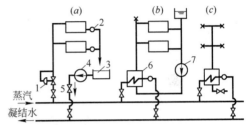

图 4-50　热用户与蒸汽热力管网连接
1—减压阀；2—疏水阀；3—凝结水箱；4—凝结水泵；5—止回阀；6—加热器；7—循环水泵

了止回阀。由于这种连接方法比较简单，因此得到了广泛的应用。(b) 是热水供暖系统与蒸汽热力管网的间接连接图式。来自蒸汽热力管网的高压蒸汽，通过汽-水加热器将供暖系统中的循环水加热。热水供暖系统用水泵使水在系统内循环。(c) 是热水供应系统与蒸汽热力管网连接的图式。

三、太阳能

1. 太阳能资源

太阳表面辐射温度约为 5778K，地球大气层上界接受到的太阳辐射约 1.74×10^{17} W，其中 30% 通过反射短波辐射返回太空，47% 通过大气、地表长波辐射返回太空，23% 在成为水、气循环动力形成气候和天气的过程中最终重新辐射回太空，还有 0.02% 被地球蓄留。太阳辐射强度受地理纬度、太阳高度角、天气、海拔等因素影响，因此太阳能利用过程中要注意气候适应性。

太阳辐射作为热源，不同的国家和地区其容量差异很大。我国太阳能资源丰富，每年地表吸收的太阳能相当于 17 亿万吨标准煤的能量，约等于上万个三峡工程发电量的总和。而欧洲大部分地区的太阳能年辐射总量明显低于我国。在我国重庆、贵州等地区，太阳能年辐射总量明显低于其他地区。

2. 太阳能利用

将太阳能直接转换为其他能量形式加以利用的方法，主要有下列三种类型：光化学转换类型、光电转换类型和光热转换类型。

目前在太阳能利用上最直接有效的是光热转换类型。如利用太阳能热水器加热用水；

用太阳能干燥器干燥农作物等产品；用太阳能制冰、制冷；用太阳能供暖；用太阳能热动力发电等。太阳能在建筑上的应用主要有：

（1）被动式太阳能建筑

被动式利用是通过建筑朝向和周围环境的合理分布、内部空间和外部形体的处理，以及建筑材料和结构构造的恰当选择，使其合理地集取、储存、分布太阳能，从而解决太阳能光热转换和利用问题。目前较广泛的太阳能被动式利用方式有太阳房、太阳能温室、太阳能干燥等方面。

（2）主动式太阳能利用

主动式太阳能利用需要机械设备及动力装置，太阳能利用系统包括太阳能集热器、储热水箱、辅助热源、管道、风机、水泵及控制系统等部件。图 4-51 为太阳能地暖和生活热水系统示意图。

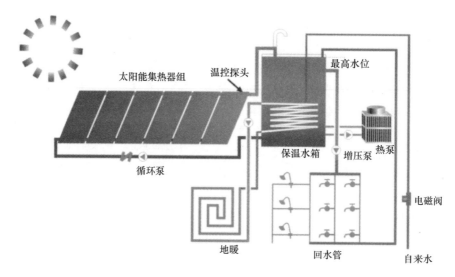

图 4-51　太阳能地暖和生活热水系统示意图

四、地热

地热能来自地球内部。在地球核心地带，温度高达 7000℃。在地质因素的控制下，这些热能会以热蒸汽、热水、干热岩等形式向地壳的某一范围聚集，如果达到可开发利用的条件，便成了具有开发意义的地热资源。

地热直接利用是当前国内外地热能开发最主要的形式。由于要求的地热温度较低，所以所有中低温的地热资源均可以利用。利用的方式包括供暖、温室、热加工过程和医疗、旅游等。地热能利用分为两类：第一类是高温地热利用（温度一般在 150℃ 以上），主要用于发电。第二类是地热直接利用。当地热温度较低时利用（温度一般 100℃ 以下），直接热利用效益较好，且利用范围广。原则上凡是需要热的地方都可以用，目前应用范围主要包括：生活用热水、冬季取暖、工业用热、干燥产品、农业养殖、温室种植、温泉休闲、医疗康复等。

地热低温地板辐射采暖，是以不高于 60℃ 的热水为热媒，在加热管内循环流动，加热地板，通过地面以辐射和对流的传导方式向室内供热的供暖方式。早在 20 世纪 70 年代，地温地板辐射采暖技术就在欧美、韩、日等地得到迅速发展，经过时间和使用验证，低温地板辐射采暖节省能源，技术成熟，热效率高，是一种科学、节能的采暖方式。

第七节 燃 气 供 应

燃气是气体燃料的总称。城市民用和工业用燃气是一种混合气体，其中含有可燃气体和不可燃气体。可燃气体有碳氢化合物、氢和一氧化碳，不可燃气体有二氧化碳、氮和氧等。

燃气作为气体燃料，它同固体、液体燃料相比，有许多优点：使用方便，燃烧完全，热效率高，燃烧温度高，易调节、控制；燃烧时没有灰渣，清洁卫生；可以利用管道和瓶装供应。在人们日常生活中采用燃气作为燃料，对改善人民的生活条件，减少空气污染和保护环境，都具有重大的意义。燃气易引起燃烧或爆炸，火灾危险性较大。人工煤气具有强烈的毒性，容易引起中毒事故。所以，对于燃气设备及管道的设计、加工和敷设，都有严格的要求，同时必须加强维护和管理，防止漏气。

一、燃气的种类及性质

（一）燃气的种类

燃气的种类较多，按照其来源及生产方式分为四大类：天然气、人工煤气、液化石油气和生物质气（沼气）等。其中天然气、人工煤气、液化石油气为城镇燃气供应气源。生物质气热值低、二氧化碳含量高不宜作为城镇供应气源。

1. 天然气

天然气是古代动植物深埋地下，在一定的地质条件下自然生成的可燃气体。它热值高，容易燃烧且燃烧效率高，是优质、清洁的气体燃料，是理想的城市气源。天然气的成分以甲烷为主，一般可分四种：从气井开采出来的纯天然气（或称气田气），随石油一起开采出来的石油伴生气，含石油轻质馏分的凝析气田气，以及从井下煤层抽出的矿井气（又称矿井瓦斯）。

天然气从地下开采出来时压力很高，有利于远距离输送。但需经降压、分离、净化（脱硫、脱水），才能作为城市燃气的气源。将天然气压缩增压至 $200kg/cm^2$ 时，天然气体积缩小 200 倍，并储入容器中，便于汽车运输，压缩天然气可用于民用及作为汽车清洁燃料。天然气经过深度制冷，在 $-160℃$ 的情况下就变成液体成为液化天然气，液态天然气的体积为气态时的 1/600，有利于储存和运输，特别是远距离输送。

2. 人工煤气

人工煤气简称煤气。由煤、焦炭等固体燃料或重油等液体燃料经干馏、汽化或裂解等过程所制得的气体，统称为人工煤气。我国常用人工煤气，按照生产方法有干馏煤气、气化煤气和油制气。

（1）固体燃料干馏煤气。干馏煤气是利用焦炉等对煤进行干馏，将煤隔绝空气加热到一定温度，所获得的煤气，甲烷和氢含量较高。干馏煤气的生产历史最长，是我国一些城镇燃气的重要气源。

（2）固体燃料气化煤气。气化煤气是以煤做燃料，采用纯氧和水蒸气为气化剂，在 1.5~3MPa 压力下获得的煤气，也称高压气化煤气。主要成分为氢和甲烷，另外还有水煤气和发生炉煤气等。加压气化煤气、水煤气、发生炉煤气等均属此类。

（3）油制气。油制气是利用重油（炼油厂提取汽油、煤油和柴油之后所剩的油品）制取的城市煤气。与其他制气方式相比，生产油制气的装置简单，投资省，占地少，建设速度快，管理人员少，启动、停炉灵活。油制气既可作为城镇燃气的基本气源，也可作为城镇燃气的调度气源。

（4）高炉煤气。高炉煤气是冶金企业炼铁时的副产气，主要成分是一氧化碳和氮气。可用作炼焦炉的加热煤气，也常用作锅炉的燃料或与焦炉煤气掺混用于工业气源。

3. 液化石油气

液化石油气是石油开采和炼制过程中，作为副产品而获得的一部分碳氢化合物。有两种：一是在油田或气田开采过程中获得的，称为天然石油气。另一种来源于炼油厂，是在石油炼制加工过程中获得的副产品，称为炼厂石油气。

液化石油气的主要成分是丙烷、丁烷、丙烯、丁烯等，习惯上又称 C3、C4，即只用烃的碳原子数来表示。常温常压下呈气态，常温加压或常压降温时，很容易转变为液态，以便进行储存和运输，升温或减压即可气化使用。从液态转变为气态其体积扩大 250~300倍。液化石油气可进行管道输送，也可加压液化灌瓶供应。

4. 生物质气

生物质气又称为沼气，是以生物质为原料通过发酵、干馏或直接气化等方法产生的可燃气体。各种有机物质，如蛋白质、纤维素、脂肪、淀粉等，在隔绝空气的条件下发酵，并在微生物的作用下可产生可燃气体。生物质气属于可再生资源。在农村，利用沼气池将薪柴、秸秆及人畜粪便等原料发酵，产生人工沼气，可提供农户炊事所需燃料，偏远地区还可使用沼气灯照明。沼气池的渣液则是很好的有机肥料。在城镇，将城镇垃圾、工业有机废液、人畜粪便及污水等，通过厌氧发酵，产生沼气，是对城镇垃圾进行无害化处理、保护环境、提高经济效益的有效手段。

（二）燃气的性质

1. 燃气的热值

燃气的热值是指单位数量的燃气完全燃烧时所放出的全部热量。它是燃气能量携带大小和利用价值的重要评判指标，单位为"kJ/Nm^3"。燃气的热值越高。其经济价值也越高。因为输送同样体积的燃气，热值越高实际所输送的热量就越高。当用户能量需求相同、管网运行压力相同时，输送热值高的燃气管道管径就小，管网项目建设成本、运行费用都会下降。

燃气的热值分为高热值和低热值。高热值是指单位数量的燃气完全燃烧后，烟气冷却至原始温度，而其中的水蒸气以凝结水状态排出时燃气所放出的热量。低热值则是指在上述条件下，烟气中的水蒸气仍为蒸气状态时所放出的全部热量。在工程实际中一般以燃气的低热值作为计算依据。

2. 体积膨胀

大多数物质都具有热胀冷缩的性质。通常将温度每升高 1℃，液体体积增加的倍数称为体积膨胀系数。液态液化石油气的容积膨胀系数很大，大约比水大 16 倍。因此，在液化石油气储罐及钢瓶的灌装时，必须考虑温度升高时液体体积的增大，容器中要留有一定的膨胀空间。

3. 燃气的爆炸极限

可燃气体和空气（或氧气）的混合物遇明火而引起爆炸时的可燃气体浓度范围称为爆

炸极限。在燃气和空气（或氧气）的混合物中，燃气的含量下降到使燃烧不能进行时，该燃气的浓度称为燃气的爆炸下限；当燃气的含量增加到一定程度，由于缺氧而无法燃烧，以至不能形成爆炸性混合物时，该燃气的浓度称为其爆炸上限。

燃气泄漏后发生爆炸必须有两个基本条件：（1）泄漏的燃气在空气中的浓度在爆炸极限浓度上下限之间；（2）要有明火导入。因此，建筑物室内燃气管道、燃气设备的场所一定要有良好的通风条件，万一管道和设备系统有泄漏事故，也可以尽量避免空气中燃气浓度积聚到爆炸极限范围内。

4. 燃气密度

燃气密度是一个标准立方米体积的燃气所具有的质量。天然气和人工煤气的密度值都小于空气密度值（标准工况下为 $1.293kg/m^3$），见表 4-1。当燃气系统有泄漏时，比空气轻的燃气向上飘逸扩散，不会积聚在低洼处，对燃气的安全使用有利。气态液化石油气比空气重，约为空气的 1.5 倍。液化石油气一旦发生泄露，就会迅速降压，由液态转变为气态，并极易在低洼、沟槽处积聚，危险性较大。

典型民用燃气组成、燃气热值与燃气质量密度表

表 4-1

燃气品种	燃气组分（体积百分比%）									密度（kg/Nm³）	低位热值（MJ/Nm³）
	CH_4	C_3H_8	C_4H_{10}	C_mH_n	CO	H_2	CO_2	O_2	N_2		
焦炉煤气	22.2			2.0	8.1	58.7	2.0	0.7	6.3	0.4693	17.07
城镇混合燃气①	13.0			1.7	20.0	48.0	4.5	0.8	12.0	0.5178	13.86
液化石油气		50	50							1.8178	108.4
天然气	98.0	0.3	0.3	0.4					1.0	0.5750	36.4

① 城镇混合燃气是国内许多城市常见的，很有代表性的燃气。它是煤制气为主的混合型人工燃气，由焦炉煤气、水煤气或者重油催化裂解油制气等一些传统制气工艺制取的燃气混合而成。

二、城市燃气管道的输配

（一）城市燃气管道的分类

城市燃气管道可根据输气压力、用途、敷设方式、管网形状和管网压力级制进行分类。

1. 根据输气压力分类

燃气管道漏气可能导致火灾、爆炸、中毒或其他事故，因此其气密性与其他管道相比有特别的要求。燃气管道中的压力越高，危险性越大。管道内燃气的压力不同，对管道材质、安装质量、检验标准和运行管理的要求也不同。我国城镇燃气管道根据设计压力一般分为七级：

（1）低压燃气管道 $p \leqslant 0.01MPa$。

（2）中压 B 燃气管道 $0.01MPa < p \leqslant 0.2MPa$。

（3）中压 A 燃气管道 $0.2MPa < p \leqslant 0.4MPa$。

（4）次高压 B 燃气管道 $0.4MPa < p \leqslant 0.8MPa$。

（5）次高压 A 燃气管道 $0.8MPa < p \leqslant 1.6MPa$。

（6）高压 B 燃气管道 $1.6MPa < p \leqslant 2.5MPa$。

（7）高压 A 燃气管道 $2.5MPa < p \leqslant 4MPa$。

居民和小型公共建筑用户一般直接由低压管道供气。中压及以上压力的燃气必须通过区域调压站或用户专用调压站，才能给城市分配管网中的低压和中压管道供气，或给工业

企业、大型公共建筑用户或锅炉房供气。

2. 根据用途分为长距离输气管道、城镇燃气管道和工业企业燃气管道。

3. 按敷设方式可分为埋地管道和架空管道。

4. 根据管网形状分类可分为环状管网、枝状管网和环枝状管网。

环状管网是城镇输配管网的基本形式，同一环中，输气压力处于同一级制。枝状管网在城镇管网中一般不单独使用。环枝状管网是将环状与枝状混合使用，是工程设计中常用的管网形式。

5. 根据所采用的管网压力级制不同可分为：

（1）单级系统。仅有低压或中压一种压力级别的管网输配系统。一般只适用于小城镇的供气系统。

（2）二级系统。具有两种压力等级组成的管网系统。如中压 B-低压或中压 A-低压两级组成的管网系统，如图 4-52 所示。

（3）三级系统。由低压、中压和次高压三种压力级别组成的管网系统，如图 4-53 所示。

（4）多级系统。由低压、中压、次高压和高压多种压力级别组成的管网系统。

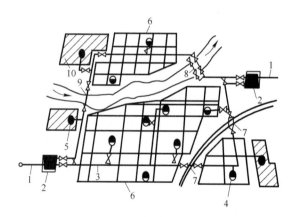

图 4-52　中压 A-低压两级管网系统

1—长输管线；2—门站；3—中压 A 管网；4—区域
调压站；5—工业企业专用调压站；6—低压管网；
7—穿越铁路套管敷设；8—穿越河底的过河管；
9—沿桥敷设的过河管；10—工业企业

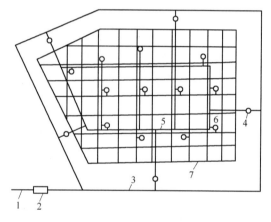

图 4-53　次高、中、低压三级管网系统

1—长输管线；2—门站；3—次高压管网；
4—次高-中压调压站；5—中压管网；
6—中-低压调压站；7—低压管网

（二）燃气供应方式

燃气气源优先选用天然气、液化石油气和其他清洁燃料。当选择人工煤气作为气源时，应综合考虑原料运输、水资源因素及环境保护、节能减排要求。

天然气、人工煤气采用城镇燃气输配管道供应。城镇燃气输配系统一般由门站、储配站、输配管网、调压站以及运行管理操作和控制设施等共同组成。门站和储配站具有接收气源来气、控制供气压力、气量分配、计量等功能，储配站还具有储存燃气的功能。输配管网是将门站（接收站）的燃气输送至各储气站、调压站、燃气用户，并保证沿途输气安全可靠，它包括了市政燃气管网和小区燃气管网。调压站能将较高的入口压力调至较低的出口压力，并随着燃气需用量的变化自动地保持其出口压力稳定，通常由调压器、阀门、过滤器、安全装置、旁通管以及测量仪表等组成。

城镇燃气输配系统设计，应符合城镇燃气总体规划，在可行性研究的基础上，做到远近期结合，以近期为主，并经技术经济比较后确定合理的方案。燃气管道应按规划道路布线，并应与道路轴线或建筑物的前沿相平行，尽可能避免在高级路面下敷设。燃气管道埋设的最小覆土厚度（路面至管顶）见表 4-2。管道穿越铁路、高速公路、电车轨道和城镇交通干道时，一般采用地下穿越。若在矿区和工厂区，一般采用架空敷设。通过河流时，可以采用穿越河底或采用管桥跨越的形式，条件许可时也可利用道路桥梁跨越河流。

燃气管道埋设的最小覆土厚度（路面至管顶）（m）　　　　表 4-2

序号	项　目	最小覆土厚度
1	埋设在车行道下	≥0.9m
2	埋设在非车行道（含人行道）下	≥0.6m
3	埋设在庭院内、绿化带及载货车不能通过之处下	≥0.3m
4	埋设在水田下时	≥0.8m

城镇燃气管网大都布置成环状，只是边缘地区，才采用枝状管网。各种压力级别的燃气管道之间应通过调压装置连接。小区燃气管路亦即庭院燃气管是指燃气总阀门井以后至各建筑物前的户外管路，见图 4-54，临近街道的建筑物也可直接由小区管网引入。

地下燃气管道与建筑物、构筑物以及其他各种管道之间应保持必要的水平净距，见表 4-3，根据煤气的性质及含湿状况，当有必要排除管网中的冷凝水时，管道应具有不小于 0.003 的坡度坡向凝水器。凝结水应定期排除。

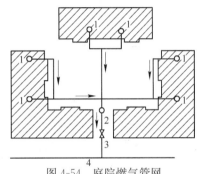

图 4-54　庭院燃气管网
1—燃气立管；2—凝水器；3—阀门井；
4—小区管网

地下燃气管道与建筑物、构筑物，或相邻管道之间的水平距离（m）　　　表 4-3

序号	项　目		低压	中压 B	中压 A	次高压 B	次高压 A
1	建筑物的	基础	0.7	1.0	1.5	2.0	2.0
		外墙面（出地面处）	2.0	2.0	2.0	4.5	6.5
2	给水管		0.5	0.5	0.5	1.0	1.5
3	污水、雨水排水管		1.0	1.2	1.2	1.5	2.0
4	电力电缆（含电车电缆）	直埋	0.5	0.5	0.5	1.0	1.5
		在导管内	1.0	1.0	1.0	1.0	1.5
5	通信电缆	直埋	0.5	0.5	0.5	1.0	1.5
		在导管内	1.0	1.0	1.0	1.0	1.5
6	其他燃气管道	$DN \leq 300mm$	0.4	0.4	0.4	0.4	0.4
		$DN > 300mm$	0.5	0.5	0.5	0.5	0.5
7	热力管道	直埋	1.0	1.0	1.0	1.0	2.0
		在管沟内（至外壁）	1.0	1.5	1.5	2.0	4.0

注：本表不适于聚乙烯燃气管道和钢骨架聚乙烯塑料复合管。聚乙烯塑料管道与热力管道的净距应按国家现行标准《聚乙烯燃气管道工程技术规程》CJJ 63 执行。

液化石油气有管道供应和瓶装供应两种方式。液态液化石油气由生产厂或供应基地至接收站可采用管道、铁路槽车、汽车槽车或槽船运输。到储备站或灌装站后，再钢瓶罐装或用管道供应给用户。瓶装供应是将液化石油气灌入钢瓶向用户供应。家庭使用的钢瓶容量有 10kg、12kg、15kg、20kg 等，公共建筑和小型工业用户使用的钢瓶容量有 45kg、50kg 等。管道供应是通过管道将气化后的液化石油气供给用户使用。这种供应方式适用于居民住宅小区、高层建筑和小型工业用户。液化石油气管道供应系统由气化站和管道组成。气化站内设有储气罐、气化器和调压器等。

用作输送城镇燃气管道的管材很多，常用的管材有铸铁管和钢管。室内燃气管道宜选用钢管，也可选用铜管、不锈钢管、铝塑复合管和连接用软管等。一般应根据燃气的性质、系统压力、施工要求以及材料供应情况等来选用，并满足机械强度、抗腐蚀及气密性等各项基本要求。

三、室内燃气应用

（一）室内燃气管道的设置

1. 室内燃气管道系统的组成

室内燃气管道系统，如图 4-55 所示，属低压管道系统，由用户引入管、立管、水平干管、用户支管、燃气计量表、燃气用具连接管和燃气用具组成。安装在室内的燃气管道，若室内通风不良，往往有中毒、燃烧、爆炸的危险。

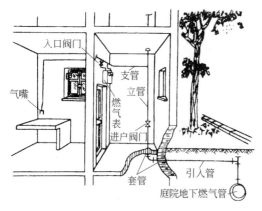

图 4-55 室内燃气管道示意图

2. 室内燃气管道的设置

（1）引入管

引入管是室内燃气系统的始端，指小区或庭院低压燃气管网和一栋建筑物室内燃气管道接驳的管段。引入管有地下敷设、地上敷设等形式。引入管的设置有以下要求：

① 燃气引入管不得敷设在卧室、卫生间、易燃易爆品的仓库、有腐蚀性介质的房间、发电间、配电间、变电室、不使用燃气的空调机房、通风机房、计算机房、电缆沟、暖气沟等地方。

② 住宅燃气引入管宜设在厨房、外走廊、与厨房相连的阳台（寒冷地区输送湿燃气时阳台应封闭）等便于检修的非居住房间内。当确实有困难，可从楼梯间引入（高层建筑除外），但应采用金属管道且引入管阀门宜设在室外。

③ 燃气引入管宜沿外墙地面上穿墙引入或埋地穿建筑物外墙或基础引入。当穿墙壁、基础或管沟时，均应设在套管内，并应考虑沉降的影响。图 4-56 为燃气地下引入管安装示意图，图 4-57 为燃气地上引入管安装示意图。

④ 引入管的最小公称直径，当输送人工煤气时，不应小于 25mm；当输送天然气时，不应小于 20mm；当输送液化石油气时，不应小于 15mm。

⑤ 输送湿燃气的引入管，埋设深度应在土壤冰冻线以下，并且应有不低于 0.01 坡向室外管道的坡度。

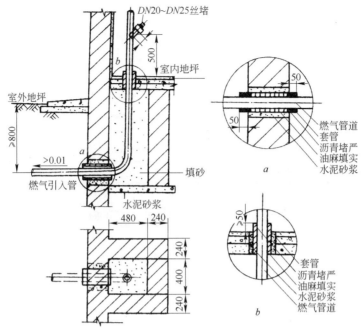

图 4-56　燃气地下引入管安装示意图

（2）室内燃气管道的设置

① 暗埋的用户燃气管道的设计使用年限不应小于 50 年。管道最高运行压力不应大于 0.01MPa。

② 燃气立管、水平干管、支管均宜明装。立管不得敷设在卧室或卫生间内。立管穿过通风不良的吊顶时应设在套管内。水平干管和立管不得穿过易燃易爆品仓库、配电间、变电室、电缆沟、烟道、进风井和电梯井等。燃气支管不宜穿过起居室（厅）。敷设在起居室（厅）、走道内的燃气管道不宜有接头。

③ 燃气立管可以与空气、惰性气体、上下水管、热力管道等设在一个公用竖井内，但不得与电线、电器设备或氧气管、进风管、回风管、排气管、排烟管、垃圾道等共用一个竖井。管道井应每隔 2～3 层设置与楼板耐火极限等同隔断层，并设置丙级防火门。

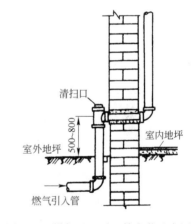

图 4-57　燃气地上引入管安装示意图

④ 液化石油气管道和烹调用液化石油气燃烧设备不应设置在地下室、半地下室内，当确需要设置时，应针对具体条件采取有效的安全措施，并进行专题技术论证。

⑤ 燃气管道与燃具的连接宜采用硬管（如镀锌钢管）连接。当连接为软管连接时，家用燃气灶和实验室用的燃烧器，其连接软管的长度不应超过 2m，并不应有接口；燃气用软管应采用耐油橡胶管；软管不得穿墙、窗和门。

⑥ 输送干燃气的管道可不设置坡度。输送湿燃气（包括气相液化石油气）的管道，其敷设坡度不应小于 0.003。必要时，燃气管道应设排污管。输送湿燃气的燃气管道敷设在气温低于 0℃ 的房间或输送气相液化石油气管道处的环境温度低于其露点温度时，均应

采取保温措施。

⑦ 住宅厨房燃气管道及设备泄漏保护装置，燃气泄漏报警器应选用经国家或地方安全设备检测部门检测的、符合有关标准的产品，声响强度大于 75dB（A 声级）。

⑧ 燃气管道应涂以黄色的防腐识别漆。

（二）室内燃气管道的压力

用户室内燃气管道的最高压力不应大于表 4-4 的规定。

用户室内燃气管道的最高压力（表压 MPa） 表 4-4

燃气用户	最高工作压力	燃气用户	最高工作压力
工业用户	独立、单层建筑 0.8；其他 0.4	居民用户（中压进户）	0.2
商业用户	0.4	居民用户（低压进户）	≤0.01

注：液化石油气管道的最高压力不应大于 0.14MPa；管道井内的燃气管道的最高压力不应大于 0.2MPa；室内燃气管道压力大于 0.8MPa 的特殊用户设计应按有关专业规范执行。

室内燃气管道的水力计算中，燃气供应压力应根据用户燃烧器的额定压力及其允许的压力波动范围确定。燃具燃烧器前燃气压力不能超过这一规定数值。

城镇低压燃气管道从调压站到最远燃具管道允许的阻力损失可按下式计算：

$$\Delta P_d = 0.75 P_n + 150 \tag{4-19}$$

式中　ΔP_d——从调压站到最远燃具管道允许的阻力损失，含室内燃气管道允许的阻力损失（Pa）；

　　　P_n——低压燃具的额定压力（Pa），见表 4-5；

民用低压用气设备的燃烧器的额定压力（表压 kPa） 表 4-5

燃气 燃烧器	人工燃气	天然气		液化石油气
		矿井气	天然气、油田伴生气、液化石油气混空气	
民用燃具	1.0	1.0	2.0	2.8 或 5.0

在计算低压燃气管道阻力时，地形高差大或高层建筑的立管应考虑因高程而引起的燃气附加压力。燃气的附加压力可按下式计算：

$$\Delta H = g(\rho_k - \rho_m)\Delta h \tag{4-20}$$

式中　ΔH——燃气的附加压力（Pa）；

　　　g——重力加速度（m/s^2）；

　　　ρ_k——空气的密度（kg/m^3），标准工况下为 1.293kg/m^3；

　　　ρ_m——燃气的密度（kg/m^3）；

　　　Δh——管道终、起点的高程差（m）；

四、室内燃气管道计算流量

1. 居民生活用燃气计算流量按下列公式：

$$Q_h = \sum kNQ_n \tag{4-21}$$

式中　Q_h——燃气管道的计算流量（m^3/h）；

　　　k——燃具同时工作系数，它反映燃气集中的使用的程度，与燃气用户的生活规律、燃气用具的种类、数量等因素有关，居民生活用燃具可按表 4-6 确定，公共建筑应根据建筑规模大小和设备使用情况确定，当缺乏资料时也可取 $k=1$；

N——同种燃具或成组燃具的数目；

Q_n——燃具的额定流量（m^3/h）。

居民生活用燃具同时工作系数 k

表 4-6

每户燃具 户数	燃气双眼灶	燃气双眼灶和快速热水器	每户燃具 户数	燃气双眼灶	燃气双眼灶和快速热水器
1	1.00	1.00	40	0.39	0.18
2	1.00	0.56	50	0.38	0.178
3	0.85	0.44	60	0.37	0.176
4	0.75	0.38	70	0.36	0.174
5	0.68	0.35	80	0.35	0.172
6	0.64	0.31	90	0.345	0.171
7	0.60	0.29	100	0.34	0.17
8	0.58	0.27	200	0.31	0.16
9	0.56	0.26	300	0.30	0.15
10	0.54	0.25	400	0.29	0.14
15	0.48	0.22	500	0.28	0.138
20	0.45	0.21	700	0.26	0.134
25	0.43	0.20	1000	0.25	0.13
30	0.40	0.19	2000	0.24	0.12

注：1. "燃气双眼灶"是指一户居民装设一个双眼灶的同时工作系数；当每户居民装设两个单眼灶时，也可参照本表计算。

2. "燃气双眼灶和快速热水器"是指一户居民装设一个双眼灶和一个快速热水器的同时工作系数。

2. 流量估算公式

当方案或初步设计阶段缺乏设备台数和用气量等资料时，建筑物的燃气用户燃气小时计算流量（0℃和101.325kPa）宜按下式计算：

$$Q_h = \frac{1}{n} Q_a \tag{4-22}$$

$$Q_h = \frac{Q_a K_m K_d K_h}{365 \times 24} \tag{4-23}$$

式中　Q_h——燃气小时计算流量（m^3/h）；

　　　Q_a——年燃气用气量指标（m^3/a）；

　　　n——年燃气最大负荷利用小时数（h）；

　　　K_m——月高峰系数，计算月的日平均用气量和年的日平均用气量之比，当缺乏实际统计资料时，可按 1.1～1.3 选取；

　　　K_d——日高峰系数，计算月中的日最大用气量和该月日平均用气量之比，当缺乏实际统计资料时，可按 1.05～1.2 选取；

　　　K_h——小时高峰系数，计算月中最大用气量日的小时最大用气量和该日小时平均用气量之比，当缺乏实际统计资料时，可按 2.2～3.2 选取。

五、燃气常用仪表和用气设备

1. 燃气流量计

常用燃气流量计有容积式（膜式流量计、罗茨式流量计）、速度式（涡轮流量计、超

图 4-58　IC 卡预付
费燃气表

声波流量计、涡街式流量计等）和压差式（孔板流量计等）。燃气表应根据燃气的工作压力、温度流量和允许的压强等条件选择。

IC 卡燃气表是一种具有预付费及控制功能的膜式燃气表（图 4-58），其特点是计量准确，安装方便，付费用气，避免入户抄表。远传信号膜式燃气表是在居民小区设置一个计算机终端（如设置在物业管理办公室内），用电子信号将每一燃气用户的燃气消费量远传至计算机终端。这不仅解决了入户抄表的难题，而且能准确、及时地抄到所有燃气用户的燃气消费量。是目前家庭燃气用户计量燃气消费量的理想仪表。

燃气表宜安装在不燃或难燃结构的室内及通风良好、便于查表、检修的地方。严禁安装在下列场所：卧室、卫生间及更衣室内；有电源、电器开关及其他电器设备的管道井内，或有可能滞留泄漏燃气的隐蔽场所；环境温度高于 45℃ 的地方；经常潮湿的地方；堆放易燃易爆、易腐蚀或有放射物质等危险的地方；有变、配电等电气设备的地方；有明显振动影响的地方；高层建筑中的避难层及安全疏散楼梯间内。当燃气表安装在灶具上方时，燃气表与炉灶之间的水平距离不得小于 30cm。低位安装时，表底距地面不得小于 10cm。

2. 家庭用燃气用具

家用燃气灶一般有单眼灶、双眼灶、三眼灶和四眼灶等，可根据需要来选用。不同种类燃气的发热值和燃烧特性各不相同，所以燃气灶喷嘴和燃烧器头部的结构尺寸也不同，燃气灶与燃气要匹配才能使用。人工煤气灶具、天然气灶具或液化石油气灶具是不能互相代替使用的，否则，轻则燃烧情况恶劣，满足不了使用要求；重则出现危险、事故，甚至根本无法使用。

家用燃气灶应安装在有自然通风和自然采光的厨房内，利用卧室的套间（厅）或利用与卧室连接的走廊做厨房时，厨房应安装门并与卧室隔开。

3. 燃气热水器

燃气热水器按其结构，可分为快速式燃气热水器和容积式燃气热水器两大类。

（1）燃气快速热水器

燃气快速热水器是当前居家主要用以供热水的燃气具，它装有水气联动装置，通水后自动打开燃气快速热水器气通路，在短时间内使流过热交换器的冷水被加热后迅速而连续地以设定温度的热水流出。燃气快速热水器比容积式热水器体积小，连续出水能力大，但使用同等热水量，燃气耗量比容积式燃气热水器的要大。

燃气快速热水器根据其排烟方式可分为烟道式、强制式和平衡式热水器。

烟道式热水器和强制式热水器基本相同，均为半密闭式热水器，其燃烧所需空气来自室内，燃烧后所产生的废气，前者靠自然排烟，后者主体内装有鼓风机强制排烟。使用时要注意防止室外刮风时，烟气倒灌的现象。图 4-59 为烟道排气式热水器布置图。

平衡式热水器为全密闭式热水器，其燃烧所需空气和燃烧后所产生的废气均由给、排气口直接来自和排出室外，故使用安全，不会产生煤气中毒。图 4-60 为平衡式热水器布置图。

（2）燃气容积式热水器

燃气容积式热水器是指用燃气作为能源，将水加热的固定式器具，可长期或临时储存热水，并装有控制或限制水温的装置。它由一个储水箱和水、燃气供应系统组成。

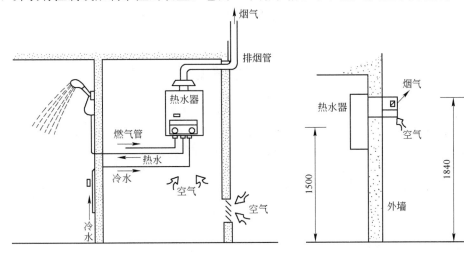

图 4-59　烟道排气式热水器布置图　　图 4-60　平衡式热水器布置图

　　家用燃气热水器应安装在通风良好的非居住房间、过道或阳台内。有外墙的卫生间内，可安装密闭式热水器（平衡式热水器），但不得安装其他类型热水器。装有半密闭式热水器的房间门或墙的下部应设有截面积不小于 $0.02m^2$ 的格栅，或在门与地面之间留有不小于 30mm 的间隙，以保证燃烧所需要的空气量的供给，房间净空高度大于 2.4m。

　　4. 燃气调压器

　　燃气供应的压力工况是通过调压器来控制的，其作用是根据燃气的使用情况将燃气调至不同的压力。居民家庭和大部分公共建筑使用的燃气都属于低压燃气，而城市管网有高压、中压、低压各种管道，在用户附近没有低压燃气管道时，必须从高压或中压燃气管道上由调压器将压力降至燃气用户可使用的压力供应用户。一个区域性调压器可以供应一般家庭燃气用户约数千户。

　　燃气调压器按用途和使用对象分为区域燃气调压器、专用燃气调压器和用户燃气调压器。

　　建筑物入口经常采用的是用户燃气调压器，为薄膜式调压器。它体积小、重量轻，可以安装在箱式调压装置中。图 4-61 是调压器工作原理图，燃气作用在薄膜上的力与薄膜上方重块向下的力相等时，阀门开启度不变。当出口处的用气量增加或进口压力降低时，燃气出口压力下降，造成薄膜上下压力不平衡，此时薄膜下降，阀门

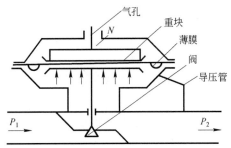

图 4-61　调压器工作原理图

开大，燃气流量增加，使压力恢复平衡状态。反之，当出口处用气量减少或入口压力增大时、燃气出口压力升高，此时薄膜上升，使阀门关小，燃气流量减少，又逐渐使出口压力恢复原来状态。由此，无论用气量及入口压力如何变化，调压器总能自动保持稳定的供气压力，达到调压的目的。

　　调压器的规格应按照流量和压力要求做出选择：

　　（1）调压器的计算流量应按调压器所承担的管网小时最大流量的 1.2 倍确定；

（2）调压器应能满足进口燃气最大和最小压力要求；

（3）调压器的压力差应根据调压器前燃气管道的最低设计压力与调压器后燃气管道的设计压力之差确定。

复 习 思 考 题

4-1 试以生活和生产实践中的例子说明导热、对流换热、辐射换热现象。

4-2 夏季在维持 20℃ 的室内，穿单衣感到舒适，而冬季在保持同样温度的室内却必须穿绒衣，试从传热的观点分析其原因。冬季挂上窗帘布后顿觉暖和，原因又何在？

4-3 求房屋外墙的散热量 q 以及它的内外表面温度 t_{w1} 和 t_{w2}。已知外墙厚度 $\delta=360mm$，室外温度 $t_{f2}=-10℃$，室内温度 $t_{f1}=18℃$，墙的导热系数 $\lambda=0.61W/(m \cdot ℃)$，内表面换热系数 $\alpha_1=8.7$ $W/(m^2 \cdot ℃)$，外表面换热系数 $\alpha_2=24.5W/(m^2 \cdot ℃)$。

4-4 一大平板，高 3m，宽 2m，厚 0.02m，导热系数 $\lambda=45W/(m \cdot ℃)$，两侧表面温度分别为 $t_{w1}=285℃$ 和 $t_{w2}=150℃$，试求该板的热阻、单位面积热阻、热流通量及热流量。

4-5 已知两平行平壁，壁温分别为 $t_1=50℃$，$t_2=20℃$，辐射系数 $C_{12}=3.96$，求每平方米的辐射换热量。若 t_1 增加到 200℃，辐射换热量变化了多少？

4-6 供暖系统如何分类？热水供暖系统与蒸汽供暖系统有哪些区别？

4-7 自然循环热水供暖系统的基本组成及循环作用压力是什么？

4-8 供暖系统中散热器、膨胀水箱、集气罐、疏水器、管道补偿器等的作用如何？

4-9 供暖系统的热源有哪几种？

4-10 城镇燃气供应气源有哪几种？发生泄漏时，那种燃气危险性较大？什么情况下能发生爆炸？

4-11 什么是燃气的低热值？它与燃气的高热值有何不同？

4-12 我国城镇燃气管道根据设计压力分为哪几类？居民生活用气对燃气压力有何规定？

4-13 燃气的供应方式有哪些？室内管道燃气的设置应注意什么？

4-14 烟道排气式、强制排气式和平衡式热水器，其在室内的设置要求有何不同？

4-15 什么情况下需设调压器？选择时应符合什么要求？

第五章　建　筑　通　风

第一节　建筑通风的任务与分类

一、建筑通风的任务

建筑通风的任务是把室内被污染的空气直接或经过净化后排至室外，把室外新鲜空气或经过净化的空气补充进来，以保持室内的空气环境满足国家卫生标准和生产工艺的要求。

单纯的通风一般只对空气进行净化和加热方面的处理，对空气环境的温度、湿度、洁净度、室内流速等参数有特殊要求的通风称为空气调节，将在第七章中讨论。

二、通风系统的分类

通风系统主要有两种分类方法。

1. 按照通风系统的作用动力划分为自然通风和机械通风。

自然通风是利用室外风力造成的风压，以及由室内外空气的温度差和高度差产生的热压使空气流动；机械通风是依靠风机提供的动力使空气流动。

2. 按照通风系统的作用范围划分为全面通风和局部通风。

全面通风是对整个房间进行通风换气，用送入室内的新鲜空气把房间里的有害物质浓度稀释到国家卫生标准的允许浓度以下。

局部通风是采用局部气流，使人员工作的地点不受有害物质的污染，以造成良好的局部工作环境。

第二节　自　然　通　风

自然通风是利用室外风力造成的风压，以及由室内外空气的温度差和高度差所产生的密度差使空气流动的通风方式，特点是结构简单、不需要复杂的装置和消耗能量，因此，是一种经济的通风方式。

一、自然通风的作用原理

1. 空气通过窗孔的流动

当建筑物外墙上的窗孔两侧存在压力差时，压力较高一侧的空气将通过窗孔流到压力较低的一侧。设空气流过窗孔的阻力为 ΔP，由伯努利方程：

$$\Delta P = \xi \frac{\rho v^2}{2} \tag{5-1}$$

式中　ΔP——窗孔两侧的压力差（Pa）；

　　　　ρ——空气的密度（kg/m³）；

v——空气通过窗孔时的流速（m/s）；

ξ——窗孔的局部阻力系数，与窗孔的构造有关。

由流量公式，通过窗孔的空气量可表示为：

$$L = vF = F\sqrt{\frac{2\Delta P}{\xi\rho}} \tag{5-2}$$

式中　L——流过窗孔的空气量（m³/s）；

F——窗孔的面积（m²）。

由上式可知，当已知窗孔两侧的压差 ΔP、窗孔面积 F 和窗孔的构造（局部阻力系数）时，即可求出通过窗孔的空气量。

2. 风压作用下的自然通风

室外气流与建筑物相遇时，将发生绕流，如图 5-1 所示。由于建筑物的阻挡，建筑物周围的空气压力将发生变化。在迎风面，空气流动受阻，速度减小，静压升高，室外压力大于室内压力。在背风面和侧面，由于空气绕流作用的影响，动压升高，静压降低，室外压力小于室内压力。与远处未受干扰的气流相比，这种静压的升高或降低称为风压。静压升高，风压为正，称为正压；静压降低，风压为负，称为负压。

在图 5-2 所示的建筑物上，如果在风压不同的迎风面和背风面外墙上开两个窗孔，在室外风速的作用下，在迎风面，由于室外静压大于室内空气的静压，室外空气从窗孔 a 流入室内。在背风面，由于室外静压小于室内空气的静压，室内空气从窗孔 b 流向室外，直到从窗孔 a 流入室内的空气量等于从窗孔 b 流到室外的空气量时，室内静压保持为某个稳定值。

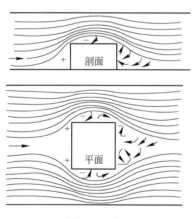

图 5-1　建筑物四周的风压分布

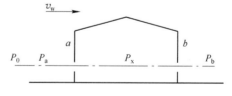

图 5-2　风压作用下的自然通风

3. 热压作用下的自然通风

（1）热压作用下的自然通风

设有一建筑物如图 5-3 所示，在建筑物外墙的不同高度上开有窗孔 a、b，两窗孔之间的高差为 h。假设开始时两窗孔外面的静压分别为 P_a、P_b，两窗孔里面的静压分别为 P_a'、P_b'，室内外的空气温度和密度分别是 t_n、t_w 和 ρ_n、ρ_w。当室内空气温度高于室外空气温度时，$\rho_n < \rho_w$。

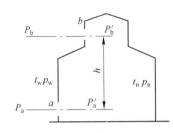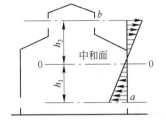

图 5-3　热压作用下的自然通风　　图 5-4　余压沿外墙高度上的变化规律

如果先关闭窗孔 b，仅打开窗孔 a，则无论最初窗孔 a 内外两侧的压差如何，由于空气的流动，室内外的压力会逐渐趋于同一值。当窗孔 a 内外两侧的压差 $\Delta P_a = P'_a - P_a = 0$ 时，空气停止流动。这时，由流体静力学原理，窗孔 b 内外两侧的压差可表示为：

$$\Delta P_b = P'_b - P_b = (P'_a - gh\rho_n) - (P_a - gh\rho_w)$$
$$= (P'_a - P_a) + gh(\rho_w - \rho_n) = \Delta P_a + gh(\rho_w - \rho_n) \tag{5-3}$$

式中　ΔP_a——窗孔 a 内外两侧的压差（Pa）；

ΔP_b——窗孔 b 内外两侧的压差（Pa）；

g——重力加速度（m/s²）。

由式（5-3）可知，当 $\Delta P_a = 0$ 时，由于室外温度低于室内，窗孔 b 内外两侧的压差 ΔP_b 大于零，为一正值，如果这时打开窗孔 b，室内空气就会在压差 $gh(\rho_w - \rho_n)$ 的作用下向室外流动。

从上面的分析可知，在同时开启窗孔 a、b 的情况下，随着室内空气从窗孔 b 向室外流动，室内静压会逐渐减小，窗孔 a 内外两侧的压差 ΔP_a 将从最初等于零变为小于零。这时，室外空气就会在窗孔 a 内外两侧压差的作用下，从窗孔 a 流入室内，直到从窗孔 a 流入室内的空气量等于从窗孔 b 排到室外的空气量时，室内静压才保持为某个稳定值。

把公式（5-3）移项整理，窗孔 a、b 内外两侧压差的绝对值之和可表示为：

$$\Delta P_b + (-\Delta P_a) = \Delta P_b + |\Delta P_a| = gh(\rho_w - \rho_n) \tag{5-4}$$

上式表明，窗孔 a、b 两侧的压力差是由 $gh(\rho_w - \rho_n)$ 所造成的，其大小与室、内外空气的密度差 $(\rho_w - \rho_n)$ 和进、排风窗孔的高度差 h 有关，通常把 $gh(\rho_w - \rho_n)$ 称为热压。

（2）余压和中和面

在自然通风的计算中，通常把外墙内外两侧的压差称为余压。余压为正，窗孔排风；余压为负，窗孔则进风。

由式（5-3）可知，如果室内外空气温度一定，在热压作用下，窗孔两侧的余压与两窗孔间的高差呈线性关系，且从进风窗孔 a 的负值沿外墙逐渐变为排风窗孔 b 的正值。在某个高度 0-0 平面的地方，外墙内外两侧的压差为零。这个室内外压差为零的平面称为中和面。

从图 5-4 中不难看出，位于中和面以下窗孔是进风窗，中和面以上的窗孔是排风窗。如果以中和面为基准，窗孔 a、b 的余压可分别表示为：

$$\left.\begin{array}{l} P_{x,a} = -gh_1(\rho_w - \rho_n) \\ P_{x,b} = gh_2(\rho_w - \rho_n) \end{array}\right\} \tag{5-5}$$

式中　$P_{x,a}$——窗孔 a 的余压（Pa）；

$P_{x,b}$——窗孔 b 的余压（Pa）；

h_1——窗孔 a 距中和面的高差（m）；

h_2——窗孔 b 距中和面的高差（m）。

4. 风压、热压共同作用下的自然通风

当建筑物受到风压和热压的共同作用时，在建筑物外围护结构各窗孔上作用的内外压差等于所受到的风压和热压之和。如果建筑物的进、排风窗孔布置成如图 5-5 所示的情况，就可利用热压和风压的共同作用，增大建筑物的自然通风量。

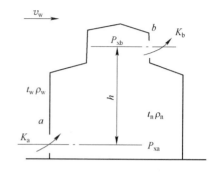

图 5-5　风压、热压共同作用下的自然通风

但是，由于室外风速、风向经常变化，不是一个稳定可靠的作用因素，为了保证自然通风的效果，在实际的自然通风设计中，通常只考虑热压的作用。但要定性地考虑风压对自然通风效果的影响。

二、自然通风量的计算

建筑物的自然通风计算分为设计性计算和校核性计算两种。设计性计算常用于新建的工业厂房或其他建筑，根据已经确定的工艺条件和要求的工作区温度，计算所需要的全面通风量，确定进、排风窗孔的位置和面积。校核性计算是在工业厂房或其他建筑的工艺、土建、进排风窗孔的位置和面积都已确定的情况下，计算其所能达到的最大自然通风量，校核工作区的温度是否可满足规范要求的卫生标准要求。下面以热加工车间为例，讨论设计性计算的具体步骤。

1. 计算车间的全面通风量

由热平衡，车间所需要的全面通风量可用下式计算

$$G = \frac{Q}{c(t_p - t_w)} \tag{5-6}$$

式中　t_w——车间的进风温度，取《民用建筑供暖通风与空气调节设计规范》给出的夏季通风室外计算温度（℃）；

　　　Q——车间的总余热量（kJ/s）；

　　　G——车间的全面通风量（kg/s）；

　　　c——空气的定压比热，$c=1.01$kJ/(kg·℃)；

　　　t_p——车间上部的排风温度（℃）；对于热源强度较大的车间，用下式确定：

$$t_p = t_w + \frac{t_d - t_w}{m} \tag{5-7}$$

式中　t_d——车间内工作区的温度（℃）；

　　　m——有效放热系数，表明实际进入工作区并影响该处的热量与车间总余热量的比值，可按表 5-1 选取。

根据热源占地面积估算 m 值　　　　　　　　　　　　　　　　表 5-1

f/F	0.05	0.1	0.2	0.3	0.4
m	0.35	0.42	0.53	0.63	0.7

2. 确定进、排风窗孔的位置

3. 计算各窗孔的内外压差和窗孔面积

计算各窗孔的室内外压差时，需要先假设中和面的位置。因为，如果假设的中和面位置不同，计算出的进、排风窗孔的面积也不同。以图 5-4 为例，在热压作用下，进、排风窗孔的面积分别为：

$$F_a = \frac{G_a}{\sqrt{\dfrac{2h_1 g(\rho_w - \rho_n)\rho_w}{\xi_a}}} \tag{5-8}$$

$$F_b = \frac{G_b}{\sqrt{\dfrac{2h_2 g(\rho_w - \rho_n)\rho_p}{\xi_b}}} \tag{5-9}$$

式中　　G_a——窗孔 a 的进风量（kg/s）；

$\quad\quad G_b$——窗孔 b 的排风量（kg/s）；

$\quad\quad \xi_a$——窗孔 a 的局部阻力系数；

$\quad\quad \xi_b$——窗孔 b 的局部阻力系数。

$\quad\quad \rho_w$——室外空气的密度（kg/m³）；

$\quad\quad \rho_p$——排风温度下的空气密度（kg/m³）；

$\quad\quad \rho_n$——室内平均温度下的空气密度（kg/m³）；其中室内平均温度 t_n 由下式确定：

$$t_n = \frac{t_d + t_p}{2} \tag{5-10}$$

如果近似取 $\xi_a \approx \xi_b$，$\rho_w \approx \rho_p$，由风量平衡方程 $G_a = G_b$ 可得：

$$\left(\frac{F_a}{F_b}\right)^2 = \frac{h_2}{h_1} \tag{5-11}$$

从上式可知，进、排风窗孔面积平方的比值与它们到中和面的距离成反比。即当中和面向上移（增大 h_1 和减小 h_2），排风窗孔的面积增大，进风窗孔的面积减小；反之，当中和面向下移（减小 h_1 和增大 h_2），则排风窗孔的面积减小，进风窗孔的面积增大。

由于热车间都是采用上部天窗排风，天窗的造价比侧窗高，因此，中和面的位置不宜取的太高，以免使需要的天窗面积过大。

[例 5-1]　某车间剖面如图 5-6 所示，车间的总余热量 $Q = 582$kW，两侧外墙上设有进风窗 1 和排风窗 2，窗孔中心距地面的高度分别为 2m 和 16m。已知窗孔的局部阻力系数 $\xi_1 = \xi_2 = 2.37$，当地夏季通风室外计算温度 $t_w = 30℃$，要求工作区的温度 $t_d \leqslant t_w + 3℃$，室内有效放热系数 $m = 0.45$，试计算在热压作用下，车间采用自然通风降温时所需要的进、排风窗孔的面积。

[解]　（1）计算全面通风量

根据已知条件，取工作区温度为

$$t_d = t_w + 3 = 33℃$$

车间上部的排风温度

$$t_p = t_w + \frac{t_d - t_w}{m} = 30 + \frac{33 - 30}{0.45} = 36.7℃$$

车间内的平均温度为

$$t_n = \frac{t_d + t_p}{2} = \frac{33 + 36.7}{2} = 34.9℃$$

由附录 1-1 可查得温度 $t = 30℃$，$36.7℃$，$34.9℃$ 时，空气的密度分别为：$\rho_w = 1.165kg/m^3$，$\rho_p = 1.140kg/m^3$，$\rho_n = 1.146kg/m^3$。

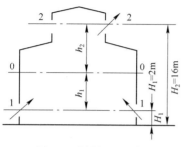

图 5-6 例题 5-1 示意图

车间需要的全面通风量为

$$G = \frac{Q}{c(t_p - t_w)} = \frac{582}{1.01 \times (36.7 - 30)} = 86kg/s$$

（2）确定中和面的位置

由于只有上、下两排窗孔，可根据进、排风窗孔的面积比计算中和面的高度。现取进、排风窗孔面积比 $F_1/F_2 = 1.25$，由

$$\left(\frac{F_1}{F_2}\right)^2 = \frac{h_2}{h_1} = \frac{h - h_1}{h_1}$$

可得进风窗孔距中和面的高度

$$h_1 = \frac{h}{1 + \left(\dfrac{F_1}{F_2}\right)^2} = \frac{14}{1 + 1.25^2} = 5.46m$$

排风窗孔距中和面的高度

$$h_2 = h - h_1 = 14 - 5.46 = 8.54m$$

（3）计算进、排风窗孔的面积

由式（5-8）、式（5-9），进、排风窗孔的面积分别为

$$F_1 = \frac{G_1}{\sqrt{\dfrac{2h_1 g(\rho_w - \rho_n)\rho_w}{\xi_1}}} = \frac{86}{\sqrt{\dfrac{2 \times 5.46 \times 9.81 \times (1.165 - 1.146) \times 1.165}{2.37}}} = 86.0m^2$$

$$F_2 = \frac{G_2}{\sqrt{\dfrac{2h_2 g(\rho_w - \rho_n)\rho_w}{\xi_2}}} = \frac{86}{\sqrt{\dfrac{2 \times 8.54 \times 9.81 \times (1.165 - 1.146) \times 1.140}{2.37}}} = 69.5m^2$$

由于两侧外墙上的进、排风窗孔对称，每侧外墙上的进风窗孔面积为

$$F_1' = F_1/2 = 86/2 = 43m^2$$

每侧外墙上的排风窗孔面积为

$$F_2' = F_2/2 = 69.5/2 = 34.75m^2$$

三、改善自然通风效果的措施

在工业建筑中，通常都是利用有组织的自然通风来改善工作区的工作条件。自然通风效果的好坏与通风车间的建筑形式、总平面布置、车间内的工艺设备布置，以及风压和热压的作用情况等因素有关。

（一）进风窗、避风天窗与避风风帽

1. 进风窗

布置自然通风车间的进风窗时，夏季进风窗的下缘距室内地坪越低，对进风越有利。因此，一般不高于 1.2m，高温车间可取 0.6～0.8m，以便室外新鲜空气可直接进入工作区。在冬季，为了防止室外冷空气直接进入工作区，进风窗的下缘距室内地坪不宜小于4m。因此，在气候较寒冷的地区，宜设置上、下两排进风窗，供冬、夏季分别使用。由于夏季室内的余热量大，下部进风窗的面积应当开得比冬季进风窗的面积大一些。

2. 避风天窗与风帽

（1）避风天窗

采用自然通风的热车间，当有风压作用时，迎风面上部排风天窗的热压会被风压抵消一部分，使天窗两侧的压差减小，当车间的热压较小或室外风压很大时，迎风面的排风天窗会排不出风，甚至会发生倒灌现象，严重地影响热车间的自然通风效果。因此，普通天窗在有风的情况下，需要关闭迎风面的天窗，只依靠背风面的天窗排风，这不仅需要增加天窗的面积，而且管理上也很不方便。

为了防止发生排风天窗的倒灌现象，并能利用风压来改善自然通风的效果，可采用避风天窗和风帽。

在普通天窗附近加设挡风板或采取其他措施，以保证天窗的排风口在任何风向下都处于负压区的天窗称为避风天窗。常见的避风天窗有矩形避风天窗、下沉式避风天窗、曲（折）线形避风天窗等形式。

矩形避风天窗如图 5-7 所示。挡风板通常用钢板、木板或木棉板等材料制作，两端应封闭，上缘应与天窗的屋檐高度相同。挡风板与天窗窗扇之间的距离为天窗高度的 1.2～1.3 倍，挡风板下缘与屋面之间应留有 50～100mm 的间距，以便排除屋面雨水。矩形避风天窗的采光面积大，便于排风，但结构复杂，造价高。

图 5-7　矩形避风天窗
1—当风板；2—喉口

下沉式避风天窗如图 5-8 所示。其特点是部分屋面凹下，利用屋架本身的高差形成低凹的避风区。下沉式避风天窗不需要设专门的挡风板和天窗架，造价比矩形避风天窗低，但是不便于清扫积灰和排除屋面雨水。

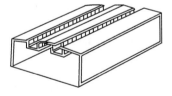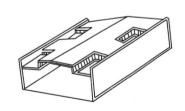

图 5-8　下沉式避风天窗

曲（折）线形避风天窗的构造如图 5-9 所示。其挡风板的形状是折线或曲线。与矩形避风天窗相比，这种避风天窗的排风量大，阻力小，重量轻，造价也低。

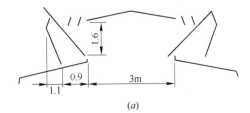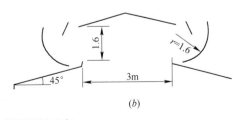

图 5-9　曲（折）线形避风天窗
（a）折线形避风天窗；（b）曲线形避风天窗

（2）避风风帽

避风风帽是一种在自然通风房间的排风口处，利用风力造成的抽力来加强排风能力的装置，其结构如图 5-10 所示。避风风帽是在普通风帽的周围增设一圈挡风圈，挡风圈的作用与避风天窗挡风板的作用相同，当室外气流吹过风帽时，在排风口周围形成负压区来防止室外空气倒灌，负压的抽吸作用可增强房间的通风换气能力。此外，风帽还具有防止雨水和污物进入风道或室内的作用。图 5-11 是利用避风风帽进行自然通风的示意图。

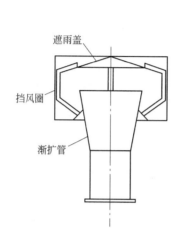

图 5-10　避风风帽构造示意图　　图 5-11　利用避风风帽自然通风示意图

（二）建筑设计与自然通风的配合

为了使建筑具有良好的自然通风效果，建筑设计应当根据自然通风原理来进行。建筑设计与自然通风配合时需要注意的主要问题有：

（1）为避免建筑物有大面积的围护结构受西晒的影响，车间的长边应尽量布置成东西向，尤其是在气候炎热的地区。

（2）车间的主要进风面应当与夏季主导风向成 60°～90°，且不宜小于 45°，并应与避免西晒的问题一同考虑。

（3）车间周围，特别是在迎风面一侧不宜布置附属建筑物。当采用自然通风的低矮建筑与较高的建筑物相邻时，为了避免风力在高大建筑物周围形成的正、负压区对低矮建筑自然通风的影响，各建筑之间应当留有一定的间距。

（4）炎热地区的厂房，如果车间内不产生大量的有害气体和粉尘，且车间内部阻挡物较少，以及室外气流在车间内的速度衰减比较小时，可考虑采用以穿堂风为主的自然通风。这时，建筑物迎风面和背风面外墙上的进、排风窗口面积应占外墙总面积的 25％以上。

第三节　机械通风

自然通风虽然具有不消耗能量、结构简单、不需要复杂的装置和专人管理等优点，但由于自然通风的作用压力比较小，风压和热压受自然条件的影响较大，其通风量难以控制，通风效果不稳定。因此，在一些对通风要求较高的场合需设置机械通风系统。

机械通风是依靠风机提供的动力强制性地进行室内外空气交换的通风方式。与自然通风相比，机械通风的作用范围大，可使用风道把新鲜空气送到需要通风换气的地点或把室内指定地点被污染的空气排放到室外，机械通风的通风量和通风效果可以人为地进行控制，不受自然条件的影响。但是，机械通风需要配置风机、风道、阀门以及各种空气净化处理设备，需要消耗能量，占用建筑面积和空间，初投资和运行费用较大。机械通风系统根据其作用范围的大小，可分为全面通风和局部通风两种类型。

一、全面通风

全面通风是对整个房间进行通风换气，用送入室内的新鲜空气把整个房间里的有害物浓度稀释到国家卫生标准的允许浓度以下，同时把室内被污染的污浊空气直接或经过净化处理后排放到室外大气中去。

（一）系统形式

全面通风包括全面送风和全面排风，两者可同时或单独使用。单独使用时需要与自然进、排风方式相结合。

图 5-12 是全面机械排风、自然进风系统的示意图。室内污浊空气在风机作用下通过排风口和排风管道排到室外，而室外新鲜空气在排风机抽吸造成的室内负压作用下，通过外墙上的门、窗孔洞或缝隙进入室内。这种通风方式由于室内是负压，可以防止室内空气中的有害物向邻室扩散。

图 5-13 是全面机械送风、自然排风系统的示意图。室外新鲜空气经过空气处理设备处理达到要求的送风状态后，用风机经送风管和送风口送入室内。这时，室内因不断地送入空气，压力升高，呈正压状态。使室内空气在正压作用下，通过外墙上的门、窗孔洞或缝隙排向室外。这种通风方式在与室内卫生条件要求较高的房间相邻时不宜采用，以免室内空气中的有害物在正压作用下向邻室扩散。

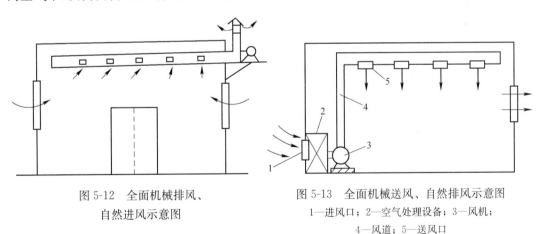

图 5-12　全面机械排风、
自然进风示意图

图 5-13　全面机械送风、自然排风示意图
1—进风口；2—空气处理设备；3—风机；
4—风道；5—送风口

图 5-14 是全面机械送、排风系统的示意图。室外新鲜空气在送风机作用下经过空气处理设备、送风管道和送风口送入室内，污染后的室内空气在排风机的作用下直接排至室外，或送往空气净化设备处理，达到允许的有害物浓度的排放标准后排入大气。

全面通风的通风效果除了与所采用的通风系统的形式有关外，还与通风房间的气流组织形式有关。为了获得良好的全面通风效果，需要合理的选择和设置送、排风口的形式、数量和位置，图 5-15 中是几种全面通风房间气流组织的布置形式。

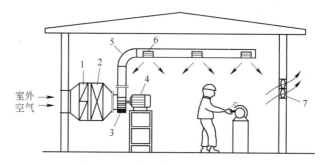

图 5-14　全面机械送、排风示意图

1—空气过滤器；2—空气加热器；3—风机；4—电动机；5—风管；6—送风口；7—轴流风机

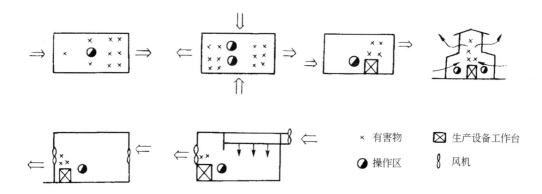

图 5-15　全面通风房间气流组织示意图

　　在通风房间的气流组织中，送风口应靠近工作区，使室外新鲜空气以最短的距离到达工作地点，减少在途中被污染的可能。排风口则应当布置在有害物的产生地点或有害物浓度较高的地方，以便迅速地排除被污染的空气。

　　当有害气体的密度小于空气的密度时，排风口应布置在房间的上部，送风口布置在房间的下部；反之，当有害气体的密度大于空气的密度时，在房间的上、下位置都要设置排风口。但是，如果有害气体的温度高于周围空气的温度，或车间内有上升的热气流时，则不论有害气体的密度大于还是小于空气的密度，排风口都应布置在房间的上部，送风口应布置在房间的下部。

　　（二）全面通风量的计算

　　全面通风量是指为了使房间工作区的空气环境符合规范允许的卫生标准，用于排除通风房间的余热、余湿，或稀释通风房间的有害物质浓度所需要的通风换气量。通风房间排除余热所需要的全面通风量的计算方法前面已作了介绍，这里不再赘述。用于稀释通风房间的有害物质浓度所需要的通风换气量，可用下式计算：

$$L = \frac{X}{Y_p - Y_s} \tag{5-12}$$

式中　L——房间的全面通风量（m^3/s）；

　　　　X——房间内有害物质的散发量（mg/s）；

Y_s——送风空气中有害物质的浓度（mg/m³）；

Y_p——排风空气中有害物质的浓度，取国家卫生标准规定的最高允许浓度(mg/m³)。

需要注意的是：当通风房间同时散发多种有害物质时，一般情况下，应分别计算，然后取其中的最大值作为房间的全面换气量。但是，当房间内同时散发数种溶剂（苯及其同系物，醇、醋酸脂类）的蒸气，或数种刺激性气体（三氧化硫和二氧化硫、氯化氢、氟化氢、氮氧化合物及一氧化碳）时，由于这些有害物质对人体健康的危害在性质上是相同的，在计算全面通风量时，应当把它们看成是同一种有害物质，房间所需要的全面换气量应当是分别排除每一种有害气体所需的全面换气量之和。

当房间内有害物质的散发量无法具体计算时，全面通风量可根据经验数据或通风房间的换气次数估算，通风房间换气次数的定义为：

$$n = \frac{L}{V} \tag{5-13}$$

式中　n——通风房间的换气次数（次数/小时），可从有关的设计规范或手册中查取；

　　　L——房间的全面通风量（m³/h）；

　　　V——通风房间的体积（m³）。

（三）空气平衡和热平衡

1. 通风房间的空气平衡

一个通风房间，为了能够正常地进风和排风，必须保持室内压力稳定。根据质量守恒原理，要求在单位时间内送入房间的空气量等于从房间排除的空气量，即应当满足下列平衡方程：

$$G_{z,j} + G_{j,j} = G_{z,p} + G_{j,p} \tag{5-14}$$

式中　$G_{z,j}$——自然进风量（kg/s）；

　　　$G_{j,j}$——机械进风量（kg/s）；

　　　$G_{z,p}$——自然排风量（kg/s）；

　　　$G_{j,p}$——机械排风量（kg/s）。

工程实践中，为了满足通风房间或邻室的卫生条件要求，通过使机械送风量略大于机械排风量（通常取 5%～10%）、让一部分机械送风量从门窗缝隙自然渗出的方法，使洁净度要求较高的房间保持正压，以防止室外或邻室的污染空气进入室内；或通过使机械送风量略小于机械排风量（通常取 10%～20%）、使一部分室外空气通过从门窗缝隙自然渗入室内补充多余的排风量的方法，使污染程度较严重的房间保持负压，以防止污染空气向邻室扩散。

2. 通风房间的热平衡

在气候寒冷的地区，冬季要求保持一定的室内温度，并且不允许将温度很低的室外空气直接送入工作区。因此，在设计全面通风系统时，需按照热平衡方法计算所需要的送风温度。通风房间的热平衡，是指为了使室内温度保持不变，通风房间在单位时间内的得热量等于失热量，即

$$\sum Q_d = \sum Q_s \tag{5-15}$$

式中　$\sum Q_d$——通风房间的总得热量（kW）；

　　　$\sum Q_s$——通风房间的总失热量（kW）。

[**例 5-2**] 已知某车间排除有害气体的局部排风量 $G_p = 0.556\text{kg/s}$，冬季工作区的温度 $t_{g,d} = 15℃$，建筑物围护结构热损失 $Q = 5.815\text{kW}$，当地冬季采暖计算温度 $t_w = -25℃$，试确定需要设置的机械送风量和送风温度。

[**解**] （1）确定机械送风量和自然进风量

为了防止室内有害气体向室外扩散，取机械送风量等于总机械排风量的 90%，不足部分由室外空气通过门窗缝隙自然渗入室内补充。这时所需要的机械送风量为

$$G_{j,j} = 0.9G_{j,p} = 0.9 \times 0.556 = 0.5\text{kg/s}$$

自然进风量为

$$G_{z,j} = 0.556 - 0.5 = 0.056\text{kg/s}$$

（2）确定送风温度

根据通风房间的热平衡

$$G_{j,j}ct_{j,j} + G_{z,j}ct_{z,j} = G_{j,p}ct_{j,p} + Q$$

有　　　　　　$0.5 \times 1.01t_{j,j} + 0.056 \times 1.01 \times (-25) = 0.556 \times 1.01 \times 15 + 5.815$

求解可得需要的机械送风温度为　　　　　$t_{j,j} = 31℃$。

二、局部通风

局部通风系统包括局部送风和局部排风，两者都是利用局部气流，使工作区域不受有害物的污染，以造成良好的局部工作环境。

（一）局部送风

对于面积较大且工作人员很少的生产车间（如高温车间），采用全面通风的方法改善整个车间的空气环境既困难又不经济，而且也没有必要。这时，可采用局部送风方法，向少数工作人员停留的地点送风，使局部工作区域保持较好的空气环境即可，如图 5-16 所示。

（二）局部排风

局部排风是把有害物质在生产过程中的产生地点直接捕集起来、排放到室外的通风方法，这是防止有害物质向四周扩散的最有效的措施。与全面通风相比，局部排风除了能有效地防止有害物质污染环境和危害人们的身体健康外，还可以大大地减少排除有害物质所需的通风量，是一种经济的排风方式。图 5-17 是一个局部排风系统的示意图，通常由以下几部分组成：

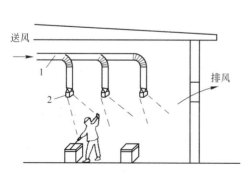

图 5-16 局部送风系统示意图

1—风管；2—送风口

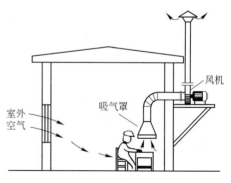

图 5-17 局部排风
系统示意图

1. 局部排风罩

局部排风罩的作用是捕集有害物质。局部排风罩的形式很多，概括起来可分为密闭罩、外部吸气罩、接受式排风罩和吹吸式排风罩等类型。

密闭罩的主要特点，是把产生有害物质的地点完全封闭起来，使有害物质被限制在很小的空间里，从而只需要很小的排风量就可以有效地控制有害物质的扩散，如图 5-18 所示。

有时由于受工作条件的限制，无法把产生有害物质的设备完全封闭起来，而只能把局部排风罩设置在有害物源附近，依靠机械排风造成的负压，把产生的有害物质吸入罩内，这类局部排风罩统称为外部吸气罩，如图 5-19 所示。

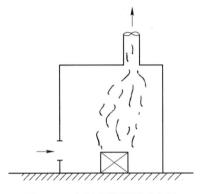

图 5-18　密闭式排风罩示意图　　　　图 5-19　外部吸气罩示意图

接受式排风罩是依靠生产过程（或设备）本身产生或诱导的气流，携带有害物质进入排风罩。例如在热源上部靠上升热气流排除余热的接收罩（图 5-20），和砂轮机旁靠砂轮旋转磨削产生的惯性物诱导的气流射入的接受罩（图 5-21）等。

图 5-20　高温热源的接受式排风罩　　　图 5-21　砂轮磨削的接受式排风罩

外部吸气罩在距离有害物源较远时，要在有害物产生地点造成一定的空气流动是比较困难的。在这种情况下，可利用吹气气流把有害物质吹向外部吸气罩的吸气口，这种排风罩具有外部吸气罩和接受罩的双重功能，称为吹吸式排风罩，如图 5-22 所示。

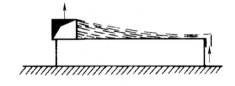

图 5-22　吹吸式排风罩
示意图

2. 风道

风道是通风系统中用于输送空气的管道。风道通常采用薄钢板制作，也可采用塑料、混凝土、砖等其他材料制作。

风道的断面有圆形、矩形等形状。圆形风道的强度大，在同样的流通断面积下，比矩形风道节省管道材料、阻力小。但是，圆形风道不容易与建筑配合，一般适用于风道直径较小的场合。对于大断面的风道，通常采用矩形风道，矩形风道容易与建筑配合布置、也便于加工制作。但矩形风道流通断面的宽高比宜控制在 4∶1 以下，尽量接近正方形，以便减小风道的流动阻力和材料消耗。

3. 空气净化处理设备

为了防止大气污染，当排风中的有害物浓度超过卫生标准所允许的最高浓度时，必须用除尘器或其他有害气体净化设备对排风空气进行处理，达到规范允许的排放标准后才能排入大气。

4. 风机

风机是为通风系统中的空气流动提供动力的机械设备。在排风系统中，为了防止有害物质对风机的腐蚀和磨损，通常把风机布置在空气处理设备的后面。风机可分为离心风机和轴流风机两种类型。

离心风机主要由叶轮、机壳、机轴、吸气口、排气口等部件组成，构造如图 5-23 所示。

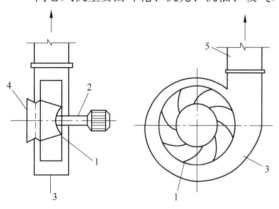

图 5-23　离心风机构造示意图

1—叶轮；2—机轴；3—机壳；4—吸气口；5—排气口

离心风机的工作原理是：当装在机轴上的叶轮在电动机的带动下作旋转运动时，叶片间的空气在随叶轮旋转所获得的离心力的作用下，从叶轮中心高速抛出，压入螺旋形的机壳中，随着机壳流通断面的逐渐增加，气流的动压减小，静压增大，以较高的压力从排气口流出。当叶片间的空气在离心力的作用下，从叶轮中心高速抛出后，叶轮中心形成负压，把风机外的空气吸入叶轮，形成连续的空气流动。

轴流风机的构造如图 5-24 所示，叶轮安装在圆筒形的外壳内，当叶轮在电动机的带动下作旋转运动时，空气从吸风口进入，轴向流过叶轮和扩压管，静压升高后从排气口流出。

与离心风机相比，轴流风机产生的压头小，一般用于不需要设置管道或管路阻力较小的场合。对于管路阻力较大的通风系统，应当采用离心风机提供动力。

风机的主要性能参数有：

（1）风量 L：指风机在工作状态下，单位时间输送的空气量，单位为 m^3/s 或 m^3/h。

（2）全压 P：指每立方米空气通过风机后所获得的动压和静压

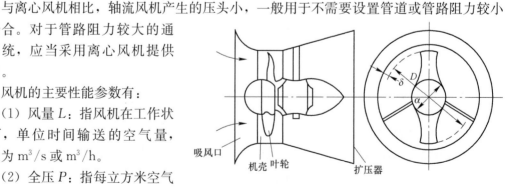

图 5-24　轴流风机构造示意图

之和，单位是 Pa。

（3）轴功率 N：指电动机加在风机轴上的功率，单位是 kW。

（4）有效功率和效率

由于风机在运行中有能量损失，电动机提供的轴功率并没有全部用于输送空气，其中在单位时间内传递给空气的能量称为风机的有效功率。有效功率与轴功率的比值称为风机的效率，其大小反映了能量的有效利用程度。风机的效率用下式计算

$$\eta = \frac{N_x}{N} \tag{5-16}$$

式中　η——风机的效率（%）；

　　　N_x——风机的有效功率（kW）；

　　　N——风机的轴功率（kW）。

（5）风机转速 n：指风机在每分钟内的旋转次数，单位是 r/min。

第四节　地下建筑的通风和防排烟

一、地下停车场的通风和防排烟

（一）地下停车场的送、排风

汽车在地下停车场内行驶或启动时，会排出大量的一氧化碳、二氧化氮等有害气体，这些有害气体的浓度（表 5-2）都大大地超过了国家《工业企业设计卫生标准》中最高允许浓度的规定，如不及时排出，会对人体健康产生危害。《民用建筑供暖通风与空气调节设计规范》规定当停车库内 CO 的浓度大于 30mg/m³ 时应设置机械通风系统，且宜独立设置。

汽车在地下停车场中怠速行驶时的尾气排放量和 CO 浓度　　　　　表 5-2

类　型	品　牌	车　型	产　地	平均排气量 （mL/min）	CO 平均浓度 （mg/m³）
国产小轿车	北　京	BJ212	中　国	526	64208
	上　海	SH760A	中　国		
进口小轿车	皇　冠	HT2800	日　本	419	45625
	马自达	1800SG-S	日　本		
	福　特	EXPTarbo	美　国		
	拉　达	1300	苏　联		
国产面包车	北　京	BJ632A	中　国	550	55000
	沈　阳	SY622B	中　国		
进口面包车	五十铃		日　本	456	50000
	丰　田		日　本		

地下停车场的机械通风量应当按照全面通风的方法，计算把汽车排放的有害气体稀释到卫生标准的允许浓度以下需要的通风量。当由于资料不全无法仔细计算时，可按照换气次数估算：通常排风量不小于 6 次/小时，送风量不小于 5 次/小时。

为了有效地排除汽车尾气中的有害气体，考虑到汽车尾气排放的有害气体的密度与空气的密度相近，地下停车场的排风宜按室内空间分上、下两部分设置，上部排除总排风量的1/2～1/3，下部排除总排风量的1/2～2/3。新鲜空气的进风口宜设置在停车场的主要通道上。

（二）地下停车场的排烟

根据《汽车库、修车库、停车场设计防火规范》GB 50067—2014 规定：除敞开式汽车库、建筑面积小于1000m²的地下一层汽车库和修车库外，汽车库、修车库应设置排烟系统，并应划分防烟分区。每个防烟分区的面积不宜超过2000m²，且防烟分区的划分不能跨越防火分区。

地下停车场的机械排烟系统可与人防、卫生等通风换气系统合用，系统的排烟口、排烟风机、排烟防火阀和排烟管道等的设置要求应符合《汽车库、修车库、停车场设计防火规范》等消防规范的规定。每个防烟分区排烟风机的排烟量不应小于表5-3的规定。

汽车库、修车库内每个防烟分区排烟风机的排烟量 表5-3

汽车库、修车库的净高（m）	汽车库、修车库的排烟量（m³/h）	汽车库、修车库的净高（m）	汽车库、修车库的排烟量（m³/h）
3.0及以下	30000	7.0	36000
4.0	31500	8.0	37500
5.0	33000	9.0	39000
6.0	34500	9.0以上	40500

注：建筑空间净高位于表中两个高度之间的，按线性插值法取值。

（三）地下停车场的通风和排烟设计

1. 通风排烟系统的设计原则

（1）地下停车场的通风排烟系统宜综合设置

地下停车场既有通风系统，又有排烟系统，如果两者分开设置，会使地下停车场通风和排烟系统的管路难以布置。此外，由于排烟系统只是在火灾发生时使用，常年不用，不但易出故障，而且造成浪费。因此，在可能的情况下，应当尽量把两者结合起来使用。工程实践表明：设计中将两个系统所要求的功能兼顾起来是可行的。平时，运行机械排风功能，火灾发生时，启动机械排烟设备，把排烟功能叠加上去，实现排烟功能。

（2）地下停车场的通风排烟系统应当与上部建筑的通风空调系统分开设置

为了防止火灾发生时，停车场内的烟气通过通风空调系统的竖向管道向上部楼层传播，地下停车场的通风排烟系统应当与上部建筑的通风空调系统分开，单独设置。

2. 地下停车场机械通风和排烟设计

地下停车场机械通风和排烟系统的设计有许多不同的形式，这里讨论一种应用较多的方案。该方案的设计思想是：在每个防火分区布置一个或两个机械排烟系统，各机械排烟系统的分支管按防烟分区布置，并且兼顾到机械排风的要求。

为了控制使发生火灾的防烟分区先排烟，在通向每个防烟分区的排烟支干管上靠近总排烟干管的地方设置排烟防火阀（常开），对排烟支干管系统进行总的控制。同时，在下部排风口的立管上均设置排烟防火阀（常开）。平时，排烟系统用于排风，对地下停车场进行通风换气。火灾发生时，排烟系统中起火点所在的防烟分区支干管上的排烟防火阀仍然处于开启状态，而下部排风口立管上的排烟防火阀则随着烟（温）感器的报警联锁装置自动关闭。同时，排烟系统中其他防烟分区支干管上的排烟防火阀也随着烟（温）感器的报警联锁装置自动关闭。这样，就保证了起火点所在的防烟分区顺利地进行排烟。

3. 通风排烟系统的补风和气流组织

在地下停车场通风排烟系统的设计中，为了保证通风排烟的效果，必须考虑补充新风的问题。补充新风的方法有利用车道自然补风和设置机械送风两种。

从节省投资和运行费用的角度，宜采用车道的自然补风。但在利用车道自然补风时，要注意车道进风断面的风速宜小于 0.5m/s，以保证汽车进出停车场时不受影响。如果车道较长，弯道较多，或车道断面的补风速度大于 0.5m/s 时，则应当采用机械送风系统。机械补风的送风量通常取机械排风量的 80%～90%。

对于地下停车场内没有直接通向室外的汽车疏散出口的防火分区，设置机械排烟系统时，应当同时设置机械送风系统，送风量不宜小于排烟量的 50%。且应尽量把排烟系统的送风口布置在下部，排烟口布置在上部，以便使火灾发生时产生的浓烟和热气顺利排除。

二、人民防空地下室的通风和防排烟

人民防空地下室是战时用于人员掩蔽的场所。较大的人防工程，还应划分为若干防护单元，每个防护单元的建筑面积应小于或等于 800m²，其出入口不少于 2 个。为了减少不必要的浪费，人防工程通常按照平战结合的原则设计，既具有战时人员掩蔽的功能，又可用于平时使用。因此，人防地下室的通风和防排烟系统的设计亦应满足平时和战时的使用要求。

（一）人防地下室的通风

人防地下室战时的防护通风包括进风系统和排风系统，其功能包括：清洁式通风、滤毒式通风和隔绝式通风。

1. 系统图式

防护通风的进风系统如图 5-25 所示。滤毒式通风时，打开阀门 3_{-1} 和 3_{-2}，关闭阀门 3_{-3} 和 3_{-4}。进风空气在风机 4 抽力作用下，经初效过滤器 2 和过滤吸收器 5 送入掩蔽区。换气堵头 6 的作用是在更换过滤吸收器之后打开，把可能残存在滤毒室的毒气吸入过滤吸收器吸收掉。

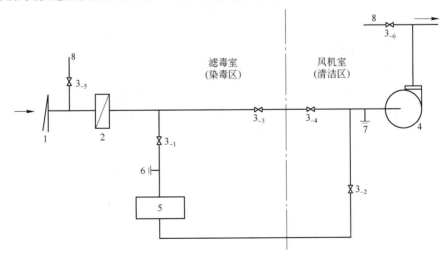

图 5-25　进风系统示意图

1—消波系统；2—初效过滤器；3—密闭阀门；4—风机；5—过滤吸收器；6—换气堵头；

7—换气堵头或插板；8—接平时通风系统

清洁式通风时，关闭阀门 3_1 和 3_2，打开阀门 3_3 和 3_4，进风空气在风机 4 抽力作用下，经初效过滤器 2 过滤后直接送入掩蔽区。

采用隔绝式通风时，关闭所有的阀门，打开换气堵头 7，在风机 4 抽力作用下，将室内空气通过换气堵头 7 吸入风机循环使用。

2. 进风系统的风量

清洁式和滤毒式通风的进风量按表 5-4 中的规定计算。对于滤毒式通风还需要满足以下进风量要求：（1）防毒通道每小时 30～50 次换气次数所需的风量与规定的室内正压值下的漏风量之和；（2）对钢筋混凝土整体结构，按清洁区总容积的 4% 确定的风量。

各类人防地下室战时新鲜空气量标准 表 5-4

防空地下室类别	清洁通风	滤毒通风
医疗救护工程	≥12	≥5
防空专业队队员掩蔽部、生产车间	≥10	≥5
一等人员掩蔽所、食品站、区域供水站、电站控制室	≥10	≥3
二等人员掩蔽所	≥5	≥2
其他配套工程	≥3	—

3. 人防进风口部

为了保证人民防空地下室在战时的密闭防护要求，防护通风系统的进、排风口应当符合《人民防空地下室设计规范》的规定。对于平战结合的进风口，当战时和平时进风系统分开设置时，人民防空地下室进风口部平面的布置如图 5-26 所示。

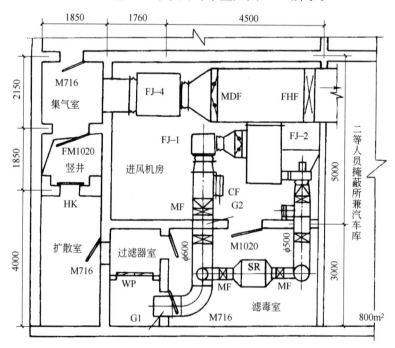

图 5-26 人民防空地下室进风口部平面布置示意图

FJ—风机；HK—防爆波活门；FM—防护密闭门；M—密闭门；WP—空气过滤器；SR—过滤吸收器；
MF—手动密闭阀；G—预埋风管；CF—插板阀；MDF—密闭多叶调节阀；FHF—防火阀

图 5-26 中的进风竖井用于战时和平时进风。竖井截面应当满足战时和平时的通风量要求，宜按风速不大于 6m/s 确定，竖井的进风口应设在距室外地面 2m 以上的清洁区，靠在建筑物外围护结构的墙壁上或单独设置，如图 5-27 所示。进风口应装设防雨百叶和防止垃圾等进入的不锈钢丝网，百叶窗的进风速度宜小于 4m/s。

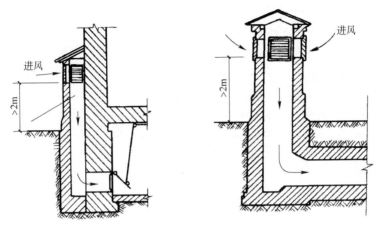

图 5-27　室外进风口示意图

扩散室的作用是缓冲从竖井进入的冲击波，其长度应为宽度的 2～3 倍。竖井与扩散室之间的通道应设消波装置，可采用悬摆式防爆活门或胶管活门。活门开口面积通过的风量应能满足平时通风的要求。如果防排烟设计中要把进风竖井兼作为平时使用的排烟井，就不可采用胶管活门作消波装置。

集气室是用于平时通风系统的进风。进风竖井与集气室之间隔墙上设战时关闭的防护密闭门，密闭门的尺寸可按 6～8m/s 的进风速度确定。如果平时通风系统的进风量很大（大于 60000m³/h），则不用设防护密闭门，而采用临战时把平时通风系统的进风口封堵死的措施。

过滤器室用于安装对进风空气进行初效过滤的过滤器，应与扩散室相邻。过滤器前后侧墙上需装设密闭门，过滤器后端密闭门上部隔墙应预埋钢套管，钢套管的直径与外接风管的直径相同。过滤器室的最小平面尺寸宜为 3000mm×1750mm。

滤毒室是安装过滤吸收器以及与过滤吸收器相接的风管的地方。常用的过滤吸收器型号为 SR78-1000，风量 1000m³/h，外形尺寸：长×宽×高＝1165mm×832mm×508mm。每台过滤吸收器的进、出口管上应设手动密闭阀。一个 800 人的掩蔽部，滤毒通风量取 2400m³/h 时，宜选用三台 SR78-1000 型的过滤吸收器并联安装。此时，滤毒室的最小平面尺寸在 4500mm×3000mm 左右。

进风机房是安装战时和平时进风机的场所。战时的清洁式通风机、滤毒式通风机，以及平时使用的通风机之间的风量、风压相差很大，宜分开设置。因此，平战结合的进风机房需要安装战时的清洁式进风机、滤毒式进风机，以及平时通风的进风机，对于一个 800 人的掩蔽部来说，进风机房的最小平面尺寸在 6250mm×5000mm 左右。此外，滤毒室是污染区，进风机房是清洁区，两室之间的隔墙上要预埋连接风管的钢套管，钢套管的直径根据防护通风量确定，并与外接风管的直径相同。钢套管两端的风管上均应装设手动密闭阀。

人民防空地下室进风口部各房间的平面布置形式可以根据具体情况确定，但各室的相邻次序必须满足空气流向的要求。战时进风时，室外空气进入掩蔽部的先后顺序是：进风竖井→扩散室→过滤器室→滤毒室→进风机房→掩蔽部。平时进风时，室外空气进入掩蔽部的先后顺序是：进风竖井→集气室→进风机房→掩蔽部。

4. 人民防空地下室的排风口部

用于平战结合的人民防空地下室排风口部，平时使用的通风、排烟系统的排风、排烟口，在战时必须采取密闭防护措施。因此，人民防空地下室的排风口部需要根据具体情况设置排风竖井、扩散室、集气室、排风机房、防毒通道、洗消间等，其平面布置如图 5-28 所示。

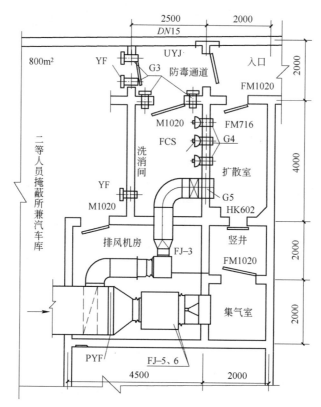

图 5-28　人民防空地下室排风口部平面布置示意图
FCS—防爆超压排气活门；YF—自动排气活门；PYF—排烟防火阀；UYJ—U 形压力计

图 5-28 中，洗消间是战时专供染毒人员通过并清除有害物质的房间，通常由脱衣室、淋浴室和检查穿衣室组成。

防毒通道是由防护密闭门与密闭门之间或两道密闭门之间的区域所构成的、具有通风换气条件、依靠正压排风阻挡毒剂侵入室内的空间，是在室外染毒的情况下，允许人员出入的通道。

《人民防空地下室设计规范》规定防毒通道应保证有每小时 30～40 次换气次数的通风量。由于防毒通道只是在滤毒式通风时使用，考虑到战时采用滤毒式通风时，为了阻止室外有毒气体进入掩蔽部，规范要求掩蔽部内应当保持 30～50Pa 的室内正压。因此，可利用自动排气活门使室内的正压排风通过防毒通道排出,来满足防毒通道要求的通风换气量。对于图 5-28 布置的排风口部,滤毒式通风的排风途径为:掩蔽部→YF 型自动排气活门→FCS 型防爆超压排气活门→扩散室→HK602 型防爆波活门→排风竖井→室外。

通常,装在竖井、扩散室或其他邻外墙上的排气活门应采用防爆超压自动排气活门,以代替抗力不大于 0.3MPa 的排风消波设施;装在内隔墙上的排气活门宜采用结构较简单、外形尺寸较小、造价较便宜的自动排气活门。自动排气活门和防爆超压自动排气活门的数量应按照滤毒通风的排风量确定。

排风机房是安装战时和平时排风机的场所。平战结合的排风机房需安装战时清洁式通风的排风机、平时的排风机和火灾时的排烟风机。清洁式通风的排风机风量可等于或略小于进风机的风量。由于平时通风系统的排风量通常小于火灾时的排烟量,因此可采用一台双速排烟风机,平时低速运行排风,火灾发生时,自动切换到高速运转,满足排烟风量的要求;或采用两台离心风机并联,平时开一台,发生火灾时开两台。排风、排烟风机的入口处应安装排烟防火阀,风机出口处安装止回阀。对于一个 800 人的掩蔽部来说,排风机房的最小平面尺寸约为 4500mm×4000mm。

洗消间与扩散室之间的隔墙上要预埋连接风管的钢套管,钢套管的直径根据清洁式通风的排风量确定,并与外接风管的直径相同。洗消间一侧的风管上应装设手动密闭阀,在采用滤毒式通风时关闭。

(二)人民防空地下室的防排烟

1. 人防地下室防排烟系统的设置要求

根据《人民防空工程设计防火规范》GB 50098—2009 的规定:(1)人防工程中的防烟楼梯间及其前室或合用前室、避难走道的前室应设置机械加压送风防烟设施;(2)人防工程中的下列部位应设置机械排烟设施:①建筑面积大于 200m² 的人防工程;②建筑面积大于 50m²,且经常有人停留或可燃物较多的房间;③丙、丁类生产车间;④长度大于 20m 的疏散走道;⑤歌舞娱乐放映游艺场所;⑥中庭。

2. 人防地下室的机械加压送风和排烟

设置机械加压送风系统的人民防空地下室,其防烟楼梯间的送风系统的余压值应为 40~50Pa,前室或合用前室的送风余压值为 25~30Pa,避难走道的前室送风余压值应为 25~30Pa。机械加压送风口的设置要求和需要的加压送风量应符合现行《人民防空工程设计防火规范》的规定。

当前室或合用前室不直接送风时,为了防止出现防烟楼梯间的余压值超过最大允许压力差,应在防烟楼梯间和前室或合用前室的墙上设置余压阀。

对于采用机械排烟系统的房间、中庭、疏散走道等场所,排烟风机的风量应根据所负担的防烟分区划分情况按照《人民防空工程设计防火规范》的计算方法确定。

3. 人民防空地下室的防烟

为了使人民防空地下室的防烟设计达到预期的防灾减灾效果,设计机械加压送风时还需要满足以下要求:

(1)避难走道的前室、防烟楼梯间及其前室或合用前室的机械加压送风系统宜分别设置。避难走道的前室、防烟楼梯间及其前室或合用前室的排风应设置余压阀。

(2)避难走道前室的加压送风口应正对前室入口的门,送风口的宽度应大于门洞的宽度。

（3）机械加压送风系统送风口的风速不宜大于 7m/s。

（4）机械加压送风系统和排烟补风系统应采用室外新风，新风口与排烟口的水平距离宜大于 15m，并宜低于排烟口。当新风口与排烟口垂直布置时，宜低于排烟口 3m。

（5）机械加压送风机可采用普通离心式风机、轴流式风机或斜流式风机。风机的全压应包括最不利环路的压力损失，以及加压送风场所要求保证的正压值。

4. 人民防空地下室的排烟

人民防空地下室的排烟宜与地下室平时的机械通风系统合并设置，以节省投资和便于管道的布置。机械排烟系统平时用于地下室的通风换气。火灾发生时，通过控制装置，自动切换到机械排烟的功能进行排烟。排烟系统的设计和处理方法可参考地下停车场通风排烟系统的做法。此外，还应符合下列要求：

（1）设置机械排烟设施的场所和部位，应划分防烟分区。防烟分区的划分方法及建筑面积要求应符合《人民防空工程设计防火规范》的规定，防烟分区不得跨越防火分区。

（2）机械排烟系统每个防烟分区内必须设置排烟口，并应当位于顶棚或墙面上部可有效排烟的部位，排烟口与疏散出口的水平距离应大于 2m，且与该防烟分区最远点的水平距离不超过 30m。

（3）排烟口的开闭状态和控制应符合下列要求：①单独设置的排烟口，平时处于关闭状态，可采用手动或自动开启方式；手动开启装置的位置应当便于操作；②排风口和排烟口合并设置时，应在排风口或排烟口所在支管上设置自动阀门；该阀门必须具有防火功能，并应与火灾自动报警系统联动；火灾时，着火防烟分区内的阀门应处于开启状态，其他防烟分区内的阀门应全部关闭。

（4）排烟风机可采用离心式风机或排烟轴流风机，并能在温度为 280℃ 的烟气中连续工作 30min。排烟风机与排烟口应设有联动装置，当任一个排烟口开启时，排烟风机都能自动起动。在排烟风机的入口处，应设置烟气超过 280℃ 能自动关闭的排烟防火阀，并与排烟风机连锁。排烟风机宜设置在排烟区的同层或上层，排烟管道顺气流方向向上或水平设置。

由于排风量和排烟量的要求不同，排烟量通常要比排风量大得多，为了满足排风和排烟的不同要求，可采用变速风机。平时排风时，风机按低速挡转速运行，发生火灾时，自动切换到高速挡转速运行，以增大排烟风量。

（5）机械排烟和加压送风的管道应采用金属风道，不应采用土建风道。风道的风速不应大于 20m/s；排烟口的风速不宜大于 10m/s。

（6）排烟口、排烟阀门和排烟管道必须采用非燃烧材料制作，并与可燃物的距离不应小于 0.15m。

（7）机械加压送风系统和机械排烟系统的管道不宜穿过防火墙。当需要穿过时，在穿过防火墙处应采取以下措施：①机械加压送风管应设置温度大于 70℃ 时自动关闭的防火阀；②机械排烟管应设置温度大于 280℃ 时自动关闭的排烟防火阀。

（8）为了有效地排烟，排烟系统应当设置补给空气的通道。当补风通道的阻力较小时，可采用自然进风进行补风；当补风通道的阻力大于 50Pa 时，应设置机械补风，补风量按不小于排烟量的 50% 确定。

当人民防空地下室的排烟系统与平时的机械通风系统合并设置时，如果排烟口和风道的尺寸是按照排风量的需要设计，在发生火灾时，由于排烟量很大，若仅用支管上部的排风口排烟，排烟口和风道中的风速都会超过消防规范允许的范围。为了减小排烟口的风速，可在上部风道的支管上多设置 2~3 个截面较大的排烟口，排烟口上设置排烟防火阀（常闭），在发生火灾时，装设在这几个排烟口上常闭的排烟防火阀随着起火点所在防烟分区消防报警连锁控制装置自动开启，进行排烟。为了防止风道中的排烟风速过大，在确定风道截面尺寸时，应按照排烟量和《人民防空工程设计防火规范》GB 50098—2009 允许的烟气流速计算确定。

复习思考题

5-1 什么是通风，建筑通风的主要任务是什么？

5-2 建筑通风有哪些类型？试说明各自的主要特点和适用场合。

5-3 自然通风有哪几种作用形式？怎样可改善建筑物的自然通风效果？

5-4 什么是机械通风？试说明机械通风系统的主要组成设备及作用。

5-5 什么是全面通风和局部通风？各有什么优、缺点？

5-6 局部排风罩有哪几种类型？它们的主要特点是什么？

5-7 什么是通风房间的空气平衡和热平衡？

5-8 什么是风压和热压？建筑物上的热压分布的主要特点是什么？

5-9 什么是中和面？中和面对建筑物进、排风窗孔的面积有什么影响？

5-10 风机的主要性能参数有哪些？试说明它们的物理意义。

5-11 离心风机和轴流风机有什么不同？各适用于什么场合？

5-12 地下停车场排风口的设置需要注意什么问题？

5-13 人防系统的清洁式通风、滤毒式通风和隔绝式通风有什么不同？

5-14 人防进风口部的设计需要注意什么问题？

5-15 人防排风口部的设计需要注意什么问题？

5-16 已知某房间散发的余热量为 160kW，一氧化碳有害气体为 32mg/s，当地通风室外计算温度为 31℃。如果要求室内温度不超过 35℃，一氧化碳浓度不得大于 1mg/m³，试确定该房间所需要的全面通风量。

5-17 已知某车间外墙上设有上、下两排进、排风窗孔，且进、排风窗孔的面积比为 1.2，窗孔的局部阻力系数均为 2.0，进、排风窗孔中心之间的高度差为 8m，室内余热量为 385kW，夏季通风室外计算温度为 31℃，要求工作区的温度不超过 34℃，室内有效放热系数为 0.42。试确定只考虑热压作用时，车间自然通风降温所需要的进、排风窗孔的面积。

5-18 已知某车间的生产设备散热量为 185kW，围护结构的热损失为 235kW，上部天窗的自然排风量为 2.78m³/s，车间的局部排风量为 4.16m³/s，无组织自然进风量为 1.34m³/s，冬季工作区设计温度 18℃，车间内的温度梯度为 0.3℃/m，上部天窗中心距地面的高度为 10m，当地冬季通风室外计算温度 —10℃，试计算该车间所需的机械送风量和送风温度。

第六章　民用建筑的防火排烟

第一节　民用建筑的分类

在火灾事故的死伤者中，大多数是因烟气的窒息或中毒造成的。在现代的民用建筑中，各种在燃烧时产生有害气体的装修材料的使用，以及建筑中各种竖向管道产生的烟囱效应，使烟气更加容易扩散到各个楼层，不仅造成人身伤亡和财产损失，而且因烟气遮挡视线，使人们在疏散时产生心理上的恐慌，给消防抢救工作带来很大困难。为了减少火灾发生时造成的人身伤亡和财产损失，在建筑设计中必须认真慎重地进行防火排烟设计，以便在火灾发生时，顺利地进行人员疏散和消防灭火工作。根据建筑物高度、使用功能和火灾发生时危害程度的不同，《建筑设计防火规范》对民用建筑进行了划分，如表 6-1 所示。

民用建筑的分类　　　　　　　　　　　　　　　表 6-1

名称	高层民用建筑		单、多层民用建筑
	一类	二类	
住宅建筑	建筑高度大于 54m 的住宅建筑（包括设置商业服务网点的住宅建筑）	建筑高度大于 27m，但不大于 54m 的住宅建筑（包括设置商业服务网点的住宅建筑）	建筑高度不大于 27m 的住宅建筑（包括设置商业服务网点的住宅建筑）
公共建筑	1. 建筑高度大于 50m 的公共建筑； 2. 建筑高度 24m 以上部分任一楼层建筑面积大于 1000m² 的商店、展览、电信、邮政、财贸金融建筑和其他多种功能组合的建筑； 3. 医疗建筑、重要公共建筑、独立建造的老年人照料设施； 4. 省级及以上的广播电视和防灾指挥调度建筑、网局级和省级电力调度建筑； 5. 藏书超过 100 万册的图书馆、书库	除一类高层公共建筑外的其他高层公共建筑	1. 建筑高度大于 24m 的单层公共建筑； 2. 建筑高度不大于 24m 的其他公共建筑

注：1. 表中未列入的建筑，其类别应根据本表类比确定。
　　2. 除本规范另有规定外，宿舍、公寓等非住宅类居住建筑的防火要求，应符合本规范有关公共建筑的规定。
　　3. 除本规范有特别规定外，裙房的防火要求应符合本规范有关高层民用建筑的规定。

工程实践中，建筑防排烟系统的设计应根据建筑高度、使用性质等因素，采用自然通风系统或机械防烟和排烟系统等形式。《建筑设计防火规范》、《建筑防烟排烟系统技术标准》等规范就它们的适用场合做出了具体的规定，下面就它们的系统形式和工作原理分别进行讨论。

第二节　防火分区和防烟分区

一、安全分区的概念

当居住房间发生火灾时，作为室内人员的疏散通道，一般路线是经过走廊、楼梯间前

166

室、楼梯到达安全地点。把上述各部分用防火墙或防烟墙隔开，采取防火排烟措施，就可使室内人员在疏散过程得到良好的安全保护。室内疏散人员在从一个分区向另一个分区移动中需要花费一定的时间，因此，移动次数越多，就越要有足够的安全性。在图 6-1 所示的分区中，走廊是第一安全分区，楼梯间前室是第二安全分区，楼梯是第三安全分区。安全分区之间的墙壁，应采用气密性高的防火墙或防烟墙，墙上的门应采用防火门，图 6-2 是一个防烟安全设计的实例。

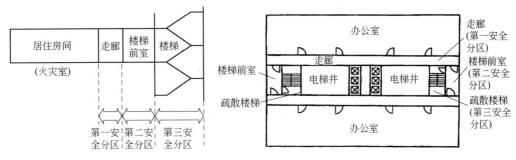

图 6-1　防烟安全分区概念　　　　　　　　图 6-2　防烟安全设计实例

二、防火分区和防烟分区

为了在火灾发生时，阻止火势、烟气的蔓延和扩散，便于消防人员的灭火和扑救，建筑设计时需要根据安全分区的概念进行防火和防烟分区，把建筑物划分为若干个防火、防烟单元，把火势和烟气控制在一定的范围内，减少火灾造成的危害。

1. 防火分区

防火分区是指在建筑内部采用防火墙、楼板及其他防火设施分隔而成，能在一定时间内防止火灾向同一建筑的其余部分蔓延的局部空间。我国《建筑设计防火规范》GB 50016—2014 对不同类别的民用建筑给出了每个防火分区最大允许面积。如果防火分区内设有自动灭火设备，防火分区的面积可增加一倍。

高层建筑的竖直方向通常每层划分为一个防火分区，以楼板为分隔。对于在两层或多层之间设有各种开口，如设有开敞楼梯、自动扶梯的建筑，应把连通部分作为一个竖向防火分区的整体考虑，且连通部分各层面积之和不应超过规范允许的防火分区的面积。

2. 防烟分区

火灾发生时，为了控制烟气的流动和蔓延，保证人员疏散和消防扑救的工作通道，需要对建筑进行防烟分区划分，且防烟分区的划分不能跨越防火分区。

防烟分区是指在建筑内部采用挡烟垂壁（图 6-3a）、结构梁（图 6-3b）及隔墙等分隔划分，能在一定时间内阻止火灾烟气向同一防火分区的其余部分蔓延的局部空间。我国《建筑防烟排烟系统技术标准》GB 51251—2017 对不同类别民用建筑防烟分区的划分要求和每个防烟分区的最大允许面积做出了具体的规定。

在防火防烟分区的划分中，还应当根据建筑物的具体情况，从防火防烟的角度把建筑物中不同用途的部分划分开。特别是高层建筑中空调系统的管道，火灾发生时容易成为烟气扩散的通道，在开始进行设计时就要考虑尽量不要让空调管道穿越防火防烟分区。图 6-4 是某百货大楼在进行空调系统的设计中，把采用顶棚送风的空调系统与防烟分区一起考虑的示意图。

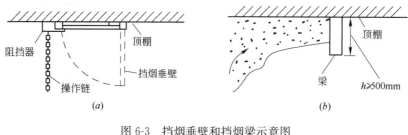

图 6-3　挡烟垂壁和挡烟梁示意图

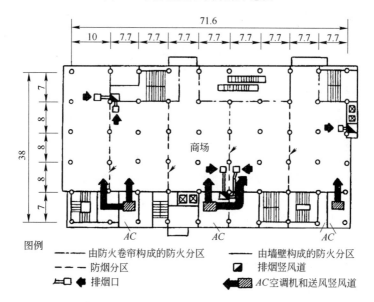

图 6-4　防火防烟分区与空调系统结合布置示意图（尺寸单位：m）

第三节　民用建筑的自然排烟

一、自然排烟原理

自然排烟是利用风压和热压作动力的排烟方式。自然排烟由于具有结构简单、不需要电源和复杂的机械装置、运行可靠性高、平常可用于建筑物的通风换气等优点，国家规范《建筑防烟排烟系统技术标准》对宜采用自然排烟的场所和要求做了详细规定。

为了保证在火灾发生时人员疏散和消防扑救工作的需要，高层建筑的防烟楼梯间和消防电梯间应设置前室或合用前室，目的是：（1）阻挡烟气直接进入防烟楼梯间或消防电梯间；（2）作为疏散人员的临时避难场所；（3）降低建筑物竖向通道产生的烟囱效应，以减小烟气在垂直方向的蔓延速度；（4）作为消防人员去着火层开展扑救工作的起始点和安全区。

自然排烟方式的主要缺点是排烟效果受风压、热压等因素的影响，排烟效果不稳定，设计不当时会适得其反。因此，要使自然排烟设计能够达到预期的防灾减灾的目的，需要对影响自然排烟的主要因素以及在自然排烟设计中如何减小和利用这些影响因素有所了解。

（一）烟气的扩散机理

所谓烟气，是指物质在不完全燃烧时产生的固体及液体粒子在空气中的浮游状态。物质燃烧产生的烟气，由于受热膨胀作用，以及与周围空气的密度差，产生上升的浮力，升到建筑的水平阻挡物后改变方向，沿水平方向扩散，这时，烟气的温度如果不下降，高温烟气与周围空气就明显地形成分离的两层。但是在一般情况下，烟气与周围壁面接触而冷却，加上冷空气的掺混，烟气温度下降并被稀释。由于各种因素的影响，烟气的扩散速度大致为：

水平方向在火灾初期的熏烧阶段为自然扩散，$v=0.1\mathrm{m/s}$，起火阶段为对流扩散，$v=0.3\sim0.8\mathrm{m/s}$；垂直方向在楼梯井等竖向通道的扩散，$v=3\sim4\mathrm{m/s}$。

（二）烟气流动的主要影响因素

建筑中影响烟气流动的主要因素有风压、热压、浮力、膨胀和通风空调系统等。火灾发生时，烟气的流动通常是这些驱动力综合作用的结果。

1. 风压

风压是指风吹到建筑物的外表面时，由于空气流动受阻，速度减小，部分动能转变为静压时产生的压力。在迎风面，室外压力大于室内压力；在背风面，由于空气绕流作用的影响，产生负压区，室外压力小于室内压力，空气从室内向室外渗透。风压的大小可表示为：

$$P_{\mathrm{w}} = C_{\mathrm{K}} \frac{\rho_{\mathrm{w}} v_{\mathrm{w}}^2}{2} \tag{6-1}$$

式中　P_{w}——风压（Pa）；

　　　C_{K}——风压系数；

　　　ρ_{w}——室外空气密度（$\mathrm{kg/m^3}$）；

　　　v_{w}——室外平均风速（m/s）。

由于地表面摩擦的作用，地面附近的风速是随着距离地面高度的增加而增大，只有在距离地面 $300\sim500\mathrm{m}$ 以上的高空，风才不受地表面摩擦的影响，室外平均风速沿高度的变化可用下面的指数函数表示：

$$\frac{v_{\mathrm{w}}}{v_0} = \left(\frac{h}{h_0}\right)^{\alpha} \tag{6-2}$$

式中　h_0——基准高度，一般取 $h_0=10\mathrm{m}$；

　　　v_0——基准风速，基准高度下的室外平均风速（m/s）；

　　　h——计算高度（m）；

　　　v_{w}——计算风速，计算高度下的室外平均风速（m/s）；

　　　α——反映地面粗糙度的指数，可按表 6-2 选取。

地面粗糙度指数　　　　　　　　　　　　　　表 6-2

	海　　面	开阔平原	森林或街道	城市中心
$1/\alpha$	$8\sim10$	$6\sim8$	4	3

风压系数通常是用风洞或现场实测的方法确定。研究表明：在同样的风速风向条件下，高度不同，面积大小不一的建筑物，其表面风压分布情况也不相同。在正向风力作用

下，建筑物表面风压分布的大致情况是：（1）迎风面上除了两侧端和顶端外，风压为正，其中在迎风面的中间偏上最大。在角隅附近的一个狭窄条形区域内为负，这是因为风从角隅区流过时，风速突然增大所造成；（2）建筑物的背风面都为负压，且分布较均匀。图6-5是独立建筑在几种情况下，建筑物表面上风压系数的分布情况。

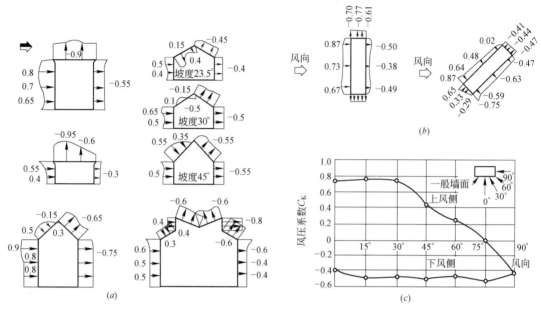

图 6-5　独立建筑物表面上的风压系数

（a）剖面分布；（b）平面分布；（c）一般墙面风压系数

当建筑物周围有其他遮挡物时，建筑物表面上的风压分布将发生变化，主要反映在：（1）迎风面上的正压和背风面上的负压都将减小，遮挡建筑物越高，被遮挡建筑物表面上的风压系数减小的越多；（2）被遮挡建筑物在迎风面下部受遮挡的影响较大，但在背风面，被遮挡建筑物表面上风压系数沿整个建筑高度上的分布比较均匀；（3）遮挡建筑与被遮挡建筑物之间的距离，在8倍以上建筑物宽度时，遮挡建筑对被遮挡建筑物上风压分布的影响基本消失。

由于室外平均风速沿高度呈指数函数增加，因此，建筑上部受到的风压要比下部大。火灾发生时，失火房间的窗户往往会因室内空气受热膨胀而破裂，如果窗户在建筑物的背风面，风形成的负压会使烟气从失火房间的窗户排向室外，大大地减少烟气在整个建筑物中的流动和扩散。反之，如果破裂的窗户处于建筑物的迎风面，风的作用会使烟气迅速地扩散到整个失火楼层，甚至把它吹到其他的楼层中去。

2. 热压

当建筑物里的温度高于室外空气温度时，在建筑物的竖井中（如楼梯井，电梯井，设备管道井等竖向通道）有股热空气上升，就像烟囱中的烟气上升一样。这种现象是由室内外空气的密度差和空气柱的高度所产生的作用力所造成，称为热压或烟囱效应，热压作用随着室内外温差和竖井高度的增加而增大。

对于一栋实际的建筑物来说，存在着楼板、内门、内墙等结构对空气流动的阻隔作用，使热压在建筑物上的分布如图6-6所示。这时，在室外和竖井空气温度差产生的热压作用下，中和面以下的楼层，室外空气通过外门窗进入房间，然后通过内门进入走廊到梯井，$P_o > P_n > P_s$；对于中和面以上的楼层，竖井中的空气通过内门等进入房间，然后通过外门窗的缝隙排到室外，$P_o < P_n < P_s$，房间的压力分布线位于室外压力线和竖井压力线之间。在热压作用下，建筑中某一层室内外渗风压差 ΔP_{on} 可表示为：

$$\Delta P_{on} = C_r (H_z - h)(\rho_w - \rho_s)g \tag{6-3}$$

式中　ΔP_{on}——外门窗两侧空气的压力差（Pa）；

$\quad\quad \rho_w$——室外空气的密度（kg/m³）；

$\quad\quad \rho_s$——梯井空气的密度（kg/m³）；

$\quad\quad h$——计算楼层距地面的高度（m）；

$\quad\quad H_z$——热压作用下中和面的高度（m），约在建筑高度的二分之一处；

$\quad\quad C_r$——热压系数，是外门窗两侧的实际压差与理论热压的比值，与门窗缝隙的严密性情况有关。办公楼型建筑的热压系数在 0.4～0.8 之间，住宅楼的热压系数约为 0.2。

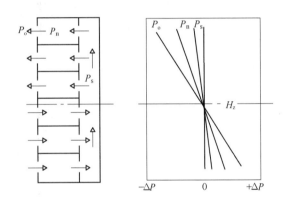

图 6-6　建筑物在热压作用下的压力分布

3. 风压和热压的综合作用

一般说来，建筑物总是受到风压和热压的共同作用，两者构成渗风的总压差。这时，建筑物围护结构上作用的压差将根据房间高度和风向的关系呈现不同的分布情况。在房间的迎风面上，要叠加一个正的风压，使中和面上移；而在房间的背风面上，则叠加了一个负的风压值，使中和面下降。如果忽略风速在高度上的变化，则根据风压和热压的相对大小，在建筑物的迎风面和背风面上可能出现的压力分布情况如图 6-7 所示。

从图中可知：（1）在迎风面，无论热压大还是小，都是下部渗入，上部渗出。但是当风压大得足以抵消热压的作用时，建筑物的整个迎风面上都是渗入；（2）在背风面，中和面下降，渗出风量最大在顶层，当风压很大时，建筑物的整个背风面上都是渗出。

由此可知，当建筑物的下部或迎风面房间发生火灾时，由于风压和热压的作用，火灾造成的危害性要比建筑物的上部或背风面房间失火所造成的危害大得多。

4. 通风空调系统

火灾发生时，空调系统风机提供的动力以及由竖向风道产生的烟囱效应会使烟气和火势沿着风道扩散，迅速蔓延到风道所能达到的地方，严重地影响自然排烟的效果，造成严重的人员伤亡和财产损失。因此，建筑中的通风空调系统必须采取防火防烟措施。在火灾发生时，可迅速地停止空调系统的运行和阻止烟气的扩散。

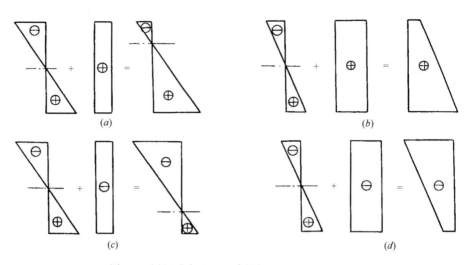

图 6-7 风压对中和面及建筑物上压差分布的影响

(*a*) 迎风面的热压大、风压小；(*b*) 迎风面的热压小、风压大；(*c*) 背风面的热压大、风压小；

(*d*) 背风面的热压小、风压大

二、建筑的自然排烟方式

建筑的自然排烟方式主要有以下两种：

1. 用建筑物的阳台、凹廊或在外墙上设置便于开启的外窗或排烟窗排烟

这是利用高温烟气产生的热压和浮力，以及室外风压造成的抽力，把火灾产生的高温烟气通过阳台、凹廊或在楼梯间外墙上设置外窗和排烟窗排至室外，这种自然排烟方式如图 6-8 所示。

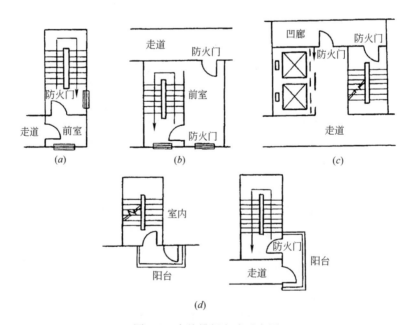

图 6-8 自然排烟方式示意图

(*a*) 靠外墙的防烟楼梯间及其前室；(*b*) 靠外墙的防烟楼梯间及其前室；

(*c*) 带凹廊的防烟楼梯间；(*d*) 带阳台的防烟楼梯间

采用自然排烟时，热压的作用较稳定，而风压因受风向、风速和周围遮挡物的影响，变化较大。当自然排烟口的位置处于建筑物的背风侧（负压区），烟气在热压和风压造成的抽力作用下，迅速排至室外。但自然排烟口如果位于建筑物的迎风侧（正压区），自然排烟的效果会视风压的大小而降低。当自然排烟口处的风压大于或等于热压时，烟气将无法从排烟口排至室外。因此，采用自然排烟方式时，应结合相邻建筑物对风的影响，将排烟口设在建筑物常年主导风向的负压区内。

从影响建筑烟气流动的风压和热压的分布特点可知，采用自然排烟的建筑前室或合用前室，如果在两个或两个以上不同朝向上有可开启的外窗（或自然排烟口），火灾发生时，通过有选择地打开建筑物背风面的外窗（或自然排烟口），则可利用风压产生的抽力获得较好的自然排烟效果，图6-9中是两个这样布置前室自然排烟外窗的建筑平面示意图。

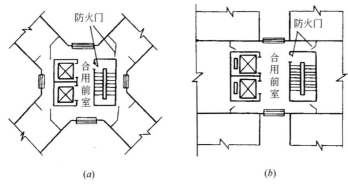

图 6-9 在多个朝向上有可开启外窗的前室示意图
(a) 四周有可开启外窗的前室；(b) 两个不同朝向有开启外窗的前室

2. 排烟竖井排烟

这是在建筑防烟楼梯间前室、消防电梯前室或合用前室设置专用的排烟竖井和进风竖井，利用火灾时室内外温差产生的浮力（热压）和室外风力的抽力进行排烟，其排烟原理如图6-10所示。

竖井排烟方式在着火层与排烟口的高差较大时有较好的排烟效果，其主要缺点是所需要的排烟竖井的断面较大。研究表明：采用竖井排烟时，前室排烟竖井的截面应当不小于 6m²（合用前室不小于 9m²），排烟口的开口面积不小于 4m²（合用前室不小于 6m²）；前室进风竖井的截面应当不小于 2m²（合用前室不小于 3m²），进风口面积不小于 1m²（合用前室不小于 1.5m²）。这种排烟方式由于需要两个断面很大的竖井，不但占用了较多的建筑面积，还给建筑设计布置造成较大的困难，因而在实际工程中用得较少。

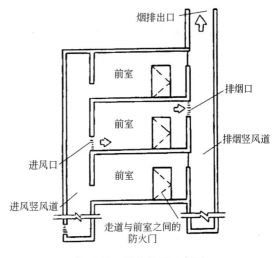

图 6-10 竖井排烟示意图

三、改善自然排烟效果的措施

自然排烟除了需要根据风压和热压的影响合理地设置自然排烟口位置外，在设计中，还需注意采取下面一些措施：

1. 自然排烟口应设在房间净高的 1/2 以上的外墙上，距顶棚或顶板下 800mm 以内，并应沿火灾烟气的气流方向开启。自然进风口则应设在房间净高的 1/2 以下的地方。自然排烟口宜分散均匀布置，每组排烟口（窗）的长度不宜大于 3m；设置在防火墙两侧的自然排烟窗之间最近边缘的水平距离不应小于 2m。

2. 防烟分区内自然排烟口（窗）的面积、数量、位置应按《建筑防烟排烟系统技术标准》的规定计算确定，且防烟分区内任一点与最近的自然排烟口（窗）之间的水平距离不应大于 30m。

3. 自然排烟口应设置手动开启装置。手动开启装置设置在距地面 1.3～1.5m 的地方。在净空高度较大的中庭和建筑面积较大的营业厅、展览厅、多功能厅等场所，还应设置集中手动开启装置和自动开启装置。

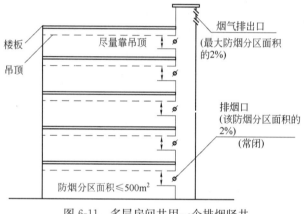

图 6-11　多层房间共用一个排烟竖井

4. 当多层房间共用一个自然排烟竖井时，排烟口的位置应尽量靠近吊顶设置，排烟口的面积不小于该防烟分区面积的 2%，排烟竖井烟气排出口的面积应不小于最大防烟分区面积的 2%。如图 6-11 所示。

5. 为了充分利用风压和热压的作用，排烟井的顶部可比建筑物最上层高一些，以增大热压的作用力，并且宜采用避风风帽增大竖井上部排烟口处负压的抽力。

6. 由于自然排烟不依赖排烟设备，应当根据所设计建筑物上的风压、热压分布情况，做好防火防烟分区的划分，确保疏散通道的安全。建筑设计时应考虑上下层房间的窗间墙有足够的高度，或设置遮檐以防火势在浮力作用下向上层蔓延。

7. 当采用前室的可开启外窗进行自然排烟时，为了防止烟气在热压作用下进入作为安全疏散通道的楼梯间，楼梯间也要设置可开启的外窗进行排烟。由于烟气比空气轻，为便于将烟气排出，排烟窗应当设置在各楼层的上方，并设有在下部开启排烟窗的装置。

8. 排烟口应当选用操作性能良好、复位简单的产品。

四、通风空调系统的防排烟措施

采用自然排烟的建筑中，为了保证自然排烟的效果，除了专门设计的防火排烟系统外，所有的通风空调系统都应当设置防火防烟措施，在火灾发生时及时停止风机运行和减小竖向风道所造成的热压对烟气的扩散作用。建筑中通风空调系统采取的防排烟措施主要有：

1. 通风空调系统横向应按每个防火分区设置，竖向不宜超过五层。竖向风管应设置在管井内，井壁为耐火极限大于 1h 的非燃烧材料。对于高度不超过 100m 的高层建筑，管道井应当每隔 2～3 层在楼板处用相当于楼板耐火极限的不燃烧体作防火隔断；高度超过 100m 的高层建筑，管道井应当在每层楼板处用相当于楼板耐火极限的不燃烧体作防火隔断，以减少热压对烟气的传播作用。

2. 通风空调系统的风管不宜穿过防火分区和变形缝，如必须穿越时，应在穿越防火分区隔墙和穿越防火分隔处的变形缝两侧的风管上装设 70℃时自动关闭的防火阀，穿越防火墙和变形缝的风管两侧 2m 范围内应采用不燃烧材料及其黏结剂。防火阀处应设置独立的支、吊架。防火墙与防火阀之间的风管用大于或等于 1.5mm 的厚钢板制作，以防受热变形，如图 6-12 所示。

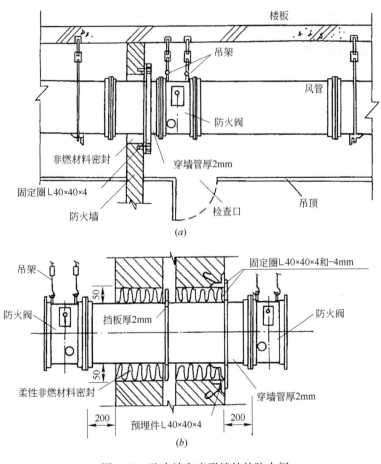

图 6-12　防火墙和变形缝处的防火阀
（a）防火墙处的防火阀；（b）变形缝处的防火阀

3. 厨房、浴室和厕所的排风管与竖向风道连接时，应采取防止回流的措施或者在支管上设置公称动作温度为 70℃的防火阀。防止回流通常有以下几种处理方法：

（1）增加各层垂直排风支管的高度，使各层排风支管穿过上面一层楼板后接入竖向风道，如图 6-13（a）所示；

（2）把竖向排风道分为大小两个管道，主排风道直上屋面，小风管分层与主排风道相接，如图 6-13（b）所示；

（3）把排风支管顺着气流方向插入竖向排风道，排风支管进口到出口的高度不小于

175

600mm，如图 6-13（c）所示；

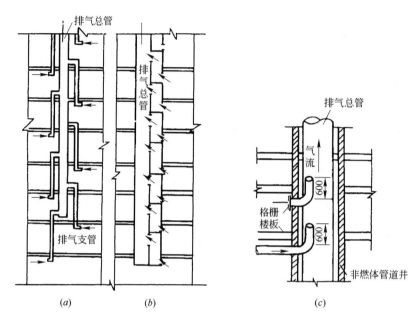

图 6-13　排风道防止回流的示意图

（4）在排风支管上安装止回阀。

公共建筑内厨房的排油烟管道宜按防火分区设置，且在与竖向排风管连接的支管处应设置公称动作温度为 150℃的防火阀。

4. 风管内设有电加热器时，电加热器的开关应与风机联锁控制，设置无风断电保护装置。电加热器前后各 0.8m 范围内的风管和穿过有高温、火源等容易起火房间的风管，均应采用不燃材料。

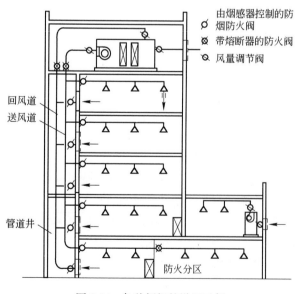

图 6-14　各种阀门的设置示例

5. 通风空调机房应与其他部分隔开，隔墙和楼板的耐火极限应分别大于 2h 和 3h，门应采用耐火极限不小于 1.25h 的甲级防火门。

6. 通风空调系统的风管、通风机等应采用非燃烧材料制作。保温和消声材料应采用非燃或难燃烧材料。

7. 通风空调系统的送、回风管，在穿越通风空调机房和火灾危险性较大房间的隔墙、楼板处，以及垂直风管与每层水平风管交接处的水平管段上，都应当设置 70℃时自动关闭的防火阀。各种阀门的设置情况如图 6-14 所示。

第四节 民用建筑的机械防烟

机械防烟是利用风机造成的气流和压力差来控制烟气流动的防烟技术。在火灾发生时用气流造成的压力差阻止烟气进入建筑的安全疏散通道内，以保证室内人员疏散和消防扑救的需要。实践表明，机械加压防烟技术具有系统简单、可靠性高、建筑设备投资比机械排烟系统少等优点，近年来在建筑的防排烟设计中得到了广泛应用。根据《建筑设计防火规范》规定：建筑的下列部位应设置防烟设施：①防烟楼梯间及其前室；②消防电梯前室或合用前室；③避难走道的前室、避难层（间）。

一、烟气控制原理

烟气控制是利用风机造成的气流和压力差结合建筑物的墙、楼板、门等挡烟物体来控制烟气的流动方向，其原理如图 6-15 所示。图 6-15（a）中的高压侧是避难区或疏散通道，低压侧则暴露在火灾生成的烟气中，两侧的压力差可阻止烟气从门周围的缝隙渗入高压侧。当门等阻挡烟气扩散的物体开启时，气流就会通过打开的门洞流动。如果气流速度较小，烟气将克服气流的阻挡进入避难区或疏散通道（图 6-15b）；如果气流速度足够大的话，就可防止烟气的倒流（图 6-15c）。

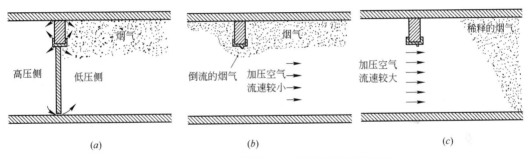

图 6-15　用风机造成的气流和压力差隔烟示意图
（a）隔烟幕墙上的门关闭；（b）隔烟幕墙上的门开启，空气流速较小；（c）隔烟幕墙上的门开启，空气流速较大

由于烟气控制是利用风机造成的气流速度和压力差来防烟，它具有以下优点：

（1）不依靠挡烟物体的严密性，对通过挡烟物体的合理渗透，可在设计中留有余地。

（2）可较好地对付热压、风压和浮力的影响。因为，如果没有烟气控制措施，这些作用力就会使烟气通过渗漏途径流动到建筑中的任何地方。

（3）可利用气流来阻挡开敞门洞处的烟气流。在人员疏散和火灾扑救期间，挡烟幕墙上的门是打开的，如果没有烟气控制措施，烟气就会通过这些开启的门洞扩散到建筑中的其他地方。

根据烟气控制原理，建筑物的烟气控制方式有机械排烟自然进风、机械排烟机械送风、机械加压送风等方式。

二、机械加压送风系统

（一）加压送风方式

在各种烟气控制方法中，应用最广泛的是机械加压送风方式。它通常用于与外墙不相邻的防烟楼梯间及其前室、消防电梯间及其前室或合用前室的防烟。《建筑防烟排烟系统技术标准》对各种需要设置机械加压送风的场合做了具体的规定。其中对于建筑高度大于50m的公共建筑、工业建筑和建筑高度大于100m的住宅建筑，其防烟楼梯间、独立前室、共用前室、合用前室及消防电梯前室应采用机械加压送风系统；对于建筑高度小于或等于50m的公共建筑、工业建筑和建筑高度小于或等于100m的住宅建筑，其防烟楼梯间、独立前室、共用前室、合用前室当不能设置自然通风系统时，应采用机械加压送风系统。

机械加压送风的主要优点是：

（1）防烟楼梯间、消防电梯前室或合用前室处于正压状态，可避免烟气的侵入，为人员疏散和消防人员扑救提供了安全区。

（2）如果在走廊等处设置机械排烟口，可产生有利的气流流动形式，阻止火势和烟气向疏散通道扩散。

（3）防烟方式较简单、操作方便、可靠性高。国内外的研究和实践表明，它是建筑很有效的防烟方式之一。建筑中常用的一些机械加压送风方式如图6-16所示。

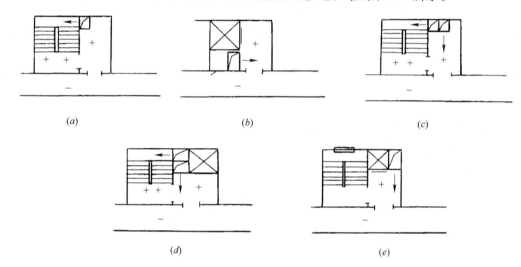

图6-16　机械加压送风方式示意图（图中"＋"、"＋＋"、"－"表示各部位静压力的大小）

图6-16（a）是仅对防烟楼梯间加压送风、前室不加压送风的情况；图6-16（b）是仅对消防电梯前室加压送风的情况；图6-16（c）是对防烟楼梯间及其前室分别加压送风的情况；图6-16（d）是对防烟楼梯间及有消防电梯的合用前室分别加压送风；图6-16（e）是当防烟楼梯间具有自然排烟条件时仅对前室或合用前室加压送风的情形。

进行机械加压送风系统设计时，需要注意以下问题：

（1）防烟楼梯间采用独立前室且其仅有一个门与走道或房间相通时，可仅在楼梯间设置机械加压送风系统；当独立前室有多个门时，楼梯间、独立前室应分别设置机械加压送风系统。

当采用合用前室时，由于在机械加压送风期间，防烟楼梯间和合用前室所要求维持的正压不同，宜分别设置独立的加压送风系统。采用剪刀楼梯时，两个楼梯间及其前室的机械加压送风系统应分别独立设置。

设置机械加压送风系统的楼梯间的地上部分与地下部分，其机械加压送风系统应分别独立设置。当受建筑条件限制采用共用系统时，应符合《建筑防烟排烟系统技术标准》的有关规定。

（2）防烟楼梯间的加压送风口宜每隔 2～3 层设一个常开式百叶送风口，以便使楼梯井内的压力分布较均匀；前室、合用前室应每层设一个常闭式加压送风口，风口风速不宜大于 7m/s。风口应设置手动和自动开启装置，与加压送风机的启动装置连锁。

（3）加压风机的全压等于风道系统的阻力损失加上正压差值。正压差的取值范围是：防烟楼梯间与走道之间的压差为 40～50Pa，前室、合用前室、消防电梯间前室、封闭式避难层（间）与走道之间的压差为 25～30Pa。当系统余压值超过最大允许压力差时应采取泄压措施。最大允许压力差应按照《建筑防烟排烟系统技术标准》要求计算确定。为了防止楼梯间内因加压不均匀或加压压力过大时，造成开门困难的情况，楼梯间每隔几层宜设置余压阀减压。

（4）机械加压送风的风机宜采用轴流风机或中、低压离心风机。送风机的进风口宜直通室外，应设在机械加压送风系统的下部和采取防止烟气侵袭的措施。

（5）机械加压送风机应设置在专用机房内。机房应符合《建筑设计防火规范》的有关规定。当送风机出风管或进风管上安装单向风阀或电动风阀时，应采取火灾时阀门自动开启的措施。

（6）设置机械加压送风系统的封闭楼梯间、防烟楼梯间应在其顶部设置不小于 1m² 固定窗。靠外墙的防烟楼梯间，应在其外墙上每 5 层内设置总面积不小于 2m² 固定窗。

送风机的进风口不应与排烟风机的出风口设在同一层面。当必须设在同一层面时，送风机的进风口与排烟风机的出风口应分开布置。竖向布置时，送风机的进风口应设置在排烟机出风口的下方，其两者边缘最小垂直距离不应小于 6m；水平布置时，两者边缘最小水平距离不应小于 20m。

（7）机械加压系统应采用管道送风，不应采用土建风道。送风管道采用不燃材料制作，内壁要光滑，当送风管道内壁为金属时，设计风速不应大于 20m/s；当送风管道内壁为非金属时，设计风速不应大于 15m/s。管道的厚度、设置方式和耐火极限等要求应符合现行国家标准《建筑防烟排烟系统技术标准》和《通风与空调工程施工质量验收规范》的有关规定。

（二）机械加压送风量

《建筑防烟排烟系统技术标准》对于防烟楼梯间、前室的机械加压送风量的计算方法进行了详细的介绍。防烟楼梯间、前室的机械加压送风的风量应由计算确定。

需要注意的是，当机械加压送风系统负担的建筑高度大于 24m 时，用计算方法得出的加压送风量还应当满足表 6-3～表 6-6 中规范规定的风量要求，应按两者中的较大值确定。

消防电梯前室加压送风的计算风量 表 6-3

系统负担高度 h(m)	加压送风量（m³/h）
$24<h\leqslant50$	35400～36900
$50<h\leqslant100$	37100～40200

楼梯间自然通风，独立前室、合用前室加压送风的计算风量 表 6-4

系统负担高度 h(m)	加压送风量（m³/h）
$24<h\leqslant50$	42400～44700
$50<h\leqslant100$	45000～48600

系统负担高度 h(m)	加压送风量（m^3/h）
$24 < h \leqslant 50$	36100～39200
$50 < h \leqslant 100$	39600～45800

防烟楼梯间及独立前室、合用前室分别加压送风的计算风量　　表 6-6

系统负担高度 h(m)	送风部位	加压送风量（m^3/h）
$24 < h \leqslant 50$	楼梯间	25300～27500
	独立前室、合用前室	24800～25800
$50 < h \leqslant 100$	楼梯间	27800～32200
	独立前室、合用前室	26000～28100

注：1. 表 6-3 至表 6-6 的风量按开启 2.0m×1.6m 的双扇门确定。当采用单扇门时，其风量可乘以 0.75 系数计算。
　　2. 表中风量按开启着火层及其上下两层，共开启三层的风量计算。
　　3. 表中风量的选取应按建筑高度或层数、风道材料、防火门漏风量等因素综合确定。

第五节　民用建筑的机械排烟

一、机械排烟系统的特点和设置场合

机械排烟就是使用排烟风机进行强制排烟、以确保疏散时间和疏散通道安全的排烟方式。机械排烟可分为局部排烟和集中排烟两种方式。局部排烟是在每个房间内设置排烟风机进行排烟，适用于不能设置竖向风道的空间或旧建筑。集中排烟是将建筑物分为若干个区域，在每个分区内设置排烟风机，通过排烟风道排出各房间内的烟气。通常，对于重要的疏散通道必须排烟，以便在火灾发生时保证对疏散时间和疏散通道安全的要求。

根据《建筑设计防火规范》的规定，民用建筑的下列部位应设置机械排烟设施：

（1）设置在一、二、三层且房间建筑面积大于 $100m^2$ 的歌舞娱乐放映游艺场所和设置在四层及以上楼层、地下或半地下的歌舞娱乐放映游艺场所；（2）中庭；（3）公共建筑内面积大于 $100m^2$，且经常有人停留的地上房间；（4）公共建筑内面积大于 $300m^2$ 且可燃物较多的地上房间；（5）建筑内长度大于 20m 的疏散走道；（6）各房间总面积超过 $200m^2$ 或一个房间面积超过 $50m^2$，且经常有人停留或可燃物较多的地下或半地下建筑（室）。

机械排烟的主要优点是：①不受排烟风道内温度的影响，性能稳定；②受风压的影响小；③排烟风道断面小、可节省建筑空间。主要缺点是：①设备要耐高温；②需要有备用电源；③管理和维修复杂。

二、机械排烟系统

1. 走道和房间的机械排烟系统

（1）走道和房间机械排烟系统的布置

进行机械排烟设计时，需要根据建筑面积的大小，水平或垂直分为若干个区域或系统。走道的机械排烟系统宜竖向布置；房间的机械排烟系统按防烟分区设置。当建筑的机械排烟系统沿水平方向布置时，每个防火分区的机械排烟系统应独立设置。面积较大、走道较长的走道排烟系统，可在每个防烟分区设置几个排烟系统，并将竖向风道布置在几处，以便缩短水平风道，提高排烟效果，如图 6-17 所示。对于房间排烟系统，当需要排

烟的房间较多且竖式布置有困难时，可采用如图6-18所示的水平式布置。

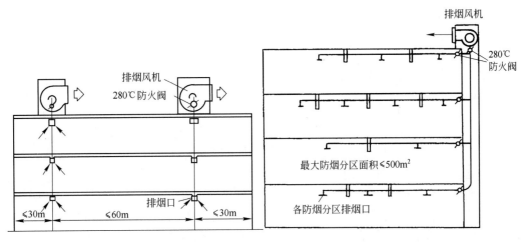

图 6-17 竖式布置的走廊排烟系统　　　图 6-18 水平布置的房间排烟系统

在高层或超高层建筑中，若把竖向排烟风道作为一个系统，由于烟囱效应，风机有超负荷的危险。因此，这时需要沿竖向分为几个排烟系统。排烟风机应设在各个排烟系统最高排烟口的上部，并位于防火分区的机房里。

（2）走道和房间的排烟量

每个机械排烟系统的排烟量与所负担的防烟分区数量有关。《建筑防烟排烟系统技术标准》规定除中庭外，对于建筑空间净高小于等于 6m 的场所，每个防烟分区排烟量不小于 60m³/(h·m²)，且不小于 15000m³/h；对于公共建筑、工业建筑中空间净高大于 6m 的场所，每个防烟分区的排烟量应按照规范要求计算确定，且不应小于表 6-7 中的数值。

公共建筑、工业建筑中空间净高大于 6m 场所的计算排烟量　　　表 6-7

空间净高 （m）	办公、学校 （×10⁴m³/h）		商店、展览 （×10⁴m³/h）		厂房、其他公共建筑 （×10⁴m³/h）		仓库 （×10⁴m³/h）	
	无喷淋	有喷淋	无喷淋	有喷淋	无喷淋	有喷淋	无喷淋	有喷淋
6.0	12.2	5.2	17.6	7.8	15.0	7.0	30.1	9.3
7.0	13.9	6.3	19.6	9.1	16.8	8.2	32.8	10.8
8.0	15.8	7.4	21.8	10.6	18.9	9.6	35.4	12.4
9.0	17.8	8.7	24.2	12.2	21.1	11.1	38.5	14.2

当公共建筑仅需在走道或回廊设置排烟时，机械排烟量不应小于 13000m³/h；当公共建筑室内与走道或回廊均需设置排烟时，其走道或回廊的机械排烟量可按 60m³/(h·m²) 计算，且不应小于 13000m³/h。

当一个排烟系统担负多个防烟分区排烟时，《建筑防烟排烟系统技术标准》规定。

① 当系统负担具有相同净高场所时，对于建筑空间净高大于 6m 的场所，应按最大一个防烟分区的排烟量计算；对于建筑空间净高为 6m 及以下的场所，应按任意两个相邻防烟分区的排烟量之和的最大值计算；

② 当系统负担具有不同净高场所时，应采用上述方法对系统中每个场所所需的排烟量进行计算，并取其中的最大值作为系统排烟量。

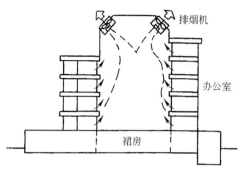

图 6-19 中庭的机械排烟示意图

2. 中庭的机械排烟

中庭是指与两层或两层以上的楼层相通且顶部是封闭的筒体空间。火灾发生时，通过在中庭上部设置的排烟风机，把中庭作为失火楼层的一个大的排烟通道排烟，并使失火楼层保持负压，可以有效地控制烟气和火灾，如图 6-19 所示。

中庭的机械排烟口应设在中庭的顶棚上或靠近中庭顶棚的集烟区。排烟口的最低标高应当位于中庭最高部分门洞的上边。

当中庭周围场所设有排烟系统时，中庭的机械排烟量应按周围场所防烟分区中最大排烟量的 2 倍数值计算，且不应小于 107000m³/h。当中庭周围仅需在回廊设置机械排烟时，回廊的机械排烟量不应小于 13000m³/h，中庭的机械排烟量不应小于 40000m³/h。

3. 机械排烟的补风系统

为了有效地排烟，应当设置补给空气的通道。《建筑防烟排烟系统技术标准》规定：除地上建筑的走道或建筑面积小于 500m² 的房间外，机械排烟系统应设置补风系统。补风系统应直接从室外引入空气，补风量按不小于排烟量的 50％ 确定。

补风系统可采用疏散外门、手动或自动可开启外窗等自然进风方式以及机械送风方式。补风口与排烟口设置在同一空间内相邻的防烟分区时，补风口位置不限；当补风口与排烟口设置在同一防烟分区时，补风口应设在储烟仓下沿以下，补风口与排烟口水平距离不应少于 5m。

排烟区域所需的补风系统应与排烟系统联动开闭。机械补风口的风速不宜大于 10m/s，人员密集场所补风口的风速不宜大于 5m/s；自然补风口的风速不宜大于 3m/s。补风管道耐火极限不应低于 0.5h，当补风管道跨越防火分区时，管道的耐火极限不应小于 1.5h，补风机应设置在专用机房内。

三、机械排烟设计中需注意的问题

在进行机械排烟设计时，还需要注意下列一些事项：

（1）机械排烟系统横向应按每个防火分区独立设置。建筑高度超过 100m 的高层建筑，排烟系统应竖向分段独立设置，且公共建筑每段高度不应超过 50m，住宅建筑每段高度不应超过 100m。

（2）机械排烟系统的排烟口宜设置在顶棚或靠近顶棚的墙壁上，距该防烟分区最远点的水平距离不应超过 30m。这里的水平距离是指烟气流动路线的水平长度，房间和走道排烟口至防烟分区最远点的水平距离如图 6-20 所示。

排烟口的设置应使烟流方向与人员疏散方向相反，如图 6-21 所示。排烟口与附近安全出口相邻边缘之间的水平距离不应小于 1.5m。排烟口允许的最大排烟量、排风风速及其他具体的设置要求应满足《建筑防烟排烟系统技术标准》规定。

（3）排烟口平时关闭，当火灾发生时由火灾自动报警系统联动开启排烟区域的排烟阀或排烟口。排烟口应设有手动和自动控制装置，手动开关应设置在距地面 0.8～1.5m 的地方。

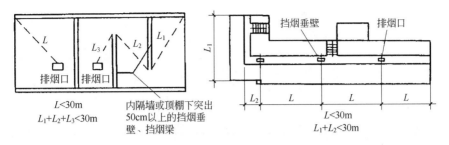

图 6-20　房间、走道排烟口至防烟分区最远点水平距离示意图

图 6-21　走道排烟口与楼梯疏散口的位置
→→烟气方向；→人流方向
(a) 好；(b) 不好

为了在火灾发生时有效的排烟，在设置机械排烟系统建筑的外墙或屋顶应设置固定窗。固定窗的设置场合、位置和要求应符合《建筑防烟排烟系统技术标准》的规定。

（4）机械排烟系统宜单独设置，有条件时可与平时的通风排气系统合用，但必须采取可靠的防火安全措施，并应符合排烟系统的要求。机械排烟系统的下列部位应设置排烟防火阀：①垂直风管与每层水平风管交接处的水平管段上；②一个排烟系统负担多个防烟分区的排烟支管上；③排烟风机入口处；④穿越防火分区处。

（5）排烟风机应设置在专用机房内，应符合《建筑设计防火规范》的有关规定。机房宜位于排烟系统的最高处，烟气出口宜朝上，并应高于加压送风机和补风机的进风口，两者垂直距离或水平距离应符合《建筑防烟排烟系统技术标准》的规定。对于排烟系统与通风空调系统共用的系统，其排烟风机与排风风机的合用机房，应符合《建筑防烟排烟系统技术标准》的设置要求。

（6）排烟风机可采用离心式或轴流排烟风机，应保证在 280℃ 时能连续工作 30min。排烟风机应当在风机入口处设置与排烟风机联锁的排烟防火阀，当排烟防火阀关闭时，排烟风机应能停止运转。

（7）机械排烟系统应采用管道排烟，不应采用土建风道。排烟管道采用不燃材料制作，内壁光滑。排烟管道的厚度、设计风速、设置方式和耐火极限等要求应符合现行国家标准《建筑防烟排烟系统技术标准》和《通风与空调工程施工质量验收规范》的有关规定。

复 习 思 考 题

6-1　在民用建筑中，影响烟气流动的因素有哪些？

6-2　什么是防火分区和防烟分区？两者有什么异同点？为什么要引入防烟安全分区的概念？

6-3　建筑防火分区和防烟分区的划分有什么不同？

第七章 空 气 调 节

空气调节是一门采用人工方法，创造和保持满足一定温度、相对湿度、洁净度、气流速度等参数要求的室内空气环境的科学技术。随着现代科学技术的发展，空调技术在精密机械及仪器制造业、电子和集成电路的生产工艺、制药、印刷、纺织等行业对工业生产过程的稳定运行和保证产品的质量具有重要作用。此外，空调技术对于改善室内空气品质，提高劳动生产率，保护人体健康，创造舒适健康的工作和生活环境，提高人们的物质文化生活水平等方面都具有重要的作用。

第一节 空调系统的组成和分类

一、空调系统的组成

空调系统是指需要采用空调技术来实现的具有一定温、湿度等参数要求的室内空间及所使用的各种设备的总称，它通常由以下几部分组成：

1. 工作区（也称为空调区）

通常指距地面 2m、离墙面 0.5m 以内的空间。在此空间内，应保持所要求的室内空气参数。

空调房间的温度和湿度要求，通常用空调基数和空调精度两组指标来规定。空调基数是指室内空气所要求的基准温度和基准相对湿度，空调精度是指在空调区内温度、相对湿度允许的波动范围。例如在温度 $t_N = 22 \pm 1℃$ 和相对湿度 $\phi_N = 50 \pm 10\%$ 中，22℃和55%是空调基数，$\pm 1℃$ 和 $\pm 10\%$ 是空调精度。

空调系统根据服务对象的不同，可分为工艺性空调和舒适性空调。工艺性空调是为工业生产或科研服务的空调，其室内空气计算参数主要是按照生产工艺或科学研究对工作区空气的温度、湿度、洁净度等参数的特殊要求确定，同时兼顾人体热舒适的要求。而舒适性空调的任务是创造一个舒适的室内空气环境，其室内空气计算参数主要是根据满足人体热舒适的需求确定，对空调精度没有严格的要求。

2. 空气的输送和分配设施

空气的输送和分配设施主要由送、回风机，送、回风管，送、回风口等设备组成。

3. 空气的处理设备

由各种对空气进行加热、冷却、加湿、减湿、净化等处理的设备组成。

4. 处理空气所需要的冷热源设备及冷热能量的输送和分配设施

处理空气的冷热源设备主要有锅炉房、冷冻站、冷水机组等生产冷、热量的设备。冷热能量的输送和分配设施由水泵、冷热水管道、阀门等设备组成。

二、空调系统的分类

随着空调技术的发展和新的空调设备的不断推出，空调系统的种类也在日益增多，使设计人员可根据空调对象的性质、用途、室内设计参数要求、运行能耗以及冷热源和建筑设计等方面的条件合理选用。空调系统的分类方法很多，如按空气处理设备的设置情况划分，可分为集中式、半集中式和分散式空调系统。

1. 集中式空调系统

集中式空调系统的特点是系统中所有的空气处理设备，包括风机、冷却器、加热器、加湿器、过滤器等都设置在一个集中的空调机房里，空气经过集中处理后，再送往各个空调房间。

2. 半集中式空调系统

半集中式空调系统的特点是除了设有集中的空调机房外，还设有分散在各个空调房间里的二次设备（又称为末端装置）来承担一部分冷热负荷。如一些办公楼、宾馆中采用的风机盘管系统就是一种半集中式空调系统。它是把空调机房集中处理的新风送入房间，与经过风机盘管处理的室内空气一起承担空调房间的热、湿负荷。

在半集中式空调系统中，空气处理所需的冷、热源也是由集中设置的冷冻站、锅炉房或热交换站供给。因此，集中式和半集中式空调系统又统称为中央空调系统。

3. 分散式空调系统（空调机组）

分散式空调系统又称为局部空调系统。它是把空气处理所需的冷热源、空气处理和输送设备、控制设备等集中设置在一个箱体内，组成一个紧凑的空调机组。可按照需要，灵活地设置在需要空调的地方。空调房间通常所使用的窗式和柜式空调机组就属于这类系统。

工程上，把空调机组安装在空调房间的邻室，使用少量风道与空调房间相连的系统也称为局部空调系统。

第二节　空调系统的冷源

一、空调系统的冷源

空调系统的冷源分为天然冷源和人工冷源。

天然冷源一般是指深井水、山涧水、温度较低的河水等。这些温度较低的天然水可直接用泵抽取供空调系统的喷水室、表冷器等空气处理设备使用，温度升高后的废水直接排入河道、下水道或用于小区的综合用水系统的管道。采用深井水做冷源时，为了防止地面下沉，需要采用深井回灌技术。

由于天然冷源往往难以获得，在实际工程中，主要是采用人工冷源。人工冷源是指使用制冷设备制取的冷量。空调系统采用人工冷源制取的冷冻水或冷风来处理空气时，制冷机是空调系统中耗能量最大的设备。

二、制冷机的类型

按照制冷设备所使用的能源类型的不同，制冷机可划分为压缩式制冷机、吸收式制冷机和蒸汽喷射式制冷机，它们的主要特性和用途如表 7-1 所示。

种 类		特 性 及 用 途	适宜的单机容量（kW）
压缩式	离心式	通过叶轮离心力作用吸入气体和对气体进行压缩。容量大、体积小、可实现多级压缩，以提高制冷效率和改善调节性能，适用于大容量的空调制冷系统	＞580
	螺杆式	通过转动的两个螺旋形转子相互啮合吸入气体和压缩气体。利用滑阀调节气缸的工作容积来调节负荷。转速高、允许的压缩比高、排气压力脉冲性小、容积效率高。适用于大、中型空调制冷系统和空气热源热泵系统	≤1160
	活塞式	通过活塞的往复运动吸入和压缩气体。适用于冷冻系统和中、小容量的空调制冷和热泵系统	＜580
吸收式	蒸汽热水式	利用蒸汽或热水作热源，以沸点不同但相互溶解的两种物质的溶液为工质，其中沸点高的物质作吸收剂，沸点低的物质作制冷剂。制冷剂在低压时吸收热量气化制冷；吸收剂吸收低温气态的制冷剂蒸汽，在升压加热后将蒸汽放出且将其冷却为高温高压的液体，形成制冷循环，在有废热和低位热源的场所应用较经济。适用于大、中型容量且冷水温度较高的空调制冷系统	170～3490
	直燃式	利用燃烧重油、煤气或天然气等作为热源。分为冷水和温水机组两种。制冷原理与蒸汽热水式相同。由于减少了中间环节的热能损失，效率提高。冷-温水机组可一机两用，节省机房面积	170～3490
蒸汽喷射式		以热能作动力，水作工质。当蒸汽在喷嘴中高速喷出时，在蒸发器中形成真空，水在其中汽化而实现制冷。适用于需要 10～20℃水温的工艺冷却和空调冷水的制取。由于制冷效率低、蒸汽和冷却水的耗量大以及运行中噪声大等原因，现已很少使用	170～2090

三、蒸气压缩式制冷的工作原理与设备

蒸气压缩式制冷是空调系统使用最多、应用最广的制冷方法，这里就其工作原理和主要设备做些简要介绍。

（一）蒸气压缩式制冷原理

蒸气压缩式制冷是利用液体气化时要吸收热量的物理特性来制取冷量，其原理如图 7-1 所示。

图 7-1 中，点划线外的部分是制冷段，贮液器中高温高压的液态制冷剂经膨胀阀降温降压后进入蒸发器，在蒸发器中吸收周围介质的热量气化后回到压缩机。同时，蒸发器周围的介质因失去热量，温度降低。

点划线内的部分称为液化段，其作用是使在蒸发器中吸热气化的低温低压气态制冷剂重新液化后用于制冷。方法是先用压缩机将其压缩为高温高压的气态制冷剂，然后在冷凝器中利用外界常温下的冷却剂（如水、空气等）将其冷却为高温高压的液态制冷剂，重新回到贮液器循环使用。

由此可见，蒸气压缩式制冷系统是通过制冷剂（如氨、氟利昂等）在如图 7-2 所示的压缩机、冷凝器、膨胀阀、蒸发器等热力设备中进行的压缩、放热、节流、吸热等热力过程，来实现一个完整的制冷循环。

（二）蒸气压缩式制冷循环的主要设备

1. 制冷压缩机

制冷压缩机的作用是从蒸发器中抽吸低温低压的气态制冷剂并将其压缩为高温高压的

气态制冷剂，以保证蒸发器中具有一定的蒸发压力和提高气态制冷剂的压力，以便使气态制冷剂在较高的冷凝温度下被冷却剂冷凝液化。

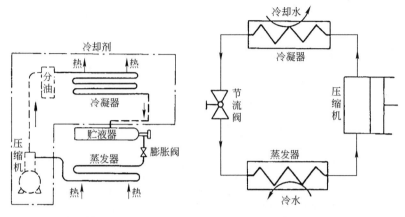

图 7-1　液体气化制冷原理示意图　　　图 7-2　蒸气压缩式制冷系统

制冷压缩机的形式很多，根据工作原理的不同，可分为容积式和离心式两类。

容积式制冷压缩机是靠改变工作腔的容积，把吸入的气态制冷剂压缩。活塞式压缩机、回转式压缩机、螺杆式压缩机等都属于容积式制冷压缩机。

离心式制冷压缩机是靠离心力的作用，连续地吸入气态制冷剂和对气态制冷剂进行压缩。

2. 冷凝器

冷凝器的作用是把压缩机排出的高温高压的气态制冷剂冷却并使其液化。根据所使用冷却介质的不同，可分为水冷冷凝器、风冷冷凝器、蒸发式和淋激式冷凝器等类型。

3. 节流装置

节流装置的作用是：（1）对高温高压液态制冷剂进行节流，使其降温降压，保证冷凝器和蒸发器之间的压力差，以便使蒸发器中的液态制冷剂在所要求的低温低压下吸热气化，制取冷量；（2）调整进入蒸发器的液态制冷剂的流量，以适应蒸发器热负荷的变化，使制冷装置更加有效地运行。

常用的节流装置有手动膨胀阀、浮球式膨胀阀、热力式膨胀阀和毛细管等。

4. 蒸发器

蒸发器的作用是使进入其中的低温低压液态制冷剂吸收周围介质（水、空气等）的热量气化，同时，蒸发器周围的介质因失去热量，温度降低。

（三）制冷剂、载冷剂和冷却剂

制冷剂是在制冷装置中进行制冷循环的工作物质。目前常用的制冷剂有氨、氟利昂等。

为了把制冷系统制取的冷量远距离输送到使用冷量的地方，需要有一种中间物质在蒸发器中冷却降温，然后再将所携带的冷量输送到其他地方使用。这种中间物质称为载冷剂。常用的载冷剂有水、盐水和空气等。

为了在冷凝器中把高温高压的气态制冷剂冷凝为高温高压的液态制冷剂，需要用温度较低的冷却物质带走气态制冷剂凝结时放出的热量，这种工作物质称为冷却剂。常用的冷却剂有水（如井水、河水、循环冷却水等）和空气等。

四、吸收式制冷的工作原理与设备

吸收式制冷和蒸气压缩式制冷一样，也是利用液体气化时吸收热量的物理特性进行制冷。所不同的是，蒸气压缩式制冷机使用电能制冷，而吸收式制冷机是使用热能制冷。吸收式制冷机的优点是可利用低位热源，在有废热和低位热源的场所应用较经济。此外，吸收式制冷机既可制冷，也可供热，在需要同时供冷、供热的场合可以一机两用，节省机房面积。

吸收式制冷机使用的工质是由两种沸点相差较大的物质组成的二元溶液，其中沸点低的物质作制冷剂，沸点高的物质作吸收剂，通常称为"工质对"。目前空调工程中使用较多的是溴化锂吸收式制冷机，它是采用溴化锂和水作为工质对。其中，水作制冷剂，溴化锂作吸收剂，只能制取 0℃以上的冷冻水。

吸收式制冷机的工作循环如图 7-3 所示，主要由发生器、冷凝器、节流阀、蒸发器、吸收器等设备组成。图中点划线外的部分是制冷剂循环，从发生器出来的高温高压的气态制冷剂在冷凝器中放热后凝结为高温高压的液态制冷剂，经节流阀降温降压后进入蒸发器。在蒸发器中，低温低压的液态制冷剂吸收被冷却介质的热量气化制冷，气化后的制冷剂返回吸收器，进入点划线内的吸收剂循环。

图 7-3 中点划线内的部分称为吸收剂循环。在吸收器中，从蒸发器来的低温低压的气态制冷剂被发生器来的浓度较高的液态吸收剂溶液吸收，形成制冷剂-吸收剂混合溶液，通过溶液泵加压后送入发生器。在发生器中，制冷剂-吸收剂混合溶液用外界提供的工作蒸汽加热，升温升压，其中沸点低的制冷剂吸热气化成高温高压的气态制冷剂，与沸点高的吸收剂溶液分离，进入冷凝器做制冷剂循环。发生器中剩下的浓度较高的液态吸收剂溶液则经调压阀减压后返回吸收器，再次吸收从蒸发器来的低温低压的气态制冷剂。

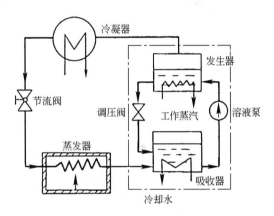

图 7-3　吸收式制冷系统

在整个吸收式制冷循环中，吸收器相当于压缩机的吸气侧，发生器相当于压缩机的排气侧，图中点划线内吸收器、溶液泵、发生器和调压阀的作用相当于压缩机，把制冷循环中的低温低压气态制冷剂压缩为高温高压气态制冷剂，使制冷剂蒸气完成从低温低压状态到高温高压状态的转变。

五、冷水机组

冷水机组是把整个制冷系统中的压缩机、冷凝器、蒸发器、节流阀等设备，以及电气控制设备组装在一起，为空调系统提供冷冻水的设备。冷水机组的类型众多，主要分为压缩式和吸收式两类。其中，压缩式冷水机组又可分为活塞式、离心式、螺杆式等类型。

近年来，空气源热泵式冷水机组得到了推广和应用，以解决不宜设置锅炉供热的建筑物在采用集中空调时的冷热源问题。冬季采用空气源热泵式冷水机组供热时，由于热泵循环的制热量随着室外空气温度的降低而减少，空气源热泵式冷水机组通常适用于冬季室外空气温度较高的地区。

冷水机组的主要特点是：

（1）结构紧凑，占地面积小，机组产品系列化，冷量可组合配套。便于设计选型，施工安装和维修操作方便；

（2）配备有完善的控制保护装置，运行安全；

（3）以水为载冷剂，可进行远距离输送分配和满足多个用户的需要；

（4）机组电气控制自动化，具有能量自动调节功能，便于运行节能。

第三节　空气调节系统

一、集中式空调系统

集中式空调系统属于全空气系统，它是一种最早出现的基本的空调方式。由于它服务的面积大，处理的空气量多，技术上也比较容易实现，现在仍然用得很广泛，特别是在恒温恒湿、洁净室等工艺性空调场合。

1. 集中式空调系统的组成

集中式系统的特点是所有的空气处理设备都设置在一个集中的空调机房里。空气处理所需的冷、热源由集中设置的冷冻站、锅炉房或热交换站供给，其组成如图 7-4 所示。

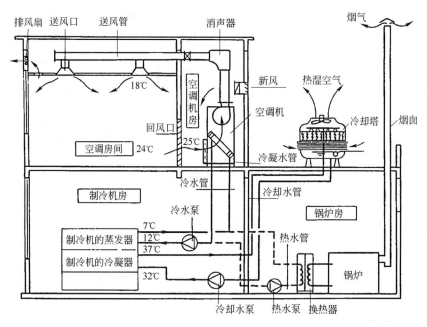

图 7-4　集中式空调系统示意图

2. 集中式空调系统的分类

集中式空调系统根据所使用的室外新风情况分为封闭式、直流式和混合式三种，如图 7-5 所示。

封闭式系统（图 7-5a）处理的空气全部来自室内，没有室外新鲜空气补充。这种系统冷、热耗量最少，但室内空气品质不好，卫生条件差。

直流式系统（图 7-5b）与封闭式系统相反，系统处理的空气全部来自室外的新鲜空气，送入空调房间吸收了室内的余热、余湿后全部排放到室外，适用于不允许采用回风的场合。这种系统的冷、热耗量最大，但卫生条件好。

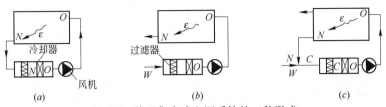

图 7-5　普通集中式空调系统的三种形式

（a）封闭式系统；（b）直流式系统；（c）混合式系统

N—室内空气；W—室外空气；C—混合空气；O—冷却器后的空气状态

在以上两种系统中，封闭式系统虽然因为冷、热耗量最少，经济，但不能满足卫生条件要求；直流式系统虽然卫生条件好，但因冷、热耗量很大，不经济。因而，两者都只是在特定的情况下使用。对于绝大多数空调系统，为了减少空调耗能和满足室内卫生条件要求，是使用部分回风和室外新风，这种系统称为混合式系统（图7-5c）。

3. 集中式空调系统的主要优缺点

集中式空调系统的主要优点是：

（1）空调设备集中设置在专门的空调机房里，管理维修方便，消声减振也比较容易；

（2）空调机房可以使用较差的建筑面积，如地下室、屋顶间等；

（3）可根据季节变化调节空调系统的新风量，节约运行费用；

（4）使用寿命长，初投资和运行费比较小。

集中式空调系统的主要缺点是：

（1）用空气作为输送冷热量的介质，需要的风量大，风道又粗又长，占用建筑空间较多，施工安装工作量大，工期长；

（2）一个系统只能处理出一种送风状态的空气，当各房间的热、湿负荷的变化规律差别较大时，不便于运行调节；

（3）当只有部分房间需要空调时，仍然要开启整个空调系统，造成能量上的浪费。

从上面的阐述可知，当空调系统的服务面积大，各房间热湿负荷的变化规律相近，各房间使用时间比较一致的场合，采用集中式空调系统较合适。

二、风机盘管空调系统

集中式空调系统由于具有系统大、风道粗、占用建筑面积和空间较多、系统的灵活性差等缺点，在许多民用建筑，特别是高层民用建筑的应用中受到限制。风机盘管空调系统就是为了克服集中式空调系统这些不足而发展起来的一种半集中式空调系统。它的冷、热媒是集中供给，新风可单独处理和供给，采用水作输送冷热量的介质，具有占用建筑空间少，运行调节方便等优点，近年来得到了广泛的应用。

1. 风机盘管

风机盘管是由风机和表面式热交换器组成，其构造如图7-6所示。由于机组负担大部分室内负荷，盘管的容量较大（一般3～4排），而且通常都是采用湿工况运行。

风机盘管采用的电机多为单向电容调速电机，通过调节输入电压改变风机转速，使通过机组盘管的风量分为高、中、低3档，达到调节冷热量的目的。风机盘管除了采用风量调节外，还在风机盘管的回水管上安装电动二通（或三通）阀，通过室温控制器的控制，调节电动阀的开度、改变进入盘管的水量或水温来调节空调房间的温湿度。

风机盘管有立式、卧式等形式，具有净化消毒等功能的新的风机盘管形式还在不断地发展推出。近年来开发的具有可接风管的高余压风机盘管推出，使风机盘管应用更为灵活方便。

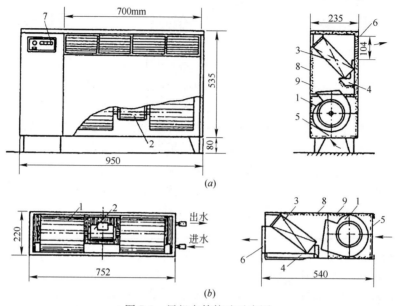

图 7-6　风机盘管构造示意图

（a）立式；（b）卧式

1—风机；2—电机；3—盘管；4—凝结水盘；5—循环风进口及过滤器；
6—出风格栅；7—控制器；8—吸声材料；9—箱体

2. 风机盘管空调系统的组成

风机盘管可以采用全水系统的方式来独立地负担全部室内负荷。但是这样解决不了房间的通风换气问题，室内空气品质较差。因此，风机盘管在多数情况下都是和新风系统共同运行，组成空气-水系统的空调方式。因此，概括地说，风机盘管空调系统是由风机盘管机组、新风系统、水系统三部分组成。此外，为了排放夏季风机盘管在湿工况运行时产生的凝结水，还需要设置凝结水管路。

风机盘管机组通常设置在需要空调的房间内，将流过盘管的室内循环空气冷却、减湿冷却或加热后送入室内，消除空调房间的冷（热）湿负荷。

新风系统是为了保证人体健康的卫生要求，给空调房间补充所需要的新风量。对于集中设置的新风系统，还可以负担一部分新风和房间的热、湿负荷，配合风机盘管，使室内的空气参数满足设计要求。

水系统的作用是给风机盘管和新风机组，提供处理空气所需要的冷热量，通常是采用集中制取的冷水和热水。

风机盘管空调系统的主要优点是布置灵活，节省建筑空间，各房间可独立地通过风量、水量或水温的调节，改变空调房间的温、湿度。此外，当房间无人时可关闭风机盘管机组而不会影响其他房间，节省运行费用（比集中式空调系统约低 20%～30%）。

风机盘管空调系统的主要缺点是对机组制作有较高的质量要求，否则将带来大量的维修工作量。此外，在对噪声要求严格的地方，由于风机转速不能过高，风机的剩余压头较小，使气流分布受到限制，一般适用于进深小于6m的场合。在没有新风系统的加湿配合时，冬季空调房间的相对湿度偏低，对空气的净化（过滤）能力较差。

3. 风机盘管空调机组的新风供给方式

风机盘管空调机组的新风供给方式主要有以下三种：

（1）靠室内机械排风渗入新风

这种新风供给方式是靠设在室内卫生间、浴室等处的机械排风，在房间内形成负压，使室外新鲜空气渗入室内。这种方法经济方便，但室内卫生条件差。受无组织渗风的影响，室内温度场分布不均匀。

（2）墙洞引入新风方式

这种新风供给方式是把风机盘管机组设置在外墙窗台下，立式明装，在盘管机组背后的墙上开洞，把室外新风用短管引入机组内。这种新风供给方法能较好地保证新风量要求，但要使风机盘管适应新风负荷的变化则比较困难，且新风口还会破坏建筑立面，增加污染和噪声。因此，只适用于对室内空气参数要求不高的场合。

（3）独立新风系统

以上两种新风供给方式的共同特点是：在冬、夏季，新风不能承担室内冷、热负荷，风机盘管要负担对新风的处理，这就要求风机盘管机组必须具有较大的冷却和加热能力，使风机盘管机组的尺寸增大。为了克服这些不足，引入了独立新风系统。

独立新风系统是把新风集中处理到一定参数。根据所处理空气终参数的情况，新风系统可承担空调房间的新风负荷和部分冷、热负荷。在过渡季节，可增大新风量，必要时可关掉风机盘管机组，而单独使用新风系统。具体的做法有两种：

① 新风管单独接入室内。这时新风送风口可以紧靠风机盘管的出风口（图7-7），也可以不在同一地点（图7-8）。

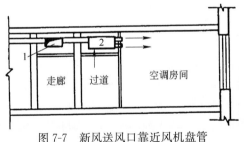

图7-7 新风送风口靠近风机盘管

1—新风管；2—卧式风机盘管机组

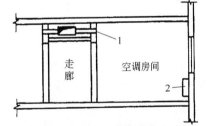

图7-8 新风送风口与风机盘管不在同一地点

1—新风送风口；2—立式风机盘管机组

② 新风接入风机盘管机组。这种处理方法是把新风和空调房间的回风接入风机盘管机的静压箱（即在图7-7中卧式风机盘管中设置一个静压箱），新风和回风混合后，再经风机盘管处理后送入房间。这种做法，由于新风经过风机盘管机组，增加了机组风量的负荷，使运行费用增加和噪声增大，盘管只能在湿工况下运行。

三、局部空调机组

空调机组实际上是一个小型的空调系统。它体积小，结构紧凑，所需要的机房面积少。在使用小容量的空调机组时可不要机房，而直接布置在空调房间内，施工安装工作量小，在许多需要空调的场所，特别是舒适性空调，得到了广泛的应用。

（一）空调机组的类型与构造

空调机组的种类很多，按空调机组的构造可分为柜式、窗式和分体式空调机组。

窗式和分体式空调机组的容量较小，冷量一般小于 7kW，风量在 1200m³/h 以下。柜式空调机组的容量较大，冷量一般在 70kW 左右，风量可达 20000m³/h。

空调机组按冷凝器的冷却方式可分为水冷式和风冷式空调机组。水冷式空调机组一般用于容量较大的机组。采用水冷式空调机组时，用户要具备冷却水源和机械循环冷却塔。

根据供热方式的不同，空调机组分为普通式和热泵空调机组。普通式空调机组冬季用电加热空气。热泵式空调机组在冬季仍然由制冷机工作，只是通过一个四通换向阀使制冷剂作供热循环。这时原来的蒸发器变为冷凝器，空气通过冷凝器时被加热送入房间。

如图 7-9 是窗式空调机组原理图。它由两部分组成，即空气处理部分和制冷系统部分。其空气的循环路线为：

制冷剂的循环路线为：压缩机 1→冷凝器 2→毛细管 4→蒸发器 3→压缩机 1。

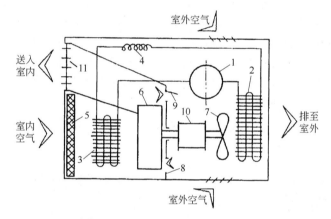

图 7-9　窗式空调机组工作原理图

1—制冷压缩机；2—室外侧换热器；3—室内侧换热器；4—毛细管；5—过滤器；
6—离心式风机；7—轴流风机；8—新风阀；9—排风阀；10—风机电机；11—送风口

如果在这种窗式空调机组中增加一个四通换向阀，就组成热泵式空调机组，如图 7-10 所示。夏季供冷时，工作原理与普通的窗式空调机组相同。在冬季供热时，通过四通换向阀把室内换热器变为冷凝器，用制冷剂的冷凝热量加热室内空气；此时把室外换热器变为蒸发器，从室外空气中吸取低位热量。

图 7-11 是分体式空调机组的工作原理图。它的室内机设有离心风机、蒸发器、过滤器、进风口、送风口等，室外机设有制冷压缩机、冷凝器、轴流风机等。分体式空调机组有单冷式和热泵式两种。一般情况下，分体式空调机组室内机与室外机之间的距离不大于 5m 为好，最长不得超过 10m；室内机与室外机之间的高度差不超过 5m。

图 7-12 是柜式空调机组的示意图。它是由空气处理设备、制冷设备、风机和自控系统组成的一个单元整体式机组。可直接对空气进行加热、冷却、加湿、去湿等处理。近年来，单元式空调机组以其结构紧凑、占地面积小、能量调节范围广、调节方便、安装和使

用方便等优点，被越来越多地应用于中小型工业与民用建筑的空调系统中。

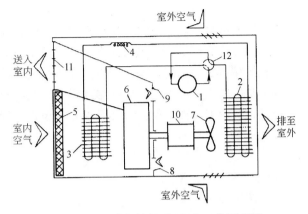

图 7-10　热泵式窗式空调机组工作原理图

1—制冷压缩机；2—室外侧换热器；3—室内侧换热器；4—毛细管；5—过滤器；6—离心式风机；

7—轴流风机；8—新风阀；9—排风阀；10—风机电机；11—送风口；12—四通换向阀

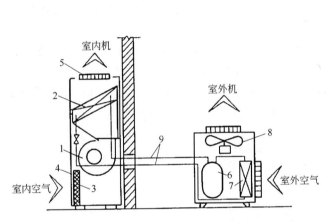

图 7-11　分体式空调机组原理图

1—离心式风机；2—蒸发器；3—过滤器；4—进风口；

5—送风口；6—压缩机；7—冷凝器；

8—轴流风机；9—制冷剂配管

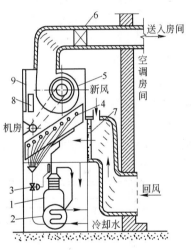

图 7-12　水冷式空调机组（柜式）

1—压缩机；2—冷凝器；3—膨胀阀；4—蒸
发器；5—风机；6—电加热器；7—空气过
滤器；8—电加湿器；9—自动控制屏

（二）空调机组的能效比（EER）

空调机组的经济性通常用称为能效比的指标来评价，其定义为：

$$EER = \frac{机组在名义工况下的制冷量（W）}{整台机组的耗功率（W）}$$

机组在名义工况（又称为额定工况）下的制冷量是指机组在国家有关标准规定的进风湿球温度、风冷冷凝器进风空气的干湿球温度等检验工况下测得的制冷量，其大小与产品的质量和性能有关。

（三）空调机组的选择和应用

1. 空调机组的选择

空调机组的容量和设计参数是根据较典型的空气处理过程和比较有代表性的设计参数

来设计的。由于实际应用条件可能会与空调机组的设计条件不同，空调机组的实际产冷量是随着应用条件的不同而变化的。当空调机组的冷凝温度一定时，进口空气的湿球温度越高，产冷量越大，相应的蒸发温度也越高。所以，选择空调机组时，在其他条件相同的情况下，如果空调机组实际的进风湿球温度大于机组样本所要求的进风湿球温度，则机组的实际产冷量将大于产品样本的额定冷量；反之则小于机组样本给出的产冷量。

空调机组的产品样本通常应给出不同的进风空气湿球温度、制冷机的蒸发温度、冷凝温度等条件下的实际供冷量，可根据空调房间的设计要求和需要消除的热、湿负荷选择合适的空调机组。

2. 空调机组的应用

空调机组的应用可分为以下两种方式：

（1）不接风管、风口的使用方式

不接风管、风口的使用方式通常用于机组容量较小的场合。这时，根据空调房间的大小，选择一台或多台空调机组布置在空调房间的不同部位。

（2）接风管、风口的使用方式

接风管、风口的使用方式通常用于机组容量较大的场合。这时，根据空调房间的大小，选择一台空调机组布置在专用的空调机房内，用风管和风口把经过处理的空气送到空调房间的指定地点。

与不接风管、风口的使用方式相比，接风管、风口的使用方式可使用一部分室外新鲜空气，有利于改善空调房间的空气品质。这种使用方式可使室内的温度场、速度场的分布比较均匀，很好地满足空调房间设计要求。但由于空调系统的阻力增加，机组需要有足够的机外余压，一般宜布置在靠近空调房间地方，图7-13是水冷式空调机组接风管、风口时的布置示意图。

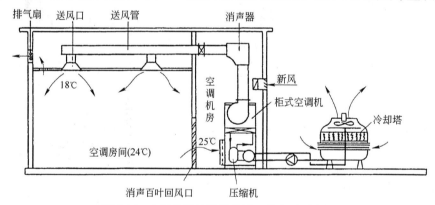

图7-13　空调机组接风管、风口的应用示意图

当空调房间的负荷较大时，可选择多台空调机组并联使用，集中布置在靠近空调房间的机房里。

第四节　空调系统的设计指标

一、空调房间的冷负荷设计指标

空调系统的设计冷负荷与空调房间的使用特点、建筑物的热工性能、空调系统的型式、空气处理过程的方式，新风量的大小等因素有关，应按照《民用建筑供暖通风与空气调节设计规范》的要求计算确定。在初步设计或规划设计阶段，可根据已经运行的同类型空调建筑的设计负荷指标来估算所需要的空调冷负荷，表 7-2 是国内部分建筑空调冷负荷设计指标的统计值。

表 7-2

国内部分建筑空调冷负荷设计指标统计值

建筑类型及房间名称		冷负荷指标（W/m²）	建筑类型及房间名称		冷负荷指标（W/m²）
旅游旅馆	客房（标准层）	80～110	医院	高级病房	80～110
	酒吧、咖啡厅	100～180		一般手术室	100～150
	西餐厅	160～200		洁净手术室	300～500
	中餐厅、宴会厅	180～350		X光、CT、B超诊断	120～150
	商店、小卖部	100～160	影剧院	观众席	180～350
	中庭、接待	90～120		休息厅（允许吸烟）	300～400
	小会议室（少量吸烟）	200～300		化妆室	90～120
	大会议室（不吸烟）	180～280	体育馆	比赛馆	120～250
	理发、美容	120～180		观众休息厅（允许吸烟）	300～400
	健身房、保龄球	100～200		贵宾室	100～120
	弹子房	90～120	展览厅、陈列室		130～200
	室内游泳池	200～350	会堂、报告厅		150～200
	舞厅（交谊舞）	200～250	图书阅览室		75～100
	舞厅（迪斯科）	250～350	科研、办公		90～140
	办公	90～120	公寓、住宅		80～90
商场、百货大楼、营业室		150～250	餐馆		200～350

二、空调系统的新风量

在一个空调系统中，使用的新风量越少，处理空气所需要的冷（热）量就越少，该空调系统就越经济。但是，如果工作人员长时间停留在没有新风供给的空调房间里，由于室内空气品质下降，会使人产生闷气、头痛等症状，使人们的身体健康受到损害。

室内所需要的新风量的大小，通常是根据室内所允许的二氧化碳浓度确定，即根据室内二氧化碳的允许浓度，室外空气中二氧化碳的含量，和人们在各种活动状态下所呼出的二氧化碳量，按照全面通风量的计算方法求出所需要的新风量。《民用建筑供暖通风与空气调节设计规范》在这种计算的基础上，对各种建筑在不同场合下需要的最小新风量做出了具体的要求。表 7-3 是一些高密人群建筑所需要的最小新风量。

高密人群建筑每人所需最小新风量 [m³/(h·人)] 表 7-3

建筑类型	人员密度 P_F（人/m²）		
	$P_F \leqslant 0.4$	$0.4 < P_F \leqslant 1.0$	$P_F > 1.0$
影剧院、音乐厅、大会厅、多功能厅、会议室	14	12	11
商场、超市	19	16	15
博物馆、展览厅	19	16	15
公共交通等候室	19	16	15
歌厅	23	20	19
酒吧、咖啡厅、宴会厅、餐厅	30	25	23
游艺厅、保龄球房	30	25	23
体育馆	19	16	15
健身房	40	38	37
教室	28	24	22
图书馆	20	17	16
幼儿园	30	25	23

三、空调建筑的设备层

1. 设备层的设置原则

空调建筑的设备层是用于布置空调、给排水、电气等设备的场所，其位置应当根据建筑物的使用功能、建筑高度、平面布局等因素确定。具体设置时可按照以下原则进行：

（1）单层和多层建筑，可不设专门的设备层；

（2）20层以内的高层建筑，宜在上部或下部设一个设备层；

（3）20～30层的高层建筑（高度≤100m），宜在上部和下部设两个设备层；

（4）30层以上的超高层建筑（高度＞100m），可利用避难层作设备层；

（5）高层商住楼或多用途的高层建筑，当只设置采暖系统时，裙房部分在两种不同使用功能的分界层、塔楼每隔7～8层，层高抬高300～400mm，用做连接水平干管的空间，以代替专门设置的设备层。

2. 设备层层高

设备层的层高与建筑物的规模大小有关，具体可按表7-4选取。

设备层的层高估算表　　　　　　　　　　　　表 7-4

建筑面积（m²）	设备层层高（m）（含制冷机、锅炉）	泵房、水池、变配电、发电机室（m）
1000	4.0	4.0
3000	4.5	4.5
5000	4.5	4.5
10000	5.0	5.0
15000	5.5	6.0
20000	6.0	6.0
25000	6.0	6.0
30000	6.5	6.5

四、空调建筑的用电量

空调建筑的用电量应根据空调系统各用电设备的容量计算确定。在没有详细资料的初步设计或规划设计阶段，可参考表7-5中的条件估算。

空调建筑的用电量指标（W/m²）　　　　　　表 7-5

建筑名称	空调动力（含风机、水泵、制冷机）	一般动力（含电梯、给水排水、风机）	灯具	特殊用电	合计
旅　馆	40	35	25	0	100
办公室	40	30	20	0	90
医　院	40	30	30	20	120
商　店	45	40	40	15	140

第五节　空气处理设备

一、喷水室

喷水室是空调系统中夏季对空气冷却除湿、冬季对空气加热加湿的设备。它是通过水直接与被处理的空气接触来进行热、湿交换，在喷水室中喷入不同温度的水，可以实现空气的加热、冷却、加湿和减湿等过程。用喷水室处理空气的主要优点是能够实现多种空气处理过程，冬夏季工况可以共用一套空气处理设备，具有一定的净化空气的能力，金属耗量小，容易加工制作。缺点是对水质条件要求高，占地面积大，水系统复杂和耗电较多。在空调房间的温、湿度要求较高的场合，如纺织厂等工艺性空调系统中，得到了广泛的应用。

图 7-14 （a）、（b）分别是应用较多的低速、单级卧式和立式喷水室的结构示意图。立式喷水室占地面积小，空气是从下而上流动，水则是从上向下喷淋。因此，空气与水的热、湿交换效果比卧式喷水室好。一般用于要处理的空气量不大或空调机房的层高较高的场合。此外，根据空气热湿处理的要求，还有带旁通风道的喷水室和加填料层的喷水室。前者可使一部分空气不经喷水室处理，直接与经过喷水室处理的空气混合，达到要求的空气终参数，后者可进一步提高空气的净化和热湿交换效果。

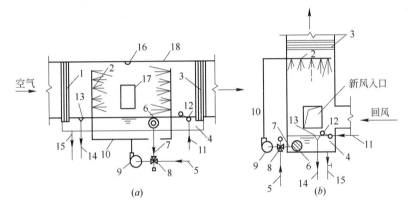

图 7-14　喷水室的构造

1—前挡水板；2—喷嘴与排管；3—后挡水板；4—底池；5—冷水管；6—滤水器；7—循环水管；8—三通混合阀；
9—水泵；10—供水管；11—补水管；12—浮球阀；13—溢水器；14—溢水管；15—泄水管；16—防水灯；
17—检查门；18—外壳

在卧式喷水室中，被处理的空气先经过前挡水板（其作用是挡住可能飞溅出来的水滴，并使进入喷水室的空气能均匀地流过整个断面），与喷嘴喷出的水滴接触进行热湿交换，处理后的空气经过后挡水板流出（后挡水板的作用是把夹在空气中的水滴分离出来，减少空气带走的水量）。

喷淋段通常设有 1～3 排喷嘴，喷水方向根据与被处理空气的流动情况分为顺喷、逆喷和对喷。喷出的水滴与空气进行热湿交换后落入底池中。

二、表面式换热器

用表面式换热器处理空气时，对空气进行热湿交换的工作介质不直接和被处理的空气接触，而是通过换热器的金属表面与空气进行热湿交换。在表面式加热器中通入热水或蒸汽，可以实现空气的等湿加热过程，通入冷水或制冷剂，可以实现空气的等湿和减湿冷却过程。

表面式换热器具有构造简单、占地面积少、水质要求不高、水系统阻力小等优点，因而，在机房面积较小的场合，特别是高层建筑的舒适性空调中得到了广泛的应用。

表面式换热器的构造如图 7-15 所示，为了增强传热效果，表面式换热器通常采用肋

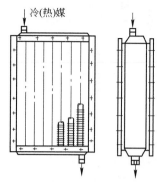

图 7-15　肋片管式换热器

片管制做，在空气一侧设置肋片，增大空气侧的换热面积，达到增强传热的效果。

表面式换热器通常垂直安装，也可以水平或倾斜安装。但是，以蒸汽做热媒的空气加热器不宜水平安装，以免集聚凝结水而影响传热效果。此外，垂直安装的表面式冷却器必须使肋片处于垂直位置，以免肋片上部积水而增加空气阻力。表面式冷却器的下部应装设集水盘，以接收和排除凝结水。

表面式换热器根据空气流动方向可以并联或串联安装。通常是通过的空气量大时采用并联，需要的空气温升（或温降）大时采用串联。

为了便于使用和维修，在冷、热媒管路上应装设阀门、压力表和温度计。在蒸汽加热器管路上还应装设蒸汽压力调节阀和疏水器。为了保证换热器正常工作，在水系统的最高点应设排空气装置，最低点设泄水和排污阀门。

三、电加热器

电加热器是让电流通过电阻丝发热来加热空气的设备。具有结构紧凑、加热均匀、热量稳定、控制方便等优点。但由于电费较贵，通常只在加热量较小的空调机组等场合采用。在恒温精度较高的空调系统里，常安装在空调房间的送风支管上，作为控制房间温度的调节加热器。

电加热器分为裸线式和管式两种。裸线式电加热器的构造如图 7-16 所示。它具有结构简单、热惯性小、加热迅速等优点。但由于电阻丝容易烧断，安全性差。使用时必须有可靠的接地装置。为方便检修，常做成抽屉式的。

管式电加热器的构造如图 7-17 所示，它是把电阻丝装在特制的金属套管内，套管中填充有导热性好，但不导电的材料，这种电加热器的优点是加热均匀、热量稳定、经久耐用、使用安全性好，但它的热惯性大，构造也比较复杂。

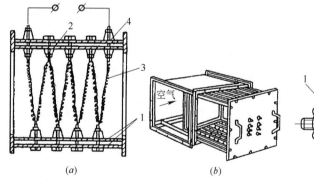

图 7-16　裸线式电加热器

（a）裸线式电加热器；（b）抽屉式电加热器
1—钢板；2—隔热层；3—电阻丝；4—瓷绝缘子

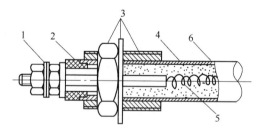

图 7-17　管式电加热器

1—接线端子；2—瓷绝缘子；3—紧固装置；
4—绝缘材料；5—电阻丝；6—金属套管

四、加湿器

加湿器是用于对空气进行加湿处理的设备，常用的有干蒸汽加湿器和电加湿器两种类型。

1. 干蒸汽加湿器

干蒸汽加湿器的构造如图 7-18 所示，它是使用锅炉等加热设备生产的蒸汽对空气进行加湿处理。为了防止蒸汽喷管中产生凝结水，蒸汽先进入喷管外套 1，对喷管中的蒸汽加热、保温，然后经导流板进入加湿器筒体 3，分离出产生的凝结水后，再经导流箱 4 和导流管 5 进入加湿器内筒体 6，在此过程中，使夹带的凝结水蒸发，最后进入喷管 7 喷出的便是没有凝结水的干蒸汽。

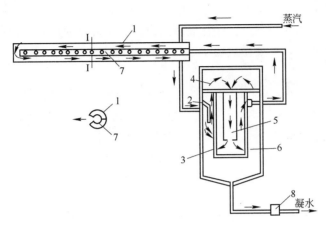

图 7-18　干蒸汽加湿器

1—喷管外套；2—导流板；3—加湿器筒体；4—导流箱；

5—导流管；6—加湿器内筒体；7—加湿器喷管；8—疏水器

2. 电加湿器

电加湿器是使用电能生产蒸汽来加湿空气。根据工作原理不同，有电热式和电极式两种。如图 7-19 所示。

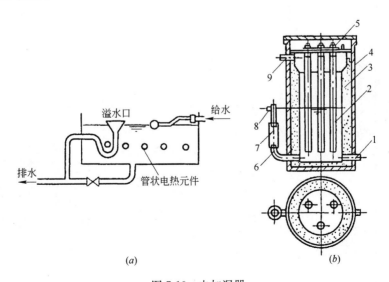

(a)　　　　　　　　　　(b)

图 7-19　电加湿器

(a) 电热式加湿器；(b) 电极式加湿器

1—进水管；2—电极；3—保温层；4—外壳；5—接线柱；6—溢水管；7—橡皮短管；8—溢水嘴；9—蒸汽出口

电热式加湿器是在水槽中放入管状电热元件,元件通电后将水加热产生蒸汽。补水通过浮球阀自动控制,以免发生断水空烧现象。

电极式加湿器是利用三根铜棒或不锈钢棒插入盛水的容器中作电极,当电极与三相电源接通后,电流从水中流过,水的电阻转化的热量把水加热产生蒸汽。

电极式加湿器结构紧凑,加湿量容易控制。但耗电量较大,电极上容易产生水垢和腐蚀。因此,适用于小型空调系统。

五、空气过滤器

空气过滤器是用来对空气进行净化处理的设备,通常分为初效、中效和高效过滤器三种类型。为了便于更换,一般做成块状,如图 7-20 所示。

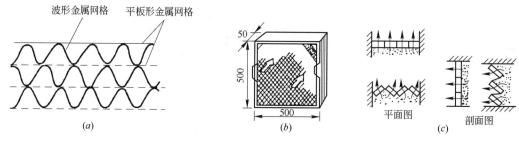

图 7-20 初效过滤器(块状)

(a)金属网格滤网;(b)过滤器外形;(c)过滤器安装方式

初效过滤器主要用于空气的初级过滤,过滤粒径在 $10\sim100\mu m$ 范围的大颗粒灰尘。通常采用金属网格、聚氨酯泡沫塑料及各种人造纤维滤料制作。

中效过滤器用于过滤粒径在 $1\sim10\mu m$ 范围的灰尘。通常采用玻璃纤维、无纺布等滤料制作。为了提高过滤效率和处理较大的风量,常做成抽屉式(图 7-21)或袋式(图 7-22)等形式。

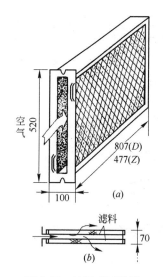

图 7-21 抽屉式过滤器

(a)外形;(b)断面形状

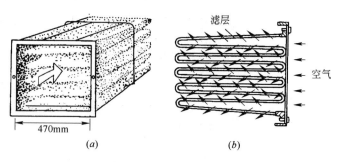

图 7-22 袋式过滤器

(a)外形;(b)断面形状

202

高效过滤器用于对空气洁净度要求很高的净化空调。通常采用超细玻璃纤维、超细石棉纤维等滤料制作。

空气过滤器应经常拆换清洗，以免因滤料上积尘太多，风管系统的阻力增加，使空调房间的温、湿度和室内空气洁净度达不到设计的要求。

六、组合式空调箱

组合式空调箱是把各种空气处理设备、风机、消声装置、能量回收装置等分别做成箱式的单元，按空气处理过程需要进行选择和组合成的空调机组。空调箱的标准分段主要有回风机段、混合段、预热段、过滤段、表冷段（冷却除湿段）、喷水段、蒸汽加湿段、再热段、送风机段、能量回收段、消声器段和中间段等。分段越多，设计选配就越灵活。图 7-23 是一种组合式空调箱的示意图。

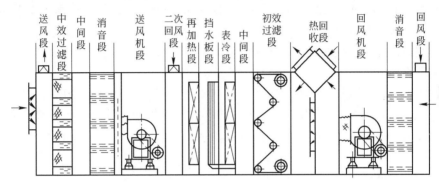

图 7-23　组合式空调箱

七、除湿机

除湿机是一种对空气进行减湿处理的设备，常用于对湿度要求低的生产工艺、产品贮存以及产湿量大的地下建筑等场所的除湿。

1. 除湿机的工作原理

除湿机实际上是一个小型的制冷系统，其工作原理如图 7-24 所示。当潮湿空气流过蒸发器时，由于蒸发器表面的温度低于空气的露点温度，空气温度降低，将空气在蒸发器外表面温度下所能容纳的饱和含湿量以上的那部分水分凝结出来，达到除湿目的。减湿降温后的空气随后再流过冷凝器，吸收高温气态制冷剂凝结放出的热量，使空气的温度升高、相对湿度减小，然后进入室内。

2. 除湿机的使用和维护

从除湿机的工作原理可知，它的送风温度较高。因此，适用于既要减湿，又需要加热的场所。当相对湿度低于 50%，或空气的露点温度低于 4℃时不可使用。

除湿机在短时间内不可频繁开停，停机后应间隔 3～4min 才可重新启动。除湿机的排水管要接到地漏或盛水的容器中。对设有容器水量报警装置的除湿机，报警后应立即将机内盛水容器取出倒水。

除湿机的空气过滤网要保持清洁，一般每隔 1～2 周清洗一次，以减少空气流动的阻力。

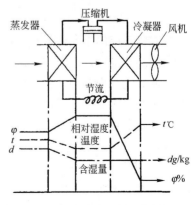

图 7-24　冷冻除湿机工作原理

使用单相电源的除湿机，应采用 3 芯接地软线、三脚插头和接地良好的三孔插座。使用三相电源的除湿机，接通电源后要注意风扇的旋转方向，如风扇倒转应立即停机，检查接线是否正确。否则不仅不能除湿，还可能烧坏风扇的电机。

第六节　空调水系统

一、冷冻水系统

在空调系统中，随着季节的变化，需要向末端空气处理盘管提供空气处理所需要的冷、热量来消除空调房间的热、湿负荷。根据提供冷、热水方式的不同，空调水系统分为双管系统、三管系统和四管系统。为了防止盘管结垢，影响传热效果，冬季热水的供水温度一般为 55～60℃，回水温度为 45～50℃，供、回水温差为 10℃。夏季冷媒水参数通常为：供水 7～10℃，回水 12～15℃，供、回水温差为 5℃。

（一）空调冷冻水系统的分类

1. 双管系统

双管系统是目前用得最多的系统，特别是在以夏季供冷为主要目的南方地区。双管系统由一根供水管和一根回水管组成，冬季供热水和夏季供冷水都是在同一套管路中进行，在过渡季节的某个室外温度时，进行冷、热水的转换，如图 7-25（a）所示。

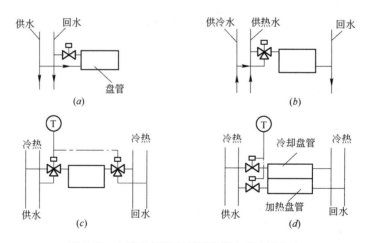

图 7-25　末端空气处理盘管的供水形式及接法

双管系统的主要优点是系统简单，初投资小，但存在以下缺点：（1）由于冬季供热水和夏季供冷水时，供、回水温差的差别较大，使冬、夏季工况水系统中循环水量的差别较大，从节能方面考虑，需要设置冬、夏季工况分开使用的水泵；（2）由于各空调房间热、湿负荷的变化规律不一样，尤其在过渡季节，会出现朝阳面的房间要求供冷水，而背阴面的房间要求供热的现象，同一套双管系统难以满足所有空调房间的调节要求。为了克服普通双管系统的这些缺点，可采用分区双管系统。

2. 三管系统

三管系统如图 7-25（b）所示。每个末端空气处理盘管设有冷、热两条供水管，回水共用一根回水管。三管系统适应负荷变化的能力强，可较好地进行全年的温、湿度调节，满足空调房间的要求。但由于冷、热水同时进入回水管，冷热水混合造成的能量损失较大。此外，由于冷热水管路互相连通，水力工况复杂，初投资比双管系统高。

3. 四管系统

四管系统是由独立使用的冷、热水供水管和冷、热水回水管组成。它有两种形式：图 7-25（c）为冷、热盘管合用的四管系统，在盘管的供水支管和回水支管上分别装设电动三通阀。由室温控制装置，按需要向盘管供热水或供冷水；图 7-25（d）是冷盘管和热盘管分开设置的情况，在各自的供水支管上分别装设有电动二通阀调节进入盘管的水量。四管系统设有各自独立的冷、热水系统的供、回水管，从而克服了三管系统存在的回水造成的混合能量损失和系统水力工况复杂的缺点，使运行调节更为灵活方便，全年不需要进行工况转换。缺点是初投资和运行费高，管道占用建筑空间多。

4. 开式系统和闭式系统

开式水系统的特点是回水集中回到建筑物底层或地下室的水池，再用水泵把经过冷却或加热后的水送往使用地点，如图 7-26 所示。

开式水系统的主要缺点是为了克服系统的静水压头，水泵的扬程高，运行能耗大。此外，由于系统中的水与大气相接，水质容易被污染，管路系统易产生污垢和腐蚀。

闭式水系统如图 7-27 所示，其特点是水在系统中密闭循环，不与大气相接触，只需在水系统中的最高点设置膨胀水箱，因此，水系统的管道不易产生污垢和腐蚀。由于水泵不需要克服提升水的静水压头，需要的扬程小，运行耗电量小。因此，在工程实际中得到广泛的应用。

5. 同程式和异程式水系统

同程式水系统如图 7-28 所示，其特点是冷冻水流过每个空调设备环路的管道长度相同。因此，系统水量的分配和调节方便，管路的阻力容易平衡。但同程式水系统需要设置同程管，管材用量大，系统的初投资较高。

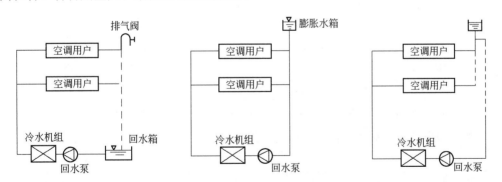

图 7-26　开式水系统示意图　　图 7-27　闭式水系统示意图　　图 7-28　同程式水系统示意图

异程式水系统如图 7-27 所示，其特点是冷冻水流过每个空调设备环路的管道长度都不相同。它的管路系统简单，管道长度较短，初投资小。但异程式系统的水量分配调节和管路的阻力平衡较困难，特别是在建筑较高、空调系统较大的场合。当系统较小，建筑物层数较低，可采用异程式布置。但所有盘管连接管上需设置流量调节阀平衡阻力。

（二）空调冷冻水系统的分区

空调水系统的分区通常有两种方式，按照水系统管道和设备的承压能力分区和按空调用户的负荷特性分区。

1. 按照水系统管道和设备的承压能力分区

高层建筑的冷冻水系统大都采用闭式系统，水系统的竖向分区范围取决于管道和设备的承压能力。目前，冷水机组的蒸发器和冷凝器水侧的工作压力一般为 1.0MPa，加强型为 1.7MPa，特加强型为 2.0MPa。管材公称压力为：低压管道小于或等于 2.5MPa；中压管道为 4～6.4MPa。阀门公称压力是：低压阀门为 1.6MPa；中压阀门为 2.5～6.4MPa。当系统水压超过设备承压能力时，需要在竖向分为几个独立的闭式系统。通常的做法如下：

（1）冷、热源设备均设置在地下室，在竖向分为两个系统，低区系统采用普通型设备，高区系统采用加强型设备，如图 7-29 所示。

（2）冷、热源布置在塔楼中部设备层或避难层内，竖向分成独立的两个系统，分段承受水静压力，如图 7-30 所示。

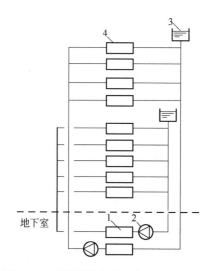
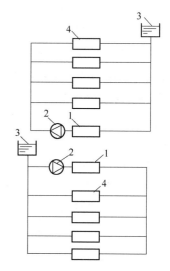

图 7-29　冷热源设备设置在地下室的系统
1—冷水机组；2—循环水泵；3—膨胀水箱；
4—用户末端装置

图 7-30　冷热源设备设置在技术设备层的系统
1—冷水机组；2—循环水泵；3—膨胀水箱；
4—用户末端装置

（3）高、低区合用冷、热源设备（图 7-31）。低区采用冷水机组直接供冷，高区通过设置在设备层的板式换热器间接供冷。板式换热器作为高、低区水压的分界设备，分段承受水静压力。

（4）高、低区的冷热源设备分别设置在地下室和中部设备层内，竖向分成独立的两个系统，分段承受水静压力（图 7-32）。高区的冷水机组可以是水冷机组，也可以用风冷机组。风冷机组一般设置在屋顶上。

2. 按照空调用户的负荷特性分区

现代建筑的规模越来越大，使用功能也越来越复杂，公共服务用房（中西餐厅、大宴会厅、酒吧、商店、休息厅、健身房、娱乐用房等）所占面积的比例很大。公共服务用房的空调系统大都具有间歇使用的特点。因此，在水系统分区时，应当考虑建筑物各区在使用功能和使用时间上的差异，把水系统按照上述特点进行分区。这样，可以使各区独立进行运行管理，不用的时候关闭，节省运行费用。

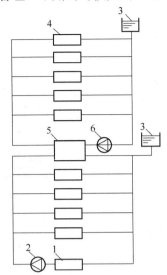
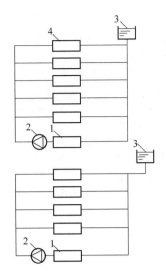

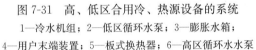

图 7-31　高、低区合用冷、热源设备的系统　图 7-32　高、低区的冷、热源设备分别设置的系统

1—冷水机组；2—低区循环水泵；3—膨胀水箱；
4—用户末端装置；5—板式换热器；6—高区循环水水泵

1—冷水机组；2—循环水泵；3—膨胀水箱；
4—用户末端装置

　　此外，空调水系统还应当考虑按照建筑物朝向和内、外区的差别进行分区。南北朝向的房间由于太阳辐射不一样，在过渡季节可能会出现南向的房间需要供冷，而北向的房间又可能需要供热的情况。同样，建筑物内区的负荷与室外气温的关系不大，需要全年供冷，而建筑外区负荷随着室外气温的变化而变化，有时要供冷，有时要供热。因此，空调水系统分区时，对建筑物的不同朝向和内、外区应给予充分注意，根据其特点进行合理分区。

二、冷却水系统

1. 冷却水系统的分类

　　在制冷系统中，为了把冷凝器中高温高压的气态制冷剂冷凝为高温高压的液态制冷剂，需要用温度较低的水、空气等物质带走制冷剂冷凝时放出的热量，对于制冷量较大的冷水机组，通常采用水作冷却剂。用水作冷却剂时，按照冷却水的供水方式分为直流式和循环式冷却水系统。

　　直流式冷却水系统的冷却水在经过冷凝器升温后，直接排入河道、下水道，或用于小区的综合用水系统的管道。

　　为了节约水资源，应当重复利用冷却水，通常采用循环式冷却水系统。在循环式冷却水系统中，是采用冷却塔把在冷凝器中温度升高的冷却水重新冷却后，送入冷凝器中使用。这样，在循环式冷却水系统中，只需要补充少量的新鲜水即可。冷却塔按通风方式不同分为自然通风冷却塔和机械通风冷却塔。民用建筑空调系统的冷水机组通常是采用机械通风的冷却循环水系统。

2. 机械通风冷却循环水系统

　　机械通风冷却塔的工作原理是使水和空气上下对流，让温度较高的冷却水通过与空气的温差传热，以及部分冷却水的蒸发吸热，把冷却水的温度降低，其结构及循环冷却水系统如图 7-33 所示。

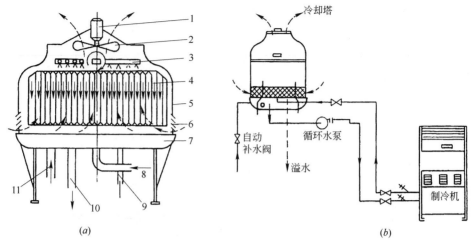

图 7-33　机械通风冷却循环水系统

(a) 冷却塔结构原理图；(b) 机械通风冷却循环水系统

1—电机；2—风机；3—布水器；4—填料；5—塔体；6—进风百叶；

7—水槽；8—进水；9—溢水器；10—出水管；11—补水塔

3. 机械通风冷却循环水系统的分类

机械通风冷却循环水系统分为开式系统和闭式系统。

开式水系统如图 7-34 (a) 所示，在冷却塔中被冷却后的冷凝水回到建筑物底层或地下室的水池，再用冷凝水泵送入冷凝器中冷却高温、高压的气态制冷剂。温度升高后再进入机械通风冷却塔中冷却后重复使用。开式水系统的缺点是为了克服系统的静水压水头 H，水泵的扬程高，运行耗电量大，特别是在冷却塔因受到条件的限制，布置在较高的建筑屋面的场合。此外，由于系统中的水与大气相接，水质容易被污染，管路系统易产生污垢和腐蚀。

闭式系统如图 7-34 (b) 所示。由于所需要提升的静水压水头 h 小于开式系统所提升的静水压水头 H，水泵所需要的扬程小，运行耗电量小。因此，机械通风冷却循环水系统应当采用闭式系统。

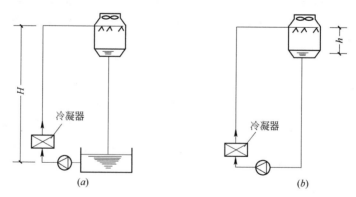

图 7-34　机械通风冷却循环水系统

(a) 开式水系统；(b) 闭式水系统

4. 机械循环冷却水系统的设备布置与选择

机械冷却水循环系统的设备布置主要有冷却塔、冷却水泵等。

（1）冷却塔的布置

冷却塔一般布置在室外地面或屋面上，其冷却水循环流程分别如图 7-35 和图 7-36 所示。对于附设在高层建筑里的制冷机房，冷却塔可布置在裙楼的屋面上。这时，屋面结构的承载能力应当按照冷却塔的运行重量设计。一般地，横式冷却塔的重量约 $1t/m^2$，立式冷却塔的重量为 $2\sim3t/m^2$。

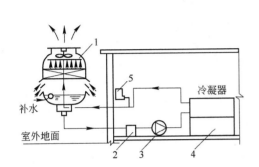

图 7-35　冷却塔设在地面上的冷却水循环流程
1—冷却塔；2—水过滤器；3—冷却水泵；
4—冷水机组；5—加药装置

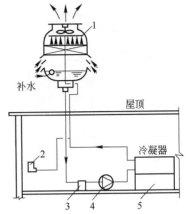

图 7-36　冷却塔设在屋顶上的冷却水循环流程
1—冷却塔；2—加药装置；3—水过滤器；
4—冷却水泵；5—冷水机组

冷却塔宜选用集水型的冷却塔，并用自来水经浮球阀向集水盘补水。为了除去冷却水中的泥沙、飘尘等悬浮物，在冷却水泵前设水过滤器。加药装置是为阻止结垢、杀菌和灭藻而设置的。

为了保证冷却水系统安全可靠地运行，冷却塔应当位于冷凝器的上方。当受条件限制冷却塔低于冷凝器时，为了防止停泵时立管内冷却水落入冷却塔而造成管内真空，使冷凝器中的水在虹吸作用下被排空，必须在冷凝器出口管的顶部设置防真空阀或通气管等防止产生虹吸的措施。

冷却塔运行时产生的噪声对周围环境有较大的影响，不宜布置在对噪声要求较高的地方。应当尽量选择低噪声和超低噪声型的冷却塔。当多台冷却塔与冷水机组对应设置并联运行时，在实际工程中经常出现水量分配不平衡，有的冷却塔在溢水而有的冷却塔却需要补水的情况。其原因是连接管道及阀门的阻力不平衡，使得冷却塔进、出水的水量不均匀。进水量大、出水量小的冷却塔就会溢水，而出水量大、进水量小的冷却塔却要补水。因此，当几台冷却塔并联安装时，应当在冷却塔的进水管和出水管上安装自动阀门（如电动蝶阀），两个阀同时开启，同时关闭，以便在冷却负荷减少时或者对冷水机组进行台数控制时，调节冷却塔的冷却容量。同时，在各台冷却塔的集水盘之间设置平衡管，平衡管的管径应与进水干管相同。为了使各台冷却塔的水位保持一致，出水干管的管径应采取比进水干管大两号的集合管，如图 7-37 所示。

冷却塔的循环水量与制冷机的制冷量、冷却水的进出水温度等因素有关，可用下式计算：

$$W = \frac{kQ_0}{c(t_{W2} - t_{W1})} \tag{7-1}$$

式中　W——冷却塔的循环水量（kg/s）；

　　　k——系数，与制冷机的类型有关，从有关的设计手册查取；

　　　Q_0——制冷机的制冷量（kW）；

　　　kQ_0——冷凝器的热负荷（kW）；

t_{W1}、t_{W2}——冷却水的进、出水温度（℃）；

　　　c——水的定压比热容 [kJ/(kg·℃)]。

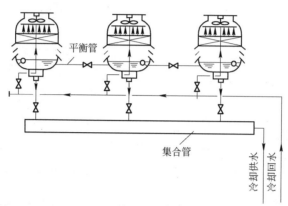

图 7-37　多台冷却塔并联运行时的连接

（2）冷却水泵的布置

为了防止冷却水泵吸入口形成负压，冷却水泵一般布置在冷凝器的入口端，进水管应低于冷却塔集水盘的液面标高，以便冷却塔的出水管可以在重力作用下流入冷却水泵。

对于闭式冷却水系统，冷却水泵的扬程，应当等于冷却水供回水管道和部件（水过滤器、控制阀、冷凝器等）的阻力、冷却塔集水盘水位到布水器之间的高差和布水器所需的压头（约 $5mH_2O$）之和，再乘以 1.1～1.2 的安全系数。

冷却塔、冷却水泵的台数和流量应当与冷水机组对应配置，以便于运行管理。

循环冷却水通过冷却塔时水分不断蒸发，因为蒸发掉的水中不含盐分，所以随着蒸发过程的进行，循环水中的溶解盐类不断被浓缩，含盐量不断增加。为了阻止结垢，可采用软化水或定期加药，并在冷却塔上配合一定量的溢流来控制冷却水的 pH 值和藻类生长。也有采用设置电子水处理设备的，既能防止结垢，又有一定的杀菌、灭藻作用。

为了将循环水中含盐量维持在某一个浓度，必须排掉一部分冷却水，同时为维持循环过程中的水量平衡，需要不断地向系统内补充新鲜水。补充的新鲜水量一般按照冷却水循环水量的 1%～2%确定。

第七节　空调房间的气流组织

空调房间的气流组织是指通过空调房间送、回风口的选择和布置，使送入房间的空气在室内合理的流动和分布，从而使空调房间的温度、湿度、速度、和洁净度等参数能很好地满足生产工艺和人体热舒适的要求。空调房间的气流组织是否合理，不仅直接影响房间的空调效果，而且也影响到空调系统的耗能量。

影响空调房间气流组织的因素很多，主要有送风口的位置和形式、回风口位置、房间的几何形状和送风射流参数等。其中送风口的位置、形式和送风射流参数对气流组织的影响最为重要。

一、送风口空气射流的流动规律

1. 等温自由射流

等温自由射流是指射流温度与房间温度相同、空气从风口射入比射流体积大得多的空间、可不受限制地扩大的射流，其射流结构如图 7-38 所示。

由于射流为紊流流动，射流边界与周围空气进行动量、质量交换，沿途不断地把周围的空气卷入，使射流流量不断增加，断面不断增大，射流轴线和边界为直线，整个射流呈锥体状。

射流在与周围空气进行动量交换的过程中，射流断面上的速度不断地减小，从边界开始逐渐扩展到射流轴心。在起始段内，射流核心内的速度保持为射流的出口速度。当射流边界层扩展到轴心时，射流进入主体段，随着射程的增加，射流轴心速度开始沿程减小，直至消失。等温自由射流的轴心速度和断面直径可分别用下面的公式计算：

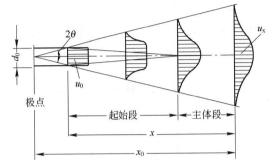

图 7-38 等温自由射流结构示意图

$$\frac{v_x}{v_0} = \frac{0.48}{\dfrac{ax}{d_0} + 0.147} \tag{7-2}$$

$$\frac{d_x}{d_0} = 6.8\left(\frac{ax}{d_0} + 0.147\right) \tag{7-3}$$

式中　x——射流断面到风口之间的距离（m）；

　　　v_x——射程 x 处的射流轴心速度（m/s）；

　　　v_0——射流出口速度（m/s）；

　　　d_0——送风口直径或当量直径（m）；

　　　d_x——射程 x 处的射流直径（m）；

　　　a——送风口的紊流系数。

风口紊流系数的大小反映了风口断面速度分布的不均匀程度，直接影响着射流发展的快慢。风口紊流系数值大，说明风口断面速度分布的不均匀程度大，气流的横向脉动大，射流的扩散角就大，射程短。对于圆断面射流，紊流系数 a 和扩散角 θ 有如下的关系

$$\tan\theta = 3.4a \tag{7-4}$$

从上面射流的计算公式可知，在需要增大射程的场合，可通过提高出口速度、增大风口直径或减小紊流系数。要想增大射流扩散角使射流衰减快，可选择紊流系数较大的送风口。

2. 非等温自由射流

当射流出口温度与房间温度不同时，称为非等温射流或温差射流。送风温度低于室内空气温度时称为冷射流，高于室内空气温度时称为热射流。

（1）轴心温度的分布规律

在非等温自由射流中，射流不仅与室内空气进行动量交换，还要与室内空气进行热量交换，从而使射流的温度分布发生变化。研究表明，非等温自由射流的温度扩散角大于速

度扩散角，即温度比速度衰减得快。当送风温差不太大时，轴心温差的衰减可近似表示为

$$\frac{\Delta T_x}{\Delta T_0} = \frac{0.35}{0.147 + ax/d_0} \tag{7-5}$$

式中　ΔT_x——主体段内射程 x 处射流轴心温度与周围空气温度之差（K）；

　　　ΔT_0——射流出口温度与周围空气温度之差（K）。

（2）射流轴心轨迹

在非等温自由射流中，由于射流密度与周围空气的密度不同，射流的轴心轨迹将发生弯曲，弯曲程度的大小与浮力和惯性力的大小有关，可用阿基米德数 Ar 来判断：

$$Ar = \frac{gd_0(T_0 - T_n)}{v_0^2 T_n} \tag{7-6}$$

式中　T_0——射流出口温度（K）；

　　　T_n——房间空气温度（K）；

　　　g——重力加速度（m/s²）。

阿基米德数 Ar 是浮力与惯性力的比值，反映了浮力和惯性力的相对大小。当 $Ar>0$ 时为热射流，$Ar<0$ 时是冷射流。$|Ar|<0.001$ 时，可忽略温差的影响，按等温自由射流计算。

当 $|Ar|>0.001$ 时，非等温自由射流轴心的轨迹可表示为：

$$\frac{y}{d_0} = \frac{x}{d_0}\tan\beta + Ar\left(\frac{x}{d_0\cos\beta}\right)^2\left(\frac{0.51ax}{d_0\cos\beta} + 0.35\right) \tag{7-7}$$

式中　y——射流轴心与水平轴之间的距离，如图 7-39 所示；

　　　β——射流出口轴线与水平轴之间的夹角。

3. 受限射流

在实际工程中，送入空调房间的空气往往会受到房间顶棚、四周壁面的限制，射流结构与自由射流有所不同，这种射流称为受限射流。

受限射流在卷吸周围空气时，需要周围较远处的空气来补充，形成回流。但由于周围壁面的限制，回流的范围有限，从而迫使射流外逸，射流和回流

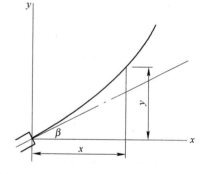

图 7-39　非等温自由射流轴线轨迹示意图

闭合形成大涡流。实验研究表明，如图 7-40 所示的第 II 临界断面处，射流的主体流量、回流流量、回流平均速度都达到最大，射流半径在第 II 临界断面稍后的地方达到最大。

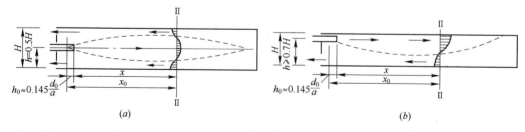

图 7-40　受限射流的流动规律

（a）轴对称射流；（b）贴附射流

212

受限射流的几何形状与送风口的位置有关。如果设房间的高度为 H，送风口距地面的高度为 h，当送风口安装在房间高度一半的地方（$h=0.5H$）时，射流上下对称，呈橄榄形，如图 7-40（a）所示。

当送风口安装在靠近顶棚的地方，$h \geqslant 0.7H$ 时，由于射流上部卷吸的空气少，射流的流速大、静压小，而射流下部的静压大，上下压差将射流托起，使其贴在顶棚下流动，这种射流称之为贴附射流。对于冷射流，当速度衰减到一定程度，射流在自身重力的作用下脱落。贴附长度的大小与阿基米德数有关，冷射流时 $Ar<0$，$|Ar|$ 越大，贴附长度越短。

二、回风口的空气流动规律

回风口空气流动规律与送风口不同，它是在风机抽力的作用下，使周围的空气流向回风口，其流动规律如图 7-41 所示，近似于流体力学中的汇流。

对于一个点汇，流场中的等速面是以汇点为中心的球面。由于通过各个球面上的流量相等，则有：

$$\frac{v_1}{v_2} = \left(\frac{r_2}{r_1}\right)^2 \tag{7-8}$$

式中　r_1、r_2——任意两个球面到汇点的半径；

v_1、v_2——两个相应半径球面处的流速。

上式表明，在回风气流的作用区内，任意两点间速度的变化与它们到点汇的距离的平方成反比，随着到汇点距离的增加，回风速度以二次方衰减。由于汇流的作用范围很小，回风口吸风速度的大小对房间气流组织的影响是很小的。

实际的回风口面积与房间相比，并不能看成一个点，因此不能直接用点汇的计算方法确定回风区的速度场。图 7-42 的实验研究表明，对于面积为 F 的回风口，其等速面是椭球面，吸风区的速度分布规律为：

$$\frac{v_0}{v_x} = 0.75 \frac{10x^2 + F}{F} \tag{7-9}$$

式中　v_0——回风口的气流速度；

v_x——距回风口 x 处的汇流速度；

F——回风口的面积。

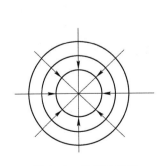

图 7-41　点汇示意图

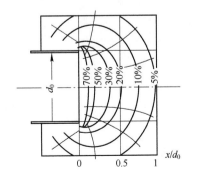

图 7-42　回风口速度分布图

上式的适用范围是：回风口的高宽比大于 0.2 和 $x/d_0 \leqslant 1.5$，d_0 是回风口的当量直径。

三、送、回风口的形式

1. 送风口形式

送风口的形式及其紊流系数的大小，对射流的发展和室内气流的流型有着较大的影响，因而，其类型较多，在进行室内气流组织的设计时，应根据房间所需要的空调精度、气流流型、送回风口的安装位置以及建筑装修等条件合理地选用。常用的送风口有以下几种类型：

（1）侧送风口

侧送风口是指安装在空调房间侧墙或风道侧面上、可横向送风的风口。有格栅风口、百叶风口、条缝风口等。其中用得最多的是活动百叶风口，分为单层百叶、双层百叶和三层百叶三种。单层百叶和双层百叶风口的构造如图 7-43 所示。单层百叶中的叶片是水平布置，双层百叶中的叶片一层水平布置，另一层垂直布置。活动百叶片可以不仅调风量，而且可以调节出风的方向，通过调节叶片水平和垂直方向的倾角，改变射流的扩散性能和贴附长度。单层百叶风口在叶片后面增加过滤网可作回风口用。

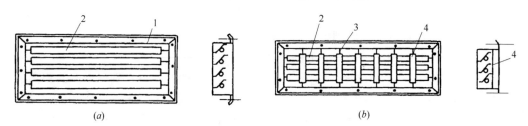

图 7-43　百叶风口构造示意图

（a）单层百叶风口；（b）双层百叶风口

1—铝框（或其他材料的外框）；2—水平百叶片；3—百叶片轴；4—垂直百叶片

（2）散流器

散流器是一种安装在顶棚上的送风口。其送风气流从风口向四周呈辐射状送出。根据出流方向的不同分为平送散流器和下送散流器，如图 7-44 所示。平送散流器送出的气流是贴附着顶棚向四周扩散，适用于房间层高较低、恒温精度较高的场合。下送散流器送出的气流是向下扩散，适用于房间的层高较高、净化要求较高的场合。

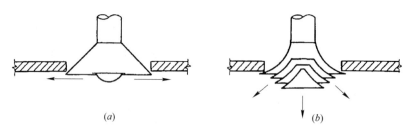

图 7-44　散流器送风口

（a）盘式散流器送风口；（b）流线性散流器送风口

（3）孔板送风口

孔板送风口的形式如图 7-45 所示。送入静压箱的空气通过开有一些圆形小孔的孔板送入室内。孔板送风口的主要特点是送风均匀，气流速度衰减快。因此，适用于要求工作区气流均匀、流速小、区域温差小和洁净度较高的场合，如高精度恒温室和平行流洁净室。

（4）喷射式送风口

喷射式送风口是一个渐缩的圆锥台形短管，如图 7-46（a）所示，特点是风口的渐缩角很小，风口无叶片阻挡，噪声小、紊流系数小、射程长，适用于大空间公共建筑的送风。如体育馆、影剧院等场合。为了提高送风口的灵活性，可做成既能调节风量，又能调节出风方向的球形转动风口，如图 7-46（b）所示。

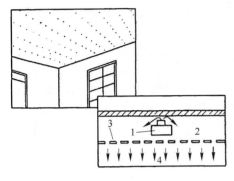

图 7-45　孔板送风口

1—风管；2—静压箱；3—孔板；4—空调房间

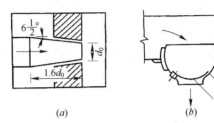

图 7-46　喷射式送风口

（a）圆形喷口；（b）球形转动风口

2. 回风口

回风口由于汇流速度衰减很快，作用范围小，回风口吸风速度的大小对室内气流组织的影响很小，因此，回风口的类型较少。常用的有格栅、单层百叶、金属网格等形式。图 7-47 是设在影剧院座位下面的散点式回风口和设在地面上的格栅回风口的示意图。

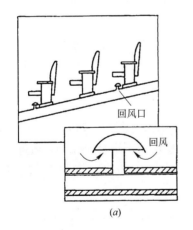

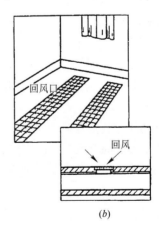

图 7-47　地面散点式和格栅式回风口

（a）散点式回风口；（b）格栅式回风口

回风口的安装位置和形状应根据室内气流组织的要求确定。当设置在房间下部时，为了防止吸入灰尘和杂物，风口下边到地面距离应大于 150mm 以上。

四、空调房间的气流组织形式

空调房间的气流组织形式根据送、回风口布置位置和送风口形式的不同，主要有以下几种：

1. 侧送风

这种送风方式是把送风口布置在房间侧墙或风道侧面上，空气横向送出，为了增大射流的射程，避免射流在中途脱落，通常采用贴附射流，使送风射流贴附在顶棚表面流动。图 7-48 是侧送风方式的几种布置形式，其中的（a）、（b）、（c）是单侧上送上回、单侧上送下回、单侧上送走廊回风形式；（d）是双侧外送上回形式；（e）、（f）分别为双侧内送上回和双侧内送下回的形式；（g）是中部双侧内送、上下回风或上部排风的形式。

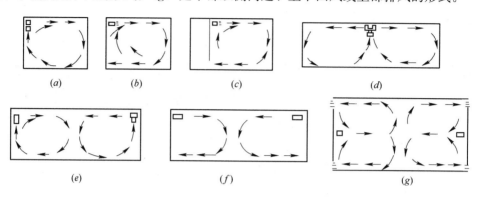

图 7-48　侧向送风的气流流型

侧送风气流组织的主要特点是，气流在室内形成大的回旋涡流，工作区处于回流区，只是在房间的角落处有小的滞流区，由于送风气流在到达工作区之前已经与房间的空气进行了比较充分的混合，从而使工作区具有比较均匀、稳定的温度和速度分布。由于采用贴附射流，射程较长，因而可采用较大的送风温差以节省风量和减少再热冷负荷。此外，侧送风还具有管路布置简单、施工方便等优点。

2. 散流器送风

散流器送风有平送风和下送风两种形式。平送风时，气流贴附着顶棚向四周扩散下落，与室内空气混合后从布置在下部的回风口排出，如图 7-49 所示。散流器平送风的主要特点是作用范围大，射流扩散快，射程比侧送风短，工作区处于回流区，具有较均匀的温度和速度分布。

散流器下送风的气流组织形式如图 7-50 所示。这时，送风射流以 20°～30°的扩散角向下射出，在风口附近的混合段与室内空气混合后形成稳定的下送直流流型，通过工作区后从布置在下部的回风口排出。散流器下送的工作区处于射流区，适用于净化要求较高的场合。

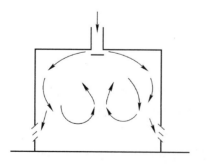

图 7-49　散流器平送气流流型

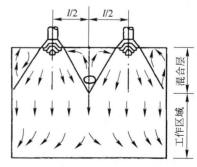

图 7-50　散流器下送气流流型

采用散流器送风时通常要设置吊顶，需要的房间层高较高，一般需 3.5～4.0m，因而初投资比侧送风高

3. 孔板送风

孔板送风的气流流型如图 7-51 所示，它与孔板上的开孔数量、送风量和送风温差等因素有关。

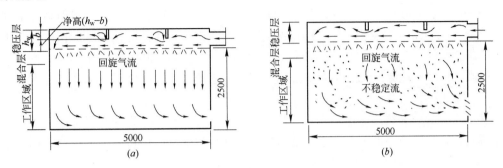

图 7-51　孔板送风气流流型
(a) 下送直流流型；(b) 不稳定流流型

对于全孔板，当孔口风速 $v_0 \geqslant 3m/s$，送风温差 $\Delta t_0 \geqslant 3℃$，风量 $\geqslant 60m^3/(m^2 \cdot h)$ 时，孔板下方形成下送直流流型，适用于净化要求较高的场合；当孔口风速 v_0 和送风温差 Δt_0 较小时，孔板下方形成不稳定流。由于不稳定流可使送风射流与室内空气充分混合，工作区的流速分布均匀，区域温差很小，适用于恒温精度要求较高的场合。

局部孔板下方一般是不稳定流，这种流型适用于射流下方有局部热源或局部区域恒温精度要求较高的场合。

孔板送风需要的房间层高较小，初投资比侧送风高，但比散流器送风方式小。

4. 下送风

这种气流组织方式是把送风口布置在房间的下部，回风口布置在房间的上部或下部，如图 7-52 所示。

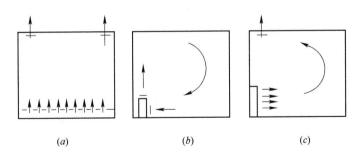

图 7-52　下送风气流流型
(a) 地板下送；(b) 末端装置下送；(c) 置换式下送

当回风口布置在房间的上方时（图 7-52a、c），送风射流直接进入工作区，上部空间的余热不经工作区就被排走，因此，适用于电视台演播大厅这类室内热源靠近顶棚的空调场合。

当回风口布置在房间的下部时（图 7-52b），送风射流在室内形成大的涡旋，工作区处于回流区，可采用较大的送风温差和风速。

当采用地板送风和置换式下送方式时，由于送风直接进入工作区，为了满足人体热舒适的要求，要求减小送风温差，控制工作区内的风速；当送风量较大时，因需要的风口面积较大，风口布置较困难。但因为排风温度高于工作区温度，具有一定的节能效果，同时有利于改善工作区的空气品质。

5. 中间送风

图 7-53 是中部送风，下部或上下部回风的气流流型。对于厂房、车间等高大空间的场合，为了减少能量的浪费，可采用这种气流组织形式。这时房间下部的工作区是空调区，上部是非空调区。工作区的处于回流区，具有侧送风的气流组织特点。图 7-53 (b) 中设在上部的排风是用于排走非空调区内的余热，防止其在送风射流的卷吸下向工作区扩散。

6. 喷口送风

喷口送风又称为集中送风，多用于高大建筑的舒适性空调。它通常是把送、回风口布置在同侧，空气以较高的速度和较大的风量集中在少数几个送风口射出，射流到达一定的射程后折回，在室内形成大的涡旋，工作区处于回流区，室内气流流型如图 7-54 所示。

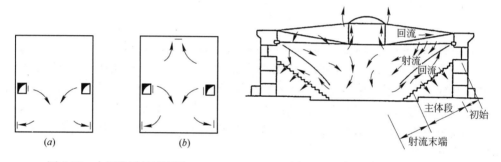

图 7-53　中间送风气流流型　　　　图 7-54　喷口送风的气流流型

喷口送风的风速大，射程长，沿途卷吸大量的室内空气，射流流量可达到送风量的 3～5 倍。由于送风射流与室内空气进行的强烈的参混作用，工作区具有较均匀的温度和速度分布。

第八节　空调系统的布置与节能

一、空调设备的布置

（一）设备用房的基本要求

根据空调建筑的使用功能、规模大小等因素，空调系统设备用房的大致位置如图 7-55 所示。

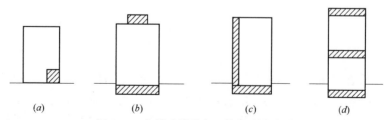

图 7-55　各类建筑设备用房的大致位置

（a）小型楼房；（b）一般办公楼；（c）出租办公楼；（d）中高层大楼

对于中、小型建筑，空调系统的主要设备用房布置在底层，各层分设辅助设备用房，并设置相应的管道井和管沟。大型的高层建筑，需要设置设备层。空调系统的主要设备间既要与外部的水、电系统相连，又要与建筑内部的末端空调设备相连，布置时应尽可能构成一个合理的运行环路，以节省初投资和运行费。

（二）机房位置

1. 制冷机房

设置制冷设备的房间称为制冷机房或冷冻站。小型的制冷机房通常附设在主体建筑的地下室或建筑物的底层。规模较大的制冷机房，特别是氨制冷机房，需要单独建造。

制冷机房中的制冷机以及与制冷机配套的冷冻、冷却水泵的重量大，运行时的振动、噪声也大，通常布置在建筑的底层或地下室。如果是带有裙房的高层建筑，制冷机房最好布置在裙房建筑的地下室，并且要做好消声隔振，特别是水泵和冷冻、冷却水管支吊架的减振问题。制冷机房的相邻及上层房间应当是对消声隔振的要求不高的场所。

制冷机以及与制冷机配套的冷冻、冷却水泵等设备是建筑中的用电大户，其位置应尽量靠近负荷中心，与低压配电间邻近，且最好设置在电梯附近。

制冷机房内应设置送、排风设备，以便及时排除室内余热，补充新鲜空气。机房应采取消声措施，以防止机组的运行噪声传到空调房间或室外而影响周围的环境。机房内应设人工照明，在控制开关和操作仪表周围要有足够的照度。

冷水机组的基础应高出机房地面150～200mm。基础周围和基础上应设排水沟与机房的集水坑或地漏相通，以便及时排除可能产生的漏水或漏油。

吊装冷冻、冷却水管等设备的楼板应当具有足够的承载力，并要处理好消声隔振问题。

制冷机房的消防措施应当满足国家颁布的各种有关的防火规范的设计要求。

制冷机房中的冷水机组等设备的体积和重量都较大，因此，设置制冷机房时应当考虑设备进出方便的问题。由于机电设备的使用寿命比建筑物短，预留的设备安装孔洞应当设有在更换机电设备时能打开的措施。

2. 空调机房

空调机房要考虑设置在送风管路不要太长、便于与冷热水管连接和可以引入室外新风的地方。

对于室内声学要求高的建筑（如广播电台、电视台的录音室等场所），以及体育馆之类的大空间公共建筑，空调机房宜设置在地下室里。一般的办公楼、旅馆公共部分（裙房）的空调机房可分散设置每层楼上。但注意不要设置在紧靠会议室、报告厅、贵宾室等室内噪声要求严格的房间。

空调机房的划分不应穿越防火分区。大、中型建筑应在每个防火分区内设置空调机房，最好位于防火分区的中心部位。

各层的空调机房应尽量布置在同一垂直位置，并靠近管道井，这样可缩短冷、热水管道的长度，减少与其他管道的交叉。

一个空调系统的服务范围不宜太大，作用半径一般在30～40m的范围，服务面积在500m² 左右。

3. 排风机房

塔楼的排风机房一般多设置在屋顶层。布置在地下室里的变配电室、地下车库的排风机房通常设置在地下室与室外相邻的地方。并要注意室外排风口的周围环境和风向。

4. 锅炉房

锅炉房应当单独建造。燃油、燃气的锅炉房受条件限制必须布置在高层建筑或裙房里时，锅炉的总蒸发量不得超过6t/h，且单台锅炉的蒸发量不得超过2t/h。锅炉房的设计应符合《锅炉房设计规范》《民用建筑供暖通风与空气调节设计规范》《建筑设计防火规范》等规范的有关要求。

5. 热交换站

热交换站主要有两种。一种是使用蒸汽锅炉供热的汽-水热交换站，另一种是使用城市热网供热的水-水热交换站。使用蒸汽锅炉供热的汽-水热交换站可设置在锅炉房里。大、中型空调建筑中的热交换站通常设置在建筑物地下室中靠近制冷机房的地方。

（三）机房的面积与层高

1. 制冷机房

包括与制冷机配套的冷冻、冷却水泵的制冷机房面积，一般按每1.163MW冷负荷100m² 估算。约占总建筑面积的0.6%～0.9%，其比例随着总建筑面积的增加而减小。机房的净高应能保证机组和连接管道的安装和吊装高度，采用冷水机组的制冷机房的最小净高不应小于3.2m，并随建筑面积的增加而增加。

为了便于操作和检修，制冷机房中冷水机组的四周应有足够的空间。蒸发器和冷凝器的一端或两端应根据机组的设计要求留出足够的拔管长度空间。主要通道和操作走道的宽度要大于1.5m，机组的突出部位与配电盘之间的距离大于1.5m，机组侧面突出部分之间的距离大于0.8m。对于溴化锂吸收式制冷机组，机组顶部距屋顶或楼板的距离不得小于1.2m。

2. 空调机房

空调机房的面积约占总建筑面积的3%～7%左右，通常随着总建筑面积的增加而减小。空调机房的层高则随着总建筑面积的增加而增加，表7-6给出了各类空调机房的层高和面积的大致范围。

空调机房的面积与层高 表7-6

总建筑面积 （m²）	空调机房面积占总建筑面积的百分比（%）			空调机房的层高 （m）
	分层机组	风机盘管加新风系统	集中式系统	
<10000	7.5～5.5	4.0～3.7	7.0～4.5	4～4.5
10000～25000	5.0～4.8	3.7～3.4	4.5～3.7	5～6
30000～50000	4.7～4.0	3.0～2.5	3.6～3.0	6.5

3. 锅炉房

根据对国内一些建成使用的旅馆建筑的统计，锅炉房的面积可按下式估算：

$$F_g = 0.01F \tag{7-10}$$

式中　　F_g——锅炉房面积（m²）；

　　　　F——建筑面积（m²）。

二、空调管路的布置与敷设

1. 风管材料及断面尺寸

空调系统的风管主要采用镀锌钢板，有时也采用砖风道和混凝土风道。实践表明，土建做的送、排风道，常常因为施工质量不好漏风，不宜采用。

空调系统的风管由于需要的断面大，为了与建筑配合，一般采用矩形风道，并应尽量接近方形或长、短边之比不宜大于4的矩形截面，以节省风管材料。

风管的断面尺寸根据风量和风速计算确定。民用建筑中空调管道宜采取的风速范围是：主风道 $5 \sim 8 \text{m/s}$，支风道 $3 \sim 5 \text{m/s}$。

2. 风道的布置与连接

风道的布置要考虑运行调节的灵活性和便于阻力平衡。当一个风道系统为多个房间服务时，可根据房间用途分为几组支风道送风，以便于调节和控制，如图 7-56 所示。

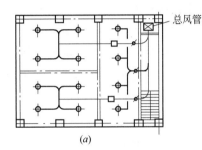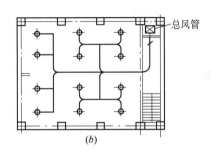

(a)	(b)

图 7-56 风道平面布置示意图

(a) 向三个不同使用要求的房间送风；(b) 向没有内间隔的房间送风

此外，要尽量减小管道的长度，避免复杂的局部管件和减少不必要的分支管，以便节省管道材料和减小管路系统空气流动的阻力。在图 7-57 所示的两种风道布置方式中，左边的布置方式不仅节省管材，而且便于阻力平衡，两个空气分布器的均匀性也较好。

当空调箱集中设置在地下室时，通常采用主风管垂直布置，在各楼层内用水平风管接出。这时，吊顶内水平风管需要的空间净高约为 $600 \sim 700 \text{mm}$。

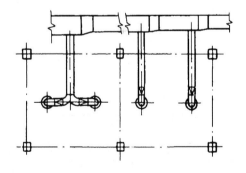

图 7-57 风道布置方式的比较

3. 管道井

空调系统中竖向布置的风管、水管等管道通常设置在管道井里。管道井宜设置在建筑物每个防火分区的中心部位，且靠近空调机房的地方。

管道井应上下直通，中途不能拐弯。由于空调系统各层的风管、水管在进出管道井时要在管道井的墙上开孔洞，因此，应当注意把管道井设置在墙上开洞不会破坏建筑结构强度的地方。

确定管道井的尺寸时，应当考虑安装维修的可能，最小应留有 $500 \sim 600 \text{mm}$ 的维修空间。管道井的尺寸应不小于风管断面的 2 倍。风管距离墙壁应当留有 $150 \sim 300 \text{mm}$ 的施工操作空间。冷、热水管道的外壁（或保温层的外表面）离墙面的距离不应小于 150mm，各管道外壁（或保温层的外表面）之间的距离不应小于 100～150mm。

风管、水管在穿墙和穿楼板处预留洞的尺寸如下：不保温风管的预留洞尺寸取风管尺寸加 100mm，保温风管的预留洞尺寸取风管尺寸加 150mm。不保温水管的预留洞尺寸取比水管管径大两号，保温水管的预留洞尺寸取水管管径加 150mm。

三、空调系统的节能

（一）建筑设计节能

空调系统的能耗在建筑总能耗中占有相当大的比重，高达 40％～60％左右。其中空调房间的设计冷负荷，对空调系统的设备投资、制冷机容量的配置和能耗等具有直接的影响。由于空调房间和系统设计冷负荷的大小与建筑设计、空调房间的布置、围护结构的热工性能等因素有很大的关系，为了减小由温差传热、太阳辐射热造成的空调房间的设计冷负荷，在进行建筑设计时，应当符合《民用建筑供暖通风与空气调节设计规范》、《公共建筑节能设计标准》等规范的要求，注意使空调建筑的设计、布置和围护结构的热工性能等符合以下几方面的要求：

（1）合理设计建筑平面与体形，力求方正，避免狭长、细高、过多的凹凸和错落，以减少建筑物的外表面积。严寒地区和寒冷地区主体建筑的体形系数宜控制在 0.35 以下。

（2）改善空调建筑围护结构的热工性能，减少开窗面积，主体建筑标准层的窗墙面积比不宜大于 0.45。应通过采用吸热玻璃、镀膜玻璃、密封条、隔热窗帘、双层玻璃、遮阳窗帘、遮阳板等措施减少围护结构的传热量。屋顶应采取隔热措施或通风屋面。建筑物的外表采用白色或浅色表面，围护结构的传热系数不宜大于表 7-7 的规定值。

工艺性空调区围护结构最大传热系数 K 值 ［W/（m² · K）］ 表 7-7

围护结构名称	室温波动范围（℃）		
	±0.1～0.2	±0.5	≥±1.0
屋顶	—	—	0.8
顶棚	0.5	0.8	0.9
外墙	—	0.8	1.0
内墙和模板	0.7	0.9	1.2

注：表中内墙和楼板的有关数值，仅适用于相邻空调区的温差大于 3℃时。

（3）合理布置空调房间。室内温湿度基数和使用要求相近的房间宜相邻布置，尽可能将高精度空调房间布置在一般的空调房间之中，对于室温允许波动范围小于或等于 ±0.5℃的空调区，宜布置在室温允许波动范围较大的空调区之中，当布置在单层建筑物内时，宜设通风屋面。空调房间尽量避免东西朝向，减少暴露面，工艺性空调房间的外墙、外墙朝向及所在的楼层应符合表 7-8 的要求。

工艺性空调区外墙、外墙朝向及其所在层次 表 7-8

室温允许波动范围（℃）	外墙	外墙朝向	层次
±0.1～0.2	不应有外墙	—	宜底层
±0.5	不宜有外墙	如有外墙，宜北向	宜底层
≥±1.0	宜减少外墙	宜北向	宜避免在顶层

（4）工艺性空调房间不宜有外门，否则应按表 7-9 的要求设置门斗。舒适性空调房间开启频繁的外门宜设置门斗，必要时可设置空气幕。

（5）改善空调建筑的环境，加强绿化，采用遮阳棚、屋顶花园、喷水设施等措施。

（6）尽量减少有害物源的影响。在满足工艺要求的前提下，减少空调房间的面积和散热、散湿设备。

工艺性空调区的门和门斗

表 7-9

室温波动范围（℃）	外门和门斗	内门和门斗
±0.1～0.2	不应设外门	内门不宜通向室温基数不同或室温允许波动范围大于±1.0℃的邻室
±0.5	不应设外门，必须设外门时，必须设门斗	门两侧温差大于3℃时，宜设门斗
≥±1.0	不宜设外门，如有经常开启的外门，应设门斗	门两侧温差大于7℃时，宜设门斗

注：外门门缝应严密，当门两侧温差大于7℃时，应采用保温门。

（二）空调系统的设计与运行节能

空调系统的耗能量与很多因素有关，在空调系统设计和运行中可采取的一些节能措施主要有以下几个方面：

1. 认真进行空调负荷计算

空调房间的设计冷负荷，对空调系统的设备投资、制冷机和空气处理设备容量的合理配置以及空调系统的运行能耗有着重要的影响。因此，空调系统除了在方案设计或初步设计阶段可使用热、冷负荷指标进行必要的估算外，施工图设计阶段应按照规范要求对空调区的冬季热负荷和夏季逐时冷负荷进行计算。

2. 合理确定室内温、湿度设计标准

空调系统的设计和运行实践表明，夏季空调房间的温度和相对湿度越低，空调系统的耗能量越大。冬季则相反，空调房间的温度和相对湿度越高，空调系统的耗能量越大。研究表明：夏季供冷室内设计温度每提高1℃，可节能10％左右；室内设计相对湿度每提高10％，可节省冷量12％左右。冬季供暖室内设计温度每降低1℃，可节能10％～15％。因此，空调房间不可无原则地提高室内温、湿度的设计标准。应当在满足生产要求和人体健康的情况下，夏季尽量提高室内的设计温度和设计相对湿度，冬季尽量降低室内的设计温度和设计相对湿度，以减少空调建筑的耗能量。

3. 合理选择空调系统和水系统的形式

根据空调房间的使用特点，合理地选择空调系统的形式，也可以达到减少能耗的目的。

当空调系统服务面积较大，各房间的使用时间一致时（如商场、餐馆等场所），可采用集中式空调系统。这不仅可减少空调系统的设备投资，还可在过渡季节利用室外新风的冷量，减少制冷机的运行时间，节约运行费用和改善室内的空气品质。

当空调系统中各房间热、湿负荷的变化规律相差较大，或房间的使用时间不一致的场合（如旅馆类建筑的客房），可采用风机盘管加新风空调系统。这样，各房间可独立地通过风量、水量（或水温）的调节，改变室内的温湿度。当房间无人时可关闭风机盘管机组而不会影响其他房间，节省运行费用。

在办公、商业等大型公共建筑中全年负荷变化不是太大的内区采用变风量空调系统，可以在室内冷负荷减少时，通过减少送风量调节室温，从而可避免定风量空调系统使用再热调节室温时所造成的冷热抵消现象，减少能量的浪费。

在水系统的设计中采用闭式系统、变流量系统可以节省水泵的运行能耗。此外，由于制冷机蒸发温度每提高 1℃，可节电 2%～3%。因此，在满足空气处理要求的情况下，通过采用较高的冷水初温，可节省制冷机的耗能。

4. 空调系统的运行节能

空调系统运行节能的措施主要反映在以下几个方面：（1）在冬、夏季尽量多用室内回风节省冷、热量；（2）在过渡季节尽量利用室外空气的自然调节能力，不用或少用冷、热量；（3）夏季尽量少用再热，减少冷热量抵消造成的能量损失；（4）在满足所需要的空调精度的基础上，通过对空气处理方法的选择，缩短制冷机的使用时间。

5. 设置热回收装置

为了满足室内卫生标准和保证人体健康要求，空调房间需要送入一定的新风量，并相应地排出一些室内温湿度下的空气。由于夏季的排风温度低于室外新风温度，冬季的排风温度高于室外新风温度，如果直接排放，就造成了冷量和热量的浪费。如果在空调系统设置热回收装置，用来回收排风中的冷、热量。夏季就可用于对室外新风预冷，冬季可用于对室外新风预热，达到节省能量的目的。目前，空调系统主要采用板式热交换器、转轮式热交换器和热管换热器等设备回收排风中冷、热量。

第九节　空调系统的消声减振

一、噪声的物理度量及室内噪声标准

噪声是指嘈杂刺耳的声音。对于某些工作有妨碍的声音也称为噪声。可产生噪声的噪声源是很多的，但对于空调系统来说，噪声主要是由通风机、制冷机、机械通风冷却塔等产生。

噪声的传播方式有三种：（1）通过空气传声；（2）由振动引起的建筑结构的固体传声；（3）通过风管传声。

（一）声音的物理度量

1. 声强与声压

描述声音强弱的物理量称为声强，通常用 I 表示。某一点的声强是指该点在垂直于声音传播方向上单位面积、单位时间内通过的声能，单位为 W/m²。

使人耳可以产生听觉的声强最低限称为"可闻阈"，声强值约为 10^{-12} W/m²，而人耳所能忍受的最大声强约为 1W/m²，大于这个声强值时，人耳就会产生疼痛的感觉，人耳所能忍受的最大声强值称为"痛阈"。

声音传播时，空气受到振动时产生的疏密变化，会在原有的大气压强上再叠加一个变化的压强，这个叠加的压强称为声压，用 P 表示，单位为微巴（μbar）。

在实际应用中，声强的测定较困难，因而，通常采用测定出声压，利用声强和声压的联系确定声强，两者的关系为：

$$I = \frac{P^2}{\rho c} \tag{7-11}$$

式中　c——声速（m/s）；

ρ——空气的密度（kg/m³）。

2. 声强级和声压级

由于人耳所能感受到的声强的最低值和最高值之间相差很大，达 10^{12} 倍，因此，如果采用通常的能量单位计算会很不方便。考虑到声音的强弱只有相对意义，实际计算中是选择某个声强 I_0 作为相比较的声强标准，将声强的大小用声强级表示，定义为：

$$L_I = 10\lg \frac{I}{I_0} \tag{7-12}$$

式中　L_I——声强级（dB）；

　　　I_0——参考标准声强，国际上规定 $I_0 = 10^{-12} W/m^2$。

利用声强和声压的关系，声压级可表示为：

$$L_P = 10\lg \frac{I}{I_0} = 10\lg \left(\frac{P}{P_0}\right)^2 = 20\lg \frac{P}{P_0} \tag{7-13}$$

式中　L_P——声压级（dB）；

　　　P_0——参考标准声压，$P_0 = 0.0002\mu bar = 2 \times 10^{-5} Pa$。

3. 声功率和声功率级

声源发声量的大小，通常用声功率反映。声功率是指声源在单位时间内以声波的形式辐射出的总的声能，用 W 表示，单位为瓦（W）。和声压一样，声功率也是采用声功率级进行计算，其表达式为：

$$L_W = 10\lg \frac{W}{W_0} \tag{7-14}$$

式中　L_W——声功率级（dB）；

　　　W_0——参考声功率标准，$W_0 = 10^{-12} W$。

4. 声波的叠加

两个声源同时产生噪声时，合成的声压级并不是两者的代数和，而是根据能量叠加原理，由两个声强的代数和导出，两者合成的声压级为：

$$L_P = 10\lg \frac{I_1 + I_2}{I_0} = 10\lg (10^{0.1L_{P1}} + 10^{0.1L_{P2}}) \tag{7-15}$$

式中　L_P——两个噪声源合成的声压级（dB）；

　　L_{P1}、L_{P2}——分别为两个噪声源的声压级（dB）；

当两个声源的声压级相同时，上式可简化为：

$$L_P = L_{P1} + 10\lg 2 = L_{P1} + 3 \tag{7-16}$$

此结果表明，两个声压级相同的声源叠加，合成的声压级仅比单个声源的声压级大 3dB。

（二）噪声的频谱特性

噪声不是某一个特定频率的纯音，而是由不同频率的声音组成的混合声。人耳可以听到的声音频率范围在 20～20000Hz。为了应用方便，通常把声音频率的范围划分为几个有限的频段，称为频程或频带。通风工程的噪声计算中所采用是倍频程，它是指前后两个频段中心频率的比值为 2：1 的频程。目前通用的倍频程的中心频率为 31.5Hz、63Hz、125Hz、250Hz、500Hz、1000Hz、2000Hz、4000Hz、8000Hz、16000Hz。在一般的噪声控制的现场测试中，通常只需要 63～8000Hz 八个频程就够了，倍频程各中心频率所代表的频率范围如表 7-10 所示。

声音的中心频率和频段的划分 表 7-10

中心频率（Hz）	63	125	250	500
频率范围（Hz）	45~90	90~180	180~355	355~710
中心频率（Hz）	1000	2000	4000	8000
频率范围（Hz）	710~1400	1400~2800	2800~5600	5600~11200

（三）室内噪声标准

1. 噪声的主观评价

人耳对声音的感受情况不仅与声压有关，而且与声音的频率也有关系。声压级相同，而频率不同的声音听起来往往是不一样的。为了评价人耳对声音的主观感觉状况，人们仿照声压级的概念，引入一个与频率有关的响度级，把声音的声压级和频率两个因素对人耳的主观感觉统一起来。

响度级是取 1000Hz 的纯音为基准声音，如果某一噪声听起来与这个纯音一样响，那么，这个噪声的响度级就等于 1000Hz 纯音的声压级（分贝值），响度级的单位是方（phon）。例如，某一噪声听起来与声压级为 80dB，频率为 1000Hz 基准声音一样响，那么，这个噪声的响度级就是 80phon。

根据响度级的定义，通过实验，可找出人耳听觉范围内不同频率的纯音在某个响度下所对应的声压级，作出如图 7-58 所示的等响度曲线。图中每条曲线都表示了具有同样响度下，噪声的频率和声压级之间的组合关系。

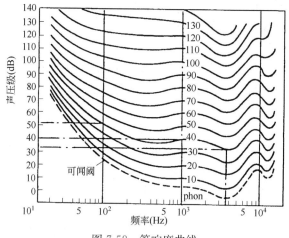

图 7-58 等响度曲线

从实验得出的等响度曲线图中可以看到，人耳对高频声音，特别是 2000~5000Hz 的声音较敏感，而对低频声音的敏感程度较差。例如，某一人耳感觉的响度级为 40phon 的声音，如果该声音的频率是 100Hz，所对应的声压级是 52dB，而如果该声音的频率增大到 3000~4000Hz，所需要的声压级只有 33dB（图 7-58）。

在声学测量仪器中，为了模拟人耳对声音响度的感觉特性，在声级计上设计了三种不同的计权网络，称为 A、B、C 网络。每种网络都在电路中设置了对声音频率有衰减作用的滤波装置。其中 C 网络对不同频率的声音衰减较小，代表了总的声压级；B 网络对低频声音有一定程度的衰减；A 网络则使低频范围（低于 500Hz）声音的衰减程度较大，形成对高频声音敏感，而对低频声音不大敏感的状况，这就与人耳对声音的主观感觉相一致。因此，人们在噪声的测量中，通常采用 A 网络测得的声压级来反映噪声的大小，称为 A 声级，表示为 dB（A）。

2. 室内噪声标准

室内噪声标准是指房间内所允许的噪声级。由于人耳对声音的感受情况不仅与声压有关，而且还与频率有关，对同一声压级下各种频率声音响度的感觉是不一样的。因此，室内噪声标准应给出不同频带下允许的声压级。目前是采用国际标准组织提出的噪声评价曲线作为标准，如图 7-59 所示。图中的噪声标准对低频噪声声压级的允许值较高，这是根据人耳对低频噪声的敏感程度较低，以及低频噪声的消声比较困难而制定的。噪声评价曲线号 N 的声压级与声级计 A 档读数的声压级 L_A 之间的关系为 $N = L_A - 5dB$。

确定室内允许的噪声标准时，应当根据建筑物的性质、生产或工作环境的要求以及技术经济等条件综合考虑确定。不可无原则地提高室内噪声标准，造成浪费。表 7-11 中给出了一些场合的室内允许的噪声标准，可供设计时参考。

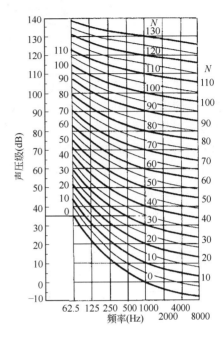

图 7-59　噪声评价曲线（NR 曲线）

某些场合的室内允许噪声标准（dB）　　　　　表 7-11

建筑物的性质	噪声评价曲线号（N）	声级计 A 档读数（L_A）
电台、电视台的播音室	20～30	25～35
剧场、音乐厅、会议室	20～30	25～35
体育馆	40～50	45～55
车间（根据不同用途）	45～70	50～75

二、消声原理和消声器

当噪声源在室内产生的声压级高于允许的噪声标准时，就需要根据各频带要求消除的声压级选择消声装置，消除在室内噪声标准之上的那部分声能。消声器是根据不同的消声原理设计成的管路构件，按所采用的消声原理可分为阻性消声器、抗性消声器、共振消声器和复合消声器等类型。

1. 阻性消声器

阻性消声器的消声原理是利用吸声材料消耗声能。其主要特点是对中、高频噪声的消声效果好，对低频噪声消声效果差。阻性消声器通常是把吸声材料固定在气流流动的管道内壁，或按一定的方式在管道内排列起来，利用吸声材料消耗声能。阻性消声器有许多类型，常用的有管式、片式和格式消声器，构造如图 7-60 所示。

管式消声器是在风管的内壁面贴一层吸声材料，吸收声能降低噪声。其特点是结构简单、制作方便、阻力小。但只宜用于截面直径在 400mm 以下的管道。风管断面增大时，消声效果下降。

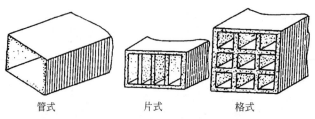

图 7-60 管式、片式和格式消声器构造示意图

片式和格式消声器实际上是一组管式消声器的组合，主要是为了解决管式消声器不能用于大断面风道的问题。片式和格式消声器构造简单，阻力小，对中、高频噪声的吸声效果好，但是应注意这类消声器中的空气流速不能太高，以免气流产生的紊流噪声使消声器失效。格式消声器中每格的尺寸宜控制在 200mm×200mm 左右。片式消声器的片间距一般在 100~200mm 的范围内，片间距增大时，消声量会相应地下降。

2. 抗性消声器

抗性消声器又称为膨胀式消声器，它是由一些小室和风管组成，如图 7-61 所示。其

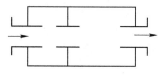

图 7-61 抗性消声器构造示意图

消声原理是利用管道内截面的突然变化，使沿风管传播的声波向声源方向反射，起到消声作用。这种消声方法对于中、低频噪声有较好的消声效果，但消声频率的范围较窄，要求风道截面的变化在 4 倍以上才较为有效。因此，在机房的建筑空间较小的场合，应用会受到限制。

3. 共振消声器

吸声材料通常对低频噪声的吸收能力很低，要增加低频噪声的吸声量，就需要大大地增加吸声材料的厚度，这显然是不经济的。为了改善低频噪声的吸声效果，通常采用共振消声器。

共振消声器的构造如图 7-62 所示。图中的金属板上开有一些小孔，金属板后是共振腔，与金属板一起组成共振吸声结构。当声波传到共振结构时，小孔孔径中的气体在声波压力作用下，像活塞一样往复运动，通过孔径壁面的摩擦和阻尼作用，使一部分声能转化为热能消耗掉。

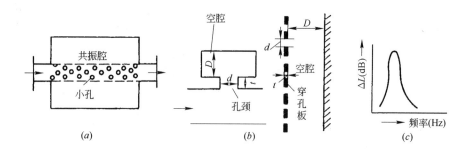

图 7-62 共振消声器

(a) 消声器示意图；(b) 共振吸声结构；(c) 消声特性

每个共振结构都具有一定的固有频率，这个固有频率由共振结构的小孔孔径 d、板厚度 t 和空腔深度 D 所决定。当外来声波的频率与共振吸声结构的固有频率相同时，就会产生共振现象，这时振幅达到最大，孔径中空气柱往复运动的速度最大，摩擦损失最大，吸

收的声能也达到最大值。

共振消声器对低频噪声具有较好的消声效果，但从其消声原理可知，它的消声性能对噪声频率的选择性较强，消声频率的范围狭窄，当噪声频率离开共振结构的固有频率较远时，消声量急剧下降，如图7-62（c）所示。

4. 复合消声器

复合消声器又称为宽频带消声器，它是利用阻性消声器对中、高频噪声的消声效果好，抗性消声器和共振消声器对低频噪声消声效果好的特点，综合设计成从低频到高频噪声范围内，都具有较好的消声效果的消声器。常用的有阻抗复合式消声器、阻抗共振复合式消声器和微穿孔板式消声器等类型。

阻抗复合式消声器通常是由吸声材料制成的吸声片和若干个抗性膨胀室组成，其构造如图7-63（a）所示。这种消声器对低频噪声的消声效果较好，一段1.2m长的阻抗复合式消声器对低频噪声的消声量可达到10～20dB（图7-63b）。

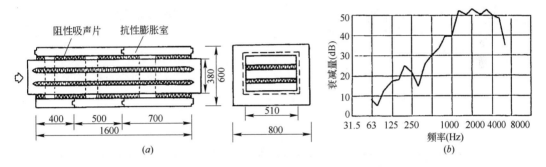

图7-63 阻抗复合消声器

微穿孔板式消声器如图7-64所示，它是由开有小孔的金属板和设置在消声器边壁的共振腔组成一个共振吸声结构。微穿孔板的板厚和孔径一般小于1mm，使微孔具有较大的声阻。微穿孔板消声器的消声频率较宽，空气阻力小，由于不使用吸声材料，不起尘，适用于净化要求较高的空调系统。

5. 其他类型的消声器

除了上面所讨论的消声器的类型外，在空调系统中，把一些风管构件进行适当处理，也可以起到消除噪声的作用。此外，它们还具有节省建筑空间的优点。常用的这类消声器构件有：

（1）消声弯头

消声弯头有两种：普通型和共振型。普通消声弯头是利用贴在内侧的吸声材料消声，通常是把弯头内缘做成圆弧，外缘粘贴吸声材料，吸声材料的长度应不小于弯头宽度的4倍，如图7-65（a）所示。另一种消声弯头称为共振型消声弯头（图7-65b），其外缘采用孔板、吸声材料和空腔，利用共振吸声结构来改善普通消声弯头对低频噪声消声效果较差的问题。

（2）消声静压箱

在风机出口或空气分布器前设置内贴有吸声材料的静压箱，除了可以稳定气流外，还具有消声的作用。消声静压箱的消声量与吸声材料的性能、箱内贴吸声材料的面积以及出口侧风管的面积等因素有关。

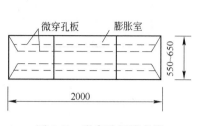

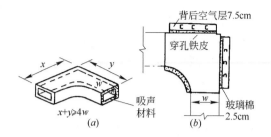

图 7-64　微穿孔板消声器

图 7-65　消声弯头

（a）普通消声弯头；（b）共振型消声弯头

三、空调系统的减振

空调系统的噪声除了通过空气传播，还可通过建筑物的结构和基础进行传播。例如风机和水泵在运转时所产生的振动先传递给基础，然后以弹性波的形式从运转设备的基础沿着建筑结构传递到其他房间，再以噪声的形式出现，这种噪声称为固体声。

减少固体声传播的主要措施是在振动设备和它的基础之间设置弹性构件，如弹簧、橡胶、软木等，来消除振动设备和基础之间的刚性连接。

（一）振动传递率

弹性构件减振效果的好坏通常用振动传递率 T 来反映，它是通过弹性减振装置传递过去的力 F 与设备产生的总干扰力 F_0 的比值，即：

$$T = \frac{F}{F_0} \tag{7-17}$$

振动传递率 T 越小，表明弹性减振装置的减振效果越好。减振传递率的数学表达式为：

$$T = \left| \frac{1}{(f/f_0)^2 - 1} \right| \tag{7-18}$$

式中　f——振源（振动设备）干扰力的振动频率（Hz）；

　　　f_0——弹性减振支座的固有频率（Hz）。

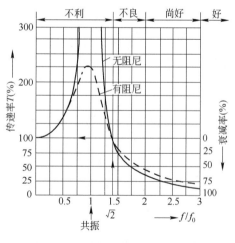

图 7-66　减振传递曲线

振动传递率 T 与 f/f_0 的关系也可用图 7-66 表示。图中的虚线是有阻尼时的情况。从减振传递率的计算式（7-18）和图 7-66 可知：

（1）当 $f/f_0 < 1$ 时，振动传递率 $T > 1$，干扰力通过减振支座传递给基础，减振器没有隔振作用；

（2）当 $f/f_0 = 1$ 时，振动传递率 $T = \infty$，系统发生共振，这时，隔振系统不仅没有减振作用，反而使振动干扰力增加，加剧了系统的振动，这是减振设计必须防止出现的；

（3）当 $f/f_0 > \sqrt{2}$ 时，振动传递率 $T < 1$，通过隔振器的振源干扰力得到衰减，隔振器起到减振作用。

从理论上讲，f/f_0 越大，减振效果越好。但是，f/f_0 越大，减振系统的造价越高，而且振动传递率 T 随着 f/f_0 的增加所减小的程度越来越小，即减振效果的增加程度越来越小。因此，在进行减振设计时，应当根据具体情况来确定减振标准，在满足减振要求的前提下减小工程造价。表 7-12 中给出了一些减振标准，可供减振设计时参考，通常取 f/f_0＝2.5～5。

表 7-12

减振标准

分　类	传递率 T	f/f_0	减振效果	使　用　地　点
A	＜0.06	＞4.0	非常好	振源在播音室的楼板上
B	0.06～0.1	3.3～4.0	很好	振源在楼板上，其下层为办公室、图书馆、病房等
C	0.1～0.2	2.5～3.3	好	振源在广播电台、办公室、图书馆等附近
D	0.2～0.35	2.0～2.5	稍好	振源在地下室，而周围为上述以外的一般性房间
E	0.35～0.5	1.7～2.0	不好	振源远离使用地点或在一般工业车间内
F	0.5～1.0	1.41～1.7	无意义	不能使用
G	＞1.0	＜1.41	相反的效果	使振动增大，不能使用

（二）弹性减振基座的计算

减振器通常用弹性材料制作，如橡胶、软木和弹簧等。当转速 n＞1200r/min 时采用橡胶或软木衬垫，转速 n＜1200r/min 时，宜采用弹簧减振器。图 7-67 中是几种不同类型的减振器的结构示意图。

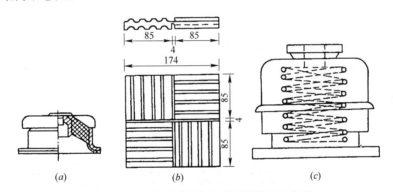

图 7-67　几种不同形式的减振器结构示意图

（a）JG 型橡胶减振器；（b）SD 型橡胶隔振垫；（c）弹簧减振器

1. 静态变形值

减振材料的静态变形值是指在振源不振动的情况下，减振材料被压缩的程度。弹性减振材料的静态变形值 δ 可表示为：

$$\delta = \frac{9 \times 10^4}{Tn^2} \tag{7-19}$$

式中　n——振源的转速（r/min）。

从式中可以看到，当要求的振动传递率 T 一定时，如果设备的转速小（即振源的振动频率低），则弹性减振支座的需要的静态变形值大，反之亦然。在常用的减振器和减振材料中，弹簧减振器的静态变形值大，设备的转速宜小些，而橡胶和软木的静态变形值小，设备的转速可以大一些，图 7-68 是根据上式作出的线算图。

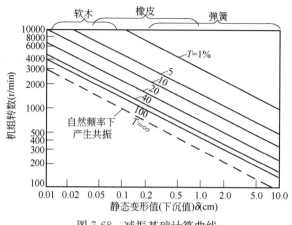

图 7-68　减振基础计算曲线

2. 弹性减振基座的计算

（1）计算弹性材料的厚度 h(cm)

$$h = \delta \frac{E}{\sigma} \tag{7-20}$$

式中　E——弹性材料的动态弹性系数（N/cm²），一般为静态的 5～20 倍；

　　　σ——减振材料的允许荷载（N/cm²），见表 7-13；

　　　δ——弹性材料的静态变形值（cm）。

（2）计算减振材料的断面积 F

$$F = \frac{\sum M \times 9.81}{\sigma Z} \tag{7-21}$$

式中　$\sum M$——机组和基础板的总质量（kg）；

　　　Z——减振坐垫个数；

　　　σ——减振材料的允许荷载（N/cm²）；

　　　9.81——重力加速度（m/s²）。

一些减振材料的 σ 和 E 值　　　　　表 7-13

材 料 名 称	允许荷载 σ（N/cm²）	动态弹性系数 E（N/cm²）	E/σ
软橡皮	8.0	500	63
中等硬度橡皮	30～40	2000～2500	75
天然软木	15～20	300～400	20
软木屑板	6.0～10	600	60～100
海绵橡胶	3.0	300	100
孔板状橡胶	8.0～10	400～500	50
压制的硬毛毡	14	900	64

[例 7-1]　空调机组总质量为 1060kg，风机转速 $n = 1230$r/min，允许的振动传递率 $T = 12.5\%$，试设计天然减振软木基座。

[解]　（1）计算弹性减振支座的固有频率 f_0

由减振传递曲线（图 7-66）查得，当 $T = 12.5\%$ 时，$f/f_0 = 3$，由风机的振动频率 $f = \dfrac{n}{60}$

可得

$$f_0 = \frac{f}{3} = \frac{1230}{60 \times 3} = 7 \text{Hz}$$

（2）确定静态变形值

由图 7-68 知，转速 $n = 1230 \text{r/min}$，$T = 12.5\%$ 时，所需的静态变形值 $\delta = 0.5 \text{cm}$。

（3）计算弹性体的厚度 h

由表 7-13 查得天然软木的 $E/\sigma = 20$，则所需的弹性体的厚度为

$$h = \delta \frac{E}{\sigma} = 0.5 \times 20 = 10 \text{cm}$$

（4）确定弹性支座的断面积 F

设采用四个支座，由表 7-13 中查得天然软木的平均允许荷载为 17.5N/cm^2，每个弹性支座所需的断面积为

$$F = \frac{\sum M \times 9.81}{\sigma Z} = \frac{1060 \times 9.81}{17.5 \times 4} = 149 \text{cm}^2$$

即每个软木坐垫的尺寸为 $15 \text{cm} \times 10 \text{cm}$。

（三）其他的辅助隔振措施

在空调系统中，除了对风机、水泵等产生振动的设备设置弹性减振支座外，为了防止与这些运转设备连接的管路的传声，应在风机、水泵、压缩机等运转设备的进出口管路上设置隔振软管，在管道的支吊架、穿墙处作隔振处理，图 7-69 中是一些这方面的减振处理措施。

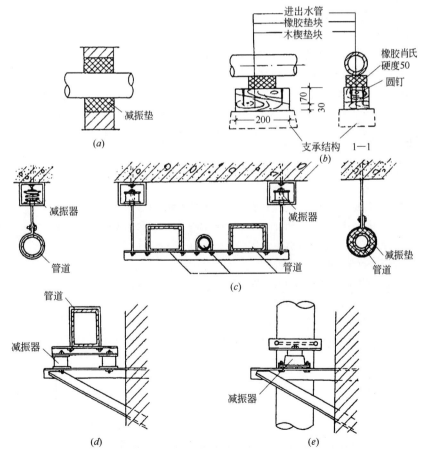

图 7-69　管道辅助减振措施示意图

（a）管道穿墙隔振方法；（b）水管减振支座；（c）水平管道吊架减振措施；（d）水平管道支座减振措施；（e）垂直管道减振措施

复习思考题

7-1　什么是空气调节？一个空调系统通常由哪几部分所组成？

7-2　什么是空调区域、空调基数和空调精度？

7-3　试说明集中式、半集中式和分散式空调系统的主要特点和适用场合。

7-4　常用的空气加热设备有几种？简述其主要特点和适用场合。

7-5　常用的空气冷却设备有几种？简述其主要特点和适用场合。

7-6　常用的空气加湿设备有几种？简述其主要特点和适用场合。

7-7　什么是空调房间的气流组织？影响空调房间气流组织的主要因素是什么？

7-8　什么是等温自由射流、非等温自由射流、贴附射流、和受限射流？它们的流动规律有什么不同？

7-9　要使气流速度衰减得快一些，可采取哪些措施？

7-10　空调房间常见的送风口形式有哪些？适用于什么场合？

7-11　回风口的空气流动规律对室内气流组织的影响与送风口有什么不同？

7-12　常见的气流组织形式有哪几种？简述各自的主要特点和适用场合。

7-13　风机盘管空调系统由哪几部分所组成？它们的作用是什么？

7-14　什么是空调机组的能效比？

7-15　蒸气压缩式制冷的制冷原理是什么？

7-16　蒸气压缩式制冷循环由哪些主要设备组成？它们的作用是什么？

7-17　吸收式制冷机由哪些主要设备组成？它们的作用是什么？

7-18　什么是制冷剂、载冷剂和冷却剂？试举例说明。

7-19　空调冷冻水系统的形式有几种？各有什么优缺点？

7-20　什么是开式和闭式水系统？各有什么优缺点？

7-21　机械循环冷却水系统的主要设备有哪些？它们的布置应当注意什么问题？

7-22　制冷机房、空调机房、排风机房、锅炉房等设备用房在建筑中的布置应当注意什么问题？

7-23　风道的布置与连接应当注意什么问题？

7-24　什么是噪声？空调系统主要有哪些噪声源？

7-25　什么是声强、声压？两者有什么关系？

7-26　什么是声强级、声压级？为什么要引入声压级的概念？

7-27　风机 A 和风机 B 单独工作时产生的声压级都是 80db，共同工作时产生的声压级是多少？

7-28　什么是纯音、频程、倍频程？通用的倍频程的中心频率是多少？

7-29　NR 噪声评价曲线的特点是什么？

7-30　什么是室内噪声标准？确定室内噪声标准时应当考虑哪些因素？

7-31　阻性、抗性和共振消声器的消声原理和主要特点是什么？

7-32　什么是振动传递率？是否装了减振器就可达到隔振的目的？

7-33　某空调机组的质量为 1200kg，风机转速 1450r/min，允许传递率 $T=0.15$，试设计中等硬度橡胶隔振基础。

第八章　建筑供配电

建筑电气分为强电工程和弱电工程，强电工程一般指供电电压为交流 110V 及以上的系统，一般包括建筑供配电、照明、建筑防雷等系统。由于建筑强电系统中电压高、电流大、能耗高，不仅需要考虑供配电系统的功能，还需要考虑供配电系统的运行安全、运行节能。建筑中还有电话、电视、计算机网络、火灾自动报警、安防、楼宇自控等电气系统，这些系统供电电压较低，称为建筑弱电工程系统。弱电系统的电压低，电流小，主要考虑信息传输和信息处理等问题。强电工程和弱电工程涵盖建筑内部所有用电设备的供电以及设备运行控制等内容，是现代建筑非常重要的组成部分。本书的建筑电气内容主要介绍强电系统和弱电系统中的火灾自动报警系统。

第一节　建筑供配电系统的组成与基本形式

一、电力系统的组成

电力系统包括发电厂（站）、输配电网和电力用户。电力系统示意图如图 8-1 所示。

发电厂将其他形式的能量转变为电能，根据能源类型常规发电可分为火力发电、水电、核电三种，可再生能源发电可分为地热、太阳能、风能、潮汐能等。发电厂通常远离电力用户，需要采用升高电压方式实现远距离传输。

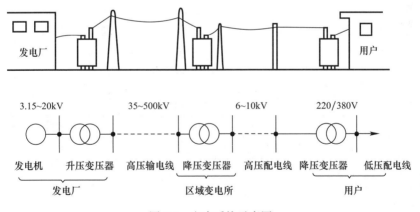

图 8-1　电力系统示意图

输配电网分为输电网和配电网，输电网是从发电站向用电区域输送电能，配电网是在用电区域内向电力用户供电。输配电网包括升压变压器、降压变压器、传输线路等设备。利用变压器可将不同电压等级的电网连接起来；根据变电站在电力系统中的地位和作用，可以分为枢纽变电站、区域变电站、终端变电站和用户变电站等。为了实现大容量、远距离、低损耗电能传输，输电网发展方向为超高电压、直流传输，目前已经有交流 1800kV、直流 1500kV 电网投入与营运。

二、建筑供配电系统

建筑供配电系统主要指 35kV 以下用于建筑供电的变配电系统，由外部电源进线、用户变配电所、高低压配电线路和相应的配电设备组成，为建筑内各种用电设备提供电能。

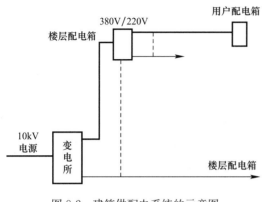

图 8-2　建筑供配电系统的示意图

按空间位置，建筑供配电系统一般包含建筑变电所、楼层配电箱、用户配电箱三个部分。如图 8-2 所示。

图中的建筑变电所实现降压和电能分配，10～35kV 电压经电力变压器降为 380V/220V 为用电设备供电，再根据用电负荷的要求分为多个出线回路配电到楼层配电箱，在楼层配电箱完成电能的二次分配，将电能分配到具体的用户配电箱；最后在用户配电箱配电供给具体的用电设备。

第二节　电力系统电压和电能质量

一、电力系统电压

国家对发电、输电线路及所有用电设备的额定电压均有统一的规定，是根据国民经济发展需要，考虑技术经济上的合理性以及电机、电器的制造水平等因素，经全面分析研究而确定的。

电力系统电压分为系统标称电压和电气设备额定电压，见表 8-1。

1. 系统标称电压

系统标称电压是标志或识别系统电压的给定值，标称电压有多种等级。将电网标称电压 1000V 及以下的交流电压等级定义为低压，把标称电压 1000V 以上交流电压等级定义为高压。

系统标称电压和电气设备额定电压　　　　　　　　　　　　　　　表 8-1

分类	系统标称电压和用电设备额定电压	发电机额定电压	电力变压器额定电压	
			一次绕组	二次绕组
标称电压在 220～1000V 之间的交流三相四线或三相三线系统（V）	220/380 380/660 1000	230/400 400/690	220/380 380/660	230/400 400/690
标称电压在 1～35kV 之间的交流三相四线或三相三线系统（kV）	3 6 10 20 35	3.15 6.3 10.5 13.8, 15.75, 18, 20, 22 24, 26	3, 3.15 6, 6.3 10, 10.5 13.8, 15.75, 18, 20 35	3.15, 3.3 6.3, 6.6 10.5, 11 38.5
标称电压在 35～220kV 之间的交流三相四线或三相三线系统（kV）	66 110 220		66 110 220	72.6 121 242

分类	系统标称电压和用电设备额定电压	发电机额定电压	电力变压器额定电压	
			一次绕组	二次绕组
标称电压在 220～1000kV 之间的交流三相四线或三相三线系统（kV）	330 500 750 1000		330 500 750 1000	363 550
高压直流输电系统（kV）	±500 ±800			

2. 电气设备额定电压

电气设备额定电压通常由制造厂确定，指额定工作条件下的电压，其电压等级应与电网额定电压等级相对应，根据电气设备在系统中的位置分为用电设备额定电压、发电机额定电压、电力变压器额定电压。

（1）用电设备额定电压

考虑配电线路存在电压降，线路各点实际电压与系统的标称电压存在偏差，规定用电设备的额定电压与所连接系统的标称电压一致。

（2）发电机额定电压

考虑电网电压的损失，规定发电机的额定电压高出所连电网标称电压的 5%。

（3）电力变压器额定电压

电力变压器具有一次绕组和二次绕组，实现电压变换功能。电力变压器的一次绕组接至发电机时其额定电压与发电机的额定电压相同；电力变压器的一次绕组接至电网时，其额定电压与所连接系统的标称电压相同；电力变压器二次绕组侧相当于电源，考虑负载时线路电压降和变压器内部电压损失 5%，二次绕组额定电压应高出所连电网标称电压的 5% 或 10%；对低压电网，线路短，通常高出 5%，对高压电网，线路长，通常高出 10%。

图 8-3 为电力系统电压示意图，图中 U_n 为系统标称电压，U_G 为发电机额定电压，U_{1rT}、U_{2rT} 分别为变压器一次和二次额定电压。

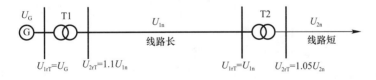

图 8-3　电力系统电压示意图

二、电能质量

电力系统一般采用三相对称 50Hz 正弦交流电源供电，为保障用户设备可靠运行，需要对电网的电压、频率、波形提出要求，通常用供电电压偏差、电力系统频率偏差、公用电网谐波、三相电压不平衡来描述电能质量。

1. 供电电压偏差

电压偏差是系统中某点的实际运行电压相对于系统标称电压的偏差相对值，以百分数表示，即

$$\Delta U = \frac{U - U_n}{U_n} \times 100\% \tag{8-1}$$

式中　ΔU——电压偏差；

　　　U——系统某点的实际运行电压；

　　　U_n——系统的标称电压。

国家标准规定的供电电压偏差限值为：35kV 及以上供电电压正、负偏差绝对值之和不超过标称电压的 10%；20kV 及以下三相供电电压偏差不超过标称电压的 ±7%；220V 单相供电电压偏差为标称电压的 7%、−10%。

正常运行情况下，用电设备端子处的电压偏差允许值为 ±5%，特殊场所照明 +5%～−10%。实际工程中，可采用改变变压器绕组分接头调压，尽可能通过三相负荷平衡和提高功率因数等措施改善电压偏差。

2. 电力系统频率偏差

电力系统频率偏差指电力系统频率的实际值与标称值 50Hz 之差。电力系统正常条件下频率偏差限值 ±0.2Hz。电力系统频率的变化主要是系统有功负荷的变化，通常由发电系统保证。

3. 公用电网谐波

供配电系统中将基本正弦波称为基波，基波频率为电网工频（50Hz），高于基波以外的正弦波称为谐波或高次谐波，谐波频率与基波频率之比的倍数称为谐波次数，谐波次数为奇数称为奇次谐波，谐波次数为偶数称为偶次谐波。

谐波含量是高次谐波分量有效值的平方和的平方根值，例如

$$U_H = \sqrt{\sum_{n=2}^{\infty} U_n^2} \tag{8-2}$$

式中　U_H——谐波电压含量；

　　　U_n——n 次谐波电压分量有效值。

总谐波畸变率是谐波含量与基波分量的比值，例如

$$THU_u = \frac{U_H}{U_1} \times 100\% \tag{8-3}$$

式中　THU_u——电压总谐波畸变率；

　　　U_1——50Hz 基波电压分量有效值。

谐波含有率是高次谐波中某次特定的谐波分量有效值与基波分量有效值之比，例如

$$HRU_n = \frac{U_n}{U_1} \times 100\% \tag{8-4}$$

式中　HRU_n——n 次谐波电压含有率。

电力系统中非线性电气设备的投入运行会形成谐波源，向公用电网注入谐波电流，引起电网电压波形畸变。电能质量国家标准规定了公用电网谐波限值，如表 8-2 所示为公用电网电压的谐波限值。

公用电网电压的谐波限值 表 8-2

电网标称电压（kV）	电压总谐波畸变率（%）	各次谐波电压含有率（%）	
		奇次	偶次
0.38	5.0	4.0	2.0
6	4.0	3.2	1.6
10			
35	3.0	2.4	1.2
66			
110	2.0	1.6	0.8

4. 三相电压不平衡

电力系统运行时如果三相负荷不平衡，会导致电网三相电压幅值不同或相位差不是120°，或兼而有之，即出现三相电压不平衡，电能质量国家标准规定了电网电压不平衡度。

为降低三相电压不平衡度，配电系统设计时应尽可能将负荷均衡地分配在三相线路中，或限制单相用电设备的容量。由地区公共低压电网供电的 220V 负荷，线路电流小于60A 时可采用 220V 单相供电，大于 60A 宜采用三相四线制供电。

第三节　负荷分级及计算

一、负荷分级及供电措施

1. 负荷分级

供配电系统不同的用户或同一用户的不同用电设备因供配电系统停电时所产生的损失和影响是不一样的，为此应对供配电系统的负荷加以区别即进行负荷分级，不同级别负荷应采取不同的供电措施。电力负荷应根据对供电可靠性的要求及中断供电在对人身安全、经济损失上所造成的影响程度进行分级。

（1）一级负荷

一级负荷是指中断供电将造成人身伤害，或将在经济上造成重大损失，或将影响重要用电单位的正常工作等后果的用电负荷。

在一级负荷中，当中断供电将造成人员伤亡或重大设备损坏或发生中毒、爆炸和火灾等情况的负荷，以及特别重要场所的不允许中断供电的负荷，应视为特别重要的负荷。

（2）二级负荷

二级负荷是指中断供电将在经济上造成较大损失，或将影响较重要用电单位的正常工作等后果的用电负荷。

（3）三级负荷

三级负荷是指不属于一级和二级负荷的用电负荷。

2. 供电要求

一级负荷应由双重电源供电。双重电源是指当一个电源发生故障时，另一个电源不应同时受到损坏。一级负荷中特别重要的负荷除由双重电源供电外，尚应增设应急电源，并严禁将其他负荷接入应急供电系统。

由同一电源供电的两台变压器并不能作为独立电源。双重电源应来自不同区域变电站，或一个来自区域变电站，另一个来自自备发电机组，如图 8-4 所示。

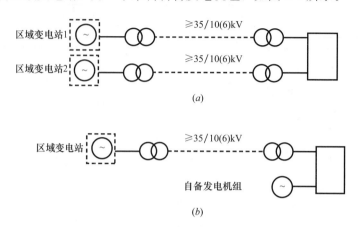

图 8-4　双重电源示意图

(a) 电源来自不同的区域变电站；(b) 电源分别来自区域变电站和自备发电机组

应急电源应是与电网在电气上独立的各种电源，例如 EPS（Emergency Power Supply）、蓄电池、柴油发电机等。

应急电源的切换时间，应满足设备允许中断供电的时间要求：对允许中断供电时间为 15s 以上的负荷，如消防水泵等动力负荷可选择快速自启动的发电机组；对允许中断供电时间为毫秒级的重要负荷，如应急照明可采用 EPS 应急电源装置，对容量不大又特别重要的计算机类负载可采用 UPS 不间断电源。

二级负荷的供电系统，宜由两回路供电，三级负荷对供电方式无特殊要求。

3. 建筑用电负荷分级

建筑中的用电负荷分类与建筑分类和用电设备性质有关。

一般建筑的住宅或办公室照明负荷为三级负荷，一般的暖通空调设备为三级负荷，与重要设备相关的空调用电则为一级或二级负荷。一类或二类高层建筑的应急照明、通道照明，建筑给水、排水设备，消防设备如通风、消防电梯、防排烟，消防水泵，弱电系统如火灾自动报警系统、安全防范系统、建筑设备自动化系统、办公自动化系统，信息通信系统、系统集成系统等为一级负荷或二级负荷。

二、负荷的计算

交流电路的功率包括有功功率（单位：W，瓦），无功功率（单位：var，乏），视在功率（单位：VA，伏安）。供配电工程负荷计算中各负荷功率单位常采用 kW（千瓦）、kvar（千乏）、kVA（千伏安）。

（一）计算负荷

实际负荷是随机变化的，故通常选取一个假想的持续负荷，其热效应在某一段时间内与实际变动负荷所产生的最大热效应相等，这一假想的持续性负荷就是计算负荷。一般而言，载流导体大约 30min 可达到稳定的温升，因此通常取半小时最大平均负荷作为计算负荷。

计算负荷是用来按发热条件选择配电变压器、高低压电器及电线电缆，计算电压损失和功率损耗的依据。如果计算负荷过大，会导致设备容量和导线截面选择过大，造成投资和有色金属的浪费。如果计算负荷过小，又会使设备容量和导线截面选择偏小，造成运行时过热，增加电能损耗和电压损失，甚至使设备和导线烧毁，造成事故。由于影响计算负荷的因素很多，准确计算负荷困难，只能是力求接近实际。

常用的负荷计算方法有单位指标法和需要系数法。

（二）单位指标法

在方案设计阶段，为便于确定供电方案和选择变压器的容量和台数，可采用单位指标法。民用建筑常采用单位面积功率法和综合单位指标法。

根据目前的用电水平和装备标准，民用建筑单位指标见表 8-3。

各类建筑物的用电指标

表 8-3

建筑类别	用电指标（W/m²）	建筑类别	用电指标（W/m²）
公寓	30～50	医院	40～70
旅馆	40～70	高等学校	20～40
办公	30～70	中小学	12～20
商业	一般：40～80	展览馆	50～80
	大中型：60～120		
体育	40～70	演播室	250～500
剧场	50～80	汽车库	8～15

对于住宅，一般采用每户单位指标法。根据《住宅建筑电气设计规范》，每套住宅不得低于表 8-4 的规定。

全国普通住宅每户的用电指标

表 8-4

套型	建筑面积 S（m²）	用电指标最低值（kW/户）	单相电能表规格（A）
A	$S \leqslant 60$	3	5（20）
B	$60 < S \leqslant 90$	4	10（40）
C	$90 < S \leqslant 150$	6	10（40）
D	$S > 150$	$\geqslant 8$	$\geqslant 10$（40）

单位面积功率法计算公式：

$$P_c = \frac{P'_e A}{1000} \tag{8-5a}$$

综合单位指标法计算公式

$$P_c = \frac{P'_e N}{1000} \tag{8-5b}$$

式中　P_c——计算负荷（kW）；

P'_e——单位指标，式（8-5a）中单位为 W/m²；式（8-5b）中单位为 W/户，W/人或 W/床；

A——建筑面积（m²）；

N——单位数量（户数，人数或床数）。

采用单位指标法确定计算负荷时，通常不考虑系数，但对于住宅应根据住宅的户数乘以需要系数。

（三）需要系数法

初步设计及施工图设计阶段，宜采用需要系数法。

需要系数法采用由下而上的逐级计算，即先根据用电设备的额定功率（铭牌功率）按设备运行工作制确定设备功率，然后将用电设备按性质分为不同的用电设备组并确定设备组设备功率，各设备组的计算功率为设备组设备功率乘以需要系数，配电干线（或变配电所）范围内计算功率为各设备组的计算负荷之和乘以同时系数。

1. 单台用电设备的设备功率

用电设备的设备功率与用电设备的工作方式有关。

（1）连续工作制设备

连续工作制设备是指长期连续运行可以达到稳定温升，负荷比较平稳的用电设备。如照明灯具、锅炉用风机、通风机、生活水泵等，其设备功率就是其铭牌标注的额定功率。

（2）周期运行工作制设备

周期运行工作制设备是指在运行过程中规律性的运行和停机、达不到稳定温升的设备。采用暂载率表征工作时间与工作周期的比值，则设备功率应按等效发热的原则折算，一般统一换算到暂载率25%下的有功功率，即

$$P_e = P_r \sqrt{\varepsilon/0.25} = 2P_r \sqrt{\varepsilon} \tag{8-6}$$

式中　P_e 为设备功率；P_r 为额定功率；ε 为用电设备暂载率。

（3）短时运行工作制设备

短时运行工作制设备工作时间短，间歇时间长，也应按等效发热的原则折算。运行时间很短的电动闸门则不计入设备功率。

2. 设备组的设备功率

求取计算负荷时，对于计算范围内性质相同的用电设备可以划分为同一设备组。一个设备组的设备功率计算的原则是：

（1）一个设备组的设备功率为一个设备组中各设备功率之和，但不包括备用设备。

（2）季节性用电设备（如制冷设备和采暖设备）应选择其大者作为设备功率。

（3）住宅的设备容量采用每户的用电指标之和。

3. 单相用电设备的设备功率

单相用电设备应均衡分配到三相电路中，当单相设备的总功率小于计算范围内三相设备总功率的15%时，全部按三相对称负荷计算。当超过15%时，应将单相设备功率换算为等效三相设备功率，再与三相设备功率相加，只有220V相负荷（接至相线-中线）时，等效三相设备功率取最大相设备功率的3倍。

在建筑供配电系统中，大功率动力类负荷大多是额定电压为380V的三相用电设备，一般照明灯具是额定电压为220V的单相用电设备。设置的插座可按每个单相电源插座100W计算，插座用途确定时，按实际设备功率计算。

4. 照明设备的设备功率

对荧光灯及高压气体灯等照明灯具，设备负荷需要考虑镇流器的功率损耗，照明设备的设备功率取（1.0～1.2）P_r，P_r 为照明灯具的额定功率。

5. 计算负荷

（1）需要系数

实际工程中，设备组中的设备不一定同时运行，也不一定同时达到最大值（满负荷），工程中将这些变化的因素用需要系数来描述。需要系数定义为设备组的有功计算负荷与设备功率之比：

$$K_d = \frac{P_c}{P_e} \qquad (8\text{-}7)$$

式中 K_d——需要系数，是根据同类用电负荷实际运行的数据进行统计得出的经验系数；

　　　P_e——设备组的设备功率；

　　　P_c——设备组的有功计算负荷。

工程实践中，在对各类建筑、各类用电设备、各种用电设备组的实际运行数据进行统计分析的基础上，将对应负荷的需要系数和功率因数制作成相应的表格，供负荷计算时查阅使用。

需要系数表适合于多台设备，设备台数少需要系数宜适当取大值。设备组台数为3台及以下时需要系数 K_d 取1，台数为4台时 K_d 取0.9。表8-5为民用建筑部分用电设备组的需要系数和相应的功率因数表。

民用建筑部分用电设备组的需要系数和相应的功率因数表　　　　表8-5

负荷名称/用电设备组		需要系数（K_d）	功率因数 $\cos\varphi$	备注
住宅	3～9	0.90～1.00		住宅按三相配电计算时连接的基本户数，功率因数与住宅用电负荷类型有关
	12～24	0.65～0.90		
	27～36	0.50～0.65		
	39～72	0.45～0.50		
	75～372	0.40～0.45		
照明设备	办公楼	0.70～0.80		照明设备按建筑类别分类，功率因数与灯具类型有关
	旅馆	0.60～0.70		
	医院	0.50		
	学校	0.60～0.70		
	食堂、餐厅	0.80～0.90		
冷冻机		0.80～0.90	0.80～0.90	动力设备按用电设备组分类
各种水泵		0.60～0.80	0.80～0.85	
锅炉房用电		0.75～80	0.80	
电梯（交流）		0.18～0.22	0.5～0.6	
输送带、自动扶梯		0.60～0.65	0.75	

（2）设备组计算负荷

按需要系数法确定三相用电设备组计算负荷的基本公式

$$P_c = K_d \times P_e \qquad (8\text{-}8a)$$

$$Q_c = P_c \times \tan\varphi \qquad (8\text{-}8b)$$

式中 φ——设备组功率因数角；

　　　P_c——设备组有功计算负荷（kW）；

　　　Q_c——设备组无功计算负荷（kvar）。

（3）配电干线（或变配电所低压母线）计算负荷

如图 8-5 所示，由于配电干线（或变配电所低压母线）各用电设备组最大负荷并不是同时出现，计算负荷为计算范围内各用电设备组的计算负荷之和再乘以同时系数。

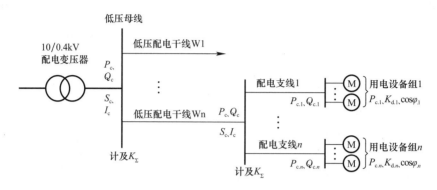

图 8-5　多组用电设备的配电系统图

配电干线（或变配电所低压母线）总计算负荷的基本公式：

$$P_c = K_{\Sigma P} \sum (K_d \times P_e) \tag{8-9a}$$

$$Q_c = K_{\Sigma Q} \sum (K_d \times P_e \times \tan\varphi_i) \tag{8-9b}$$

$$S_c = \sqrt{P_c^2 + Q_c^2} \tag{8-9c}$$

$$I_c = \frac{S_c}{\sqrt{3} \times U_n} \tag{8-9d}$$

式中　P_c——总有功计算负荷（kW）；

　　　Q_c——总无功计算负荷（kvar）；

　　　S_c——计算视在功率（kVA）；

　　　I_c——三相线路计算电流（A）；

　　　U_n——三相线路额定电压，低压配电系统 0.38kV；

　　$K_{\Sigma P}$——有功负荷同时系数，可取 0.8～0.9；

　　$K_{\Sigma Q}$——无功负荷同时系数，可取 0.93～0.97，简化计算时可与 $K_{\Sigma P}$ 相同。

通常，用电设备数量越多同时系数越小。对于较大的多级配电系统，可逐级取同时系数。

计算负荷与系统中的计算范围有关，计算变配电所低压母线总负荷时一般不计入在消防状态下才使用的消防设备。如果在消防状态下使用的设备负荷大于火灾时切除的设备负荷，则取其大者即消防设备负荷计入总设备容量。

[例 8-1]　某高层住宅楼，地上 25 层，每层 4 户，均为基本型住户，每户设备功率按 8kW 计，$\cos\varphi = 0.9$。地下层设有生活水泵 2 台，30kW/台，一用一备，消防水泵 2 台，45kW/台，一用一备，地下层和公共照明等设备的计算负荷为 25kW。屋顶设有电梯机房，2 台电梯，其中一台兼做消防电梯，设备功率 25kW/台。试用需要系数法计算整栋楼的计算负荷。

[解]　（1）住宅用电：数量 25×4＝100 户，查表 K_d 取 0.45

$$\cos\varphi = 0.9, \tan\varphi = 0.48$$

$$P_{c1} = K_d l_{e1} = 0.45 \times 100 \times 8 = 360 \text{kW}$$

$$Q_{c1} = P_{e1} \tan\varphi = 360 \times 0.48 = 172.8 \text{kvar}$$

（2）生活水泵：一用一备，不计备用，台数为1，K_d取1

$$\cos\varphi = 0.85, \tan\varphi = 0.62$$

$$P_{c2} = K_{d2} P_{e2} = 1 \times 30 = 30 \text{kW}$$

$$Q_{c2} = P_{c2} \tan\varphi = 30 \times 0.62 = 18.6 \text{kvar}$$

（3）地下层和公共照明等设备：K_d取1

$$\cos\varphi = 0.85, \tan\varphi = 0.62$$

$$P_{c3} = K_{d3} P_{e3} = 1 \times 25 = 25 \text{kW}$$

$$Q_{c3} = P_{c3} \tan\varphi = 25 \times 0.62 = 15.5 \text{kvar}$$

（4）电梯：2台电梯，一台兼做消防电梯，计2台，K_d取1

$$\cos\varphi = 0.60, \tan\varphi = 1.33$$

$$P_{c4} = K_{d4} e_4 = 1 \times 25 \times 2 = 50 \text{kW}$$

$$Q_{c4} = P_{c4} \tan\varphi = 50 \times 1.33 = 66.50 \text{kvar}$$

（5）消防水泵2台，一用一备，正常状态下不工作，不计入；

（6）整栋楼的计算负荷：根据计算式（8-9a）～式（8-9d），$K_{\Sigma P}$取0.9，$K_{\Sigma Q}$取0.95，可得

$$P_c = K_{\Sigma P} \sum (K_{di} \times P_{ei})$$

$$= 0.9 \times (360 + 30 + 25 + 50) = 418.5 \text{kW}$$

$$Q_c = K_{\Sigma Q} \sum (K_{di} \times P_{ei} \times \tan\varphi_i)$$

$$= 0.95 \times (172.8 + 18.6 + 15.5 + 66.5) = 259.7 \text{kvar}$$

$$S_c = \sqrt{P_c^2 + Q_c^2} = \sqrt{418.5^2 + 259.7^2}$$

$$= 492.2 \text{kVA}$$

$$I_c = \frac{S_c}{\sqrt{3} U_n} = \frac{492.2}{\sqrt{3} \times 0.38} = 747.8 \text{A}$$

供配电工程负荷计算，常采用计算表格的形式，例8-1计算结果列表如表8-6所示。

例 8-1 负荷计算表　　　　　　　　　　　　　　　　　　　　表 8-6

序号	用电设备名称	数量	单台设备功率 P_e（kW）	K_d	$\cos\varphi$	计算负荷			
						P_c（kW）	Q_c（kvar）	S_c（kVa）	I_c（A）
1	住宅用电负荷	100	8	0.45	0.90	360.0	172.8		
2	生活水泵	2	30	1	0.85	30.0	18.6		
3	地下层设备公共照明	1	25	1	0.85	25.0	15.5		
4	电梯	2	25	1	0.60	50.0	66.5		
5	小计					465.0	273.4		
6	总计算负荷	取 $K_{\Sigma P}=0.90$，$K_{\Sigma Q}=0.95$				418.5	259.7	492.2	747.8

（四）供配电系统损耗

供配电系统中电力线路和变压器具有电阻和电抗，会产生有功和无功损耗。

1. 电力线路功率损耗

设三相电路参数对称，则有功功率损耗、无功功率损耗分别按下式计算

$$\Delta P = 3I_c^2 R \times 10^{-3} \tag{8-10a}$$

$$\Delta Q = 3I_c^2 X \times 10^{-3} \tag{8-10b}$$

式中　R——每相线路电阻（Ω）；

　　　X——每相线路电抗（Ω）；

　　　ΔP——三相线路有功功率损耗（kW）；

　　　ΔQ——三相线路无功功率损耗（kvar）。

建筑供配电系统中低压配电线路不长，线路损耗小，工程上负荷计算一般不计线路损耗。

2. 变压器功率损耗

变压器有功损耗包括铁芯损耗和绕组铜耗。在变压器外加电压和频率不变时，铁芯损耗不变，铁芯损耗一般由变压器的空载试验数据获得，近似等于空载有功损耗；绕组铜耗则与流过绕组的电流有关，是可变的损耗；绕组的铜耗与变压器负载率平方成比例，额定负载下铜耗一般由变压器的短路试验数据获得。

变压器有功功率损耗和无功功率损耗可以通过空载试验数据 ΔP_0、$I_0\%$ 和短路试验数据 ΔP_k、$\Delta U_k\%$，按下式计算：

$$\Delta P_T = \Delta P_0 + \Delta P_k \left(\frac{S_c}{S_{rT}}\right)^2 \tag{8-11a}$$

$$\Delta Q_T = \frac{I_0\%}{100}S_{rT} + \frac{\Delta U_k\%}{100}S_{rT}\left(\frac{S_c}{S_{rT}}\right)^2 \tag{8-11b}$$

式中　ΔP_T——变压器有功损耗；

　　　ΔQ_T——变压器无功损耗；

　　　ΔP_0——变压器空载损耗；

　　　ΔP_k——变压器短路损耗；

　　　$I_0\%$——变压器空载电流百分比；

　　　$\Delta U_k\%$——变压器短路电压百分比；

　　　S_c——变压器低压侧计算视在功率；

　　　S_{rT}——变压器额定容量。

估算时可采用简化计算式：

$$\Delta P_T \approx 0.01S_c \tag{8-12a}$$

$$\Delta Q_T \approx 0.05S_c \tag{8-12b}$$

（五）无功功率补偿

建筑供配电系统中，用电负荷大多是电感性负载，自然功率因数偏低，这样会增加电网的损耗，降低发电机的有功功率输出，很不经济。《供电营业规程》规定：高压供电的用电单位，功率因数不得低于 0.9（国家电网公司要求不得低于 0.95），供配电系统通常在变配电所低压母线配置并联电力电容器柜，进行无功功率集中补偿，根据负荷动态变化自动投切电容器组，提高功率因数。

在方案设计时，无功功率补偿容量可按变压器容量的15%～20%估算。在初步设计和施工图设计阶段，并联电容器的集中补偿的补偿容量可根据计算按下式确定：

$$Q_c = P_c(\tan\varphi_1 - \tan\varphi_2) \tag{8-13}$$

式中 Q_c——无功功率补偿容量（kvar）；

      P_c——有功计算功率（kW）；

    $\tan\varphi_1$——补偿前的自然功率因数角的正切值；

    $\tan\varphi_2$——补偿后的功率因数角的正切值。

（六）变配电所高压侧计算负荷

变配电所中配电变压器将高压变换为适于用电设备的低压，存在功率损耗，高压侧计算负荷为低压母线计算负荷与变压器损耗之和。

第四节 变 配 电 所

一、变配电所主要电气设备

变配电所是变电所和配电所的总称，变电所具有变换电压（变压器）和分配电能的功能，配电所不具备变换电压功能，只有配电功能。

1. 电力变压器

电力变压器承担电压等级变换的功能，是变电所重要设备。用电负荷大于250kW的用户一般采用高压供电，应设置电力变压器。中小容量用户一般采用10kV供电，电力变压器变比为10/0.4kV，负荷密度较高地区推广使用20kV，电力变压器变比为20/0.4kV。电力变压器按绕组绝缘方式，分为油浸式、干式两大类，考虑防火防爆要求，建筑内一般采用干式变压器。

变压器型号具有特定的含义，如SCB13—1250/10，SCB表示三相环氧树脂干式，13为设计序号，1250为额定容量kVA，10为一次绕组电压（kV），二次侧默认为0.4kV。

电力变压器一次绕组和二次绕组可以是星形（Y）或三角形（Δ）连接方式，Yyn0、Dyn11是两种常见的联结组。大写字母Y、D分别表示高压侧三相绕组采用Y形、Δ形连接，小写字母yn表示低压侧三相绕组采用Y形连接并引出中性线，数字0、11反映了高、低压侧线电压的相位关系。

Dyn11联结组可以抑制高次谐波电流，承受单相不平衡负载能力强，有利于实现低压单相接地短路故障的保护，能提供三相380V线电压和220V相电压供动力负载和照明负载，在建筑供配电系统中应用广泛。

变压器台数选择主要依据负荷性质和计算负荷大小确定，单台容量不宜大于1250kVA；在具有大量一、二级负荷或较大季节性负荷时，宜装设两台及两台以上变压器。

计算负荷是变压器容量选择的主要依据，综合考虑效率指标和设备投资，变压器负荷率 $\beta(\beta = S_c/S_{rT})$ 一般取0.70～0.85。

2. 断路器

断路器能接通、分断正常电流和承载、开断短路电流，具有开关和故障保护功能。故障保护动作时断路器跳闸切断电源，排除故障后可以再次合闸接通电路，应用方便，是建筑配电系统中应用最广泛的一种电器设备。

高压断路器根据灭弧介质可分为油断路器、压缩空气断路器、真空断路器和六氟化硫断路器，建筑供配电系统中常用真空断路器和六氟化硫断路器。高压断路器在继电保护（二次回路）装置作用下，可以实现故障保护功能。

低压断路器又称空气开关，低压断路器在本体内安装了各种脱扣器和控制器，结构紧凑，具有短路保护、过负荷保护、失压保护和远距离控制功能。

3. 隔离开关

隔离开关主要功能是隔离电源，断开状态下有明显的断点。没有灭弧装置，不能带负荷接通和切断电路。高压线路中隔离开关应用较多，主要用于设备安全检修。

4. 负荷开关

负荷开关是一种开关电器，具有接通、分断电流的作用，但不能分断短路电流。

5. 熔断器

熔断器是一种保护电器，主要作用是在线路过负荷、短路故障时自动熔断，切断故障电流。熔断器一般与负荷开关配合使用，负荷开关实现开关功能，熔断器实现故障保护作用，比较经济。目前有将高压负荷开关和熔断器组合成为一个整体的设备，在环网配电柜中应用较多。

另外，供配电系统中还有电流互感器、电压互感器等设备。电流互感器和电压互感器可实现电流和电压的变换，用于计量、检测和继电保护，同时具有电气隔离以保障安全的作用。

6. 高压金属封闭式开关柜

高压配电系统具有一次回路和二次回路，专业设备厂商按高压主接线设计要求的接线方案，将高压配电系统中高压断路器、高压隔离开关、高压负荷开关、高压熔断器、互感器等一次设备，与用于线路继电保护、检测与计量的二次设备和仪表等组装在专业的金属柜内，制成结构紧凑的一体化设备，通常称为高压金属封闭式开关柜，或简称高压开关柜。

高压开关柜按高压开关电器安装方式可分为固定式和手推车式，固定式开关柜设备固定在开关柜中，经济但维护不够灵活；手推车式开关柜设备则是安装在可从开关柜中拉出和推入的小车上，需要检修时将小车拉出，检修完毕后，又将小车推入，灵活安全但成本高。

为防止误操作，保证人员和设备安全，高压开关柜设置了可靠的机械和电气联锁装置，具有五防功能：①防止误合、误分断路器；②防止带负荷合、分隔离开关；③防止带电挂接地线；④防止挂接地线时合闸；⑤防止人员误入带电间隔。

7. 低压配电柜

专业设备厂商按低压主接线设计要求，将低压配电设备和检测计量设备等组装在专业的金属柜内制成结构紧凑的一体化设备，通常称为低压开关柜或低压配电柜。

低压配电柜按电器设备安装方式可分为固定式、抽屉式、插拔式。抽屉式可以将低压开关设备由配电柜中抽出，检修方便，安全可靠，是建筑配电系统中使用广泛的结构形式。插拔式仅主要元件（断路器）采用插入式或抽出式安装，其他元件固定安装。

变配电所中一般还设有无功功率低压集中补偿电容器柜，称为补偿柜，另外为线路连接方便，还有翻线柜等开关柜。

二、变配电所的电气主接线

变配电所的电气主接线是以电源进线和引出线为基本环节，以母线为中间环节的电能输配电路，将变配电所的设备按特定的方式连接起来，满足供配电系统安全、可靠、经济、灵活的要求。

母线又称汇流排，在配电装置中起着汇集电流和分配电流的作用，进出线回路较多时常采用有母线接线方式。有母线接线方式又可分为单母线接线、分段单母线接线和双母线接线等形式。6～20kV 的变配电所低压系统常采用单母线接线、分段单母线接线的方案。

1. 单母线接线方案

图 8-6 (a) 为低压系统一路电源进线的单母线方案接线简图，变压器为 D，yn 接线方式，一次绕组接入 10kV 或 20kV 高压系统，二次绕组接至 0.22/0.38kV 低压母线，为低压系统的进线回路，从低压母线引出 5 个出线回路，每路进出线上都设有断路器实现配电和保护功能。这种方案只有一路电源，供电可靠性低，只适用于负荷级别较低的三级负荷供电。

2. 分段单母线接线的方案

图 8-6 (b) 为一台变压器和一台发电机主接线方案简图，采用分段单母线方式。变压器为 D，yn 接线方式，一次绕组接入 10kV 或 20kV 高压系统，二次绕组通过断路器接至 0.22/0.38kV 低压母线段，为电网电源的进线回路；发电机为备用电源，通过发电机控制柜后接至应急母线段。0.22/0.38kV 低压母线段与应急母线段设有联络断路器，发电机与电网电源设置联锁装置，防止发电机并入电网运行。

正常情况时由变压器供电，联络断路器接通，应急母线段接入 0.22/0.38kV 低压母线；当变压器及系统故障时由发电机供电，联络断路器断开，仅有应急母线段接入发电机，保证应急母线段上重要负荷的供电。这种方案适合于无法获得第二电源且有一、二级负荷的供电系统。

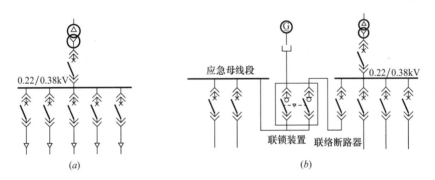

图 8-6　6～20kV 的变配电所低压侧主接线方案
(a) 单母线接线；(b) 分段单母线接线
——⊖⊖—— 变压器；——×—— 断路器

如果系统中有两台及以上的变压器和发电机，通常采用单母线分段方案，每台变压器或发电机接至一段母线，采用合适的主接线方案可用于有一、二级负荷的供电和有一级负荷中特别重要负荷的供电系统。

三、高低压配电系统

配电系统是指变配电所和配电（负荷）点之间的电力网络，网络基本形式为放射式、树干式、环式，低压网络还有链式形式。

1. 高压配电系统

高压配电系统是指从总降压变电所至分变电所和高压用电设备的高压电力线路及其设

备，高压同一电压等级配电系统不宜超过二级配电。

高压配电系统的接线形式主要有放射式、树干式和环式，如图 8-7 所示。

（1）放射式：每路馈线仅给一个负荷点单独供电，放射式线路故障影响范围小，可靠性高，适于对重要负荷或专用设备供电。如图 8-7（a）所示，两级配电均为放射式，图中总降压配电所 MSS 至高压配电所 HDS 和用户变配电所 STS1 为单独的回路配电；高压配电所 HDS 至用户变配电所 STS2～STSn 这一级也是单独的回路配电。

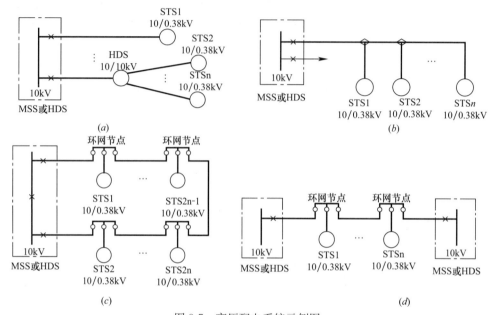

图 8-7　高压配电系统示例图

（a）放射式；（b）树干式；（c）普通环式；（d）拉手环式

MSS-总降压变电所；HDS-高压配电所；STS-用户变配电所

（2）树干式：馈电干线上有分支线路，每路馈线可给同一方向的多个负荷点供电，树干式线路及其开关电器数最少，投资省，但可靠性不高。图 8-7（b）所示为树干式，图中总降压配电所 MSS 或高压配电所 HDS 引出一路干线，从干线分别引出支线至用户变配电所 STS1～STSn。

（3）环式：环式接线是配电线路从一个供电点开始，接入若干负荷点后返回至同一或不同的供电点形成环形结构，运行灵活，供电可靠性较高。环式接线一般采用开环运行，开环点根据系统具体情况设置在环式线路的末端或中部负荷分界处，目前在城市配电网中应用越来越广。图 8-7（c）为普通环式，各用户变配电所 STS 连接成环形，环式线路的两端 STS1、STS2 接至同一总降压配电所 MSS 或高压配电所 HDS 的两段母线。图 8-7（d）为拉手环式，各用户变配电所 STS 连接成环形，环式线路的两端 STS1、STSn 分别接至不同的总降压配电所 MSS 或高压配电所 HDS。

2. 低压配电系统

低压配电系统是指从变配电所至低压用电设备的低压电力线路及其设备，低压配电系统不宜超过三级配电。

低压配电系统常用的接线形式有放射式、树干式、混合式、链式。

低压配电系统的放射式、树干式与高压配电系统结构形式相同。大容量或负荷性质重要的用电设备采用放射式，中小容量且无特殊要求的负荷采用树干式配电。

混合式系统结合放射式与树干式系统的特点，多层及高层建筑常采用混合式，如总配电箱至楼层配电箱采用分区树干式配电。

链式是一种变形的树干式连接方式，可靠性低，当用电设备容量较小、距供电点较远且彼此相距很近时，可采用低压链式结构配电，但每一回路中的设备不宜超过 5 台，其总容量不宜超过 10kW。容量较小的插座一般采用链式连接，每一条环链回路的数量可适当增加。

图 8-8 为常见的低压配电系统示意图。图中（a）是单回路放射式，层配电箱引出单独回路到末端配电箱；（b）是链式，插座、照明灯具广泛采用链式连接方式，设备容量小的链式回路的数量可适当增加；（c）是树干式，低压母线引出一路竖向干线，干线引出分支线路到层配电箱；（d）是混合式，一层配电箱采用放射式，二～五层配电箱为树干式。

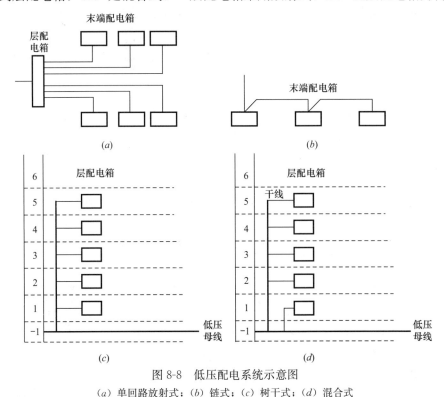

图 8-8 低压配电系统示意图
（a）单回路放射式；（b）链式；（c）树干式；（d）混合式

3. 建筑变配电所的所址与形式

变配电所的位置应接近负荷中心，方便进出线和设备运输，避开有剧烈振动或高温、有污染源、经常积水或漏水、地势低洼、易燃易爆等区域。建筑变电所按其位置主要有以下几种类型：

（1）独立变电所：独立变电所为一独立建筑物，建筑费用较高，低压馈电距离较长，损耗较大，主要用于负荷小而分散的工业企业和大中城市的居民区。

（2）附设变电所：附设变电所的一面或数面墙与建筑物共用，且变压器室的门向建筑物外开。附设变电所主要用于负荷较大的站房和无地下室的大型民用建筑。

（3）箱式变电站：箱式变电站又称预装式变电站，是由高低压电气设备和电力变压器组成的成套设备、体积小、占地少、能最大限度地接近负荷中心、易于搬动、安装方便，特别适用于负荷小而分散的公共建筑群、住宅小区、风景区旅游点和城市道路等场所。

（4）地下变电所：地下变电所是将变电所设置在建筑的地下层。高层民用建筑的变电所常设置在其地下室内，当建筑物的高度超过100m时，也可在高层区的避难层或技术层内设置变配电所。一般情况下，低压供电半径不宜超过250m。

4. 建筑变配电所的布置

（1）变配电所布置一般要求

建筑变电所主要用房有变压器室、高压配电室、低压配电室、发电机室或备用电源室、值班室或控制室等。变电所设备布置要考虑安全可靠、检修维护方便、防止灾害等基本因素，符合《20kV及以下变电所设计规范》要求。

变电所设备宜单层布置，在采用双层布置时，变压器室应设在底层，值班室应有直接通向户外或通向走道的门。如果干式变压器防护等级不低于IP2X，高压开关柜和低压配电柜防护等级不低于IP3X则可设置在同一房间。

变配电所应设置防止雨、雪和蛇鼠类小动物从采光窗、通风窗、门、电缆沟等进入室内的设施。另外还应考虑防火、通风等要求。

（2）变压器布置

设置在变电所内的非封闭式干式变压器，应装设高度不低于1.8m的固定围栏，围栏网孔不应大于40mm×40mm。变压器的外廓与围栏的净距不宜小于0.6m，变压器之间的净距不应小于1.0m。

（3）高压配电室布置

高压配电室内高压开关柜的布置可采用单排或双排布置，室内各种通道的最小宽度应符合表8-7的要求。

高压配电室内各种通道的最小宽度（mm） 表8-7

高压开关柜布置方式	柜后维护通道	柜前操作通道	
		固定式	手推车式
单排布置	800	1500	单车长度+1200
双排面对面布置	800	2000	双车长度+900
双排背对背布置	1000	1500	单车长度+1200

（4）低压配电室布置

低压配电室内成排布置的配电屏的通道最小宽度，应符合《低压配电设计规范》的有关规定，应符合表8-8的要求。当配电屏与干式变压器靠近布置时，干式变压器通道的最小宽度应为800mm。

低压配电室配电屏通道最小宽度（mm） 表8-8

配电屏种类	单排布置			双排面对面布置			双排背对背布置			屏侧通道
	屏前	屏后		屏前	屏后		屏前	屏后		
		维护	操作		维护	操作		维护	操作	
固定式	1500	1000	1200	2000	1000	1200	1500	1500	2000	1000
抽屉式	1800	1000	1200	2300	1000	1200	1800	1000	2000	1000

图8-9为某10/0.38kV变电所电气平面布置图，设有高压配电室、低压配电室、值班室和检修室等，由于选用的变压器为干式且带IP4X级防护外壳，故与低压配电屏并排放置。

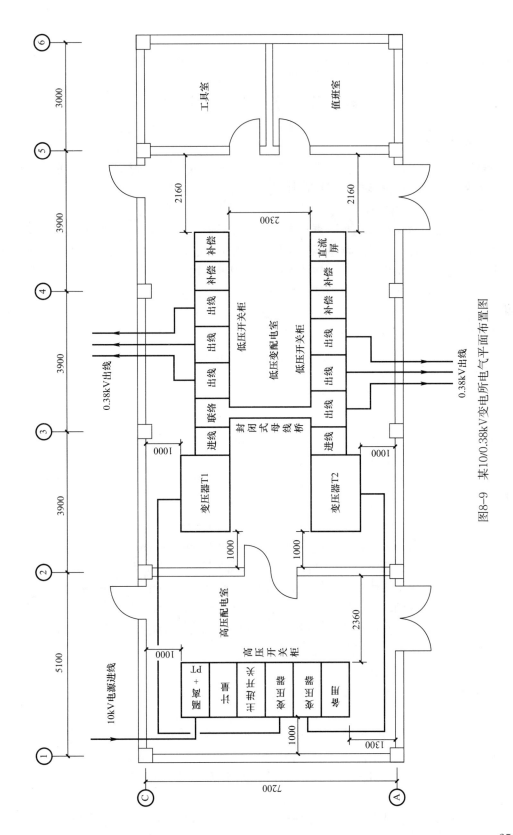

图8-9 某10/0.38kV变电所电气平面布置图

低压配电屏为双排布置，两者之间采用架空封闭母线桥连接。高压电源进出线及低压出线均采用电力电缆，变配电装置下方及后面设有电缆沟，用于电缆敷设。为操作维护的方便与安全，变配电装置前面留有操作通道，后面留有维护通道，通道的宽度符合规范要求。

第五节 导线选择与敷设

一、导线选择

导线选择一般可按导体芯线材料、芯数、电缆绝缘水平、电缆绝缘类型、电缆外护层类型、屏蔽层要求、电缆截面要求的次序进行。

1. 导电材料与芯数选择

导电材料通常有铜和铝两种，铜材电气性能优于铝材，铝材价格低于铜材。导体材料应根据负荷性质、环境条件、配电线路条件、安装部位、市场价格等实际情况选择铜或铝导体。电线电缆一般采用铜芯，架空线缆一般采用钢芯铝绞线。

低压导线芯数主要根据配电系统的接地形式选择，例如 TN-C 系统中三相回路宜采用四芯电缆，单相回路宜采用两芯电缆或单芯电线。TN-S 系统的电缆芯数选择则与 PE 线的敷设方式有关，一般三相回路宜采用五芯电缆，单相回路宜采用三芯电缆；如果 PE 线独立敷设且符合有关规定，则可采用四芯电缆（三相回路）或两芯电缆（单相回路）。对于 1kV 以上的高压电力电缆，则宜采用三芯电缆。

2. 电线电缆绝缘类型选择

（1）电线电缆的分类

裸导体　没有绝缘层的导体，架空输电线用的钢芯铝绞线，配电装置中的汇流母线，接地系统与等电位联结导体也多采用裸导体。

电线　由导体和绝缘层组成，具有护套层的绝缘电线称为护套绝缘电线，绝缘电线大量应用于低压配电线路及接至用电设备的末端线路。

电缆　由导体、绝缘层和外护层组成，电力电缆常用于城市的地下电网、发电厂的引出线回路、变配电所的进出线回路、工业与民用建筑内部配电线路。

预制分支电缆　电缆生产厂家在生产主干电缆时按用户设计图纸预制分支线的电缆，适用于低压配电系统采用树干式接线、分支部位有规律分布且固定不变的场合，如用于高层民用建筑电气竖井的垂直配电干线、隧道、机场、桥梁、公路等照明配电干线等。

母线槽　由外壳、导体、绝缘材料和紧固部件构成，载流能力大，可分为密集绝缘母线槽、空气绝缘母线槽和空气附加绝缘母线槽。

（2）电线电缆额定电压选择

电线电缆的额定电压指其耐压等级，包括电缆对地电压和线间电压，反映了电线电缆绝缘水平。

电线电缆的额定电压选择的基本原则是：电缆芯线与绝缘屏蔽或金属套之间的额定电压，接地保护动作时间不超过 1min 切除故障时，不应低于工作回路的相电压；接地保护动作时间超过 1min 时，不宜采用低于 133% 工作回路相电压。电缆芯线之间的额定电压≥工作回路的线电压。

一般民用建筑工程常用低压电缆的耐压等级：300/500V、450/750V、0.6/1kV；

10kV 配电线路常用高压电缆的耐压等级：8.7/10kV。

（3）电线电缆的绝缘材料选择

普通电线电缆所用的绝缘材料一般有聚氯乙烯（PVC）、交联聚乙烯（XLPE）、橡胶等。聚氯乙烯绝缘电线电缆特点是价格便宜，耐油、耐酸碱腐蚀，气候适应性能差；交联聚乙烯绝缘电力电缆性能优良，燃烧时不会产生大量毒气及烟雾，应用广泛；橡皮绝缘电力电缆弯曲性能较好，适用于移动式电气设备的供电回路。

阻燃电缆根据阻燃等级从高到低分为 A、B、C、D 四级，根据阻燃电缆燃烧时的烟气特性可分为一般阻燃型、低烟低卤阻燃型、无卤阻燃型三类。对一类高层建筑以及重要的公共场所等防火要求高的建筑物，应采用阻燃低烟无卤交联聚乙烯绝缘电力电线电缆或无烟无卤电力电线电缆。

耐火电缆按耐火特性分成 A 类和 B 类两种，A 类耐火温度高；按绝缘材质可分成有机型和无机型两种，有机型主要采用耐高温的云母带作为耐火层，外部采用聚氯乙烯或交联聚乙烯绝缘，无机型是矿物绝缘电缆，以氧化镁为绝缘材料，以铜管为护套的铜芯铜护套氧化镁绝缘防火电缆（矿物绝缘电缆），具有防火、防爆、耐高温、耐腐蚀、耐辐射、寿命长、燃烧时低烟无卤等优点。

火灾自动报警系统的供电线路、消防联动控制系统应采用耐火铜芯电线电缆，报警总线、消防应急广播和消防专用电话等传输线路应采用阻燃或阻燃耐火电线电缆。

（4）电缆外护层类型选择

电缆外护层应满足线路安装方式和敷设环境的要求，直埋地敷设时在土壤中可能发生位移的地段，应选用能承受机械张力的钢丝铠装电缆；排管中敷设时宜选用塑料外护套；电缆在户内、电缆沟、电缆隧道和电气竖井内明敷时不应采用易延燃的外保护层；露天敷设的有橡胶或塑料外护层应有遮阳措施，或采用耐日照的电缆。

3. 电线、电缆截面选择

（1）按允许持续载流量选择

电流通过电线电缆时会发热，当所流过的电流超过其允许电流时，导线过热会破坏导线的绝缘，直接影响供电线路的安全性与可靠性。不同型号规格的导线在相应使用条件下的允许持续载流量，可查阅设计手册中允许载流量表。

按允许持续载流量选择导线截面的原则为：电线、电缆允许持续载流量 I_z 大于或等于线路的计算电流 I_c，即

$$I_z \geqslant I_c \qquad\qquad (8\text{-}14)$$

（2）按电压损失条件选择

电流通过电线电缆时，由于线路存在电阻和电抗，会产生电压降（或电压损失）；当线路电压损失过大时，会影响电气设备的正常运行。为保证供电质量，供配电系统中规定导线允许电压损失一般为 5%，如果不满足允许电压损失条件，则应加大导线截面。

（3）按短路条件选择

电路短路时的电流远大于计算电流，短路电流通过电线、电缆和母线时，会产生热效应和力效应。建筑供配电中的电线电缆应满足热稳定性（热效应）要求，硬母线应满足热稳定性和动稳定性（力效应）要求。

（4）按机械强度要求选择

导线在敷设和使用过程中要承受一定的张力，导线截面的选择必须满足机械强度的要求，供配电设计规范规定了导线的最小芯线截面要求。

在具体选择导线截面时，应综合考虑发热条件、电压损失和短路条件等要求。根据经验，对一般负荷电流较大的低压配电线路，可先按载流量（即发热条件）来选择导线截面，再校验电压损失、机械强度和短路热稳定条件；对高压线路因短路容量大而负荷电流小，可先按短路热稳定条件选择；对配电距离较长的低压照明供电线路，因照明对电压水平要求较高，一般先按允许电压损失来选择截面。

（5）中线（工作零线 N）截面选择

单相两线制电路，中线电流与相线电流相等，中线截面与相线相同。

三相四线制电路，中线电流为三相不平衡电流，中线截面应满足中线电流要求。另外规定相线（铜）芯线截面 $A \leqslant 16\text{mm}^2$ 时中线截面与相线相同。

（6）保护线（PE 线）截面选择

供配电系统的 PE 线（保护零线）为保护导体，正常状态下无电流流过，线截面积的选择主要考虑短路故障时热稳定要求和保护灵敏度要求；PEN 线兼作工作零线 N 和保护零线 PE 双重功能，取其大者。

表 8-9 是规范规定的 PE 线最小截面。

PE 线最小截面

表 8-9

条　件	相线芯线截面 $A(\text{mm}^2)$	PE 线最小截面（mm^2）
PE 线材质与相线相同	$A \leqslant 16$	与相线截面 A 相同
	$16 < A \leqslant 35$	16
	$35 < A \leqslant 400$	$A/2$
	$400 < A \leqslant 800$	200
	$A > 800$	$A/4$
采用单芯绝缘导线的 PE 线	有机械性保护	$\geqslant 2.5$
	无机械性保护	$\geqslant 4$

二、线路敷设

1. 线路敷设一般规定

（1）系统敷设应根据建筑物的环境特征、使用要求、用电设备的分布、敷设条件及所选用电线或电缆的类型等因素确定。

（2）在同一根导管或线槽内有几个回路时，所有绝缘电线和电缆都应具有与最高标称电压回路绝缘相同的绝缘等级。

（3）敷设在钢筋混凝土现浇楼板内的电线导管的最大外径不宜大于板厚的 1/3；各种电缆、电缆桥架、金属线槽及封闭式母线在穿越防火分区楼板、墙体时，洞口等处应采取防火封堵措施。

2. 绝缘导线敷设

（1）直敷布线

直敷布线宜用于正常环境室内场所，应采用护套绝缘电线，采用线卡沿墙体、顶棚或建筑物构件表面直接敷设，电线垂直敷设至地面低于1.8m部分应穿管保护。不得将护套绝缘电线直接敷设在建筑物墙体及顶棚的抹灰层、保温层及装饰面板内，严禁在建筑物顶棚内采用直敷布线。

（2）金属导管布线

金属导管布线宜用于室内外场所，不宜用于对金属导管有严重腐蚀的场所。建筑物顶棚内宜采用金属管布线。明敷于潮湿场所或埋地敷设的金属导管，应采用管壁厚度不小于2mm的厚壁钢导管。明敷或暗敷于干燥场所的金属导管可采用管壁厚度不小于1.5mm的电线管。三根及以上绝缘导线穿于同一根金属管、塑料管时，其总截面（包括外护层）不应超过管内截面积的40%。穿金属导管的交流线路，应将同一回路的所有相线和中性线（如果有中性线时）穿于同一根导管内，防止电磁感应产生涡流效应引起附加损耗和过热。

（3）可挠金属电线保护套管布线

可挠金属电线保护套管布线宜用于室内外场所，可用于建筑物顶棚内。明敷或暗敷于建筑物顶棚内正常环境的室内场所，可采用双层金属层的基本型可挠金属电线保护套管。明敷于潮湿场所或暗敷于墙体、混凝土地面、楼板垫层或现浇钢筋混凝土楼板内，或直埋地下时，应采用双层金属层外覆聚氯乙烯护套的防水型可挠金属电线保护套管。

（4）金属线槽布线

金属线槽布线宜用于正常环境的室内场所明敷，但对金属线槽有严重腐蚀的场所不宜采用。具有槽盖的封闭式金属线槽，可在建筑顶棚内敷设。同一路径无防干扰要求的线路，可敷设于同一金属线槽内。有防干扰要求的线路与其他线路敷设于同一金属线槽内时，应用隔板隔离或采用屏蔽电线、电缆。

（5）刚性塑料导管（槽）布线

刚性塑料导管（槽）布线宜用于室内场所和有酸碱腐蚀性介质的场所，建筑物顶棚内可采用难燃型刚性塑料导管（槽）布线。刚性塑料材质较脆，高温易变形，在高温和易受机械损伤的场所不宜采用明敷设。

3. 电缆敷设

电力电缆具有外护套，室外电缆可采用直接埋地敷设、电缆沟或隧道敷设、排管内敷设方式。室内电缆可采用电缆桥架沿墙或建筑构件明敷，穿金属导管埋地敷设方式。埋地敷设或电缆通过墙、楼板时，应穿钢管保护。

（1）电缆埋地敷设

电缆埋地敷设是一种投资少、易实施的电缆布线方式。当沿同一路径敷设的室外电缆根数较少（8根及以下）且场地有条件时，宜采用电缆直接埋地敷设。电缆在室外直接埋地敷设的深度不应小于0.7m。

（2）电缆在电缆沟或隧道内敷设

电缆在电缆沟内敷设是较为普遍的方式。在电缆与地下管网交叉不多，地下水位较低，或道路开挖不便且电缆需分期敷设时，当同一路径的电缆根数为18根及以下时，宜采用电缆沟布线。当电缆多于18根时，宜采用电缆隧道布线。电缆沟和电缆隧道应采取防水措施，其底部应做不小于0.5%的坡度，坡向集水坑（井）。电缆沟在进入建筑物处应设防火墙。电缆隧道进入建筑物处，以及在进入变电所处，应设带门的防火墙。

（3）电缆在排管内敷设

电缆排管敷设方式，适用于电缆数量不超过 12 根，而道路交叉较多、路径拥挤又不宜采用直埋或电缆沟敷设的地段。电缆排管可采用混凝土管、混凝土管块、钢管或塑料管。

（4）电缆桥架布线

电缆桥架（梯架、托盘）布线适用于电缆数量较多或较集中的场所。梯架结构简单、重量轻、强度高、安装方便、散热性好，应用普遍。托盘式桥架按盘底面有无花孔而分成有孔盘架和无孔盘架，当无孔盘架配上盖板后即可构成全封闭式桥架，具有电气屏蔽作用。电缆沿电缆桥架可在墙壁、梁、柱竖向敷设，也可沿吊装在楼板的电缆桥架敷设。

（5）电气竖井内布线

电气竖井内布线是多层和高层建筑内垂直配电干线特有的一种布线方式，可采用金属管、金属线槽、电缆、电缆桥架及封闭式母线等布线。竖井在每层楼应设维护检修门并应开向公共走廊，在电气竖井内除敷设干线回路外，还可以设置各层的电力、照明分配电箱等电气设备。竖井内高压、低压和应急电源的电气线路，相互之间应保持 0.3m 及以上距离或采取隔离措施。

第六节　低压配电线路保护与保护电器选择

一、低压配电线路保护

低压配电线路应根据不同故障类别和具体工程要求装设短路保护、过负载保护和接地故障保护。

1. 短路保护

电气线路短路是严重的故障，造成短路的主要原因是电气线路的绝缘损坏，其次是人员误操作、动物危害等。短路故障时电流很大，产生的热效应会导致设备和导线温度急剧上升，可能引发火灾，同时产生的力效应会使设备变形或损坏。配电线路都应设有短路保护，应在造成危害之前及时自动切断故障线路。

2. 过负荷保护

配电线路短时间的过负荷不会对线路造成损害，长时间过负荷则会引起线路过热，损害线路绝缘，引发事故。配电线路过负荷保护是防止长时间的过负荷对线路绝缘造成的不良影响，应采用反时限特性的过负荷保护电器，过负荷电流越小动作时间越长，过负荷电流越大动作时间越短，应在过负荷电流引起的导体温升对导体的绝缘、接头、端子或导体周围的物质造成损害之前切断电源。对于过负荷断电将引起严重后果的线路，其过负荷保护不应切断线路，可动作于信号。

3. 接地故障保护

接地故障是指带电导体和大地之间意外出现导电通路，包括相导体与大地、PE 导体、PEN 导体、电气装置的外露可导电部分、装置外可导电部分等之间意外出现的导电通路。发生接地故障时可导致电气设备外壳或建筑中可导电部分意外带电，造成电击触电事故，也容易产生电弧或火花引起火灾或爆炸，造成严重生命财产损失。接地故障保护应能防止人身电击及电气火灾等事故。

二、保护电器选择

低压配电系统中，广泛采用的低压保护电器主要有低压断路器，熔断器和剩余电流保护器。

（一）低压电器设备选择一般要求

1. 额定电压应不小于所在回路的标称电压；

2. 符合使用环境条件要求，如温度、湿度、海拔、污秽条件。

（二）低压断路器选择

1. 低压断路器类型选择

根据低压断路器的不同特征可进行不同的分类。

（1）根据结构特征分类

根据结构低压断路器可分为框架式断路器、塑壳式断路器和微型断路器。框架式断路器一般用于变配电所主接线系统中大电流电源进线和母线联络开关，或大电流出线，其额定电流大，具有瞬时短路保护，短延时短路保护和过负荷保护功能；塑壳式断路器用于中小电流配电线路，微型断路器用于末端配电线路，具有瞬时短路保护和过负荷保护功能。

（2）根据用途分类

根据用途低压断路器可分为配电线路用断路器、电动机用断路器、照明用断路器，不同类型的断路器具有不同的保护特性。D型断路器适用于电动机这类冲击性负载，瞬时短路保护动作电流为10～20倍额定电流，C型断路器适合于一般照明负载，瞬时短路保护动作电流为5～10倍额定电流。

（3）根据极数分类

根据极数三相断路器可分为四极（4P）、三极（3P），单相断路器可分为两极（2P）和一极（1P）。三相电路一般可采用3P断路器，断开三根相线；正常供电电源与备用发电机之间的电源转换应采用4P断路器，断开所有的带电线路。2P断路器能断开相线和中线，1P仅分断相线，普通插座回路应采用2P断路器。

2. 低压断路器参数选择

（1）额定电流 I_n 的选择

低压断路器额定电流 I_n 应不小于线路的计算电流 I_c。

（2）保护动作电流的选择

选择断路器需要整定（选择）保护动作电流，包括长延时过负荷保护动作电流 I_{r1}、短延时短路保护动作电流 I_{r2} 和瞬时短路保护动作电流 I_{r3}。

① 长延时过负荷保护应满足正常工作状态不动作，长时间过载则跳闸实现保护功能，动作电流整定值 I_{r1} 应不小于正常工作时的电流 I_c，不大于保护线路导体允许的载流量 I_z。

$$I_c \leqslant I_{r1} \leqslant I_z \tag{8-15}$$

② 短延时短路保护主要实现与下级线路保护电器的选择性配合，动作电流整定值 I_{r2} 应大于线路中短时出现的尖峰电流，小于线路中短路电流。

③ 瞬时短路保护，线路中出现任何短路故障时应可靠动作，即瞬时短路保护动作电流整定值 I_{r3} 应大于线路中正常工作时的瞬时尖峰电流（如电动机起动电流），小于线路中可能的最小短路电流。

（三）低压熔断器

根据结构形式低压熔断器可分为插入式、螺旋式、圆筒帽式。

根据分断能力范围熔断器可分为"g"和"a"两类，"g"熔断体可用作配电线路的短路保护和过负荷保护，"a"熔断体通常用作电动机和电容器等设备的短路保护。

选择低压熔断器时，应首先选定熔断器类型，再根据计算电流和回路的尖峰电流选择熔断器及熔体的额定电流。

（四）剩余电流保护器

剩余电流保护器是检测和判别接地故障电流，并能切断故障电路或发出报警信号，可用于接地故障而引起的火灾防护和电击防护。为减少接地故障引起的电气火灾危险而装设的剩余电流监测或保护电器，其动作电流不应大于300mA；当动作于切断电源时，应断开回路的所有带电导体。电击防护动作电流不应大于30mA。

不宜切断电源的场所如消防报警线路和消防联动设备线路，不应装设动作型剩余电流保护电器，但可以装设剩余电流报警信号。

第七节　供配电系统节能

一、年电能计算

年电能消耗是供配电工程的重要技术指标之一。计算负荷是半小时最大平均负荷，一年中实际负荷是变动的，可以采用下式进行年电能计算：

$$W_p = \alpha P_c T_a \tag{8-16}$$

式中　W_p——年电能消耗，单位是千瓦时（kWh）；

α——年平均有功负荷系数，一般取0.70～0.75；

T_a——年实际工作小时数，一班制可取1860h，二班制可取3720h，三班制可取5580h。

二、电能计量

耗电量是由电能表进行计量的。《公共建筑节能（绿色建筑）设计标准》提出，公共建筑应按照明插座、空调、动力系统、特殊用电设置分项电能计量，能耗数据还要分项远传上级能耗监测系统。用于电能信息采集与管理系统的电能表为具备通信功能的多功能电能表和智能电能表。

三、供配电工程节能的一般措施

供配电系统的节能可以从降低配电变压器、配电线路及配电电器的能耗以及用电设备（如动力设备、照明等）的能耗几方面着手，提高能源利用率。

1. 变压器的节能措施

（1）合理选择变压器台数和容量，使变压器运行在高效负荷率附近。

（2）选择高效节能型变压器，如卷制铁芯变压器或非晶合金变压器。

（3）加强运行管理，根据负荷变化及时调整变压器运行台数，实现变压器经济运行。

2. 配电线路的节能措施

（1）合理设计配电电压，减少配电级数。

（2）变压器尽量接近负荷中心，以缩短低压供电半径。

（3）提高功率因数，减少线路和变压器的电能损耗。

3. 动力设备的节能措施

动力设备一般采用交流电动机驱动，电气节能主要考虑交流电动机节能。

（1）根据负荷特性合理选择动力设备容量，实现高效运行，避免"大马拉小车"。

（2）根据负载变化进行动态调节，如水泵风机可采用变频调节方式。

4. 照明的节能措施

（1）采用高效光源和高效灯具。

（2）合理设计照明方案，严格控制功率密度，合理设计控制方式。

复 习 思 考 题

8-1　建筑供配电系统由哪几部分组成？

8-2　什么是系统标称电压？电气设备的额定电压分哪几种？

8-3　电能质量标准主要有哪几个指标？

8-4　用电负荷分级的依据是什么？简述各级负荷对供电的要求。

8-5　建筑用电负荷分级与哪些因素有关？一类高层建筑中有哪些负荷属于一级负荷？

8-6　常用应急电源有哪几种？

8-7　什么是设备功率？什么是计算负荷？

8-8　负荷计算有哪几种方法？各有何特点？

8-9　供配电系统对功率因数指标有何规定？一般采用什么方式提高功率因数？

8-10　如何选择建筑变配电所中变压器的类型、台数和容量？

8-11　低压断路器有哪些功能？按结构形式分为哪几类？

8-12　低压配电系统配电方式有哪几种？各有什么特点？

8-13　变配电所一般设置哪几种设备用房？

8-14　变配电所的位置设置具体有什么要求？

8-15　导线截面选择应满足哪些条件？

8-16　电线及电缆的敷设方式的确定主要取决于哪些因数？

8-17　低压配电线路应设置哪些保护？一般采用什么保护电器？

8-18　通过哪些技术措施可降低供配电系统的电能损耗？

第九章　建筑照明

第一节　照明基本知识

一、照明常用的物理量

1. 光和光通量

光是一种可产生视觉效应的电磁波，可见光波长范围 380～780nm，按波长的大小排序可分为红、橙、黄、绿、青、蓝、紫的色带。

光通量是根据辐射对标准光度观察者的作用导出的光度量，即光通量为单位时间内引起视觉感应的光辐射能量，一般用符号 Φ 表示，单位是流明（lm）。

光通量是光源的一个基本参数，描述了光源的发光能力，如 T5 系列 28W 荧光灯，额定光通量约 2500lm。灯的发光效能是灯的光通量除以消耗电功率之商，单位是流明每瓦特（lm/W）。

2. 发光强度

光源在给定方向上的发光强度是该光源在该方向的立体角元 $d\Omega$ 内传输的光通量 $d\Phi$ 除以该立体角元之商，如图 9-1 所示。

发光强度的定义式为

$$I_\theta = \frac{\mathrm{d}\Phi}{\mathrm{d}\Omega} \tag{9-1}$$

式中的 I_θ 是发光强度，单位为坎德拉（cd），1cd＝1lm/sr；立体角 Ω 的单位是球面度（sr）。

光强分布是用曲线或表格表示光源或灯具在空间各方向的发光强度值，也称为配光。工程中，光源或配置光源的灯具常用极坐标形式的配光曲线，表示光源在空间各个方向上光强的分布情况。

3. 亮度

表面上某点的亮度，是包含该点的面元在该方向的发光强度 dI 与面元在垂直于给定方向上的正投影面积之商。亮度定义如图 9-2 所示。

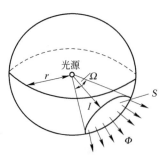

图 9-1　发光强度示意图

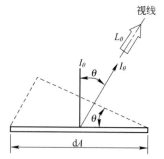

图 9-2　发光面亮度示意图

计算公式为

$$L = \frac{\mathrm{d}I}{\mathrm{d}A\cos\theta} \qquad (9\text{-}2)$$

式中　L——亮度（cd/m²）；

　　　A——面积（m²）；

　　　θ——表面法线与给定方向之间的夹角。

亮度是用来描述发光体（既指光源，又指被光照射产生反射光的物体）表面光亮程度的物理量，作为标识用途时（例如疏散指示照明）应选用亮度高的光源。

4. 照度

表面上某点的照度是入射在该表面包含该点的面元上的光通量 $\mathrm{d}\varphi$ 除以该面元面积 $\mathrm{d}A$ 所得之商，或者说照度是被照物体表面单位面积上所接受的光通量。

照度可表示为：

$$E = \frac{\mathrm{d}\Phi}{\mathrm{d}A} \qquad (9\text{-}3)$$

式中　E——照度，单位为勒克斯（lx），1lx＝1lm/m²。

照度是照明工程中的重要参数，照明标准中对各种工作场所都规定了相应的最低平均照度值。

5. 色温

当光源的色品与某一温度下黑体的色品相同时，该黑体的绝对温度为此光源的色温。色温是以黑体的温度作基准，如果某光源辐射光的颜色与黑体在某一温度下所辐射的光的颜色相同，此时黑体的温度就是该光源的色温；单位为 K。

通常色温大于 5300K 的光源，光色偏白，称为冷色光；色温小于 3300K 的光源，光色偏红，称为暖色光。

6. 显色性

显色性是光源与参考标准光源相比较，光源显现物体颜色的特性，用显色指数 Ra 来度量。显色指数是以被测光源下物体颜色和参考标准光源下物体颜色的相符合程度来表示，标准光源的显色指数定为 100，一般将日光作为参照标准光源。

7. 照明功率密度（LPD）

照明功率密度 LPD 是单位面积上的照明安装功率（包括光源及附件），单位为 W/m²。照明设计标准规定了各类建筑和照明场所 LPD 的现行值和目标值限值，是照明设计的强制性要求。

二、照明质量

良好的工作环境需要高质量的照明来保证，室内照明质量主要包括照度水平、照明的均匀性、眩光、光源的颜色。

1. 照度水平

照度水平影响视觉功效，视觉功效是指人借助视觉器官完成工作的效能。在为特定用途场所选择照度水平时，要考虑视觉功效、视觉满意程度、经济水平和能源的应用；非工作区如交通区和休息空间，不能用视觉功效确定照度水平，应考虑视觉满意程度，创造愉悦和舒适的环境。

《建筑照明设计标准》GB 50034—2013 详细规定了居住建筑及各类公共建筑、工业建筑不同房间或场所的照度标准及 LPD 限值，表 9-1 为办公建筑照明标准要求。

办公建筑照明标准 表 9-1

房间或场所	参考平面及其高度	照度标准值（lx）	眩光 UGR	显色指数 Ra	LPD 限值（W/m²）	
					现行值	目标值
普通办公室	0.75m 水平面	300	19	80	11	9
高档办公室	0.75m 水平面	500	19	80	18	15
会议室	0.75m 水平面	300	19	80	11	9
接待室、前台	0.75m 水平面	300	—	80	—	—
营业厅	0.75m 水平面	300	22	80	13	11
设计室	实际工作面	500	19	80	18	15
文件整理、复印室	0.75m 水平面	300	—	80	11	9
资料、档案室	0.75m 水平面	200		80	8	7

2. 照明均匀度

照明均匀度是规定表面上的最小照度与平均照度之比。视野内照度的不均匀容易引起视觉疲劳，公共建筑的工作房间和工业建筑的作业场所一般照明的照度均匀度，应符合规范要求，一般不低于 0.6，采用分区一般照明时房间或场所内的通道和其他非工作区域，照度均匀度不宜低于 1/3。

3. 眩光限制

眩光是由于视野中的亮度分布或亮度范围的不适宜，或存在极端对比，以致引起不舒适感觉或降低观察细部或目标能力的视觉现象。影响眩光的因素主要有光源的亮度、光源外观的大小和数量、光源的位置、周围环境的亮度等。

统一眩光值是用于度量处于室内视觉环境中的照明装置发出的光对人眼引起不舒适感主观反应的心理参量，符号是 UGR。表 9-1 列出了办公建筑统一眩光值要求。

4. 光源的颜色

不同的场所应选择具有适当色温和显色性的光源，如表 9-2 所示。

光源色温表征及适用场所 表 9-2

色表特征	相关色温	色表特征适用场所
暖	＜3300K	暖客房、卧室、病房、酒吧
中间	3300K～5300K	办公室、教室、阅览室、商场、诊室、检验室、实验室、控制室
冷	＞5300K	热加工车间、高照度场所

长期工作或停留的房间、场所，照明光源的显色指数 Ra 不应小于 80，表 9-1 列出了办公建筑显色指数要求。

第二节 照明光源与灯具

一、电光源

根据发光原理，电光源可分为热辐射光源、气体放电光源和其他发光光源，如表 9-3 所示。

常用照明光源分类及其基本特性 表 9-3

光源分类			主要形式	一般特性
热辐射光源			白炽灯、卤钨灯	显色指数较高，光效较低
气体放电光源	辉光放电		氖灯、霓虹灯	有明显的频闪效应，光效较高。辉光放电光源不需要专用的启动器件。弧光放电光源需要专用的启动器件，高压弧光放电光源功率大，外表面积较小
	弧光放电	低气压放电灯	荧光灯、低压钠灯	
		高强度气体放电灯（HID灯）	高压汞灯、高压钠灯、金属卤化物灯、氙灯	
其他光源			场致发光灯、LED灯	光效高、体积小、耗电低、寿命长、响应快

（一）热辐射光源

热辐射光源是利用电流将灯丝加热而发光的光源。属于热辐射光源的灯有白炽灯、卤钨灯等。

白炽灯光效低，寿命短，新的照明标准规定一般情况不应采用普通白炽灯。

卤钨灯是在白炽灯的基础上改进而得，灯泡内填充了卤族元素或卤素化合物，采用耐高温的硬质玻璃或石英玻璃，灯管温度高，灯内卤化钨处于气态，光效高，使用寿命长。卤钨灯光色好，适合电视转播、舞台照明、摄影等场合。

（二）气体放电光源

气体放电光源是利用电流通过气体而发光的一种光源。气体放电光源按放电方式的不同，又可分为辉光放电光源和弧光放电光源两种类型。

1. 辉光放电光源

辉光放电光源是由辉光放电产生光，放电要有阴极和阳极。放电时阴极温度不高，又叫做冷阴极灯。属于辉光放电光源的有氖灯、霓虹灯等。辉光放电光源放电电流小，不需要专用的启动器件以及启动线路便可工作。

2. 弧光放电光源

弧光放电光源是由弧光放电产生光，弧光放电灯的阴极工作在较高的温度下，又叫热阴极灯。弧光放电光源按灯管内气体压力分为高压弧光放电光源和低压弧光放电光源。高压弧光放电光源的功率大，外表面积较小，主要有高压汞灯、高压钠灯、金属卤化物灯、氙灯等；低压弧光放电光源主要是荧光灯、低压钠灯等。弧光放电光源放电电流大，需要专用的启动器和镇流器。

（1）荧光灯

荧光灯是低压汞蒸汽放电灯，由放电产生的紫外线激发管壁上的荧光粉图层发光。荧光灯发光效率高、显色性较好，寿命长，广泛用于办公室、学校、商场等场所的室内照明。

荧光灯按外形可分为双端（直管形）荧光灯和单端（紧凑型）荧光灯。直管形荧光灯玻壳为细长形管状，两端各有一个灯头；紧凑型荧光灯是将放电管弯曲或拼接成一定形状，形式较多，有U形、2U形、方形、环形等形状。

T5荧光灯细管径16mm，灯管内涂三基色稀土荧光粉，显色性好，灯管发光效率高，高效节能，寿命长。该灯配用高效电子镇流器，具有效率高、谐波含量低、稳定可靠等特点，并具有异常状态保护功能，保证了灯管正常工作状态，更延长了灯管使用寿命。表9-4为T5直管荧光灯技术数据。

T5 直管荧光灯技术数据

表 9-4

型号	额定电压 （V）	功率 （W）	光通量 25℃（lm）	光通量 35℃（lm）	显色指数 Ra	色温 （K）	平均寿命 （h）	外形尺寸（直 径 mm×长度 mm）
TL5HE14W/827	220～240	14	1250	1350	85	2700		
TL5HE14W/830	220～240	14	1250	1350	85	3000		φ16×563.2
TL5HE14W/840	220～240	14	1250	1350	85	4000		
TL5HE14W/865	220～240	14	1250	1350	85	6500	24000	
TL5HE28W/827	220～240	28	2625	2900	85	2700		
TL5HE28W/830	220～240	28	2625	2900	85	3000		
TL5HE28W/840	220～240	28	2625	2900	85	4000		φ16×1163.2
TL5HE28W/865	220～240	28	2425	2700	85	6500		

（2）高压钠灯

高压钠灯是高压钠蒸汽放电而发光的灯，光色为金白色，具有发光效率高、寿命长、透雾性能好等优点，是一种理想的节能光源，缺点是受电源电压影响较大，显色指数低。

高压钠灯被广泛用于道路、机场、码头、车站、广场、体育场及工矿企业等场所。图 9-3 是高压钠灯结构图，由灯头、支架、放电管、电极和玻壳等构成。

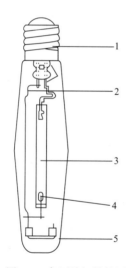

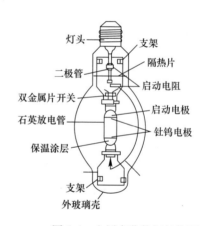

图 9-3　高压钠灯结构图

1—灯头；2—支架；3—放电管；4—电极；5—玻壳

图 9-4　金属卤化物灯结构图

（3）金属卤化物灯

高压汞灯光效低，显色性差，已属于限制使用的产品。金属卤化物灯是在高压汞灯基础上加入金属元素制成的新型高效光源，尺寸小，功率大，光效高，光色好，启动电流小，抗电压波动稳定性高。图 9-4 是金属卤化物灯结构图，主要由灯头、石英放电管、电极、外玻璃壳等组成。放电管工作时，管壁温度可达 700～1000℃。

金属卤化物灯常用于体育馆、繁华街道及车站、码头、立交桥的高杆照明，也可用于高照度、显色性好的室内照明，如美术馆、展览馆和饭店。表 9-5 为金属卤化物灯主要技术数据表。

型号	额定电压 (V)	功率 (W)	光通量 (lm)	显色指数 Ra	色温 (K)	平均寿命 (h)	外形尺寸 (直径 mm×长度 mm)
CDM-T210W/930	220	210	24150	90	2950	27000	
CDM-T315W/930	220	315	38700	90	3150	30000	φ28×186
CDM-T210W/942	220	210	23000	92	4200	30000	
CDM-T315W/942	220	315	35500	93	4200	30000	
CDM-BU210W/942	220	210	20000	90	4200	20000	φ91×226
CDM-T315W/942	220	315	32500	90	4200	30000	

（三）LED 灯

LED（Light Emitting Diode）是一种发光二极管，与普通二极管一样具有单向导电性，当给发光二极管加上正向电压后，半导体中的载流子发生复合而释放过剩的能量产生可见光。发光的颜色由组成半导体的材料决定。

LED 灯发光效率高，已超过 100lm/W，节能效果好；采用直流驱动，启动性能好，可调光；显色性好，使用寿命长，体积小，重量轻，可以大大降低灯具的安装维护费用。

LED 灯具适用于室外景观照明、室内普通照明、室内装饰照明、安全照明等场所，太阳能 LED 组合灯具，特别适应在无人值守但需有充足光照的地方，如航标灯、交通/铁路信号灯、交通警示/标志灯、路灯、高空障碍灯等。

二、光源附件

气体光源的镇流器主要有电子式镇流器和电感式镇流器，采用电感式镇流器时需要启动器附件。

电感式镇流器包括普通型和节能型，可靠性高，使用寿命长，谐波含量小，功率因数低，节能型电感式镇流器通过优化铁芯材料和改进工艺降低损耗。

电子式镇流器使灯管工作在高频，无频闪，可提高灯具光效和降低镇流器的自身功率，有利于节能，功率因数高，发光稳定，可调光。T5 直管荧光灯由于电感镇流器不能可靠启动，应选用电子镇流器。

照明设计规范规定，直管荧光灯应配用电子式镇流器或节能型电感式镇流器。表 9-6 为 T5 管形荧光灯用电子镇流器技术数据。

T5 管形荧光灯用电子镇流器技术数据　　　　　　　　　　　表 9-6

型号	配光源功率 (W)	电源电压 (V)	输入电流 (A)	总输入功率 (W)	功率因数	外形尺寸(L×W×H,mm×mm×mm)	质量 (kg)	总谐波含量 (%)
GK114	1×14	220	0.07	16.5	0.98	288×30×27	0.23	<10
GK214	2×14	220	0.15	33	0.98	288×30×27	0.23	<10
GK128	1×28	220	0.14	32	0.98	288×30×27	0.23	<10
GK228	2×28	220	0.29	63	0.98	288×30×27	0.23	<10
GK314	3×14	220	0.21	48	0.98	360×30×27	0.31	<10
GK414	4×14	220	0.29	63	0.98	288×30×27	0.23	<10

三、照明灯具

灯具是能透光、分配和改变光源光分布的器具，以达到合理利用和避免眩光的目的。灯具包括除光源外所有用于固定和保护光源所需的零部件，以及与电源连接所必需的线路附件。

（一）灯具光学特性

1. 配光曲线

灯具可以使电光源的光强在空间各个方向上重新分配，灯具配光曲线表示灯具在空间各方向的光强分布，可以用于照度、亮度、利用系数、眩光等照明计算。

配光曲线中统一规定以光通量为 1000lm 的假想光源提供光强分布数据，因此实际发光强度应根据实际光源光通量进行折算，实际发光强度计算式为：

$$I = \frac{\Phi \times I_\Phi}{1000} \tag{9-4}$$

式中　I_Φ——光源为 1000lm 配光曲线中 θ 方向上的数值；

　　　I——灯具在 θ 方向上的实际光强；

　　　Φ——实际光通量。

室内照明灯具配光曲线一般采用极坐标形式。图 9-5 为极坐标形式的灯具配光曲线。

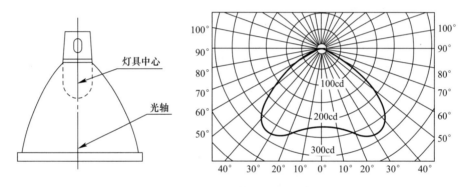

图 9-5　旋转轴对称灯具配光曲线

2. 灯具效率

灯具效率是相同的使用条件下，灯具发出的总光通量与灯具内所有光源发出的总光通量之比。灯具效率与灯具形状、灯具材料的反射或透射光学性能有关。表 9-7 为直管型荧光灯灯具的效率指标。

<table>
<tr><td colspan="5" style="text-align:center">直管型荧光灯灯具的效率</td><td style="text-align:right">表 9-7</td></tr>
</table>

灯具出光口形式	开敞式	保护罩（玻璃或塑料）		格栅
		透明	棱镜	
灯具效率	75％	70％	55％	65％

3. 灯具遮光角

灯具遮光角是灯具出光口平面与刚好看不见发光体的视线之间的夹角。

一般灯具遮光角越大，配光曲线越狭小，效率越低。照明灯具遮光角大小是根据眩光作用的强弱来确定的。

（二）灯具分类

灯具的分类通常以灯具的光通量在空间上、下两半球分配的比例、灯具的结构特点、灯具的安装方式进行分类。

1. 按光通量在空间上、下两半球的分配比例分类

根据国际照明委员会（CIE）的推荐，按灯具在上下半球空间的光通量分类，灯具有直接型、半直接型、漫射型、半间接型和间接型，如表 9-8 所示。

按光通量在空间上、下两半球的分配比例分类表　　　　　　　表 9-8

类　型		直　接　型	半直接型	漫　射　型	半间接型	间　接　型
光通量分布特性（占照明器总光通量）	上半球	0%～10%	10%～40%	40%～60%	60%～90%	90%～100%
	下半球	100%～90%	90%～60%	60%～40%	40%～10%	10%～0%
特　点		光线集中，工作面上可获得充分照度	光线能集中在工作面上，空间也能得到适当照度，比直接型眩光小	空间各个方向光强基本一致，可达到无眩光	增加了反射光的作用，使光线比较均匀柔和	扩散性好，光线柔和均匀，避免了眩光，但光的利用率低
示　意　图						

（1）直接型灯具

直接型灯具按配光曲线的形态又分为：广照型、均匀配光型、配照型、深照型和特深照型五种。直接型灯具效率高，灯的上部几乎没有光线，顶棚很暗，与明亮灯光容易形成对比眩光；光线集中，方向性强，产生的阴影较重。常见的直接型灯具有：嵌入式遮光格栅荧光灯，广照型防水防尘灯，防潮吸顶灯，搪瓷探照灯，配照型工厂灯，防震灯。

（2）半直接型灯具

半直接型灯具有较多的光线照射在工作面上，又可使空间环境得到适当的亮度，改善房间内的亮度比。常见的半直接型灯具有：简式荧光灯，方形吸顶灯，纱罩单吊灯，塑料碗罩灯，塑料伞罩灯。

（3）漫射型灯具

漫射型灯具光线均匀柔和，但是光的损失较多，光效较低。常见的漫射型灯具有：平口橄榄罩吊灯，圆球单吊灯，枫叶罩单吊灯，彩灯。

（4）半间接型灯具

半间接型灯具上半部用透明材料、下半部用漫射透光材料制成。由于上半球光通量的增加，增强了室内反射光的效果，使光线更加均匀柔和。上部很容易积灰尘，影响灯具的效率。伞型罩单吊灯属于半间接型灯具。

（5）间接型灯具

间接型灯具全部光线都由上半球发射出去，经顶棚反射到室内，很大限度地减弱阴影和眩光，光线均匀柔和，光效低，适用于剧场、美术馆的一般照明。

2. 按灯具结构分类

（1）开启式灯具。光源与外界环境直接相通。

（2）保护式灯具。具有闭合的透光罩，但内外仍能自由通气，如半圆罩天棚灯和乳白玻璃球形灯等。

（3）密封式灯具。透光罩将灯具内外隔绝，如防水防尘灯具。

（4）防爆式灯具。在任何条件下，不会因灯具引起爆炸的危险。

3. 按灯具安装方式分类

按灯具安装方式可以分为吸顶灯，镶嵌灯，吊灯，壁灯，台灯，落地灯，轨道灯。

轨道灯由轨道和灯具组成。灯具沿轨道移动，灯具本身也可改变投射的角度，是一种局部照明用的灯具。主要用于通过集中投光以增强某些特别需要强调物体的场合。例如用于商店、展览馆、起居室时，用它来重点照射商品、展品和工艺品等。

四、光源与灯具的选择

（一）光源的选择

照明光源的确定，应根据使用场所的环境条件和光源的光效、显色性、寿命等光源特性指标选用，优先采用绿色、节能光源。

1. 高度较低房间，如办公室、教室、会议室及仪表、电子等生产车间宜采用细管径直管形荧光灯。

2. 商店营业厅宜采用细管径直管形荧光灯、紧凑型荧光灯或小功率的金属卤化物灯。

3. 高度较高的工业厂房，应按照生产使用要求，采用金属卤化物灯或高压钠灯，亦可采用大功率细管径荧光灯。

4. 金属卤化物灯等高强度放电灯的功率大，发光效率高，寿命长，光色也较好，在经常使用照明的高大厅堂及露天场所，特别是维护比较困难的体育馆和其他体育竞赛场所等，可以广泛采用。

5. LED 技术发展迅猛，LED 照明产品功能的应用和普及的范围正在不断扩大，许多场所 LED 照明产品完全可以取代传统照明产品。

（二）灯具的选择应满足使用功能和照明质量的要求，还要便于安装维护，运行费用低。具体要考虑以下几个因素：

1. 灯具光学特性，如配光、眩光控制等。

2. 经济性，如灯具效率、初始投资费用与长期运行费用等。

3. 特殊的环境条件，如有火灾危险、爆炸危险的环境，有灰尘、潮湿、振动和化学腐蚀的环境。

4. 艺术效果，灯具外观应与建筑物的风格相协调。

第三节 灯 具 布 置

灯具的布置主要是确定灯在室内的空间位置。灯具的布置对照明质量有重要影响，现代装饰照明更是通过灯具和灯具的布置实现艺术环境，灯具的布置还关系到照明的安装容量和投资费用，以及维修和安全。

一、灯具的悬挂高度

灯具的悬挂高度指光源至地面的垂直距离，而计算高度则为光源至工作面的垂直距离，即等于灯具离地悬挂高度减去工作面的高度（通常取 0.75m 或 0.8m）。如图 9-6 所示，图中

H 为房间高度；h_o 为照明器的垂度；h 为计算高度；h_p 为工作面高度；h_s 为悬挂高度。垂度 h_o 一般为 $0.3\sim1.5\mathrm{m}$，通常为 $0.7\mathrm{m}$；吸顶灯的垂度为零。垂度过大，既浪费材料又容易使灯具摆动，影响照明质量。

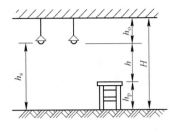

灯具的最低悬挂高度是为了限制直接眩光，且要注意防止碰撞和触电危险。室内一般照明用的灯具最低悬挂高度为 $2.4\mathrm{m}$。

图 9-6 灯具安装高度示意图

二、室内灯具的布置方案

室内灯具的布置，与房间的结构及照明的要求有关，既要实用、经济，又要尽可能协调、美观。一般灯具的布置，通常有均匀布置和选择性布置两种。

1. 均匀布置

均匀布置方式适用于要求照度均匀的场合，灯具均匀布置时，一般采用正方形、矩形、菱形等形式，如图 9-7 所示。

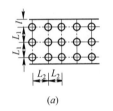 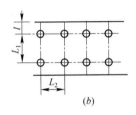 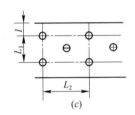

(a) 　　　　　　　　(b) 　　　　　　　　(c)

图 9-7　水平布置的三种方式

(a) 正方形；(b) 矩形；(c) 菱形

灯具按图 9-7 布置时，其等效灯距 L 的值计算如下：

正方形布置时：
$$L=L_1=L_2 \tag{9-5}$$

矩形布置时：
$$L=\sqrt{L_1 L_2} \tag{9-6}$$

菱形布置时：
$$L=\sqrt{L_1^2+L_2^2} \tag{9-7}$$

照度均匀度主要取决于距高比，即灯具间距 L 和计算高度 h 的比值。距高比 L/h 值小，照明的均匀度好，但投资大。表 9-9 为各种灯具最有利的距高比。

灯具间最有利的距高比 L/h 　　　　　　　　　　　　表 9-9

灯　具　形　式	相对距离 L/h		宜采用单行布置的房间高度
	多行布置	单行布置	
乳白玻璃圆球灯、散照型防水防尘、顶棚灯	$2.3\sim3.2$	$1.9\sim2.5$	$1.3H$
无漫透射罩的配照型灯	$1.8\sim2.5$	$1.8\sim2.0$	$1.2H$
搪瓷深照型灯	$1.6\sim1.8$	$1.5\sim1.8$	$1.0H$
镜面深照型灯	$1.2\sim1.4$	$1.2\sim1.4$	$0.75H$
有反射罩的荧光灯	$1.4\sim1.5$	—	
有反射罩的荧光灯，带栅格	$1.2\sim1.4$	—	

注：第一个数字是最有利值，第二个数字是允许值。

在布置一般照明灯具时，还需要确定灯具距墙壁的距离。当工作面靠近墙壁时，可采用 $(0.25\sim0.3)L$；若靠近墙壁处为通道或无工作面时，则采用 $(0.4\sim0.5)L$。

在进行均匀布灯时，要考虑顶棚上安装的吊风扇、空调送风口、扬声器、火灾探测器等其他建筑设备，原则上以照明布置为基础，协调其他安装工程，统一考虑统一布置，达到既满足功能要求，顶棚又整齐划一和美观。

2. 选择性布置

选择性布置是指根据工作面的安排、设备的布置来确定。这种布灯适用于分区一般照明，优点在于能够选择最有利光的照射方向和保证照度要求，可避免工作面上的阴影，在办公、商业、车间等工作场所内设施布置不均匀的情况下，采用这种有选择的布灯方式可以减少一定数量的灯具，有利于节约投资与能源。

第四节　照度的计算

照度的计算方法有利用系数法、单位容量法和逐点计算法。利用系数法适合均匀照明计算，逐点计算法比较繁琐，应用较少，单位容量法适合于方案或初步设计时的计算。任何一种计算方法，都只能做到基本准确，会有一定的误差，照度计算允许误差为－10％～＋10％。对照度要求高的场合，有必要用测量仪器实地测量，检验照明设计是否合理，然后根据实地测量结果修改照明设计，以达到符合建筑功能要求的照明标准。

（一）利用系数法

利用系数法适用于灯具均匀布置，顶棚、墙和地面反射系数较高，空间无大型设备遮挡的室内一般照明，也适合于灯具均匀布置的室外照明，该方法计算比较准确。

1. 利用系数

照明光源的利用系数是表征照明光源的光通量有效利用程度的一个参数，用投射到工作面上的光通量（包括直射光通量和多方反射到工作面上的光通量）与全部光源发出的光通量之比来表示。利用系数综合反映了照明空间的室空间形状、表面材料、灯具配光特性和灯具的效率（有的灯具利用系数表不包含灯具效率，则计算时应考虑灯具效率）等对光源光通量分布产生的影响。

根据灯具型号，室形指数 RI，顶棚、墙壁和地面的反射系数可查表确定利用系数 U。表 9-10 为 TBS869 D8H 嵌入式高效 T5 格栅灯具利用系数表，光源 T5-2×28W，光通量 2×2625lm，灯具效率 86％。

TBS869 D8H 嵌入式高效 T5 格栅灯具利用系数表　　　　　　　表 9-10

有效顶棚反射比（％）	80		70				50		30		0
墙面反射比（％）	50	50	50	50	50	30	30	10	30	10	0
墙面反射比（％）	30	10	30	20	10	10	10	10	10	10	0
室形指数 RI	利用系数（％）										
0.60	54	51	53	52	51	46	45	42	45	42	40
0.80	63	59	62	60	59	54	53	50	53	50	48
1.00	70	65	69	67	65	60	60	56	59	56	55
1.25	77	71	76	73	70	66	65	62	65	62	60

有效顶棚反射比（%）	80		70				50		30		0
墙面反射比（%）	50	50	50	50	50	30	30	10	30	10	0
墙面反射比（%）	30	10	30	20	10	10	10	10	10	10	0
室形指数 RI	利用系数（%）										
1.50	82	75	81	77	74	70	69	67	68	66	65
2.00	89	80	87	83	79	76	75	73	74	72	71
2.50	94	83	92	87	82	80	79	77	77	76	74
3.00	97	85	95	89	84	82	81	79	80	78	77
4.00	101	87	98	92	86	85	83	82	82	81	79
5.00	103	88	100	93	87	86	85	84	83	82	80

2. 计算公式

当已知利用系数 U 和灯具的数量 N、每盏灯的光通量 Φ、房间面积 A 后，便可由式（9-8）计算被照面上的平均照度 E_{av}，即

$$E_{av} = \frac{N\Phi UK}{A} \tag{9-8}$$

式中 K 是灯具维护系数，与光源光通量衰减、灯具积尘情况相关，取值 $0.7 \sim 0.8$。

当已知 U、N、A 和 E_{av} 求光通量时，则

$$\Phi = \frac{AE_{av}}{NUK} \tag{9-9}$$

根据要求的平均照度，由式（9-9）可计算每一个灯具所应发出的光通量 Φ（lm）。

平均照度计算适用于房间长度小于宽度的 4 倍，均匀布置以及使用对称或近似对称光强分布的灯具。

3. 计算步骤

（1）首先选择灯具布置方式，并确定合适的计算高度。

（2）根据灯具的计算高度 h 及房间尺寸 L、W 确定室形指数

$$RI = \frac{LW}{h(L+W)} \tag{9-10}$$

式中 L、W 分别表示房间的长、宽。

（3）根据所选用灯具的型号和顶棚、墙壁与地面的反射系数以及室形指数 RI，从相应照明装置利用系数表中查出对应的光通量利用系数 U。

（4）根据规定的平均照度，按式（9-9）计算每个灯具所需要的光通量。

（5）根据计算的光通量选择每个灯具光源的功率。

[例 9-1] 某办公室长 11.3m、宽 6.4m、吊顶高 3.1m，课桌高度为 0.8m，要求的照度标准值为 300lx，维护系数 0.8，显色指数 $Ra \geqslant 80$，选用双管嵌入式高效 T5 格栅灯具，该光源的光通量为 2×2625lm，利用系数为 0.51，要求完成该办公室的照明设计。

[解] （1）室形系数

$$RI = \frac{LW}{h(L+W)} = \frac{11.3 \times 6.4}{(3.1-0.8) \times (11.3+6.4)} = 1.776$$

（2）利用系数

根据房间室形系数，房间各表面的反射比查表确定，本例已知利用系数 U 为 0.51。

（3）计算需要的光源数量

本例中选用双管嵌入式高效 T5 格栅灯具，该光源的光通量为 $2\times2625\mathrm{lm}$，根据式（9-9）可得需要的光源数量

$$N = \frac{E_{\mathrm{av}} \cdot A}{\Phi UK} = \frac{300 \times (11.3 \times 6.4)}{2 \times 2625 \times 0.51 \times 0.8} = 10.1 \text{ 个}$$

取 10 个双管嵌入式格栅荧光灯灯具，采用双排均布方式布置灯管。

（4）灯具布置示意图如图 9-8 所示，采用长方形均匀布置。

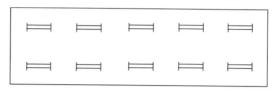

图 9-8 灯具布置示意图

（二）逐点计算法

逐点计算法是逐一计算附近各个点光源对照度计算点的照度，然后进行叠加得到总照度的方法。

逐点计算法是采用照度定理即距离平方反比定理和余弦定理，计算点光源对照度计算点的照度，可以计算工作面任意点的照度，计算准确，计算量大，一般用于校核局部的照度要求。

（三）单位容量法

单位容量 P_0 是达到设计照度时 1lx 需要安装的电功率，通常将其编制成计算表格，如表 9-11 所示（照明设计手册第三版），以便应用。

单位容量 P_0 计算表　　　　　　　　　　　　表 9-11

室空间比 RCR （室形指数 RI）	直接型配光灯具		半直接型 配光灯具	均匀漫射型 配光灯具	半间接型 配光灯具	间接型 配光灯具
	$s\leqslant0.9h$	$s\leqslant1.3h$				
8.33 (0.6)	0.0897 5.3846	0.0833 5.0000	0.0879 5.3846	0.0879 5.3846	0.1292 7.7783	0.1454 7.7506
6.25 (0.8)	0.0729 4.3750	0.0648 3.8889	0.0729 4.3750	0.0707 4.2424	0.1055 6.3641	0.1163 7.0005
5.0 (1.0)	0.0648 3.8889	0.0569 3.4146	0.0614 3.6842	0.0598 3.5987	0.0894 5.3850	0.1012 6.0874
4.0 (1.25)	0.0569 3.4146	0.0496 2.9787	0.0556 3.3333	0.0519 3.1111	0.0808 4.8280	0.0829 5.0004
3.33 (1.5)	0.0519 3.1111	0.0458 2.7451	0.0507 3.0435	0.0476 2.8571	0.0732 4.3753	0.0808 4.8280
2.5 (2.0)	0.0467 2.8000	0.0409 2.4561	0.0449 2.6923	0.0417 2.5000	0.0668 4.0003	0.0732 4.3753
2 (2.5)	0.0440 2.6415	0.0383 2.2951	0.0417 2.5000	0.0383 2.2951	0.0603 3.5900	0.0646 3.8892
1.67 (3.0)	0.0424 2.5455	0.0365 2.1875	0.0395 2.3729	0.0365 2.1875	0.0560 3.3335	0.0614 3.6845

室空间比 RCR (室形指数 RI)	直接型配光灯具		半直接型配光灯具	均匀漫射型配光灯具	半间接型配光灯具	间接型配光灯具
	$s \leqslant 0.9h$	$s \leqslant 1.3h$				
1.43 (3.5)	0.0410 2.4592	0.0354 2.1232	0.0383 2.2976	0.0351 2.1083	0.0528 3.1820	0.0582 3.5003
1.25 (4.0)	0.0395 2.3729	0.0343 2.0588	0.0370 2.2222	0.0338 2.0290	0.0506 3.0436	0.0560 3.3335
1.11 (4.5)	0.0392 2.3521	0.0336 2.0153	0.0362 2.1717	0.0331 1.9867	0.0495 2.9804	0.0544 3.2578
1 (5.0)	0.0389 2.3333	0.0329 1.9718	0.0354 2.1212	0.0324 1.9444	0.0485 2.9168	0.0528 3.1820

注　1. 表中 s 为灯距，h 为计算高度。
　　2. 表中每格所列两个数字由上至下依次为：选用 40W 荧光灯的单位电功率（W/m²）；单位光辐射量（lm/m²）。

单位容量法的计算公式为：

$$P = P_0 AE \qquad (9-11)$$

式中　P——灯具总安装功率（包括镇流器功率消耗）（W）；

P_0——照度为 1lx 时的单位容量（W/m²），其值查表 9-11；

A——房间的面积（m²）；

E——设计照度（平均照度）。

用式（9-11）可计算照明灯具的安装容量 P，P 除以每盏灯具的功率可以得到需要安装的灯具数量。

当光源不是 40W 荧光灯时可乘以调整系数 C，调整系数值可查阅照明设计手册，单位容量法的计算公式为

$$P = P_0 AEC \qquad (9-12)$$

[例 9-2]　某实验室长 12m，宽 5m，桌面高 0.8m，吊顶高 3.8m，选用 TBS869 D8H 嵌入式格栅荧光灯灯具。要求的照度标准值为 150lx，试用单位容量法确定灯具数量。

[解]　室形指数

$$RI = \frac{LW}{h(L+W)} = \frac{12 \times 5}{3 \times (12+5)} = 1.176$$

嵌入式格栅荧光灯灯具属于直接型灯具，查表 9-11 和线性插值可得：

$$P_0 = 0.0648 + \frac{0.0569 - 0.0648}{1.25 - 1.0} \times (1.176 - 1.0) = 0.0592$$

选用 2×28W 的 T5 荧光灯，调整系数为 0.70（照明设计手册第三版），
按计算式（9-12）

$$P = P_0 AEC = 0.0592 \times 12 \times 5 \times 150 \times 0.7 = 373.2W$$

灯具数量：

$$N = \frac{373.2}{2 \times 28} = 6.7 \text{ 个}$$

根据计算，考虑双排对称布置可选择 6 个或 8 个灯具。

第五节 照明方式与种类

一、照明方式

由于建筑物的功能和要求不同，对照度和照明方式的要求也不相同。照明方式可分为：一般照明、分区一般照明、局部照明和混合照明。

1. 一般照明

一般照明是为照亮整个场所而设置的均匀照明。一般照明由若干个灯具均匀排列而成，它可获得较均匀的水平照度。工作场所应设置一般照明，对于工作位置密度很大而对光照明方向无特殊要求，可只单独装设一般照明，如办公室、体育馆和教室等。

2. 分区一般照明

分区一般照明是对某一特定区域，设计成不同的照度来照亮该区域的一般照明。当同一场所内的不同区域有不同照度要求时，应采用分区一般照明；当需要提高特定区域或目标的照度时，宜采用分区一般照明。

3. 局部照明

局部照明是为特定视觉工作用的、为照亮某个局部而设置的照明。在一个工作场所内不应只采用局部照明。

在下列情况中宜采用局部照明：

（1）局部需要有较高的照度；

（2）由于遮挡导致一般照明照射不到的某些范围；

（3）视觉功能降低而需要有较高的照度；

（4）需要减少工作区的反射眩光；

（5）为增强质感而加强某方向上的光照。

4. 混合照明

混合照明是由一般照明和局部照明组成。对于作业面照度要求较高，只采用一般照明不合理的场所，宜采用混合照明；对于工作位置需要有较高照度并对照射方向有特殊要求的场合，应采用混合照明。混合照明的优点是可以在工作面（平面、垂直面或倾斜面表面）上获得较高的照度，并易于改善光色，减少照明装置功率和节约运行费用。

二、照明种类

照明按用途可分为：正常照明、应急照明、值班照明、警卫照明和障碍照明。

（一）正常照明

正常照明是在正常情况下使用的室内外照明。室内工作及相关辅助场所，均应设置正常照明。

（二）应急照明

应急照明是因正常照明的电源失效而启动的照明，它包括备用照明、安全照明和疏散照明。

1. 备用照明

用于确保正常活动继续进行的照明。例如医院的手术室和急救室、商场、体育馆、剧院、变配电室、消防控制中心等，都应设置备用照明。备用照明的照度应与正常照明相同。

2. 安全照明

安全照明是用于确保处于潜在危险之中的人员安全的照明。如处理热金属作业和手术室等处应装设安全照明。

3. 疏散照明

对于一旦正常照明熄灭或发生火灾，将引起混乱的人员密集的场所，如宾馆、影剧院、展览馆、大型百货商场、体育馆、高层建筑的安全疏散的出口和通道等，均应设置疏散照明。

（三）值班照明

非工作时间为值班所设置的照明。需在夜间非工作时间值守或巡视的场所应设置值班照明。

（四）警卫照明

在夜间为改善对人员、财产、建筑物、材料和设备的保卫，用于警戒而安装的照明。需警戒的场所，应根据警戒范围的要求设置警卫照明。

（五）障碍照明

为保障航空飞行安全，在高大建筑物和构筑物上安装的障碍标志灯。在危及航行安全的建筑物、构筑物上，应根据相关部门的规定设置障碍照明。

三、应急照明

应急照明作为工业与民用建筑照明设施的一部分，与人身安全、设备安全密切相关。目前国家和行业规范特别对应急照明做出了规定，如表 9-12 所示。

应急照明规定 表 9-12

照明种类	设置场所		照度要求	切换时间	持续供电时间
备用照明	用于确保正常活动继续进行的场所		一般场所不低于正常照度的 10%；火灾时工作场所，医院手术室、急诊抢救室、重症监护室等应维持正常照明的 100% 照度	一般场所：不超过 5s，重要场所：不超过 1.5s	一般不应小于 30min；重要场所按实际要求确定
安全照明	用于确保处于潜在危险之中的人员安全场所		一般场所不低于正常照度的 10%，且不低于 15lx；医院手术室应维持正常照明的 30% 照度	0.5s	同上
疏散照明	疏散标志	有关消防规范规定的疏散通道和安全出口	亮度不应低于 15cd/m²	5s	高度大于 100m 的民用建筑等不应少于 1.5h；一般建筑不应少于 0.5h
	疏散照明		疏散通道不应低于 1lx，人员密集场所、避难层（间）不应低于 3lx；楼梯间、前室、避难走道不应低于 5lx		

1. 应急照明电源

应急照明电源可采用集中式应急电源，亦可采用照明装置自带蓄电池的分散应急电源。当建筑物内设有消防控制室时疏散照明宜在消防控制室控制。

供电转换时间：一般场所备用照明不大于 5s，重要场所备用照明不超过 1.5s，安全照明不大于 0.5s。一般场所疏散照明不大于 5s。

2. 应急照明的照度要求

疏散照明应明确、清晰地标示疏散路线及出口或应急出口的位置，为疏散通道提供必要的照明。

一般疏散通道的疏散照明照度值不低于1lx，高层及超高层建筑内疏散走道及人员密集场所不低于3lx，楼梯间不低于5lx。用于疏散指示的指示灯则要求较高亮度。

备用照明照度值不低于该场所正常照度值的10%，重要和精细场所的备用照明照度值为正常照度值的100%。

安全照明照度值一般场所不低于正常照度的10%，且不低于15lx；医院手术室应维持正常照明的值的30%。

3. 疏散照明的布置

出口标志灯应设置在安全出口和人员密集的场所的疏散门的正上方。

疏散通道的疏散指示标志灯宜设置在走道或转角处离地面1.0m以下墙面或地面上，间距不应大于20m；对于带形走道，不应大于10m；在走道拐角区，不应大于1.0m。

疏散通道的疏散照明灯通常安装在顶棚下，灯具离地的安装高度不宜小于2.3m；楼梯的疏散照明灯应安装在顶棚下。

图9-9为疏散照明出口标志灯和疏散指示标志灯的布置示例图。

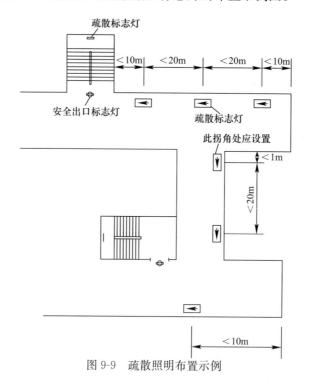

图9-9　疏散照明布置示例

第六节　照明配电与照明控制

一、照明配电

1. 照明电源电压

光源电压一般为交流220V，1500W以上的光源电压宜为交流380V，移动式灯具电压不超过 50V，潮湿场所电压不超过 25V，水下场所可采用交流 12V 光源。

照明器具的端电压不宜过高和过低，电压过高会缩短光源寿命；电压低于额定值，光通量下降照度降低，气体放电光源甚至不能可靠工作。LED 光源采用恒流源驱动，电压在一定范围内变换不影响 LED 光通量的变化。

正常情况下，照明器具的端电压偏差允许值宜符合下列要求：

(1) 在一般工作场所为±5%；

(2) 远离变电站的小面积一般工作场所难于满足±5%时，可为−10%～+5%；

(3) 应急照明和用安全特低电压供电的照明为−10%～+5%。

2. 照明配电要求

(1) 应根据照明负荷等级选择合理配电方案。

(2) 三相照明线路各相负荷的分配宜保持平衡，最大相负荷电流不宜超过三相负荷平均值的 115%，最小相负荷电流不宜小于三相负荷平均值的 85%。

(3) 特别重要的照明负荷，宜在照明配电盘采用自动切换电源的方式，负荷较大时可采用由两个专用回路各带 50% 的照明灯具的配电方式，如体育场馆的场地照明，既节能，又可靠。

(4) 室内照明系统中的每一单相分支回路电流不宜超过 16A，光源数量不宜超过 25 个；大型建筑组合灯具每一单相回路电流不宜超过 25A，光源数量不宜超过 60 个（LED 光源除外）。

(5) 室外照明单相分支回路电流值不宜超过 32A，建筑物轮廓灯每一单相回路不宜超过 100 个（LED 光源除外）。

(6) 重要场所和负载为气体放电灯和 LED 灯的照明线路，其中性导体截面积应与相导体规格相同。室内照明分支线路应采用铜芯绝缘导线，其截面积不应小于 1.5mm²，多芯电力电缆不宜小于 2.5mm²；室外照明线路宜采用双重绝缘铜芯导线，照明支路导线截面积不应小于 2.5mm²。

(7) 当采用配备电感镇流器的气体放电光源时，为改善其频闪效应，宜将相邻灯具（光源）分接在不同相别的线路上。

3. 照明箱配电方式示例

建筑物内照明配电系统一般采用 TN-S 系统，三相应选用五芯电缆，单相应选用三芯电缆。系统标称电压 U_n 为 0.22/0.38kV 时，线路绝缘电缆配线为 0.6/1.0kV，导线一般为 0.3/0.5kV。

图 9-10 为三相照明配电箱示例，单相负荷尽可能平衡分配在 L1、L2、L3 中，三相计算功率（9.6kW）为最大相功率（L1 相 3.2kW）的 3 倍。三相进线回路采用五芯绝缘导线穿管暗敷，三极（3P）断路器；单相照明和单相插座回路采用三芯绝缘导线穿管暗敷，照明回路采用单极（1P）断路器，插座回路采用两极（2P）断路器，并设有防电击的 30mA 剩余电流保护。

4. 照明配电线路的保护

照明线路应装设短路保护、过负荷保护及接地故障保护，一般采用断路器作短路保护和过负荷保护，兼作接地故障保护。

断路器过负荷保护反时限脱扣器整定电流 I_{r1} 和断路器瞬时过电流保护脱扣器整定电

流 I_{r3} 分别为：

$$I_{r1} \geqslant K_{re1} I_C \tag{9-13a}$$

$$I_{r3} \geqslant K_{re3} I_C \tag{9-13b}$$

$$I_{r1} \leqslant I_Z \tag{9-13c}$$

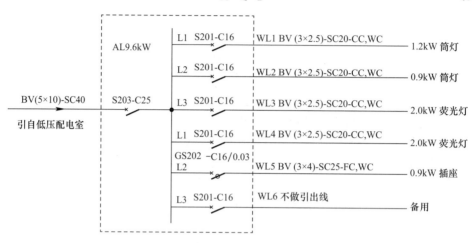

图 9-10　三相照明配电箱示例

式中　K_{re1}、K_{re3} 为反时限和瞬时脱扣器可靠系数，取决于电光源启动特性和断路器特性，其值见表 9-13；I_Z 为照明线路导线允许持续载流量（A）。

照明线路保护断路器反时限和瞬时过电流脱扣器可靠系数　表 9-13

低压断路器	可靠系数	白炽灯卤钨灯	荧光灯	高压钠灯、金属卤化物灯	LED 灯
反时限过电流脱扣器	K_{re1}	1.0	1.0	1.0	1.0
瞬时过电流脱扣器	K_{re3}	10～12	5	5	5

对于高压气体放电灯，一般启动电流为正常工作电流的 1.7 倍左右，启动时间较长，高压汞灯为 4～8min，高压钠灯约 3min，金属卤化物灯为 2～3min，选择反时限过电流脱扣器整定电流值要躲过启动时的冲击电流，除了采取措施避免灯具同时启动外，还要根据不同灯具启动情况留有一定裕度。

目前照明用断路器瞬时过电流脱扣器的整定电流一般为反时限过电流脱扣器整定电流的 5～10 倍，因此只要正确选择反时限过电流脱扣器的整定电流值，一般就满足瞬时过电流脱扣器的要求。

二、照明控制

照明控制是电气照明的重要内容，通过合理的照明控制和管理，可以实现照明节能，减少开灯时间延长光源寿命，可实现多种照明效果，提高照明质量。随着计算机技术、通信技术、自动控制技术、微电子技术的发展，照明控制技术发展很快，经历了手动控制、自动控制，进入了智能化控制的时代。

（一）跷板开关控制

在房间门口设置跷板开关，当房间面积较大、灯具较多时，常采用双联、三联、四联开关或多个开关。对于楼道和楼梯照明，多采用双控方式，在楼道和楼梯入口安装双控跷板开关，在任意入口处都可以开闭照明装置。如图 9-11 所示为两地控制的原理接线图，任一双控跷板开关的开关动作都可实现照明灯具的开启或关闭。

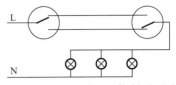

图 9-11　跷板开关两地控制原理图

（二）定时开关或声光控开关控制

在楼梯口安装双控跷板开关时，如果没有节能行为习惯，楼梯也会出现长明灯现象。现在住宅楼、公寓楼甚至办公楼等楼梯间多采用定时开关、声光控开关、红外移动探测加光控等方式。

（三）断路器控制

对于大空间如大型厂房、库房、展厅等的照明，照明灯具较多，一般按区域控制方式，如果采用面板开关控制，则照明线路控制容量受限制，控制线路复杂，通常在大空间门口设置照明配电箱，直接采用照明配电箱内的断路器控制区域灯具的开启或关闭。这种方式简单易行，但断路器不适合频繁操作，一般为专业人员管理和操作。

（四）智能控制

1. BAS 控制照明

智能建筑一般设有建筑设备监控系统 BAS（Building Automation System）。BAS 系统可以实现对中央空调系统、建筑给水排水系统、电气照明系统、供配电系统、建筑交通系统（电梯）等设备系统的监控，广义的 BAS 系统还包括安防系统和消防系统。

BAS 系统控制照明是采用直接数字控制 DDC（direct digital control）进行控制的，可以通过编程实现多种控制方式。

由于 BAS 系统不是专为照明而设计的，有一定的局限性，很难做到调光控制，灵活性较差。

2. 智能照明控制

智能照明控制系统是全数字、模块化、分布式控制系统，智能照明控制器接收来自传感器关于建筑物照明状况的信息并分析处理，按要求的控制方式和功能控制照明电路中的设备，实现照明的智能控制。

智能照明常用控制方式和功能：

（1）场景控制

用户预设多种场景，按动一个按键，即可调用需要的场景。多功能厅、会议室、体育场馆、博物馆、美术馆、高级住宅等场所多采用此种方式。

（2）恒照度控制

根据探头探测到的照度来控制照明场所内相关灯具的开启或关闭。写字楼、图书馆等场所要求恒照度时，靠近外窗的灯具宜根据天然光的影响进行开启或关闭。

（3）定时控制

根据预先设定的时间，触发相应的场景，使其打开或关闭。特别适用于夜景照明、道路照明。

（4）应急处理

在接收到安保系统、消防系统的警报后，能自动将指定区域照明全部打开。

（5）远程控制

通过互联网对照明控制系统进行远程监控，能实现对系统中各个照明控制箱的照明参数进行设定、修改；对系统的场景照明状态进行监视和控制。

（6）日程计划安排

可设定每天不同时间段的照明场景状态。可将每天的场景调用情况记录到日志中，并可将其打印输出，方便管理。

第七节 照 明 节 能

照明和资源与环境密切相关，绿色照明是节约能源、保护环境，有益于提高人们生产、工作、学习效率和生活质量，保护身心健康的照明。世界各国正在积极推进绿色照明工程的实施，我国已编制完善了绿色照明标准体系，已制定了常用照明光源及镇流器等产品能效标准、各类建筑照明标准，完善了实施绿色照明工程的措施和管理机制，继续大力全方位推进绿色照明的发展。

照明节能是一项系统工程，要从提高整个照明系统的能效来考虑。照明节能所遵循的原则是在保证照明质量，为生产、工作、学习和生活创建良好的光环境前提下，尽可能节约照明用电。照明节能可在选择合适的照度水平，选择高效光源，合理利用天然光，采用智能控制等方面采取措施。

一、根据视觉工作需要确定照度水平

照度水平应根据工作、生产的特点和作业对视觉的实际要求来确定，不应盲目追求高照度，要遵循设计标准，避免设计过高的照度。作业面邻近区为作业面外 0.5m 的范围内，其照度可低于作业面的照度；通道和非作业区的照度可以降低到作业面临近周围照度的 1/3。

合理选择照明方式，在照度要求高但作业面密度不大的场所，应采用混合照明方式，以局部照明来提高作业面的照度；在同一场所不同区域有不同照度要求时，应采用分区一般照明方式。

二、合理选择高效光源、灯具和电器附件

1. 合理选择高效光源

常用光源的主要技术指标见表 9-14。

常用光源的主要技术指标 表 9-14

光源种类	光效（lm/W）	显色指数 Ra	平均寿命（h）	启动时间	性价比
白炽灯	8～12	99	1000	快	低
三基色直管荧光灯	65～105	80～85	12000～15000	0.5～1.5s	高
紧凑型荧光灯	40～75	80～85	8000～10000	1～3s	不高
金属卤化物灯	52～100	65～80	10000～20000	2～3min	较低
陶瓷金卤灯	60～120	82～85	15000～20000	2～3min	较高
无极灯	55～82	80～85	40000～60000	较快	较高
LED灯	60～120*	60～80	25000～50000	特快	较低
高压钠灯	80～140	23～25	24000～32000	2～3min	高
高压乘灯	25～55	～35	10000～15000	2～3min	低

＊整灯效能。

严格限制低光效的普通白炽灯应用；除商场重点照明可选用卤素灯外，其他场所均不得选用低光效卤素灯；在民用建筑、工业厂房和道路照明中，不应使用荧光高压汞灯；对于高度较低的功能性照明场所（如办公室、教室、高度在 8m 以下公共建筑和工业生产房间等）应采用细管径直管荧光灯，而不应采用紧凑型荧光灯，后者主要用于有装饰要求的场所；高度较高的场所，宜选用陶瓷金属卤化物灯，无显色要求的场所和道路照明宜选用高压钠灯。

需要设置节能自熄和亮暗调节的场所如楼梯间、走廊、电梯内、地下车库、装饰照明、交通信号等场所，建筑标志灯和疏散指示标志灯都可优先采用 LED 灯。

2. 合理选择高效灯具

在满足限制眩光要求条件下，应选用效率高的直接型灯具；对于要求空间亮度较高或装饰要求高的公共场所（如酒店大堂、候机厅），可采用半间接型或均匀漫射型灯具。

应选用光通维持率高的灯具，定期清洁照明器，以避免使用过程中灯具输出光通量过度下降；合理降低灯具安装高度。

3. 合理选择镇流器

直管荧光灯应按国家标准规定的能效等级选择电子镇流器或节能型电感镇流器。高压钠灯、金卤灯等 HID 灯应配节能型电感镇流器，不应采用传统的功耗大的普通电感镇流器。

三、合理利用天然光

在可能条件下，应尽可能积极利用天然光。房间的采光系数或采光窗的面积比应符合《建筑采光设计标准》GB 50033—2013 的规定；有条件时宜随室外天然光的变化自动调节人工照明照度，宜利用太阳能作为照明光源，宜利用各种导光和反光装置将天然光引入无天然采光或采光很弱的室内进行照明。

四、采用自动或智能照明控制

公共建筑应采用智能控制。体育馆、影剧院、候机厅、博物馆、美术馆等公共建筑宜采用智能照明控制，并按需要采取调光或降低照度的控制措施。

住宅及其他建筑的公共场所应采用感应自动控制。居住建筑有天然采光的楼梯间、走道的照明，除应急照明外应采用节能自熄开关。

地下车库、无人连续在岗工作而只进行检查、巡视或短时操作的场所应采用感应自动光暗调节（延时）控制。

公共建筑和工业建筑的走廊、楼梯间、门厅等公共场所的照明，应按建筑使用条件和天然采光状况采取分区、分组控制措施。

宾馆的每套或每间客房应装设独立的总开关，控制全部照明和客房用电（但不宜包括进门走廊灯和冰箱插座），并采用钥匙或门卡锁匙连锁节能开关。

夜景照明定时自动开关灯，应具备平常日、一般节日、重大节日开灯控制模式。

五、实施照明功率密度值（LPD）指标限值

照明设计应执行标准规定的 LPD，对于绿色建筑、节能建筑和有条件的应执行该标准规定的 LPD 目标值。照明设计标准规定的 LPD 值为最高限值，而不是节能优化值，不应利用标准规定的 LPD 限制值作为计算照度的依据。

复习思考题

9-1 建筑照明工程中常用的照明物理量有哪些？单位是什么？

9-2 照明设计标准规定的 LPD 值是什么含义？

9-3 什么是光源的显色性和光源的色温？

9-4 照明质量包括哪些指标？

9-5 什么叫热辐射光源、气体放电光源、LED 灯？

9-6 荧光灯有什么特点？适用于什么场合？

9-7 镇流器有哪几种类型？直管荧光灯应采用什么镇流器？

9-8 金属卤化物灯有何特点？适用于什么场合？

9-9 什么是灯具的配光曲线？什么是直接型灯具？

9-10 照明的方式有哪几种？照明的种类有哪些？

9-11 应急照明有哪几种？疏散照明的布置有何规定？

9-12 照度计算有哪几种方法？各有何特点？

9-13 照明配电系统设计有哪些具体要求？

9-14 照明系统的控制有哪些控制方式？

9-15 智能控制有哪些控制功能？

9-16 什么是绿色照明？

9-17 照明节能有哪些措施？

第十章　火灾自动报警系统

第一节　概　　述

火灾自动报警系统是探测火灾早期特征，发出火灾报警信号，为人员疏散、防止火灾蔓延和启动自动灭火设备提供控制与指示的消防系统，可用于人员居住和经常有人滞留、存放重要物资或燃烧后产生严重污染需要及时报警的场所，保护人身和财产安全。

一、火灾自动报警系统的组成和作用

火灾自动报警系统一般由触发器件、火灾报警装置、火灾警报装置和电源四部分组成，复杂的火灾自动报警系统还包括消防联动控制设备。

1. 触发器件

在火灾自动报警系统中，自动或手动产生火灾报警信号的器件称为触发器件，主要包括火灾探测器和手动火灾报警按钮。

2. 火灾报警装置

在火灾自动报警系统中，用于接收、显示和传递火灾报警信号、并能发出控制信号和具有其他辅助功能的控制指示设备称为火灾报警装置，是火灾自动报警系统的核心，如区域报警控制器、集中报警控制器。

3. 火灾警报装置

在火灾自动报警系统中，用于发出区别于环境的声、光信号装置称为火灾警报装置，警示人们采取安全疏散、灭火救援等措施，如火灾警报器。

4. 消防联动控制设备

在火灾自动报警系统中，当接收到来自触发器件的火灾报警信号并经确认后，能自动或手动启动相关的消防设备并显示其状态的设备，称为消防联动控制设备。如消防联动控制器，可以实现消防水系统设备，通风空调和防排烟设备，防火门、防火卷帘，电梯，以及火灾应急广播、火灾应急照明等设备的控制。

二、报警区域和探测区域的划分

1. 报警区域的划分

为了在火灾早期及时发现和通报火情，同时也便于对火灾自动报警系统进行日常管理和维护，通常把保护对象划分为若干个分区即报警区域，每个报警区域再划分为若干个单元即探测区域，以便火灾发生时能迅速、准确地确定火灾部位，使有关人员及时采取有效措施控制和扑灭火灾。

报警区域是将火灾自动报警系统的警戒范围按防火分区或楼层划分的单元，可将一个防火分区或一个楼层划分为一个报警区域，也可以将发生火灾时需要同时联动消防设备的相邻几个防火分区或楼层划分为一个报警区域。

2. 探测区域的划分

探测区域是将报警区域按探测火灾的部位划分的房（套）间，是火灾探测器探测部位编号的基本单元，通常对应于报警系统中的一个独立部位号。

探测区域的划分应符合下列要求：

（1）探测区域应按独立的房间划分。一个探测区域的面积不宜大于 500m²。但从主要入口能看清内部，且面积不超过 1000m² 的房间，也可划分为一个探测区域。

（2）红外光束线型感烟火灾探测器和缆式线型感温火灾探测器的探测区域长度不宜超过 100m；空气管差温火灾探测器的探测区域长度宜在 20～100m 之间。

（3）下列场所应单独划分探测区域：①敞开或封闭楼梯间、防烟楼梯间；②防烟楼梯间前室、消防电梯前室、消防电梯与防烟楼梯间合用前室、走道、坡道；③电气管道井、通信管道井、电缆隧道；④建筑物闷顶、夹层。

第二节　触发器件

火灾自动报警系统应设有火灾探测器和手动火灾报警按钮这两类触发器件。

一、火灾探测器类型

火灾探测器是感受火灾信息的传感器，能探测火灾参数（如烟、温、光、火焰辐射、气体浓度），给报警控制器提供火警信号或提供探测参数，是火灾自动报警系统中用量最多的器件。

根据探测参数类型，火灾探测器分为感烟火灾探测器、感温火灾探测器、火焰探测器、气体火灾探测器和复合火灾探测器五种基本类型。

（一）感烟火灾探测器

感烟火灾探测器用于探测火灾初期的烟雾，具有发现火情早、灵敏度高、响应速度快的特点，应用范围广。根据探测范围可分为点型感烟火灾探测器、线型感烟火灾探测器，吸气式感烟火灾探测器。

1. 点型感烟火灾探测器

点型感烟火灾探测器根据探测机理可分为离子式和光电式。

离子式感烟探测器采用空气离化原理，利用探测器电离室离子流的变化与进入电离室的烟雾浓度成正比的特点探测烟雾浓度，对较大的烟雾粒子灵敏。

光电式感烟火灾探测器则是利用烟雾颗粒对光线具有阻挡或散射作用原理，对较小的烟雾粒子灵敏。

探测器内有敏感元件和相应的电路环节，有的总线制产品将编码电路置于探测器中，有的则将编码电路安装在底座中。探测器采用总线方式连接。图 10-1（a）为感烟探测器外形及安装图；图 10-1（b）为总线方式连接图，探测器采用二总线接线方式。

2. 线型感烟火灾探测器

线型感烟火灾探测器特点是监测范围广、保护面积大，适用于无遮挡的大空间或有特殊要求的房间，不适于存在大量粉尘、水雾滞留、可能产生蒸气和油雾的场所。

线型感烟火灾探测器的监测区域为一线状的狭窄带，根据探测机理可分为红外光束感烟探测器、激光感烟探测器。

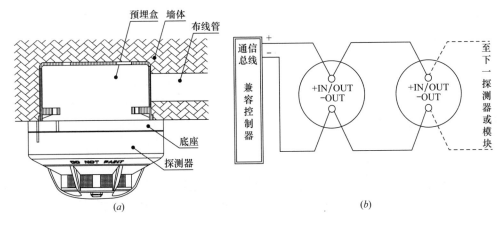

图 10-1　点型感烟火灾探测器

（a）感烟探测器外形图；（b）探测器总线方式链接图

图 10-2 为红外光束感烟探测器示意图，正常情况下探测器发射器发出光束射在反射镜上，再由反射镜反射到接收器；发生火灾时烟雾粒子扩散到红外线光束通过的空间，对红外线光束产生吸收和散射作用，从反射镜反射到接收器的光通量减少，于是输出火灾报警信号。

激光感烟火灾探测器是利用激光的方向性强、单色性和相干性好、亮度高等优点制成。激光感烟火灾探测器适用于较大的库房、易燃材料堆垛、货架等场所。

3. 吸气式感烟火灾探测器

吸气式火灾探测器是在监视区域设置由 PVC 管道和 PVC 管取样孔组成的空气采样管路，设置抽气泵将监视区域的空气样本送到侦测室进行检测，如图 10-3 所示。

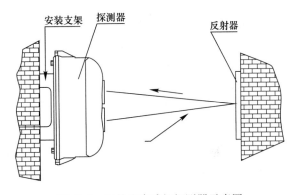

图 10-2　红外光束感烟探测器示意图

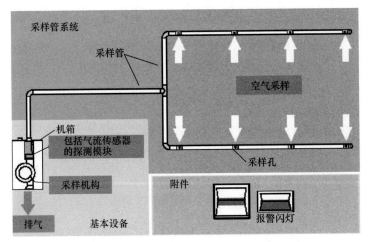

图 10-3　吸气式火灾探测器示意图

吸气式火灾探测器采用主动检测方式，完全突破被动式感知火灾烟气、温度和火焰等参数特性的传统方式，主动抽取保护区域空气样本，利用先进的烟雾粒子浓度识别技术，快速、动态地识别和判断出空气中各种聚合物和烟粒子。

吸气式火灾探测器能够探测物质燃烧初期所产生的气溶胶或烟雾粒子浓度，对火灾进行超早期火灾探测，解决普通感烟探测器无法解决的大空间感烟探测、在肮脏环境中误报等问题，适合于高速气流、大空间、低温、需要进行火灾早期探测、人员不宜进入等场所。

（二）感温火灾探测器

感温火灾探测器是一种对警戒范围内的温度进行监测的探测器。感温火灾探测器的种类很多，根据其感温效果和结构形式可分为定温式、差温式、差定温组合式三类。

1. 点型定温火灾探测器

点型定温火灾探测器是对监测范围内某一点周围的温度达到或超过设定值便发出火警信号的探测器。点型定温火灾探测器的热敏元件通常采用双金属片、热敏电阻、半导体器件等，动作范围为 $60\sim150℃$，适用于环境温度变化不大或温度较高的场所。

2. 差温火灾探测器

差温火灾探测器是对监测范围内某一点温度上升的速率超过设定值时便发出火警信号的探测器。其热敏元件为热电偶或热敏半导体。在实际应用中，差温火灾探测器很少单独使用。

（三）感光（火焰）火灾探测器

火灾发生时，除了产生大量的热和烟雾外，火焰会辐射出大量的辐射光，如红外线光、紫外线光等。感光火灾探测器就是通过检测火焰中的红外光、紫外光来探测火灾发生的探测器。

感光火灾探测器比感温、感烟火灾探测器的响应速度快，传感器在接收到光辐射后的极短时间里就可发出火灾报警信号，特别适合对突然起火而无烟雾产生的易燃易爆场所火灾的监测。此外，感光火灾探测器不受气流扰动的影响，是一种可以在室外使用的火灾探测器。

二、火灾探测器参数

1. 额定工作参数

（1）工作电压

工作电压指探测器长期工作所需的电源电压。火灾探测器的工作电压一般为24V。

（2）工作电流

工作电流指火灾探测器正常工作状态时的电流，也称警戒电流。火灾探测器的警戒电流一般为 μA（微安）级。

（3）报警电流

报警电流指火灾探测器在报警状态时的电流，通常为mA（毫安）级。

工作电流和报警电流越小，所需电源功率越小。

2. 火灾灵敏度

火灾灵敏度指探测器对火灾信息的灵敏程度，也称火灾灵敏度级别。按火灾探测器在几种标准试验条件下对火灾信息的响应能力，火灾灵敏度分为Ⅰ级、Ⅱ级、Ⅲ级，Ⅰ级灵敏度级别最高。火灾探测器灵敏度级别越高，对火灾信息的反应越灵敏，发出报警信号的时间越短，但产生误报的可能性也越大。

不同类型火灾探测器的作用原理和结构不同，对火灾的反应灵敏度差异较大，因此在选择火灾探测器时，需要根据实际情况综合各种因素，选择合适的灵敏度。

三、火灾探测器选择和设置

（一）火灾探测器选择

1. 火灾探测器选择的一般规定

（1）火灾初期有阴燃阶段，产生大量的烟和少量的热，很少或没有火焰辐射的场所，应选用感烟火灾探测器。

（2）对火灾发展迅速，产生大量的烟、热和火焰辐射的场所，可选用感烟火灾探测器、感温火灾探测器、火焰火灾探测器或其组合。

（3）对火灾发展迅速，有强烈的火焰辐射和少量的烟、热的场所，应选用火焰火灾探测器。

（4）对火灾初期有阴燃阶段，且需要早期探测的场所，宜增设一氧化碳火灾探测器。

（5）对使用、生产或聚集可燃气体或可燃液体蒸汽的场所，应选用可燃气体火灾探测器。

（6）应根据保护场所可能发生火灾的部位和燃烧材料的分析，以及火灾探测器的类型、灵敏度和响应时间等选择相应的火灾探测器，对火灾形成特征不可预料的场所，可根据模拟实验的结果选择火灾探测器。

2. 点型火灾探测器选择

（1）对不同高度的房间，可按表 10-1 选择点型火灾探测器类型。

各类点型火灾探测器适用的房间高度　　　　　　　　　　表 10-1

房间高度 h（m）	点型感烟火灾探测器	点型感温火灾探测器			火焰探测器
		A1、A2	B	C、D、E、F、G	
12＜h≤20	不适合	不适合	不适合	不适合	适合
8＜h≤12	适合	不适合	不适合	不适合	适合
6＜h≤8	适合	适合	不适合	不适合	适合
4＜h≤6	适合	适合	适合	不适合	适合
h≤4	适合	适合	适合	适合	适合

表 10-1 中 A1、A2、B、C、D、E、F、G 为点型感温探测器的不同类别，依次按应用温度和动作温度分类，G 类温度最高。

（2）可根据不同场所的用途和特征选择点型火灾探测器类型

点型感烟火灾探测器适用于饭店、旅馆、教学楼、办公楼的厅堂、卧室、办公室、商场、列车载客车厢；计算机房、通信机房、电影或电视放映室；楼梯、走道、电梯机房、车库；书库、档案库等场所。

点型感温火灾探测器适用于吸烟室；厨房、锅炉房、发电机房、烘干车间等场所。

点型火焰探测器或图像型火焰探测器适用于易燃材料储存仓库，油漆喷雾房，天然气的储存仓库等场所。

可燃气体探测器适用于燃气站、燃气表房、存储液化石油气罐等场所。

3. 线型火灾探测器的选择

线型光束感烟火灾探测器适用于无遮挡的大空间或有特殊要求的房间。

缆式线型感温火灾探测器适用于电缆隧道、电缆竖井、电缆夹层、电缆桥架；不易安装点型探测器的夹层等场所。

线型光纤感温探测器适用于除液化石油气外的石油储罐；需要设置线型感温火灾探测器的易燃易爆场所；需要监测环境温度的地下空间公路隧道、敷设动力电缆的铁路隧道和城市地铁隧道等场所。

4. 吸气式感烟火灾探测器的选择

吸气式感烟火灾探测器的适用场所：电信机房、电脑室、医院、变电站、厂房、仓库、冷藏室、演播厅、室内运动场、剧院、洁净室、矿山、隧道、海上石油平台、生产车间、古典建筑、教堂、博物馆、美术馆等场所。

（二）火灾探测器的设置

在火灾自动报警系统设计中，火灾探测器的设置要符合火灾自动报警系统现行设计规范要求。

1. 点型感烟、感温火灾探测器的设置

（1）点型感烟、感温火灾探测器的保护面积、保护半径和安装间距

火灾探测器的保护面积是指一只探测器能有效探测的面积，火灾探测器的保护半径是指一只火灾探测器能有效探测的单向最大水平距离。探测器的安装间距是指两个相邻火灾探测器中心之间的水平距离。

点型感烟、感温火灾探测器的保护面积和保护半径如表 10-2 所示。

感烟、感温火灾探测器的保护面积 F 和保护半径 R 表 10-2

火灾探测器的种类	地面面积 $S(m^2)$	房间高度 $h(m)$	房 顶 坡 度					
			$\theta \leqslant 15°$		$15° < \theta \leqslant 30°$		$\theta > 30°$	
			$F(m^2)$	$R(m)$	$F(m^2)$	$R(m)$	$F(m^2)$	$R(m)$
感烟火灾探测器	$S \leqslant 80$	$h \leqslant 12$	80	6.7	80	7.2	80	8.0
	$S > 80$	$6 < h \leqslant 12$	80	6.7	100	8.0	120	9.9
		$h \leqslant 6$	60	5.8	80	7.2	100	9.0
感温火灾探测器	$S \leqslant 30$	$h \leqslant 8$	30	4.4	30	4.9	30	5.5
	$S > 30$	$h \leqslant 8$	20	3.6	30	4.9	40	5.3

（2）点型感烟、感温火灾探测器的设置数量

① 探测器区域内的每个房间至少应设置一个火灾探测器。感烟、感温火灾探测器的设置数量是根据探测器监测区域的面积 S、房间高度 h、屋顶坡度 θ 以及火灾探测器的类型，从表 10-2 查取单个火灾探测器的保护面积 F 和保护半径 R 后，由下式计算

$$N \geqslant \frac{S}{kF} \qquad (10\text{-}1)$$

式中　N——一个保护区内需要设置的火灾探测器数量；

S——该探测区域的面积（m^2）；

F——单个探测器的保护面积（m^2）；

k——修正系数，容纳人数超过 10000 人的公共场所宜取 0.7～0.8；容纳人数超过 2000 人～10000 人的公共场所宜取 0.8～0.9；容纳人数超过 500 人～2000 人的公共场所宜取 0.9～1.0，其他场所可取 1.0。

② 在有梁的顶棚上设置点型感烟火灾探测器、感温火灾探测器时，若顶棚的高度超过 200mm 应考虑梁对探测器保护面积的影响，并符合规范规定。

③ 房间被书架、设备或隔断等分隔，其顶部至顶棚或梁的距离小于房间净高的 5% 时，每个被隔开的部分应至少安装一只点型探测器。

如图 10-4 所示，房间分别被书架或设备、隔断等分隔，在每个被隔开的区域都安装了一只点型探测器。

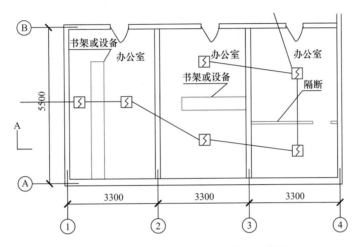

图 10-4　房间被分隔时探测器布置示意图

（3）点型感烟、感温火灾探测器的安装

点型火灾探测器的安装位置应符合下列要求：

① 在宽度小于 3m 的走道顶棚上设置探测器时，探测器宜居中布置。感温探测器的安装间距不应超过 10m；感烟探测器的安装间距不应大于 15m，距走道端墙的距离不应大于安装间距的 1/2。

② 探测器至墙壁、梁边的水平距离不应小于 0.5；探测器周围 0.5m 范围内，不应有遮挡物，如图 10-5 所示。

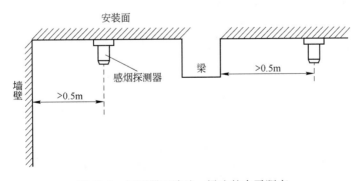

图 10-5　探测器至墙壁、梁边的水平距离

③ 探测器至空调送风口边的水平距离不应小于 1.5m，宜接近回风口安装，如图 10-6 所示。探测器至多孔送风顶棚孔口的水平距离不应小于 0.5m。

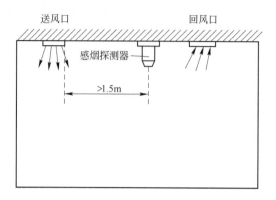

图 10-6　探测器至空调送风口边的水平距离

④ 当屋顶有热屏障时，感烟火灾探测器下表面至顶棚或屋顶的距离，应符合表 10-3 的规定。

感烟火灾探测器下表面至顶棚或屋顶的距离　　　　　　　　　　　　　　　表 10-3

探测器的安装高度 h（m）	感烟探测器下表面至顶棚或屋顶的距离 d（mm）					
	顶棚或屋顶坡度 θ					
	$\theta \leqslant 15°$		$15° < \theta \leqslant 30°$		$\theta > 30°$	
	最小	最大	最小	最大	最小	最大
$h \leqslant 6$	30	200	200	300	300	500
$6 < h \leqslant 8$	70	250	250	400	400	600
$8 < h \leqslant 10$	100	300	300	500	500	700
$10 < h \leqslant 12$	150	350	350	600	600	800

2. 一氧化碳火灾探测器的设置

一氧化碳火灾探测器可设置在气体能够扩散到的任何部位。

3. 火焰探测器和图像型火灾探测器的设置

（1）探测器的探测视角内不存在遮挡物。

（2）应避免光源直接照射在探测器的探测窗口。

4. 线型光束感烟火灾探测器的设置

（1）探测器的光束轴线至顶棚的垂直距离宜为 0.3～1.0m，距地高度不宜超过 20m。

（2）相邻两组探测器的水平距离不应大于 14m，探测器至侧墙水平距离不应大于 7m，且不应小于 0.5m。探测器的发射器和接收器之间的距离不宜超过 100m。

5. 线型感温火灾探测器的设置

（1）探测器在保护电缆、堆垛等类似保护对象时，应采用接触式布置；在各种皮带输送装置上设置时，宜设置在装置的过热点附近。

（2）设置在顶棚下方的线型感温火灾探测器，至顶棚的距离宜为 0.1m。探测器的保护半径应符合点型感温火灾探测器的保护面积和保护半径要求；探测器至墙壁的距离宜为 1～1.5m。

6. 管路采样式吸气感烟火灾探测器的设置

（1）探测器的每个采样孔的保护面积、保护半径，应符合感烟火灾探测器的保护面积、保护半径的要求。

（2）一个探测单元的采样管总长不宜超过 200m，单管长度不宜超过 100m，同一根采样管不应穿越防火分区。采样孔总数不宜超过 100 个，单管上的采样孔数量不宜超过 25 个。

（3）吸气管路和采样孔应有明显的火灾探测器标识。

（4）探测器的火灾报警信号、故障信号等信息应传给火灾报警控制器，涉及消防联动控制时，探测器的火灾报警信号还应传给消防联动控制器。

四、手动火灾报警按钮

1. 手动火灾报警按钮器件

手动火灾报警按钮是手动确认火警信号的另一类触发器件，一般含报警电话插孔。采用总线制方式，编码地址用拨码开关编址或采用软件编址。

2. 手动火灾报警按钮的设置

规范规定，火灾自动报警系统应设有自动和手动两种触发装置。

（1）每个防火分区至少设置一只手动火灾报警按钮。从一个防火分区内的任何位置到最邻近的手动火灾报警按钮的步行距离不应大于 30m。手动火灾报警按钮应设置在疏散通道或出入口处。

（2）手动火灾报警按钮应设置在明显和便于操作的部位。当采用壁挂方式安装时，其底边距地高度宜为 1.3~1.5m，且应有明显的标志。

第三节　火灾自动报警系统

一、火灾报警控制器

火灾报警控制器是一种具有对火灾探测器供电，接收、显示和传输火灾报警等信号，并能对消防设备发出控制指令的自动报警装置。它可单独作火灾自动报警用，也可与消防灭火系统联动，组成自动报警联动控制系统。

火灾报警控制器按其用途不同可分为区域火灾报警控制器和集中火灾报警控制器，原理基本相同。

在系统中集中火灾报警控制器可以向区域火灾报警控制器发出控制指令，而区域火灾报警控制器只能将信息传送给集中报警控制器及接收、处理集中报警控制器的相关指令，不能向集中报警控制器发出控制指令。

二、火灾自动报警系统

火灾自动报警系统分为区域报警系统、集中报警系统和控制中心报警系统三种基本形式。

（一）区域报警系统

区域报警系统应由火灾探测器、手动火灾报警按钮、火灾声光警报器及火灾报警控制器等组成，系统中可包括消防控制室图形显示装置和指示楼层的区域显示器，区域显示器通常用于酒店和宾馆中。图 10-7 为区域报警系统的结构示意图。

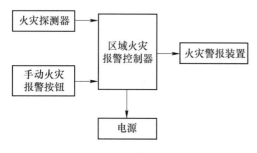

图 10-7　区域报警系统的结构图

火灾报警控制器应设置在有人值班的场所。区域报警系统适用于仅需要报警，不需要联动自动消防设备的保护对象。

（二）集中报警系统

集中报警系统应由火灾探测器、手动火灾报警按钮、火灾声光警报器、消防应急广播、消防专用电话、消防控制室图形显示装置、火灾报警控制器、消防联动控制器等组成。

图 10-8 为集中报警系统结构示意图，除在消防控制室设置一台起集中功能的控制器，还可设置若干台区域火灾报警控制器。

不仅需要报警，同时需要联动自动消防设备，且只设置一台具有集中控制功能的火灾报警控制器和消防联动控制器的保护对象，应采用集中报警系统，并应设置一个消防控制室。

集中报警系统由于火灾报警控制器和消防联动控制器的不同组合，可以有多种设计方案：可以是只设置一台集中控制器；也可以是设置一台集中控制器同时设置若干区域火灾报警控制器；还可以是所有控制器集中放置在消防控制室中，但只有一台起集中功能的控制器，其他控制器不直接手动控制消防设备，这种模式适用于大型建筑群；超高层建筑可以是在避难层内增设区域火灾报警控制器。

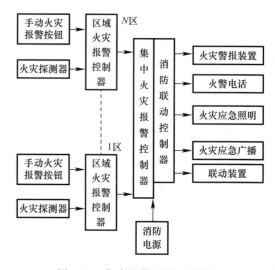

图 10-8　集中报警系统的结构图

（三）控制中心报警系统

控制中心报警系统用于设置两个及以上消防控制室的保护对象，或设置两个及以上集中报警系统的保护对象。

有两个及以上消防控制室时，应确定一个主消防控制室。主消防控制室应能显示所有火灾报警信号和联动控制状态信号，并应能控制重要的消防设备；各分消防控制室内消防设备之间可互相传输、显示状态信息，但不应互相控制。

图 10-9 为控制中心报警系统结构示例，S3 为控制器之间信号连接线，S4 为图形显示装置之间的信号连接线，S5 为控制器与图形显示装置之间的连接线。

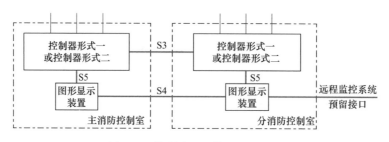

图 10-9　控制中心报警系统结构图

三、消防应急广播

1. 消防应急广播系统要求

集中报警系统和控制中心报警系统应设置消防应急广播。消防应急广播系统的联动控制信号应由消防联动控制器发出。当确认火灾后，应同时向全楼进行广播。

消防应急广播的单次语音播放时间宜为 10～30s，应与火灾声警报器分时交替工作，可采取 1 次火灾声警报器播放、1 次或 2 次消防应急广播播放的交替工作方式循环播放。

在消防控制室应能手动或按预设控制逻辑联动控制选择广播分区、启动或停止应急广播系统，并应能监听消防应急广播。在通过传声器进行应急广播时，应自动对广播内容进行录音。

消防控制室内应能显示消防应急、广播的广播分区的工作状态。消防应急广播与普通广播或背景音乐广播合用时，应具有强制切入消防应急广播的功能。

2. 消防应急广播系统的设置

民用建筑内扬声器应设置在走道和大厅等公共场所。每个扬声器的额定功率不应小于 3W，其数量应能保证从一个防火分区内的任何部位到最近一个扬声器的直线距离不大于 25m，走道末端距最近的扬声器距离不应大于 12.5m。

在环境噪声大于 60dB 的场所设置的扬声器，在其播放范围内最远点的播放声压级应高于背景噪声 15dB。

客房设置专用扬声器时，其功率不宜小于 1W。壁挂扬声器的底边距地面高度应大于 2.2m。

四、火灾声光警报器

（一）火灾声光警报器要求

1. 火灾自动报警系统应设置火灾声光警报器，并应在确认火灾后启动建筑内的所有火灾声光警报器。

2. 未设置消防联动控制器的火灾自动报警系统，火灾声光警报器应由火灾报警控制器控制；设置消防联动控制器的火灾自动报警系统，火灾声光警报器应由火灾报警控制器或消防联动控制器控制。

3. 公共场所宜设置具有同一种火灾变调声的火灾声警报器；具有多个报警区域的保护对象，宜选用带有语音提示的火灾声警报器；学校、工厂等各类日常使用电铃的场所，不应使用警铃作为火灾声警报器。

4. 火灾声警报器设置带有语音提示功能时，应同时设置语音同步器。

5. 同一建筑内设置多个火灾声警报器时，火灾自动报警系统应能同时启动和停止所有火灾声警报器工作。

6. 火灾声警报器单次发出火灾警报时间宜为 8～20s，同时设有消防应急广播时，火灾声警报应与消防应急广播交替循环播放。

（二）火灾声光警报器设置

1. 火灾警报器应设置在每个楼层的楼梯口、消防电梯前室、建筑内部拐角等处的明显部位，且不宜与安全出口指示标志灯具设置在同一面墙上。

2. 每个报警区域内应均匀设置火灾警报器，其声压级不应小于 60dB；在环境噪声大于 60dB 的场所，其声压级应高于背景噪声 15dB。

3. 当火灾警报器采用壁挂方式安装时，底边距地面高度应大于 2.2m。

五、火灾自动报警系统供电

1. 火灾自动报警系统供电一般规定

（1）火灾自动报警系统应设置交流电源和蓄电池备用电源。

（2）火灾自动报警系统的交流电源应采用消防电源，备用电源可采用火灾报警控制器和消防联动控制器自带的蓄电池电源或消防设备应急电源。

（3）消防控制室图形显示装置、消防通信设备等的电源，宜由 UPS 电源装置或消防设备应急电源供电。

（4）火灾自动报警系统主电源不应设置剩余电流动作保护和过负荷保护装置。

（5）消防设备应急电源输出功率应大于火灾自动报警及联动控制系统全负荷功率的120%，蓄电池组的容量应保证火灾自动报警及联动控制系统在火灾状态同时工作负荷条件下连续工作 3h 以上。

（6）消防用电设备应采用专用的供电回路，其配电设备应设有明显标志。其配电线路和控制回路宜按防火分区划分。

2. 火灾自动报警系统接地的一般规定

（1）火灾自动报警系统接地装置的接地电阻应符合下列规定：

采用共用接地装置时，接地电阻不应大于 1Ω；采用专用接地装置时，接地电阻不应大于 4Ω。

（2）消防控制室内的电气和电子设备的金属外壳、机柜、机架和金属管、槽等，应采用等电位连接。

（3）由消防控制室接地板引至各消防电子设备的专用接地线应选用铜芯绝缘导线，其线芯截面面积不应小于 $4mm^2$。

（4）消防控制室接地板与建筑接地体之间，应采用线芯截面面积不小于 $25mm^2$ 的铜芯绝缘导线连接。

图 10-10 为专用接地装置示意图，图 10-11 为共用接地装置示意图。

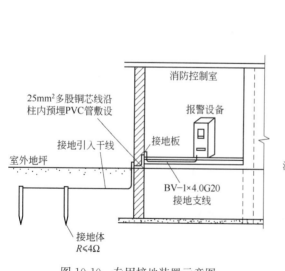

图 10-10　专用接地装置示意图

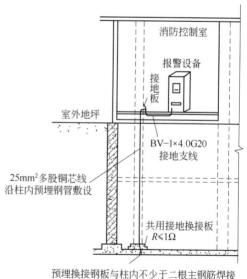

图 10-11　共用接地装置示意图

第四节　消防控制室

一、消防控制室设置一般规定

《建筑设计防火规范》GB 50016—2014规定：单独建造的消防控制室，其耐火等级不应低于二级。附设在建筑内的消防控制室，宜设置在建筑物内的首层或地下一层，并宜布置在靠外墙部位。疏散门应直通室外或安全出口。

具有消防联动功能的火灾自动报警系统的保护对象中应设置消防控制室。与建筑其他弱电系统合用的消防控制室内，消防设备应集中设置，并应与其他设备间有明显间隔。

消防控制室内设置的消防设备应包括火灾报警控制器、消防联动控制器、消防控制室图形显示装置、消防专用电话总机、消防应急广播控制装置、消防应急照明和疏散指示系统控制装置、消防电源监控器等设备或具有相应功能的组合设备。

消防控制室内设置的消防控制室图形显示装置应能显示建筑物内设置的全部消防系统及相关设备的动态信息和消防安全管理信息，并应为远程监控系统预留接口，同时应具有向远程监控系统传输本规范规定的有关信息的功能。

消防控制室应设有用于火灾报警的外线电话。消防控制室送、回风管的穿墙处应设防火阀。

二、消防联动控制器

（一）消防联动控制器一般规定

1. 消防联动控制器应能按设定的控制逻辑向各相关的受控设备发出联动控制信号，并接受相关设备的联动反馈信号。

2. 消防联动控制器的电压控制输出应采用直流24V，其电源容量应满足受控消防设备同时启动且维持工作的控制容量要求。

3. 各受控设备接口的特性参数应与消防联动控制器发出的联动控制信号相匹配。

4. 消防水泵、防烟和排烟风机的控制设备，除应采用联动控制方式外，还应在消防控制室设置手动直接控制装置。

5. 启动电流较大的消防设备宜分时启动。

6. 需要火灾自动报警系统联动控制的消防设备，其联动触发信号应采用两个独立的报警触发装置报警信号的"与"逻辑组合。

（二）消防联动控制器控制要求

1. 消火栓系统

（1）根据消火栓系统的联动控制和手动控制规定，控制消火栓泵的启动和停止。

（2）消火栓泵的动作信号应反馈至消防联动控制器。

2. 自动喷水灭火系统

（1）根据湿式系统和干式系统、预作用系统、雨淋系统、自动控制的水幕系统的联动控制和手动控制规定，控制自动喷水灭火系统水泵的启动、停止。

（2）水流指示器、信号阀、压力开关、喷淋消防泵的启动和停止的动作信号应反馈到消防联动控制器。

3. 气体灭火系统、泡沫灭火系统

（1）气体灭火系统、泡沫灭火系统应分别由专用的气体灭火控制器、泡沫灭火控制器控制。

（2）气体灭火控制器、泡沫灭火控制器不直接连接火灾探测器时，气体灭火系统、泡沫灭火系统的联动触发信号应有火灾报警控制器或消防联动控制器发出。

（3）气体灭火装置、泡沫灭火装置启动及喷放各阶段的联动控制及系统的反馈信号，应反馈到消防联动控制器。

4. 防烟排烟系统

（1）根据防烟系统联动控制和手动控制规定，控制加压送风口开启、加压送风机启动，控制电动挡烟垂壁的降落。

（2）根据排烟系统联动控制和手动控制规定，控制排烟口、排烟窗或排烟口、排烟风机的开启，停止空气调节系统。

（3）送风口、排烟口、排烟窗或排烟阀开启和关闭的动作信号，防烟、排烟风机启动和停止及电动防火阀关闭的动作信号，均应反馈到消防联动控制器。

（4）排烟风机入口处的总管上设置的280℃排烟防火阀在关闭后应直接联动控制风机停止，排烟防火阀及风机的动作信号应反馈至消防联动控制器。

5. 防火门及防火卷帘系统

（1）根据防火门及防火卷帘系统联动控制和手动控制规定，控制防火门的开启和关闭，控制防火卷帘的升降。

（2）常开防火门关闭的联动触发信号应由火灾报警控制器或消防联动控制器发出，并应由消防联动控制器或防火门监控器联动控制防火门关闭。

（3）疏散通道上各防火门的开启、关闭及故障状态信号应反馈至防火门监控器。

（4）防火卷帘下降至距楼板面1.8m处、下降至楼板面的动作信号和防火卷帘控制器直接连接的感烟、感温火灾探测器的报警信号，应反馈至消防联动控制器。

（5）防火门监控器应设置在消防控制室内，未设置消防控制室时应设置在有人值班的场所。

6. 电梯

（1）消防联动控制器发出联动控制信号，强制所有电梯停于首层或电梯转换层。

（2）电梯运行状态信息和停于首层或转换层的反馈信号应传至消防控制室显示。

（3）轿厢内应设置能直接与消防控制室通话的专用电话。

第五节　其他火灾自动报警系统

一、住宅建筑火灾自动报警系统

1. 住宅建筑火灾自动报警系统分类及选择

根据保护对象特性将住宅建筑火灾自动报警系统分为 A、B、C、D 四种类型，如图 10-12 所示。

（1）A 类系统

A 类系统由火灾手动报警按钮、家用火灾探测器、火灾报警控制器、火灾声警报器和应急广播等设备组成，如图 10-12（*a*）所示。

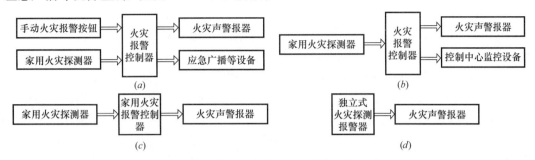

图 10-12　住宅建筑火灾自动报警系统类型
(*a*) A 类系统形式；(*b*) B 类系统形式；(*c*) C 类系统形式；(*d*) D 类系统形式

住户内设置的家用火灾探测器可接入家用火灾报警控制器，也可直接接入火灾报警控制器。家用火灾报警控制器应将火灾报警信息、故障信息等相关信息传输至火灾报警控制器，建筑公共部位设置的火灾探测器应直接接入火灾报警控制器。

（2）B 类系统

B 类系统由家用火灾探测器、火灾报警控制器、火灾声警报器等设备组成，如图 10-12（*b*）所示。

住户内设置的家用火灾探测器应接入家用火灾报警控制器，家用火灾报警控制器应能启动设置在公共部位的火灾声警报器。

设置在每户住宅内的家用火灾报警控制器应连接到控制中心监控设备，控制中心监控设备应能显示发生火灾的住户。

（3）C 类系统

C 类系统由家用火灾探测器、家用火灾报警控制器和火灾声警报器组成，如图 10-12（*c*）所示。

住户内设置的家用火灾探测器应接入家用火灾报警控制器，家用火灾报警控制器应能启动设置在公共部位的火灾声警报器。

（4）D 类系统

D 类系统由独立式火灾探测报警器和火灾声警报器组成，如图 10-12（*d*）所示。

有多个起居室的住户，宜采用互连型独立式火灾探测报警器，当一个火灾探测器报警时，其他的与之相连接的火灾探测器也同时报警。D 类系统宜选择电池供电时间不少于 3 年的独立式火灾探测报警器。

有物业集中监控管理且设有需联动控制的消防设施的住宅建筑应选用 A 类系统，仅有物业集中监控管理的住宅建筑宜选用 A 类或 B 类系统，没有物业集中监控管理的住宅建筑宜选用 C 类系统，别墅式住宅和已投入使用的住宅建筑可选用 D 类系统。

住宅建筑火灾自动报警系统，每间卧室、起居室应至少设置一只感烟火灾探测器。

2. 住宅建筑火灾自动报警系统设置

（1）火灾声警报器设计要求

① 住宅建筑公共部位设置的火灾声警报器应具有语音功能，且应能接受联动控制或由手动火灾报警按钮信号直接控制发出警报。

② 每台警报器覆盖的楼层不应超过 3 层，且首层明显部位应设置用于直接启动火灾

声警报器的手动火灾报警按钮

（2）应急广播的设置要求

① 住宅建筑内设置的应急广播应能接受联动控制或由手动火灾报警按钮信号直接控制进行广播，每台扬声器覆盖的楼层不应超过 3 层。

② 广播功率放大器应具有消防电话插孔，消防电话插入后应能直接讲话。

③ 广播功率放大器应配有备用电池，电池持续工作不能达到 1h 时，应能向消防控制室或物业值班室发送报警信息。

④ 广播功率放大器应设置在首层内走道侧面墙上，箱体面板应有防止非专业人员打开的措施。

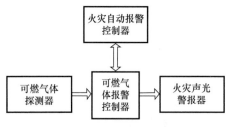

图 10-13　可燃气体探测报警系统示意图

二、可燃气体探测报警系统

1. 可燃气体探测报警系统的组成

可燃气体探测报警系统应独立组成，可燃气体探测器不应接入火灾报警控制器的探测器回路。当可燃气体的报警信号需要接入火灾自动报警系统时，应由可燃气体报警控制器接入。图 10-13 为可燃气体探测报警系统示意图。

可燃气体报警控制器的报警信息和故障信息，应在消防控制室图形显示装置或起集中控制功能的火灾报警控制器上显示，但该类信息与火灾报警信息的显示应有区别。

2. 可燃气体探测器的设置

探测气体密度小于空气密度时，可燃气体探测器应设置在被保护空间的顶部；探测气体密度大于空气密度时，可燃气体探测器应设置在被保护空间的下部；探测气体密度与空气密度相当时，可燃气体探测器可设置在被保护空间的中间部位或顶部。

3. 可燃气体报警控制器的设置

有消防控制室时，可燃气体报警控制器可设置在保护区域附近；无消防控制室时，可燃气体报警控制器应设置在有人值班的场所。

三、电气火灾监控系统

1. 电气火灾监控系统组成

电气火灾监控系统可由电气火灾监控器、剩余电流式电气火灾监控探测器、测温式电气火灾监控探测器组成。

电气火灾监控系统可用于具有电气火灾危险的场所。

电气火灾监控器的报警信息和故障信息，应在消防控制室图形显示装置或起集中控制功能的火灾报警控制器上显示，但该类信息与火灾报警信息的显示应有区别。

2. 剩余电流式电气火灾监控探测器设置

剩余电流式电气火灾监控探测器应以设置在低压配电系统首端为基本原则；宜设置在第一级配电柜（箱）的出线端，在供电线路泄漏电流大于 500mA 时，宜在其下一级配电柜（箱）设置，探测器报警值宜为 300～500mA。

3. 测温式电气火灾监控探测器设置

测温式电气火灾监控探测器应设置在电缆接头、端子、重点发热部件等部位。对保护对象为 1000V 及以下的配电线路，测温式电气火灾监控探测器应采用接触式布置；保护对象为 1000V 以上的供电线路，测温式电气火灾监控探测器宜选择光栅光纤测温式或红外测温式电气火灾监控探测器，光栅光纤测温式电气火灾监控探测器应直接设置在保护对象的表面。

复 习 思 考 题

10-1　火灾自动报警系统由哪几部分组成，各有什么作用？

10-2　什么是报警区域和探测区域，两者在划分时应符合哪些要求？

10-3　火灾探测器有哪些基本类型？

10-4　吸气式火灾探测器工作原理和适用场合是什么？

10-5　手动火灾报警按钮的设置和安装有何规定？

10-6　火灾自动报警系统有哪几种基本形式，各适用于何种保护对象？

10-7　消防应急广播系统的设置和控制有何规定？

10-8　火灾声光警报器的设置和控制有何规定？

10-9　火灾自动报警系统的供电有何规定？

10-10　消防控制室内应设置哪些消防设备？

10-11　消防联动控制器对防火门有何控制要求？

10-12　消防联动控制器对电梯有何控制要求？

10-13　住宅建筑火灾自动报警系统有哪几种类型？各适用于什么场合？

10-14　可燃气体探测报警系统由哪几部分组成？

10-15　电气火灾监控系统由哪几部分组成？

第十一章　安全用电与建筑防雷

第一节　安　全　用　电

安全用电包括对设备的保护和对人身安全的保护。对设备危害较大的是过电流（短路和过负载），过电流保护装置会动作切断故障；对人身安全危害较大的是接触电压和接地故障，发生这类故障时，电流通过人体可能会引发人身安全事故—电击。

一、电击防护

电击是电流通过人体而引起的生理效应，通过人体的电流超过一定数值会导致电击事故。电击防护就是减小电击危险的防护措施，分为基本防护和故障防护。

1. 基本防护

基本防护是无故障条件下的电击防护，防护人与带电部分的电接触，也称直接防护。基本防护的具体措施：

（1）将带电部分绝缘，带电部分全部用绝缘层覆盖；

（2）设置遮拦或外护物；

（3）设置阻挡物，如栏杆，网状屏障；

（4）置于伸臂范围以外。

2. 故障防护

故障防护是单一故障条件下的电击防护，防护人与故障情况下带电的外露可导电部分的电接触，也称间接接触防护。

（1）根据防触电保护方式，电气设备可分为四类：0 类，Ⅰ类，Ⅱ类和Ⅲ类。

① 0 类电气设备是仅靠基本绝缘作为防触电保护的设备，一旦基本绝缘失效，则安全性完全取决于使用环境。

② Ⅰ类电气设备除基本绝缘，并具有连接 PE 线的接地端子。Ⅰ类设备是目前应用最广泛的一类设备。

③ Ⅱ类电气设备为双重绝缘或加强绝缘的电气设备。图 11-1 为双重绝缘示意图，电气设备具有基本绝缘和附加绝缘。

④ Ⅲ类电气设备为采用特低电压供电的电气设备。特低电压（ELV）指在预期环境下，最高电压不足以使人体流过的电流造成不良生理反应，不可能造成危害的临界等级以下的电压。

我国目前使用的特低电压（ELV）系统的工频交流标称电压值（有效值）不超过 50V。常用

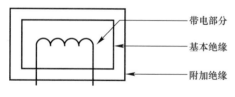

图 11-1　双重绝缘示意图

的有：干燥环境：36V，48V；潮湿环境：24V；水下环境：6V，12V。

0 类电气设备安全级别最低，已逐渐淘汰，Ⅲ类电气设备安全级别最高。

（2）故障防护的具体措施

① 自动切断电源　适用于防电击类别为Ⅰ类的电气设备、人身电击安全电压限值为 50V 的一般场所。Ⅰ类电气设备，PE 端子需要保护接地或接零，需要保护电器的支持，是本节介绍的内容。

② 采用双重绝缘或加强绝缘的电气设备，即Ⅱ类电气设备。使用Ⅱ类设备可以防止设备的可触及部分因基本绝缘损坏而出现危险电压。

③ 采用特低电压供电的电气设备如Ⅲ类电气设备。以低于特低电压（ELV）限值的电压供电，在发生接地故障时即使不切断电源也不致引发电击事故。

二、电气接地

故障防护的具体措施与低压配电系统的接地方式有关。

1. 接地概念

接地是用金属把电气设备的某一部分与地做良好的连接。

接地体是埋入地中并直接与大地接触的金属导体，接地线是连接设备接地部位与接地体的金属导体。接地装置包括接地体和接地线。

兼作接地用的直接与大地接触的各种金属构件、钢筋混凝土基础中的钢筋，金属管道等为自然接地体；人为设置的接地体称为人工接地体。

2. 接地电阻

如图 11-2 所示，在发生接地故障时接地电流 I_E 通过金属导体向大地流过，以半球型散射的方式在大地中散流，距离接地体越远球面越大，散流电阻越小，电位越低。在距接地体 20m 外的地方为零电位点，作为电气的"地"。电气设备的接地部分，如接地的外壳和接地体，与零电位的电气的"地"之间的电位差为对地电压 U_E。

在发生接地故障时，接地体并非真正的零电位点，接地体处的电位最高，在距接地体 20m 以外时，电位才为零。

接地电阻是指对地电压 U_E 与接地电流 I_E 之比，是接地体、接地线电阻和散流电阻的总和，主要是散流电阻，散流电阻与土壤的特性有关。

三、低压配电系统的接地方式

电气设备的接地一般可分为功能性接地和保护性接地。功能性接地是出于电气安全之外的目的，如电力系统的中性点接地。保护性接地是为了电气安全，将系统、装置或设备的一点或多点接地，如防电击保护接地，防雷接地，屏蔽接地。

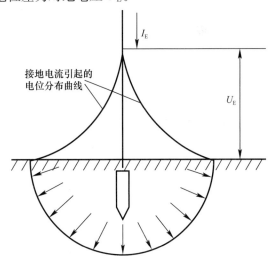

图 11-2　接地体周围的电流分布图

根据电源中性点接地和防电击保护接地的形式，民用建筑低压配电系统接地形式有以下三种：

1. TN 系统

TN 系统是指电源中性点直接接地，受电设备的外露可导电部分通过保护线与接地点连接。按照中性线与保护线组合情况，TN 系统又可分为三种形式。

（1）TN-S 系统

整个系统的中性线 N 与保护线 PE 是分开的，如图 11-3（a）所示。

TN-S 系统正常情况下 PE 保护线没有电流，PE 保护线零电位，接至 PE 保护线的受电设备外露可导电部分零电位，不会产生电磁干扰，也不会对地产生火花；发生接地故障时相线与 PE 线形成短路回路，线路中短路保护设备将跳闸切断电源，实现接地故障保护，即短路保护设备既可实现短路保护又可实现接地故障保护。

建筑内设有变配电所的民用建筑一般采用 TN-S 系统。发生接地故障时保护电器应在规定时间内切断电源，固定式设备回路动作时间不超过 5s，直接向Ⅰ类手持式或移动式设备供电的末端回路，220V 线路切断时间小于 0.4s，380V 线路切断时间小于 0.1s。在普通用途的插座回路，应采用动作电流不大于 30mA 的剩余电流保护装置作为附加保护。

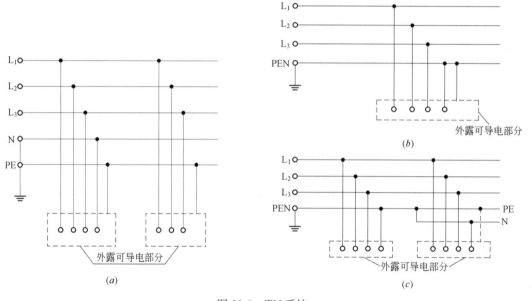

图 11-3　TN 系统

（a）TN-S 系统；（b）TN-C 系统；（c）TN-C-S 系统

（2）TN-C 系统

整个系统的中性线 N 与保护线 PE 是合一的 PEN 线，如图 11-3（b）所示。

TN-C 系统中 PE 保护线和 N 工作零线合并为 PEN 线，可节省一根导线，比较经济。正常情况下 PEN 流过工作电流而产生电压降，接至 PEN 保护线的受电设备外露可导电部分对地带电位，有可能会产生电磁干扰和对地产生火花；发生接地故障时与 TN-S 系统相同，短路保护设备可实现接地故障保护。TN-C 系统不适合对电磁干扰和安全要求较高的场所，不得使用剩余电流动作保护。

（3）TN-C-S 系统：系统的中性线 N 与保护线 PE 前一部分是合一的 PEN 线，后一部分是分开的，如图 11-3（c）所示。

TN-C-S 系统兼有 TN-C 系统和 TN-S 系统的特点，一般用于变配电所设于建筑物外部的场合，自电源到建筑物内电气装置之间采用较经济的 TN-C 系统，建筑物内部采用 TN-S 系统。

在 TN 系统的接地形式中，所有受电设备的外露可导电部分必须用保护线 PE（或共用中性线即 PEN 线）与电源中性接地点相连，并且须将能同时触及的外露可导电部分接至同一接地装置上。当采用 TN-C-S 系统时，当保护线与中性线从某点（一般为进户线）分开后就不能再合并。

2. TT 系统

TT 系统是指电源中性点直接接地，受电设备的外露可导电部分通过保护线接至与电力系统接地点无直接关联的接地极，如图 11-4 所示。

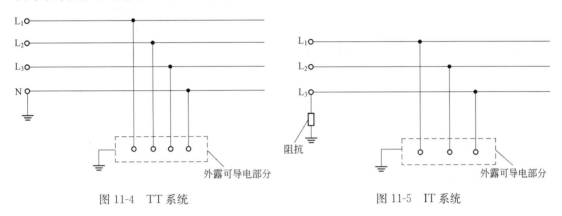

图 11-4 TT 系统   图 11-5 IT 系统

在 TT 系统中，共用同一接地保护装置的所有外露可导电部分，必须用保护线与这些部分共用的接地极连在一起（或与保护接地母线、总接地端子相连）。

TT 系统中正常情况下受电设备外露可导电部分是零电位；电源侧发生接地故障时，因为受电设备接地极是独立的，故障电压不会像 TN 系统一样沿保护线 PE 或 PEN 在受电设备间传导，消除了由别处导体传导来的故障电压引起的电气事故。在无等电位联结作用的户外装置如路灯装置中，应采用 TT 系统供电。

TT 系统内发生接地故障时，故障电流通过保护接地和系统接地两个接地极形成回路，由于接地电阻的限制作用，故障电流不足以使短路电流保护有效动作，所以 TT 系统的接地故障必须加装剩余电流保护装置。

3. IT 系统

电力系统中性点不接地（或中性点经足够大的阻抗接地），受电设备的外露可导电部分通过保护线接至接地极，如图 11-5 所示。

正常情况下受电设备外露可导电部分零电位。发生接地故障时，接地故障不能形成有效回路，对地故障电压很小，不致引发电击、电气火灾事故，不需要切断电源，供电可靠性高，适用于医院手术室等场所。

IT 系统必须装设绝缘监视及接地故障报警或显示装置。在无特殊要求的情况下，IT 系统不宜引出中性线。

四、等电位联结

等电位联结是指将可导电部分进行电气联结，达到等电位。

为安全目的进行的等电位联结又称为保护等电位联结，包括总等电位联结、辅助等电位联结和局部等电位联结。

（1）总等电位联结

如图 11-6 所示，在建筑的进线配电箱旁边设置总等电位联结端子板 MEB，将建筑物内的下列可导电部分互相连通：供配电系统的 PE（PEN）保护线，建筑物内金属管道如采暖管、空调管、自来水管、热水管、煤气管，设备间的接地母线，可利用的建筑物金属结构，构成一个总的等电位联结。

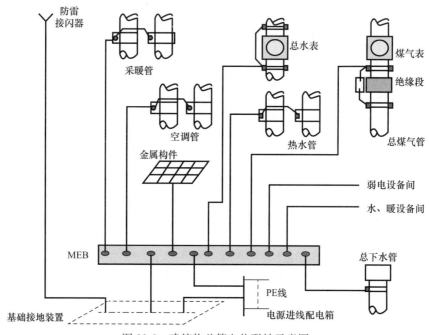

图 11-6　建筑物总等电位联结示意图

（2）辅助等电位联结（SEB）

在建筑物做了总等电位联结之后，在伸臂范围内的某些外露可导电部分与装置外可导电部分之间，再用导线附加连接，以使其间的电位相等或更接近，称为辅助等电位联结。

（3）局部等电位联结（LEB）

局部等电位联结是在局部场所范围内将各种可导电部分连通，可通过局部等电位联结端子板互相连通：①PE 母线或 PE 干线；②公共设施的金属管道；③建筑物金属结构。

住宅中设洗浴设备的卫生间应设局部等电位联结或辅助等电位联结。

第二节　建筑防雷

一、雷电作用形式

（一）雷电放电过程

雷电是一种常见的自然现象，是雷云与雷云之间，雷云与大地之间的放电过程。对地闪击是雷云与大地（含地上的突出物）之间的一次或多次放电。

雷击放电过程如图 11-7 所示，峰值电流 I_m 可达数十千安至数百千安，放电过程持续时间 1s 左右。雷云对大地放电时巨大的雷电流产生的热效应、力效应和电效应会产生极强的破坏力。

（二）雷电作用形式

1. 直击雷

直击雷是指闪击直接击于建（构）筑物、其他物体、大地或外部防雷装置上，产生电效应、热效应和机械力者。

2. 闪电电涌侵入

闪电电涌侵入是指由于雷电对架空线路、电缆线路或金属管道的作用，产生的雷电波可能沿着这些管线侵入建筑物内，危及人身安全或损坏设备。

3. 雷击电磁脉冲

雷击电磁脉冲是指雷电流经电阻、电感、电容耦合产生的电磁效应，包含闪电电涌和辐射电磁场。雷击电磁脉冲主要影响建筑物内电子系统设备安全与运行可靠性。

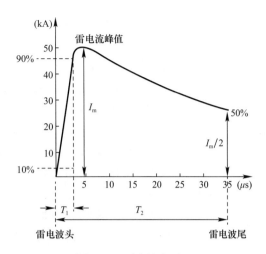

图 11-7　雷击放电过程

二、建筑物的防雷分类

根据建筑物的重要性、使用性质、发生雷电事故的可能性和后果，建筑物按防雷要求分为三类，如表 11-1 所示。

建筑物的防雷分类　　　　　　　　　　　　　　　　　　表 11-1

防雷类别	各类建筑物的具体条件
第一类防雷建筑物	1）凡制造、使用或贮存火炸药及其制品的危险建筑物，因电火花而引起爆炸、爆轰，会造成巨大破坏和人身伤亡者； 2）具有 0 区或 20 区爆炸危险场所的建筑物； 3）具有 1 区或 21 区爆炸危险场所的建筑物，因电火花而引起爆炸，会造成巨大破坏和人身伤亡者
第二类防雷建筑物	1）国家级重点文物保护的建筑物； 2）国家级的会堂、办公建筑物、大型展览和博览建筑物、大型火车站和飞机场、国宾馆、国家级档案馆、大型城市的重要给水水泵房等特别重要的建筑物； 3）国家级计算中心、国际通信枢纽等对国民经济有重要意义的建筑物； 4）国家特级和甲级大型体育馆； 5）制造、使用或贮存爆炸物质的建筑物，且电火花不易引起爆炸或不致造成巨大破坏和人身伤亡者； 6）具有 1 区或 21 区爆炸危险场所的建筑物，且电火花不易引起爆炸或不致造成巨大破坏和人身伤亡者； 7）具有 2 区或 22 区爆炸危险场所的建筑物； 8）工业企业内有爆炸危险的露天钢质封闭气罐； 9）预计雷击次数大于 0.05 次/年的部、省级办公建筑物及其他重要或人员密集的公共建筑物以及火灾危险场所； 10）预计雷击次数大于 0.25 次/年的住宅、办公楼等一般性民用建筑物或一般性工业建筑物
第三类防雷建筑物	1）省级重点文物保护的建筑物及省级档案馆； 2）预计雷击次数大于或等于 0.01 次/年且小于或等于 0.05 次/年的部、省级办公建筑物和其他重要或人员密集的公共建筑物以及火灾危险场所； 3）预计雷击次数大于或等于 0.05 次/年且小于或等于 0.25 次/年的住宅、办公楼等一般性民用建筑物或一般性工业建筑物； 4）在平均雷暴日大于 15d/年的地区，高度在 15m 及以上的烟囱、水塔等孤立的高耸建筑物；在平均雷暴日小于或等于 15d/年的地区，高度在 20m 及以上的烟囱、水塔等孤立的高耸建筑物

建筑物年预计雷击次数 N 可按下式计算：

$$N = kN_gA_e \tag{11-1a}$$

式中，当建筑物高度 $H < 100\text{m}$ 时

$$A_e = \left[L \times W + 2(L+W)\sqrt{H(200-H)} + \pi H(200-H)\right] \times 10^{-6} \tag{11-1b}$$

当建筑物高度 $H \geqslant 100\text{m}$ 时

$$A_e = \left[L \times W + 2H(L+W) + \pi H^2\right] \times 10^{-6} \tag{11-1c}$$

式中 N_g——建筑物所在地区雷击大地的年平均密度 $[\text{次}/(\text{km}^2 \cdot \text{年})]$；

$\quad A_e$——与建筑物截收相同雷击次数的等效面积（km^2）；

L、W、H——建筑物长、宽、高（m）；

$\quad k$——系数，在一般情况下取 1；在下列情况下取相应的数值：在位于旷野孤立的建筑物取 2；金属屋面的砖木结构建筑物取 1.7；位于河边、湖边、山坡下或山地中土壤电阻率较小处、地下水露头处、土山顶部、山谷风口处的建筑物，以及特别潮湿的建筑物取 1.5。

三、建筑物防雷措施

（一）直击雷防护

防直击雷采用外部防雷装置。外部防雷装置主要由接闪器、引下线和接地装置组成。在建筑物遭受雷击时，雷云首先对接闪器放电，接闪器将雷电流经引下线引到接地体，通过接地体将雷电流散于大地。

1. 接闪器

接闪器是由拦截闪击的接闪杆、接闪带、接闪线、接闪网以及金属屋面、金属构件等组成。

（1）接闪杆是明显高出被保护物体的杆状接闪器，一般采用镀锌圆钢或焊接钢管制成。

（2）接闪线一般采用截面不小于 50mm^2 的镀锌钢绞线，架设在被保护物的上方，如电力传输线路上方的架空接闪线。

（3）接闪带通常是沿建筑物易受雷击的部位如屋角、屋脊、屋檐和檐角等处敷设的带状导体，通常采用圆钢或扁钢。

（4）接闪网通常是将建筑物屋面上纵横敷设的接闪带组成网格。

一类防雷建筑物应装设独立接闪杆或架空接闪线或接闪网。架空接闪网的网格尺寸不应大于 5m×5m 或 6m×4m。

二类防雷建筑物宜采用装设在建筑物上的接闪网、接闪带或接闪杆，接闪网的网格尺寸不应大于 10m×10m 或 12m×8m。

三类防雷建筑物宜采用装设在建筑物上的接闪网、接闪带或接闪杆，接闪网的网格尺寸不应大于 20m×20m 或 24m×16m。

2. 引下线

引下线是专门用于引导雷电流的金属物体，引下线的一端与接闪器的金属物体相连接，另一端与接地体相连接，雷电流由接闪器经引下线到接地体。

一类防雷建筑物采用金属制成或有焊接、绑扎连接钢筋网的杆塔、支柱时，宜利用金属杆塔或钢筋网作为引下线。

二类、三类防雷建筑物利用建筑物的钢筋作为防雷装置时，宜利用钢筋混凝土屋顶、梁、柱、基础内的钢筋作为引下线。

3. 接地装置

接地装置的作用是把雷电流引导并散入大地。

一类防雷建筑物的独立接闪杆、架空接闪线或架空接闪网应设独立的接地装置，每一引下线的冲击接地电阻不宜大于 10Ω。

二类和三类防雷建筑物的防雷接地宜与电气设备等的接地共用同一接地装置，并优先利用钢筋混凝土中的钢筋作为接地装置。

（二）闪电电涌侵入的防护

闪电电涌侵入主要防护措施：

1. 配电变压器设在本建筑物内或附设于外墙处时，应在变压器高压侧装设避雷器，在低压侧的配电母线装设电涌保护器；

2. 低压电源线路引入的总配电箱、配电柜处装设电涌保护器；

3. 电子系统的室外线路引入的终端箱处装设电涌保护器；

4. 将入户电缆的金属外皮、钢管与接地装置连接；

5. 所有进出建筑物的金属管道与接地装置连接。

避雷器和电涌保护器（SPD，也称浪涌保护器）都是限制瞬态过电压的器件，具有非线性特性。

（三）防雷击电磁脉冲的防护

雷击电磁脉冲包含闪电电涌和辐射电磁场。闪电电涌是发生雷击时外部的各种架空、电缆线路传导的雷电电磁波，辐射电磁场主要是发生雷击时流经防雷装置的雷电流产生的电磁辐射干扰。

1. 防雷区的划分

防雷区（LPZ）是指雷击时，在建筑物或装置的内、外空间形成的闪电电磁环境需要限定和控制的那些区域。为有效防雷击电磁脉冲，将需要规定和控制雷击电磁环境的空间划分为不同的区域，防雷区划分以各区域在其交界处的电磁环境有明显改变作为特征。

表 11-2 为防雷区的划分定义和原则，图 11-8 防雷分区划分示意图。

防雷区的划分　　　　　　　　　　　　　　　　　　　　　　　　　　表 11-2

防雷区	定义及划分原则
LPZ0$_A$ 区	本区内的各物体都可能遭到直接雷击和导走全部雷电流；本区内的雷击电磁场强度没有衰减
LPZ0$_B$ 区	本区内的各物体不可能遭到大于所选滚球半径对应的雷电流直接雷击，但本区内的雷击电磁场强度没有衰减
LPZ1 区	本区内的各物体不可能遭到直接雷击；由于在界面处的分流，流经各导体的电涌电流比 LPZ0$_B$ 区内的更小；本区内的雷击电磁场强度可能衰减，这取决于屏蔽措施
LPZn+1 后续防护区	当需要进一步减小流入的电流和电磁场强度时，应增设后续防雷区，并按照需要保护的对象所要求的环境区选择后续防雷区的要求条件

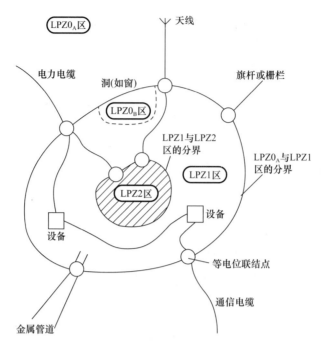

图 11-8　防雷分区划分示意图

2. 防雷击电磁脉冲的防护

（1）采用屏蔽、等电位连接与接地等措施降低电磁辐射

屏蔽包括建筑物屏蔽和采用线路屏蔽。图 11-9 为建筑物屏蔽示意图，建筑物金属门框，金属窗框架，所有钢筋都进行可靠连续的电气连接，形成金属屏蔽体。

线路屏蔽可采用金属屏蔽电缆，或采用密闭的金属电缆管道，设备采用金属壳体等。

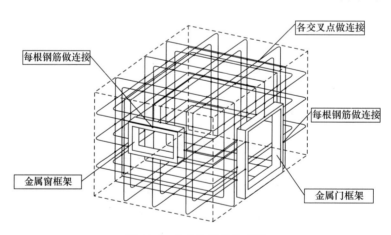

图 11-9　建筑物屏蔽示意图

接地不仅是防直击雷也是防雷击电磁脉冲的基本措施之一。

等电位联结可以最大限度地减小防雷区内各系统设备或金属体之间出现的电位差。穿过各防雷区界面的金属物和系统，以及在一个防雷区内部的金属物和系统均应在界面处做等电位联结。

（2）采用电涌保护器（SPD）限制闪电电涌

① 电涌保护器类型

电涌保护器类型很多，按其使用的非线性元件特性，可分为电压开关型、电压限制型和复合型。

电压开关型 SPD：没有电涌时具有高阻抗，有电涌电压时能立即转变成低阻抗的 SPD。

电压限制型 SPD：没有电涌时具有高阻抗，但是随着电涌电流和电压的上升，其阻抗将持续地减小的 SPD。

复合型 SPD：由电压开关型元件和电压限制型元件组成的 SPD 和多个限压元件的多级 SPD。

② 电涌保护器的主要技术参数

额定电压：最大持续工作电压。

通流容量：由一系列标准化试验（Ⅰ级分类试验、Ⅱ级分类试验和Ⅲ级分类试验）确定。

电压保护水平：SPD 限制接线端子间电压的性能参数。对电压开关型 SPD 指在规定陡度下最大放电电压，对电压限制型 SPD 指在规定电流波形下的最大残压。

③ 电涌保护器应用

SPD 应安装在被保护设备处，低压配电系统及电子信息系统信号线路在穿过各防雷区界面处，宜采用电涌保护器（SPD）保护。

图 11-10 为电涌保护器 SPD 在 TN-S 配电系统应用示例，在三相电源和工作零线与总等电位连接端之间配置 SPD，电涌保护器 SPD 采用熔断器作为过流保护装置。

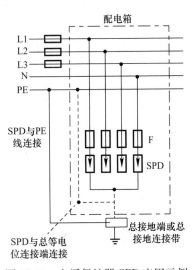

图 11-10　电涌保护器 SPD 应用示例

第三节　接地装置

一、接地装置布置的一般要求

1. 独立变电所的接地装置，除利用自然接地极外，应敷设以水平接地极为主的人工接地网。

2. 变电所接地网边缘经常有人出入的走道处，应铺设砾石、沥青路面或在地下深埋两条与接地网相连的帽檐式均压带，以降低接触电位差与跨步电位差。

3. 建筑物电气装置的接地装置应优先利用建筑物钢筋混凝土基础内的钢筋。有钢筋混凝土地梁时，宜将地梁内的钢筋焊接连成环形接地装置；当无钢筋混凝土地梁时，可在建筑物周边的无钢筋的闭合条形混凝土基础内，直接敷设 40×4 镀锌扁钢，形成环形接地。

二、共用接地装置

建筑电气工程中，每幢建筑物有电源系统接地、安全保护接地、等电位联结接地、防雷接地以及配电线路和信号线路的电涌保护器接地等多个接地系统。

各个接地系统功能和目的不同，采用分开接地方式时不同接地导体间的耦合影响难以避免，会引起相互干扰，不同电位所带来的不安全因素日益严重，因此应采用共用接地装置接地的方式。

共用接地装置的接地电阻必须按接入设备中要求的最小值确定，一般不大于 1Ω。

复习思考题

11-1 什么是电击？电击防护措施有哪几种？

11-2 什么是 I 类电气设备和 II 类电气设备？

11-3 什么是接地电阻？接地电阻值与哪些因数有关？

11-4 低压配电系统的接地形式有哪几种？

11-5 TN-S 系统有何特点？TN-S 系统如何实现电击故障防护？

11-6 什么是总等电位连接？

11-7 如何确定建筑物防雷等级？

11-8 雷电作用的形式主要有哪几种？

11-9 建筑物外部防雷装置由哪几个部分组成？

11-10 电涌保护器有什么作用？

11-11 为什么建筑物应采用共用接地系统？

附　　录

湿空气的密度、水蒸气压力、含湿量和焓

（大气压 $B=1013\mathrm{mbar}$ ）

空气温度 t （℃）	干空气密度 ρ （km/m³）	饱和空气密度 ρ_b （kg/m³）	饱和空气的水蒸气分压力 $P_{b,q}$ （mbar）	饱和空气含湿量 d_b （g/kg 干空气）	饱和空气焓 i_b （kJ/kg 干空气）
−20	1.396	1.395	1.02	0.63	−18.55
−19	1.394	1.393	1.13	0.70	−17.39
−18	1.385	1.384	1.25	0.77	−16.20
−17	1.379	1.378	1.37	0.85	−14.99
−16	1.374	1.373	1.50	0.93	−13.77
−15	1.368	1.367	1.65	1.01	−12.60
−14	1.363	1.362	1.81	1.11	−11.35
−13	1.358	1.357	1.98	1.22	−10.05
−12	1.353	1.352	2.17	1.34	−8.75
−11	1.348	1.347	2.37	1.46	−7.45
−10	1.342	1.341	2.59	1.60	−6.07
−9	1.337	1.336	2.83	1.75	−4.73
−8	1.332	1.331	3.09	1.91	−3.31
−7	1.327	1.325	3.36	2.08	−1.88
−6	1.322	1.320	3.67	2.27	−0.42
−5	1.317	1.315	4.00	2.47	1.09
−4	1.312	1.310	4.36	2.69	2.68
−3	1.308	1.306	4.75	2.94	4.31
−2	1.303	1.301	5.16	3.19	5.90
−1	1.298	1.295	5.61	3.47	7.62
0	1.293	1.290	6.09	3.78	9.42
1	1.288	1.285	6.56	4.07	11.14
2	1.284	1.281	7.04	4.37	12.89
3	1.279	1.275	7.57	4.70	14.74
4	1.275	1.271	8.11	5.03	16.58
5	1.270	1.266	8.70	5.40	18.51
6	1.265	1.261	9.32	5.79	20.51
7	1.261	1.256	9.99	6.21	22.61
8	1.256	1.251	10.70	6.65	24.70
9	1.252	1.247	11.46	7.13	26.92
10	1.248	1.242	12.25	7.63	29.18
11	1.243	1.237	13.09	8.15	31.52
12	1.239	1.232	13.99	8.75	34.08
13	1.235	1.228	14.94	9.35	36.59
14	1.230	1.223	15.95	9.97	39.19
15	1.226	1.218	17.01	10.6	41.78
16	1.222	1.214	18.13	11.4	44.80

空气温度 t （℃）	干空气密度 ρ （km/m²）	饱和空气密度 ρ_b （kg/m³）	饱和空气的水蒸气 分压力 $P_{b \cdot q}$（mbar）	饱和空气含湿量 d_b （g/kg 干空气）	饱和空气焓 i_b （kJ/kg 干空气）
17	1.217	1.208	19.32	12.1	47.73
18	1.213	1.204	20.59	12.9	50.66
19	1.209	1.200	21.92	13.8	54.01
20	1.205	1.195	23.31	14.7	57.78
21	1.201	1.190	24.80	15.6	61.13
22	1.197	1.185	26.37	16.6	64.06
23	1.193	1.181	28.02	17.7	67.83
24	1.189	1.176	29.77	18.8	72.01
25	1.185	1.171	31.60	20.0	75.78
26	1.181	1.166	33.53	21.4	80.39
27	1.177	1.161	35.56	22.6	84.57
28	1.173	1.156	37.71	24.0	89.18
29	1.169	1.151	39.95	25.6	94.20
30	1.165	1.146	42.32	27.2	99.65
31	1.161	1.141	44.82	28.8	104.67
32	1.157	1.136	47.43	30.6	110.11
33	1.154	1.131	50.18	32.5	115.97
34	1.150	1.126	53.07	34.4	122.25
35	1.146	1.121	56.10	36.6	128.95
36	1.142	1.116	59.26	38.8	135.65
37	1.139	1.111	62.60	41.1	142.35
38	1.135	1.107	66.09	43.5	149.47
39	1.132	1.102	69.75	46.0	157.42
40	1.128	1.097	73.58	48.8	165.80
41	1.124	1.091	77.59	51.7	174.17
42	1.121	1.086	81.80	54.8	182.96
43	1.117	1.081	86.18	58.0	192.17
44	1.114	1.076	90.79	61.3	202.22
45	1.110	1.070	95.60	65.0	212.69
46	1.107	1.065	100.61	68.9	223.57
47	1.103	1.059	105.87	72.8	235.30
48	1.100	1.054	111.33	77.0	247.02
49	1.096	1.048	117.07	81.5	260.00
50	1.093	1.043	123.04	86.2	273.40
55	1.076	1.013	156.94	114	352.11
60	1.060	0.981	198.70	152	456.36
65	1.044	0.946	249.38	204	598.71
70	1.029	0.909	310.82	276	795.50
75	1.014	0.868	384.50	382	1080.19
80	1.000	0.823	472.28	545	1519.81
85	0.986	0.773	576.69	828	2281.81
90	0.973	0.718	699.31	1400	3818.36
95	0.959	0.656	843.09	3120	8436.40
100	0.947	0.589	1013.00	—	—

卫生器具的给水额定流量、当量、连接管公称管径和最低工作压力　　附录 2

序号	给水配件名称	额定流量（L/s）	当量	连接管公称管径（mm）	最低工作压力（MPa）
1	洗涤盆、拖布盆、盥洗槽 　单阀水嘴 　单阀水嘴 　混合水嘴	0.15～0.20 0.30～0.40 0.15～0.20（0.14）	0.75～1.00 1.50～2.00 0.75～1.00（0.50）	15 20 15	0.050
2	洗脸盆 　单阀水嘴 　混合水嘴	0.15 0.15（0.10）	0.75 0.75（0.50）	15 15	0.050
3	洗手盆 　感应水嘴 　混合水嘴	0.10 0.15（0.10）	0.50 0.75（0.50）	15 15	0.050
4	浴盆 　单阀水嘴 　混合水嘴（含带沐浴转换器）	0.20 0.24（0.20）	1.00 1.20（1.00）	15 15	0.050 0.050～0.070
5	沐浴器 　混合阀	0.15（0.10）	0.75（0.50）	15	0.050～0.100
6	大便器 　冲洗水箱浮球阀 　延时自闭式冲洗阀	0.10 1.20	0.50 6.00	15 25	0.020 0.100～0.150
7	小便器 　手动或自动自闭式冲洗阀 　自动冲洗水箱进水阀	0.10 0.10	0.50 0.50	15 15	0.050 0.020
8	小便槽穿孔冲洗管（每 m 长）	0.05	0.25	15～20	0.015
9	净身盆冲洗水嘴	0.10（0.07）	0.50（0.35）	15	0.050
10	医院倒便器	0.20	1.00	15	0.050
11	实验室化验水嘴（鹅颈） 　单联 　双联 　三联	0.07 0.15 0.20	0.35 0.75 1.00	15 15 15	0.020 0.020 0.020
12	饮水器喷嘴	0.05	0.25	15	0.050
13	洒水栓	0.40 0.70	2.00 3.50	20 25	0.050～0.100 0.050～0.100
14	室内地面冲洗水嘴	0.20	1.00	15	0.050
15	家用洗衣机水嘴	0.20	1.00	15	0.050

注：1. 表中括弧内的数值系在有热水供应时，单独计算冷水或热水时使用。

　　2. 当浴盆上附设淋浴器时，或混合水嘴有淋浴器转换开关时，其额定流量和当量只计水嘴，不计沐浴器。但水压应按沐浴器计。

　　3. 家用燃气热水器，所需水压按产品要求和热水供应系统最不利配水点所需工作压力确定。

　　4. 绿地的自动喷灌应按产品要求设计。

机制排水铸铁管水力计算表 （n＝0.013）〔单位：de(mm)、v(m/s)、Q(L/s)〕　附录 3-1

坡度	h/D=0.5								h/D=0.6			
	de=50		de=75		de=100		de=125		de=150		de=200	
	v	Q	v	Q	v	Q	v	Q	v	Q	v	Q
0.005	0.29	0.29	0.38	0.85	0.47	1.83	0.54	3.38	0.65	7.23	0.79	15.57
0.006	0.32	0.32	0.42	0.93	0.51	2.00	0.59	3.71	0.72	7.92	0.87	17.06
0.007	0.35	0.34	0.45	1.00	0.55	2.16	0.64	4.00	0.77	8.56	0.94	18.43
0.008	0.37	0.36	0.49	1.07	0.59	2.31	0.68	4.28	0.83	9.15	1.00	19.70
0.009	0.39	0.39	0.52	1.14	0.62	2.45	0.72	4.54	0.88	9.70	1.06	20.90
0.010	0.41	0.41	0.54	1.20	0.66	2.58	0.76	4.78	0.92	10.23	1.12	22.03
0.011	0.43	0.43	0.57	1.26	0.69	2.71	0.80	5.02	0.97	10.72	1.17	23.10
0.012	0.45	0.45	0.59	1.31	0.72	2.83	0.84	5.24	1.01	11.20	1.23	24.13
0.015	0.51	0.50	0.66	1.47	0.81	3.16	0.93	5.86	1.13	12.52	1.37	26.98
0.020	0.59	0.58	0.77	1.70	0.93	3.65	1.08	6.76	1.31	14.46	1.58	31.15
0.025	0.66	0.64	0.86	1.90	1.04	4.08	1.21	7.56	1.46	16.17	1.77	34.83
0.030	0.72	0.70	0.94	2.08	1.14	4.47	1.32	8.29	1.60	17.71	1.94	38.15
0.035	0.78	0.76	1.02	2.24	1.23	4.83	1.43	8.95	1.73	19.13	2.09	41.21
0.040	0.83	0.81	1.09	2.40	1.32	5.17	1.53	9.57	1.85	20.45	2.24	44.05
0.045	0.88	0.86	1.15	2.54	1.40	5.48	1.62	10.15	1.96	21.69	2.38	46.72
0.050	0.93	0.91	1.21	2.68	1.47	5.78	1.71	10.70	2.07	22.87	2.50	49.25
0.060	1.02	1.00	1.33	2.94	1.61	6.33	1.87	11.72	2.26	25.05	2.74	53.95
0.070	1.10	1.08	1.44	3.17	1.74	6.83	2.02	12.66	2.45	27.06	2.96	58.28
0.080	1.17	1.15	1.54	3.39	1.86	7.31	2.16	13.53	2.61	28.92	3.17	62.30

排水塑料管水力计算表 （n＝0.009）〔单位：de(mm)、v(m/s)、Q(L/s)〕　附录 3-2

坡度	h/D=0.5										h/D=0.6			
	de=50		de=75		de=90		de=110		de=125		de=160		de=200	
	v	Q	v	Q	v	Q	v	Q	v	Q	v	Q	v	Q
0.003											0.74	8.38	0.86	15.24
0.0035									0.63	3.48	0.80	9.05	0.93	16.46
0.004							0.62	2.59	0.67	3.72	0.85	9.68	0.99	17.60
0.005					0.60	1.64	0.69	2.90	0.75	4.16	0.95	10.82	1.11	19.67
0.006					0.65	1.79	0.75	3.18	0.82	4.55	1.04	11.85	1.21	21.55
0.007			0.63	1.22	0.71	1.94	0.81	3.43	0.89	4.92	1.13	12.80	1.31	23.28
0.008			0.67	1.31	0.75	2.07	0.87	3.67	0.95	5.26	1.20	13.69	1.40	24.89
0.009			0.71	1.39	0.80	2.20	0.92	3.89	1.01	5.58	1.28	14.52	1.48	26.40
0.010			0.75	1.46	0.84	2.31	0.97	4.10	1.06	5.88	1.35	15.30	1.56	27.82
0.011			0.79	1.53	0.88	2.43	1.02	4.30	1.12	6.17	1.41	16.05	1.64	29.18
0.012	0.62	0.52	0.82	1.60	0.92	2.53	1.07	4.49	1.17	6.44	1.48	16.76	1.71	30.48
0.015	0.69	0.58	0.92	1.79	1.03	2.83	1.19	5.02	1.30	7.20	1.65	18.74	1.92	34.08
0.020	0.80	0.67	1.06	2.01	1.19	3.27	1.38	5.80	1.51	8.31	1.90	21.64	2.21	39.35
0.025	0.90	0.74	1.19	2.13	1.33	3.66	1.54	6.48	1.68	9.30	2.13	24.19	2.47	43.99
0.026	0.91	0.76	1.21	2.36	1.36	3.73	1.57	6.61	1.72	9.48	2.17	24.67	2.52	44.86
0.030	0.98	0.81	1.30	2.53	1.46	4.01	1.68	7.10	1.84	10.18	2.33	26.50	2.71	48.19
0.035	1.06	0.88	1.41	2.74	1.58	4.33	1.82	7.67	1.99	11.00	2.52	28.63	2.93	52.05
0.040	1.13	0.94	1.50	2.93	1.69	4.63	1.95	8.20	2.13	11.76	2.69	30.60	3.13	55.65
0.045	1.20	1.00	1.59	3.10	1.79	4.91	2.06	8.70	2.26	12.47	2.86	32.46	3.32	59.02
0.050	1.27	1.05	1.68	3.27	1.89	5.17	2.17	9.17	2.38	13.15	3.01	34.22	3.50	62.21
0.060	1.39	1.15	1.84	3.58	2.07	5.67	2.38	10.04	2.61	14.40	3.30	37.48	3.83	68.15
0.070	1.50	1.24	1.99	3.87	2.23	6.12	2.57	10.85	2.82	15.56	3.56	40.49	4.14	73.61
0.080	1.60	1.33	2.13	4.14	2.38	6.54	2.75	11.60	3.01	16.63	3.81	43.28	4.42	78.70

室外气象参数

地名	室外计算（干球）温度（℃）						夏季室外平均每年不保证50小时的湿球温度（℃）	室外计算相对湿度（%）			室外计算风速（m/s）		主要风向及其频率				年主导风向及其频率		大气压力（mmHg）	
	采暖	冬季通风	夏季通风	冬季空调	夏季空调	夏季空调日平均		冬季空调	最热月月平均	夏季通风	冬季	夏季	冬季 风向	频率（%）	夏季 风向	频率（%）	风向	频率（%）	冬季	夏季
哈尔滨	-26	-20	26	-29	30.3	25	23.9	72	78	63	3.4	3.3	SSW	15	S	14	S	14	751	739
沈阳	-20	-13	28	-23	31.3	27	25.3	63	78	64	3.2	3.0	N / S	13 / 11	S / SSW	18 / 15	S	14	765	750
北京	-9	-5	30	-12	33.8	29	26.5	41	77	62	3.0	1.9	C N / NNW	22 13 / 13	C S / N	27 10 / 10	C / N	23 / 10	767	751
太原	-12	-7	28	-15	31.8	26	23.3	46	74	51	2.7	2.1	C / N	21 / 17	C / NNW	26 / 14	C / N	23 / 14	700	689
西安	-5	-1	31	-9	35.6	31	26.6	63	71	46	1.9	2.2	C NE / SW	27 13 / 9	C NE / SW	20 18 / 10	C / NE	25 / 16	734	719
济南	-7	-1	31	-10	35.5	31	26.8	49	73	51	3.0	2.5	C SSW / NE	22 15 / 12	C SSW / NE	25 15 / 10	C / SSW	22 / 16	765	749
南京	-3	2	32	-6	35.2	32	28.5	71	81	62	2.5	2.3	C / NE	27 / 11	C / SE	21 / 13	C / NE	24 / 10	769	753
上海	-2	3	32	-4	34.0	30	28.3	73	83	67	3.2	3.0	NW	14	SE	17	ESE / SE	10 / 10	769	754
杭州	-1	4	33	-4	35.7	32	28.6	77	80	62	2.1	1.7	C NNW / N NNE	31 10 / 8 8	C E / ESE SSE	35 8 / 7 7	C / E	32 / 7	769	754
福州	5	10	33	4	35.3	30	28.0	72	77	61	2.5	2.7	C / NW	19 / 13	SE / C	26 / 25	C / SE	19 / 15	760	748
武汉	-2	3	33	-5	35.2	32	28.2	75	80	62	2.8	2.6	NNE NE / C	19 12 / 9 9	C SE / S	13 13 / 13	NNE	14	768	751
桂林	2	8	32	0	33.9	30	26.9	68	79	60	3.3	1.6	NNE / C N	53 21 / 10	C NNE / S	39 13 / 9	NNE	37	752	739
广州	7	13	32	5	33.6	30	28.0	68	84	66	2.4	1.9	N	33	C / SE	28 / 25	C / N	27 / 19	765	754
重庆	4	8	33	3	36.0	32	27.4	81	76	57	1.3	1.6	C / SW	36 / 15	C / N	31 / 10	C / N	33 / 13	744	730
昆明	3	8	24	1	26.8	22	19.7	69	65	48	2.4	1.7	C SW / WSW	36 / 10	C SW / S	38 15 / 12	C / SW	36 / 19	609	606

注：本表摘自《工业企业采暖通风和空气调节设计规范》（TJ 19—75）。

317

民用及工业辅助建筑的冬季室温要求

附录 4-2

序　号	房 间 名 称	室温（℃）
1	卧室和起居室	16～18
2	厕所、盥洗室	12
3	食堂	14
4	办公室、休息室	16～18
5	技术资料室	16
6	存衣室	16
7	哺乳室	20
8	淋浴室	25
9	淋浴室的换衣室	23
10	女工卫生室	23

生产车间的冬季室温要求

附录 4-3

序　号	车 间 工 作 性 质	室温（℃）
1	当每名工人占用面积不超过 50m² 时： 轻作业 中作业 重作业	≥15 ≥12 ≥10
2	当每名工人占用较大面积（50～100m²）时： 轻作业 中作业 重作业	≥10 ≥7 ≥5

民用建筑的单位面积供暖热指标

附录 4-4

建筑物名称	单位面积供暖热指标（W/m²）	建筑物名称	单位面积供暖热指标（W/m²）
住宅	46.5～70	商店	64～87
办公楼、学校	58～81.5	单层住宅	81.5～104.5
医院、幼儿园	64～81.5	食堂、餐厅	116～139.6
旅馆	58～70	影剧院	93～116
图书馆	46.5～75.6	大礼堂、体育馆	116～163

注：总建筑面积大，外围护结构热工性能好、窗户面积小，采用较小的热指标数值；反之，采用较大的热指标数值。

北京地区建筑物单位体积供暖热指标

附录 4-5

建筑物名称	建筑物体积（m³）	单位体积供暖热指标（W/m³·C）	
		一层玻璃	北面及西面两层玻璃
住宅 1～2 层	700～1200	1.396	1.163
住宅 4～5 层	9000～12000	0.64	0.58
行政办公楼 4～5 层	18000～22000	0.58	0.52
高等学校及中学 3～4 层	～22000	0.58	0.52
小学、幼儿园、托儿所等 2 层	～3500	0.814	0.76
医院 4～5 层	～10000	0.64	0.58

注：墙厚为 36cm。

参 考 文 献

[1] 陆耀庆主编. 实用供热空调设计手册. 北京：中国建筑工业出版社，1994.

[2] 清华大学等四校合编. 空气调节. 北京：中国建筑工业出版社，1981.

[3] 万建武编著. 空气调节. 北京：科学出版社，2006.

[4] 寿荣中等编. 空气调节技术. 北京：北京航空航天大学出版社，1992.

[5] 赵荣义等编. 空气调节. 北京：中国建筑工业出版社，1994.

[6] 薛殿华主编. 空气调节. 北京：清华大学出版社，1991.

[7] 马仁民主编. 空气调节. 北京：科学出版社，1980.

[8] 高明远，岳秀萍主编. 建筑设备工程. 北京：中国建筑工业出版社，2005.

[9] 钱以明编著. 高层建筑空调与节能. 上海：同济大学出版社，1990.

[10] 韩宝琦，李树林主编. 制冷空调原理及应用. 北京：机械工业出版社，1995.

[11] 李佐周主编. 制冷与空调设备原理及维修. 北京：高等教育出版社，1996.

[12] 范际礼等编著. 制冷与空调实用技术手册. 沈阳：辽宁科技出版社，1995.

[13] 电子工业部第十设计院主编. 空气调节设计手册. 北京：中国建筑工业出版社，1995.

[14] 黄利勇编. 实用水电安装维修手册. 广州：广东科技出版社，1996.

[15] 彦启森主编. 空气调节用制冷技术. 北京：中国建筑工业出版社，1985.

[16] 何耀东，何青编著. 旅馆建筑空调设计. 北京：中国建筑工业出版社，1995.

[17] 哈尔滨建筑工程学院，天津大学，西安冶金建筑学院，太原工业大学编. 供热工程. 北京：中国建筑工业出版社，1985.

[18] 国家消防工程技术研究中心. 火灾自动报警系统及固定灭火系统. 1998.

[19] 孙一坚主编. 工业通风. 北京：中国建筑工业出版社. 1980.

[20] 蔡秀丽. 建筑设备工程. 北京：科学出版社，2005.

[21] 周谟仁主编. 流体力学泵与风机（第三版）. 北京：中国建筑工业出版社，1994.

[22] 陆耀庆主编. 供暖通风设计手册. 北京：中国建筑工业出版社，1987.

[23] 范玉芬主编. 房屋卫生设备. 北京：中国建筑工业出版社，1984.

[24] 李蛾飞编著. 暖通空调设计通病分析手册（第二版）. 北京：中国建筑工业出版社，2004.

[25] 潘蜀建主编. 物业管理手册. 北京：中国建筑工业出版社，1998.

[26] 万建武主编. 建筑设备工程（第二版）. 北京：中国建筑工业出版社，2007.

[27] 安中义，王力础译. 建筑防烟排烟设备. 北京：中国建筑工业出版社，1983.

[28] 公安部消防局编. 建筑消防设施工程技术. 北京：新华出版社，1998.

[29] 李海，黎文安编著. 实用建筑电气技术. 北京：中国水利水电出版社，1997.

[30] 章熙民，任泽霈，梅飞鸣编著. 传热学. 北京：中国建筑工业出版社，1993.

[31] 樊建军，梅胜，何芳主编. 建筑给水排水及消防工程. 北京：中国建筑工业出版社，2005.

[32] 冯秋梁编. 安装工程分项施工工艺表解速查系列手册（建筑给水排水及采暖工程）. 北京：中国建材工业出版社，2005.

[33] 钟朝安编著. 现代建筑设备. 北京：中国建材工业出版社，1995.

[34] 龚延风主编. 建筑设备. 天津：天津科学技术出版社，1997.

[35] 孙光伟主编. 水暖与空调电气控制技术. 北京：中国建筑工业出版社，1998.

[36] 姜湘山等编. 建筑给水排水设计速查手册. 北京：机械工业出版社，2016.

[37] 李天荣主编. 建筑消防设备工程. 重庆：重庆大学出版社，2002.

[38] 建筑设计防火规范 GB 50016—2014（2018 年版）. 北京：中国计划出版社，2018.

[39] 建筑防烟排烟系统技术标准 GB 51251—2017. 北京：中国计划出版社，2018.

[40] 建筑给水排水设计规范 GB 50015—2003（2009 年版）. 北京：中国计划出版社，2010.

[41] 生活饮用水卫生标准 GB 5749—2006. 北京：中国标准出版社，2006.

[42] 工业企业设计卫生标准 GB Z1—2010. 北京：人民卫生出版社，2010.

[43] 设备及管道绝热技术通则 GB/T 4272—2008. 北京：中国标准出版社，2008.

[44] 城市区域环境噪声标准 GB 3096—2008. 北京：中国环境科学出版社，2008.

[45] 民用建筑供暖通风与空气调节设计规范 GB 50736—2012. 北京：中国建筑工业出版社，2012.

[46] 贺平等. 供热工程. 北京：中国建筑工业出版社，2000.

[47] 付祥钊. 可再生能源在建筑中的应用. 北京：中国建筑工业出版社，2009.

[48] 左然，施明恒，王希麟. 可再生能源概论. 北京：机械工业出版社，2007.

[49] 锅炉房设计规范 GB 50041—2008. 北京：中国计划出版社，2008.

[50] 公共建筑节能设计标准 GB 50189—2015. 北京：中国建筑工业出版社，2015.

[51] 通风与空调工程施工质量验收规范 GB 50243—2016. 北京：中国计划出版社，2016.

[52] 人民防空地下室设计规范 GB 50038—2005. 北京：中国计划出版社，2005.

[53] 人民防空工程设计防火规范 GB 50098—2009. 北京：中国计划出版社，2009.

[54] 汽车库、修车库、停车场设计防火规范 GB 50067—2014. 北京：中国计划出版社，2014.

[55] 消防给水及消火栓系统技术规范 GB 50974—2014. 北京：中国计划出版社，2014.

[56] 自动喷水灭火系统设计规范 GB 50084—2017. 北京：中国计划出版社，2017.

[57] 汽车库建筑设计规范 JGJ 100—98. 北京：中国建筑工业出版社，1998.

[58] 城镇燃气设计规范 GB 50028—2006. 北京：中国建筑工业出版社，2009.

[59] 詹淑慧主编. 燃气供应. 北京：中国建筑工业出版社，2004.

[60] 建筑照明设计标准 GB 50034—2013. 北京：中国建筑工业出版社，2013.

[61] 火灾自动报警设计规范 GB 50116—2013. 北京：中国计划出版社，2014

[62] 建筑物防雷设计规范 GB 50057—2010. 北京：中国建筑工业出版社，2011.

[63] 供配电系统设计规范 GB 50052—2009. 北京：中国计划出版社，2010.

[64] 20kV 及以下变电所设计规范 GB 50053—2013. 北京：中国计划出版社，2013.

[65] 低压配电设计规范 GB 50054—2011. 北京：中国计划出版社，2012.

[66] 民用建筑电气设计规范 JGJ 16—2008. 北京：中国建筑工业出版社，2008.

[67] 建筑物电子信息系统防雷技术规范 GB 50343—2012. 北京：中国计划出版社，2012.

[68] 电力工程电缆设计标准 GB 50217—2018. 北京：中国计划出版社，2018.

[69] 住宅建筑电气设计规范 JGJ 242—2011. 北京：中国建筑工业出版社，2011.

[70] 建筑采光设计标准 GB 50033—2013. 北京：中国建筑工业出版社，2012.

[71] 中国航空规划设计研究总院有限公司主编. 工业与民用供配电设计手册（第四版）（上下册）. 北京：中国电力出版社，2017.

[72] 北京照明学会照明设计专业委员会编. 照明设计手册（第三版）. 北京：中国电力出版社，2017.

[73] 莫岳平，翁双安. 供配电工程（第二版）. 北京：机械工业出版社，2015.

[74] 黄民德. 建筑供配电与照明下册（第二版）. 北京：中国建筑工业出版社，2017.

[75] 徐晓宁. 建筑电气设计基础. 广州：华南理工大学出版社，2006.

[76] 王晓丽. 建筑供配电与照明上册（第二版）. 北京：中国建筑工业出版社，2017.

[77] 重庆市建设技术发展中心主编. 公共建筑节能（绿色建筑）设计标准 DBJ50—052—2016.